钱学森先生为中国科学技术大学58级、59级学生讲课

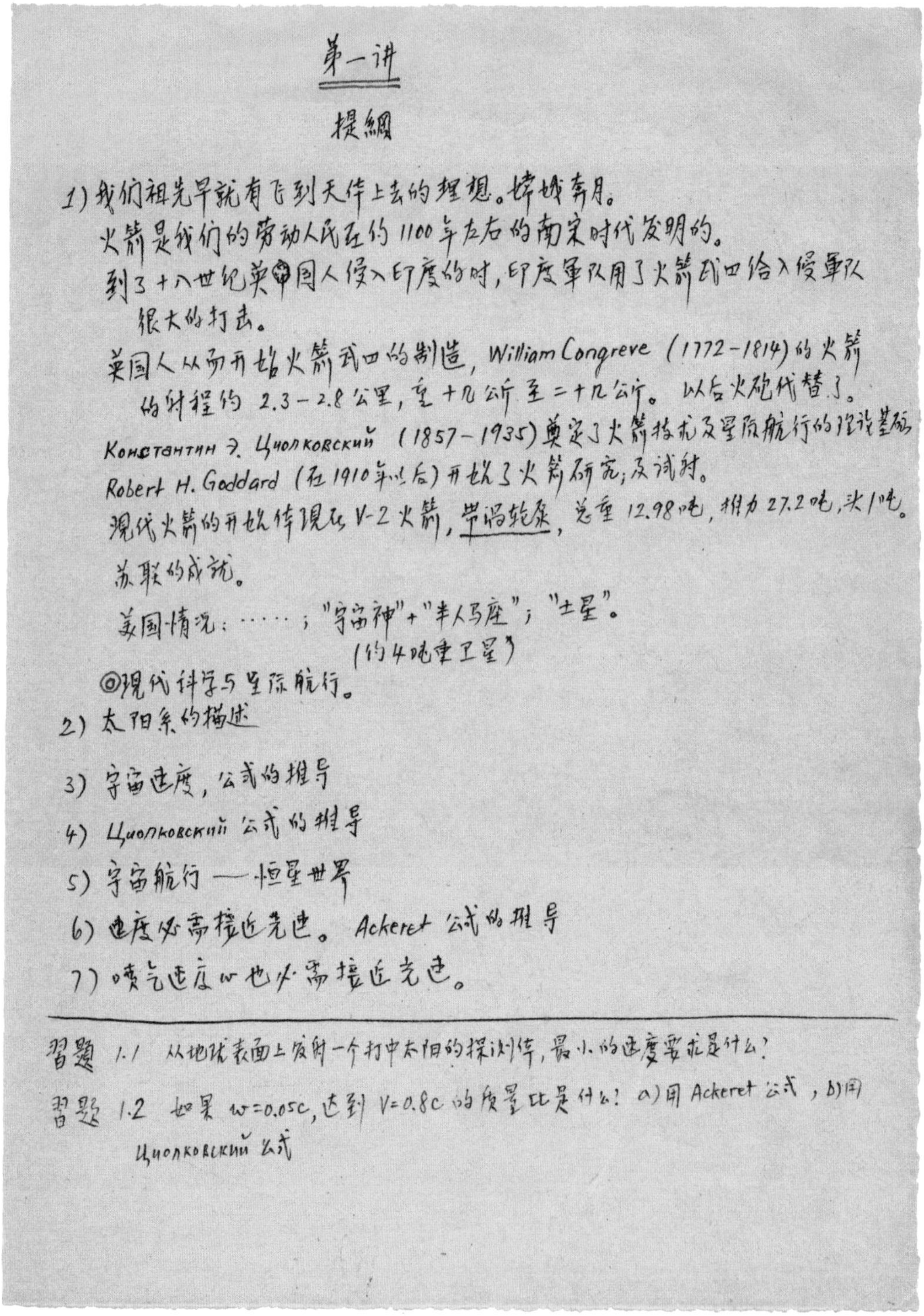

第一讲

提纲

1) 我们祖先早就有飞到天体上去的理想。嫦娥奔月。

火箭是我们的劳动人民在约1100年左右的南宋时代发明的。

到了十八世纪英帝国人侵入印度的时，印度军队用了火箭武器给入侵军队很大的打击。

英国人从而开始火箭武器的制造，William Congreve (1772–1814)的火箭的射程约2.3–2.8公里，重十几斤至二十几公斤。以后火炮代替了。

Константин Э. Циолковский (1857–1935)奠定了火箭技术及星际航行的理论基础

Robert H. Goddard (在1910年以后)开始了火箭研究及试射。

現代火箭的开始体現在V-2火箭，带涡轮泵，总重12.98吨，推力27.2吨，头1吨。

苏联的成就。

美国情况：……；"宇宙神"+"半人马座"；"土星"。

(约4吨重卫星)

◎現代科学与星际航行。

2) 太阳系的描述

3) 宇宙速度，公式的推导

4) Циолковский 公式的推导

5) 宇宙航行——恒星世界

6) 速度必需接近光速。Ackeret 公式的推导

7) 喷气速度w也必需接近光速。

习题 1.1 从地球表面上发射一个打中太阳的探测体，最小的速度要求是什么？

习题 1.2 如果 $w=0.05c$，达到 $V=0.8c$ 的质量比是什么？a)用 Ackeret 公式，b)用 Циолковский 公式

钱学森先生手书的“火箭技术概论”讲课纲要

《星际航行概论》是根据当年钱学森先生在中国科学技术大学所授“火箭技术概论”课程的讲课纲要和讲义整理而成

第一宇宙速度，第二宇宙速度，第三宇宙速度

设 g 为地球表面的引力常数（我们设地球为不转的圆球），而 R，为地球的半径。那么在 r 半径的卫星其运行速度 $v(r)$ 可用下列方法来计算，

$$g\left(\frac{R}{r}\right)^2=\frac{v^2}{r}\,,\quad \text{即}\quad v^2=gR\frac{R}{r}\,,\qquad v(r)=\sqrt{gR}\left(\frac{R}{r}\right)^{1/2}$$

一周的时间：$T(r)=\frac{2\pi r}{v}=\frac{2\pi r}{\sqrt{gR}\left(\frac{R}{r}\right)^{1/2}}=2\pi\sqrt{\frac{R}{g}}\cdot\left(\frac{r}{R}\right)^{3/2}$

1) 第一宇宙速度，$\overset{r=R}{\checkmark}$，$v_1=\sqrt{gR}=\sqrt{9.80\times 6{,}371{,}000}=7{,}900$ 米/秒 $=7.90$ 公里/秒

$T_1=2\pi\times 6{,}371{,}000\div 7{,}900=5{,}070$ 秒 $=84.5$ 分

如果 $T=24$ 小时 $=1440$ 分，$\frac{r}{R}=\left(\frac{1440}{84.5}\right)^{2/3}=6.63$

即高度为 $r-R=5.63\times 6{,}371=35{,}840$ 公里。} 在輻射带之外

2) 第二宇宙速度 $\int_R^\infty g\frac{R^2}{r^2}dr=gR\,,\qquad \frac{1}{2}V_2^2=gR\,,\qquad V_2=\sqrt{2gR}=11.18$ 公里/秒 $=\sqrt{2}\,V_1$

要把卫星放到 r 的圆軌道上去，所须的能量，其对应的速度为 V，

$$\frac{1}{2}V^2=\frac{1}{2}v^2+gR\left(1-\frac{R}{r}\right)=\frac{1}{2}gR\left(\frac{R}{r}\right)+gR\left(1-\frac{R}{r}\right)=gR\left(1-\frac{1}{2}\frac{R}{r}\right)$$

$V=V_2\sqrt{1-\frac{1}{2}\frac{R}{r}}$ ；[对 24 小时的軌道来说 $\sqrt{1-\frac{1}{2}\frac{R}{r}}=\sqrt{1-0.0754}=\sqrt{0.9246}=0.961$

故 $V=0.961V_2$

3) 现在来计算第三宇宙速度。设 $M_\odot$ 为太阳质量，M 为地球质量，$\mathcal{R}$ 为地球到太阳的距离，那么在地球軌道上太阳对每单位质量的引力为

$$g\frac{M_\odot}{M}\left(\frac{R}{\mathcal{R}}\right)^2$$

从而要从地球軌道上越出太阳系，利用地球已有的速度，为加能量

$$\left\{\sqrt{g\frac{M_\odot}{M}\left(\frac{R}{\mathcal{R}}\right)^2\mathcal{R}}\,\left(\sqrt{2}-1\right)\right\}^2+2gR=V_3^2$$

故 $V_3=V_2\left\{1+\left(\frac{M_\odot}{M}\frac{R}{\mathcal{R}}\right)\left(1-\frac{1}{\sqrt{2}}\right)^2\right\}^{1/2}=V_2\left\{1+332{,}000\times\frac{6{,}371}{149{,}500{,}000}\times 0.2929^2\right\}^{1/2}=16.63$ 公里/秒

钱学森先生手书的“火箭技术概论”讲课纲要

第二讲

0) 用什么样的发动机？

1) 固体发动机工作原理。 ———— 已有图

2) 液体发动机工作原理：挤压式；涡轮泵式 ———— 图 条的功率！
"Cosmos" "V-2"

3) 推力的计算：

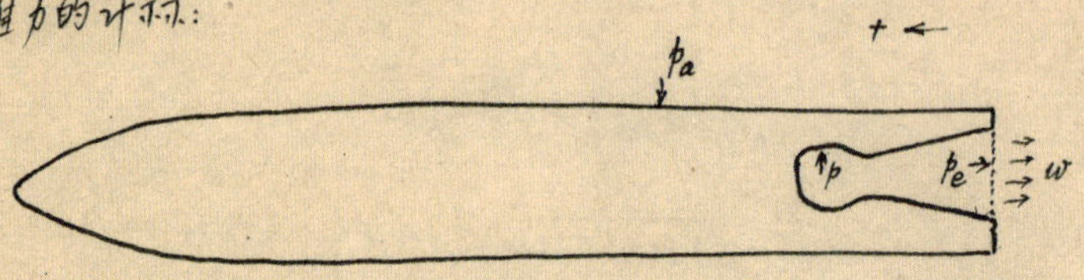

我们依照牛顿的第二定律知道作用在气体上的力应该等于每秒钟气体所得到的动量。而作用在气体上的力是等于气体作用在发动机内壁的压力的反向力。因此如果我们用 $\bar{p}$ 代表压力向量，$d\bar{A}_i$ 代表发动机内壁的面积的一小块，那么作用在气体上的力是

$$-\int_{内壁}\bar{p}\,dA_i + p_e A_e = -\dot{m}w$$

如果作用在发动机内壁上的压力 p 是等于外界大气的压力 p_a，那么我们说发动机没有开动，没有推力。所以推力 T 是

$$T = \int_{内壁}(\bar{p}-\bar{p}_a)dA_i = \int_{内壁}\bar{p}\,dA_i - \int_{内壁}\bar{p}_a\,dA_i$$

但是根据内壁表面加 A_e 正好是一个封闭面，

$$\int_{内壁}\bar{p}_a\,dA_i = +p_a A_e$$

由此

$$T = \dot{m}w + p_e A_e - p_a A_e = \dot{m}w + (p_e - p_a)A_e$$

⓪ 这是一个定常流动的公式！

钱学森先生手书的“火箭技术概论”讲课纲要

星际航行概论

钱学森　著

中国宇航出版社
·北京·

内 容 简 介

本书是钱学森于20世纪60年代初撰写的中国第一本高等院校航天专业基础教材，系统地介绍了星际航行技术的各个方面，包括运载火箭的动力系统、运载火箭的设计及制造过程、运载火箭及星际飞船的飞行轨道、控制系统的设计原则及设计过程、星际航行中的通讯问题及防辐射问题、解决飞船再入大气层的设计原理、星际飞船的设计问题，以及星际航行的前景展望等。

书中通过大量的分析、计算，从理论和实践的角度论证说明，星际航行是一定能实现的，但是星际航行技术是复杂的，实现星际航行是一项艰巨的工作。

图书在版编目(CIP)数据

星际航行概论/钱学森著. —北京：中国宇航出版社，2008.12
ISBN 978－7－80218－439－8

Ⅰ.星…　Ⅱ.钱…　Ⅲ.星际飞行—研究　Ⅳ.V529.1

中国版本图书馆CIP数据核字(2008)第171396号

策划编辑 石磊　**责任编辑** 易新　**责任校对** 王妍　**封面设计** 03工舍

出版发行 中国宇航出版社

社　址 北京市阜成路8号　**邮　编** 100830
(010)68768548

网　址 www.caphbook.com/www.caphbook.com.cn

经　销 新华书店

发行部 (010)68371900　(010)88530478(传真)
(010)68768541　(010)68767294(传真)

零售店 读者服务部　北京宇航文苑
(010)68371105　(010)62529336

承　印 北京画中画印刷有限公司

版　次 2008年12月第1版
2008年12月第1次印刷

规　格 787×1092

开　本 1/16

印　张 17.5　**彩插** 4面

字　数 450千字

书　号 ISBN 978－7－80218－439－8

定　价 120.00元

序

长远以来人们就有在宇宙空间飞行的愿望，由于现代科学技术的发展，这一理想已在逐步实现，星际航行将是科学技术在20世纪后半叶中最突出的成就。

写这本书是为了全面地介绍星际航行技术，而主要的对象是近代力学工作者。著者试图达到两个目的：第一，想说明实现星际航行的各个技术问题，从而一方面使投入到这些单个问题作研究的科学技术工作者能了解每一个问题在全部工作中的意义；而另一方面也是要说明星际航行技术的高度综合性，它几乎包括了所有现代科学技术的最新成就，像近代力学、原子能、特种材料、高能燃料、无线电电子学、计算技术、自动控制理论、精密机械、太空医学等。星际航行的更进一步发展不但将对上述这些科学技术提出新的、更高的要求，而且还会对另外一些直到现在还未发生联系的学科，像植物学、动物学、生物物理、生态学、遗传学、地质学等提出研究课题，使这些学科也得到以前未有的推动力，并向新的方向发展。一句话，星际航行是组织和促进现代科学技术的力量；星际航行可以广泛地带动各门科学前进。

在本书里，著者想说明的第二点是星际航行实践的复杂性和艰巨性。星际航行事业的每一个部门，研究、设计、试验、制造、发射、通讯都需要一个庞大的组织，都需要一支由千万名科学家、设计师、工程师、技师、技术员、工人和其他人员组成的队伍。这些部门进行工作所需要的设备在质上要求最高，在量上也多；因此，没有一个强大和各方面成套的工业，没有一支多种学科和人数众多的科学技术队伍，就不可能设想全面地开展星际航行工作。自然，星际航行技术并不神秘，分析起来也不过是一般自然规律的具体应用，星际航行技术的基础也还是众所周知的基础学科，如数学、物理、化学等。我们要强调的是：虽不神秘，但也不简单。星际航行是整个现代科学技术最高水平的集中表现，不是轻而易举的。

为了达到以上目的，本书的叙述想尽量具体，引用一些具体设计或计算数字作为例证。显然，在这方面有一定的限制，在书中较多地引用美国公开的技术资料，有些还是美国尚未实现的设计。著者曾对引用的资料作过鉴别，希望里面没有什么错误或不正确的东西。但在这点上或全书的其他方面如有谬误，恳请读者们指正。

如上所述，本书的主要读者将是近代力学工作者们，因此在讲解各个问题的深度上有所侧重：对力学方面的问题，如动力、轨道、空气动力加热等就写得深一些；而力学原理却有意地讲得比较简略；对非力学的问题，如控制及导航系统、通讯系统、原子能发动机、电源、电火箭发动机等，为了把原理讲清楚，多费了些章节，但讲得不太深，只介绍了概况。

在写这本书的过程中，雷见辉同志和喻显果同志曾辛勤劳动，帮助著者整理书稿、绘制插图；也可以说如果没有他们的努力，这本书是写不成的。著者在此谨对他们表示衷心的感谢。

著　者
1962年4月

目　　录

第 1 章　星际航行与宇宙航行

1.1　火箭技术的早期

现代在星际航行与宇宙航行上已经取得的巨大成就是人类几千年来创造性劳动的结晶，它关系到人类长远以来的理想和实践。我们的祖先很早就有了飞到天空去的理想，给我们留下了如嫦娥奔月等许多美丽的幻想。而为实现这些幻想开辟出一条道路的首先是我国的劳动人民。我国劳动人民是火箭的发明者：早在宋真宗咸平三年（公元 1 000 年）唐福应用火箭原理制成了战争武器（见图 1.1），而后才逐渐传到外国，为其他国家所掌握。到 18 世纪，英国人侵略印度时，印度人曾运用火箭武器，给予进犯者巨大的威胁。从此才迫使英国人开始注意研究火箭武器，并在几年之后也装备了英国军队；随即欧洲其他各国也相继地把火箭用于军事，从而使火箭技术得到了一定程度的发展。当时英国人康格雷（William Congreve，1772 年～1814 年）改进了固体火箭的性能，他的火箭之重量为 10 余公斤①到 20 公斤，射程达 2～3 公里②，但是准确度仍旧很差。因此，它终于被后来进一步发展的准确度很高的火炮所代替。虽然如此，这些火箭的原理却成了近代火箭技术的最初基础。

图 1.1　明天启元年(1621 年)茅元仪所著《武备志》上所画的火箭

此后，直到 19 世纪末 20 世纪初，火箭技术才又重新蓬勃地发展起来。近代的火箭技术和星际航行的发展首先应当提到的是伟大的俄国和苏联科学家齐奥尔科夫斯基(Константин Эдуардович Циолковский，1857 年～1935 年)。他一生从事利用火箭技术进行星际航行的研究。在他的经典著作中，对火箭飞行的思想进行了深刻的论证。是他首先提出了使用液体推进剂来获得比火药和炸药更高的能量的倡议，这个倡议只经过了短短 30 年的时间就实现了。齐奥尔科夫斯基大略地预测到现代火箭的真实结构，并论述了关于液氢-液氧作为推进剂用于火箭的可能性。此外在他以后的一些著作中，指出了用新的燃料(原子核分解的能量)来作为火箭的动力，并且具体地阐明了用火箭进行星际飞行的条件、火箭由地面起飞的条件、人造地球卫星及实现飞向其他行星必须设置中间站的思想。

齐奥尔科夫斯基不仅奠定了星际航行的理论基础，而且还提出了许多的技术建议，如他建议使用燃气舵来控制火箭、关于用泵来强制输送推进剂到燃烧室中的必要性，以及用仪器来自动控制火箭等，都对现代火箭和星际航行的发展起了巨大作用。

---

① 现用千克表示。——编者注

② 现用千米表示。——编者注

西方国家中对近代火箭技术研究得最早的是戈达德(Robert H. Goddard)。他于1910年左右开始进行这方面工作，主要进行了许多实验工作，并在后来创造出了几种供气象研究用的液体火箭。

真正的近代火箭的出现是在第二次世界大战时的法西斯德国。法西斯企图征服世界，从而试验和制造了许多火箭，并且在大战的末期使用了火箭武器，但是并没能因此而挽回已经注定了的失败；而在这些火箭之中，V-2火箭可算是最典型的近代火箭(见图1.2和图1.3)，其主要性能见表1.1。

图1.2　V-2火箭发射时的状况

表1.1　V-2火箭的主要数据

总　项	名　称	单　位	数　据
火箭之重量分配	炸药量(硝酸及三硝基甲苯之混合物)	公斤	980
	发动机支承架	公斤	1 750
	涡轮泵系统	公斤	450
	燃烧室	公斤	550
	附件	公斤	300
	酒精+液氧	公斤	8 750
	供给涡轮用的辅助燃料	公斤	200
	火箭之总重量	公斤	12 980
火箭的性能	总推力	吨	27.2
	最大高度	公里	80
	最大速度	公里/秒	1.500
	射程	公里	300以下

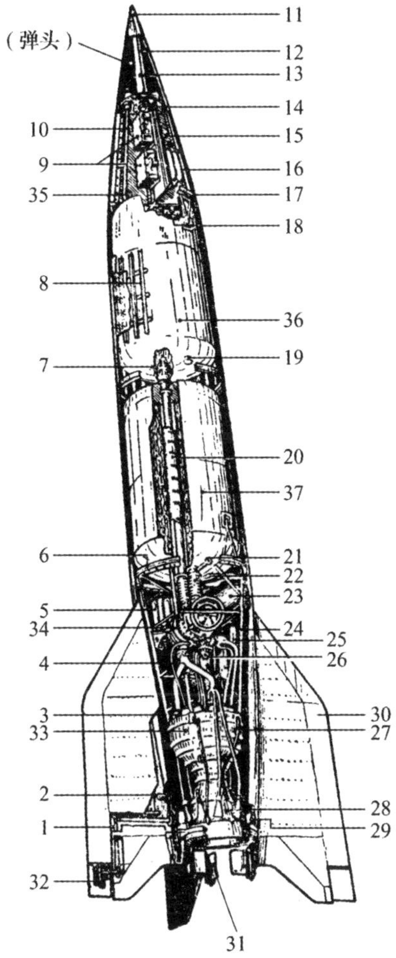

图 1.3　V-2 火箭的结构图

1—接向空气舵的链条传动装置；2—电动机；3—喷嘴舱；4—向发动机输送酒精的导管；5—空气瓶；6—后隔框；7—酒精伺服阀门；8—火箭的骨架；9—控制仪器；10—由酒精箱通向头部(爆炸部分)的导管；11—带信管的头部；12—带导线的导管；13—中央信管；14—电爆管；15—胶合板框；16—氮气瓶；17—前隔框；18—陀螺仪；19—酒精流出口；20—向涡轮泵联动装置输送酒精的导管；21—液氧注入口；22—波纹管；23—过氧化氢箱；24—发动机架；25—装高锰酸钾的小箱(后面是蒸汽发生器)；26—液氧分配器；27—冷却用酒精的导管；28—酒精出口；29—舵机；30—尾翼(4 个)；31—燃气舵(4 个)；32—空气舵(4 个)；33—燃烧室和尾喷管；34—涡轮泵联动装置；35—控制舱；36—酒精箱；37—液氧箱

V-2 火箭的成功实际上是把齐奥尔科夫斯基的理论变成了现实。虽然在现在看来，它的结构已经过时了，但是它仍作为许多现代火箭的蓝本。其原因在于：

1) 起飞情况：地面静止垂直起飞，起飞速度低，系由自动控制装置取得稳定；不用起飞滑轨，从而免去火箭结构受到轨道的撞击。

2) 采用液体推进剂(液氧和 75%酒精)。

3) 采用燃气舵控制。

4) 采用涡轮泵输送推进剂，从而大大地降低了结构重量。

因此，V－2火箭所获得的最终速度大大增加，射程可达300公里之远，是火箭技术进入一个新时代的标志。

1.2 现代的火箭技术

第二次世界大战以后，火箭技术及星际航行得到了迅速的发展。苏联在1957年10月4日成功地发射了世界上第一个人造地球卫星，从此打开了人类历史的新纪元——星际航行的时代。随后苏联又多次成功地发射了适应于星际航行研究的更重、更好的人造卫星和月球火箭，第一次揭开了月球背面的秘密，使地球上的物体第一次飞向太阳系成为太阳系的行星，并且地球上第一颗访问金星的火箭带着苏维埃的标记离开了地球(见表1.2)。苏联的科学家、工程师和工人们在成功地一次又一次把生物送上了天空，取得了许多宝贵的资料之后，于1961年4月12日，“东方一号”卫星式飞船就把苏联第一个宇宙航行员——加加林少校带到了外层空间，巡视地球1周后，安然地返回地球，从而第一次实现了人类飞向太空的理想。随即在“东方一号”卫星式飞船发射成功4个月之后，苏联第二个宇宙航行员季托夫少校驾驶了“东方二号”卫星式飞船，在外层空间绕地球平安地运行了17个圈之后胜利地回到地球。这是苏联人民对征服宇宙空间给予人类的无可比拟的巨大贡献。

表1.2 苏联卫星、宇宙火箭①、运载火箭和宇宙飞船一览表(到1961年为止)

名 称	发射时间	重 量	说 明
第一个人造地球卫星	1957年10月4日	83.6公斤(卫星重量)	世界上第一个人造地球卫星
第二个人造地球卫星	1957年11月3日	508.3公斤(卫星重量)	带有小狗“莱伊卡”，地球上的生物第一次飞入宇宙
第三个人造地球卫星	1958年5月15日	1 327公斤(卫星重量)	
第一个宇宙火箭	1959年1月2日	1 472公斤(不带推进剂的最后一级重量)	世界上第一个人造太阳系行星，仪器重316.3公斤
第二个宇宙火箭	1959年9月12日	1 511公斤(不带推进剂的最后一级重量)	世界上第一个到达月球表面的火箭。最后一级可控制，仪器重392公斤
第三个宇宙火箭	1959年10月4日	1 553公斤(不带推进剂的最后一级重量)	世界上第一次揭开了月球背面的秘密。最后一级可控制，自动行星际站重278.5公斤
太平洋火箭	1960年1月20日与31日	(12 500公里射程)	最后一级的模型安全降落，降落点误差不超出2公里
第一个卫星式飞船	1960年5月15日	4 540公斤	世界上第一个宇宙飞船
太平洋火箭	1960年7月5日与7月7日	(13 000公里射程)	

① 即人造太阳行星(见4.1节)，现称空间探测器。——编者注

续表

名　称	发射时间	重　量	说　明
第二个卫星式飞船	1960年8月19日	4 600公斤	带有小狗“松鼠”和“小箭”，在世界上第一次实现了生物完成宇宙飞行后安全返回地面的试验
第三个卫星式飞船	1960年12月1日	4 563公斤	
第四个人造地球卫星	1961年2月4日	6 483公斤	重型人造地球卫星
向金星发射的宇宙火箭	1961年2月12日	行星际站重643.5公斤	世界上第一个考察太阳系行星的火箭
第四个卫星式飞船	1961年3月9日	4 700公斤	带有试验生物，当天安全返回地面
第五个卫星式飞船	1961年3月25日	4 695公斤	带有试验生物，当天安全返回地面
第一个载人的卫星式飞船	1961年4月12日	4 725公斤	世界上第一个载人的宇宙飞船，苏联宇宙航行员加加林绕地球1周后安全返回地面
第二个载人的卫星式飞船	1961年8月6日	4 725公斤	苏联宇宙航行员季托夫绕地球17周后安全返回地面
太平洋火箭	1961年9月13日	(12 500公里以上的射程)	最后一级的模型降落点误差1公里
太平洋火箭	1961年9月17日	(12 500公里以上的射程)	

从1957年10月4日苏联成功地发射了第一颗人造地球卫星之后，美国为了挽回在外层空间竞赛中的劣势，大力增加火箭技术和星际航行研究的人力、物力和财力，以图赶上苏联。在苏联发射成功第一个人造卫星之后4个月之久美国才发射了一个人造卫星，其重量只及苏联第一个人造卫星的1/5左右。随后美国又陆续发射了许多次人造卫星，大多数只有100多公斤重，其中也还有很多次是失败的。美国为了缩短与苏联在火箭技术和星际航行上的差距，因而匆忙地准备一次载人火箭的弹道飞行，以达到所谓“首先把人送到空间”的目的，这就是它所进行的两大计划中的“水星”计划产生的原因。

为了更加明了美国火箭技术和星际航行的现状以及今后的发展起见，这里介绍美国在这方面的两项最主要的计划。

1.2.1 “水星”计划

在1961年4月12日苏联宇宙航行员加加林少校乘坐“东方一号”卫星式飞船，第一次实现了人类飞向太空的理想的23天后，美国才冒着极大的危险，用“水星”容器装了飞行员谢泼德，用“红石”火箭送上了天空，作了一次近乎直上直下的飞行。

1961年9月13日，美国发出报道，美国把一艘载有机器人的“水星”宇宙飞船送入了轨道，在绕地球1周之后，飞船借助于降落伞的帮助无损地掉在大西洋中被捞回大陆。该飞船是用“宇宙神”火箭发射进入卫星轨道的；速度约8公里/秒，高度为234公里。这次试验的成功促进了美国进入宇宙空间方面的努力。这是美国第一次把“水星”座舱射入轨道。预计在近期美国的载人飞行将使用同样的“宇宙神”火箭作为动力。表1.3为美国载人飞船发射情况。

表1.3 美国的载人飞船工作(到1961年底为止)

试验目的	时间	所用火箭	火箭数据			
			长度/米	直径/米	发射重量/吨	推力/吨①
把人送到200公里高，300公里远，失重7分钟	1961年上半年	红石(中程火箭)	19.2	1.78	18.1	34
把980公斤重的“水星”座舱送上卫星轨道	1961年下半年	宇宙神	24.7	3.05	110	2×68+35.2

美国虽然拟定了似乎可行的“水星”计划，也进行了试验，但是要真正完成载人飞行还有着很大的距离。就“水星”座舱而言，总重量只有980公斤，因此要在这个容器中给宇宙航行员附设完善的保护装置和急救设备是不可能的，显然用“水星”座舱来作载人飞行是十分冒险的。

1.2.2 “土星”计划

“土星”是目前美国在设计中的推力最大的多级火箭(见表1.4)。他们企图通过“土星”计划来实现在火箭的运载能力上的一个根本的飞跃，以改变现有的技术地位，缩短与苏联之间的差距。其目的在于利用“土星”这一多发动机组合成的三级火箭，把重量为20吨的人造地球卫星送到200～300公里高度的卫星轨道上去。火箭的总长度为55米，直径为5～6米。

表1.4 “土星”C-1运载火箭

火箭级数	采用发动机类型	采用发动机数量	单个发动机推力/吨	每级总推力/吨
第一级	H-1(煤油-液氧)	8	85	680
第二级	LR-115(液氢-液氧)	4	9.1	36.4
第三级	LR-115	2	9.1	18.2

① 推力的法定计量单位为牛，1牛=0.102千克力=1.02×10^{-4}吨力。——编者注

这一计划看来是较可观的，但是，由于火箭的第一级用了8个发动机组合而成，因而将在技术上产生一些复杂的问题，可靠性也就因此变得很差了。而按计划三级火箭在1963年才可以应用；在1961年10月27日进行了第一次带有第二、第三级假模型的试射，可见要全面完成整个计划还是后几年的事。但最近研究的结果指出：即便用“土星”C-1运载火箭也难实现肯尼迪所说的把美国人送上月球的计划，所以美国又在设计推力更大的“土星”C-5运载火箭。这个火箭的第一级将拥有5台推力为680吨的F-1发动机，总推力为3 400吨。此外，他们也在考虑推力更大的“新星”运载火箭，它的第一级有8台F-1发动机，总推力为5 440吨。

1.3 太阳系

要掌握和发展火箭技术和作星际航行，为科学研究提供更多的资料，首先应当对太阳系的情况有所了解。表1.5列出了有关太阳系的一些行星资料。表1.5中的行星是按距太阳远近而排列的。可以看出，9个行星①显然可以分为两类：地球、水星、金星和火星是一类，可能冥王星也属于这一类；它们都比较小，密度比较大，是岩石性的。而木星、土星、天王星及海王星是另一类；它们都比较大、密度比较小，称为大行星。大行星的空气中有氨及甲烷，因此整个星球一定包含大量的氢。从前也有人提出这样的问题：如果大行星的组分主要是氢，那么即使是固态的氢，其密度也比水小得多，而整个星球的密度又怎能像表1.5所示，接近或大于水呢？近代固体物理的研究解决了这个问题。以木星为例，如果我们假设木星的固体部分全是氢组成的，一点重元素都没有，那么在木星大气下的固体星面是固体氢。这样在木星的强大重力的作用下，在固体星面下3 000公里处的压力是800 000大气压。固体氢在这样高的压力下密度大约是0.4，但是实际上在这样的高压下固体氢产生相变，变成像碱金属锂、钠、钾那样结构的金属氢，可压缩性提高了，因此密度跳升到0.9。这样一直到木星的中心都是金属氢，而在中心的压力为31 500 000大气压，则金属氢的密度为3.66，故整个木星的平均密度是大于1的，这样就解释了大行星的密度问题。

从天文上观察到在火星轨道与木星轨道之间有一小行星带(实际上有几条带)，估计约有44 000个小行星。它们的体积比一般行星小得多，但又大于一般的流星，大的直径几公里，小的简直是块大石头。因此这样一群数以万计的小行星分布在这片地带，对于我们将来发射宇宙火箭或宇宙飞船到火星以外的行星将带来很大的困难。因为这些小行星为数太多，碰上了会招致毁灭。对小行星的进一步研究，搞清楚它们的运动规律，对将来的星际航行是有重大意义的。

太阳系9个行星中好些都有卫星(见表1.6)，而且最多的是木星，有12个卫星，这些卫星对于将来作宇宙航行都非常有用。譬如，月球是地球的卫星，它离地球只有380 000公里，特别值得指出的是，月球上的脱离速度只有2.42公里/秒，火箭很容易从上面起飞，因而可以利用月球作一个天然而理想的行星际站。对木星而言，它的12个卫星中的木卫二、木卫三、木卫四比较大，与月球体积差不多，它们离木星的距离分别为42万公里、67万公里、107万公里，可以作为星际航行站。

---

① 2006年8月，国际天文联合会决定不再将冥王星视为太阳系九大行星之一。——编者注

表1.5 太阳系

序号	名　称	水星	金星	地球	月球*	火星	木星	土星	天王星	海王星	冥王星	太阳
1	天文符号	☿	♀	⊕	☾	♂	♃	♄	♅	♆	♇	☉
2	离太阳的平均距离/天文单位	0.387	0.723	1.000		1.524	5.203	9.539	19.191	30.071	39.46	
3	恒星周期	87.97日	224.7日	365.256日	27.32日	687.0日	11.86年	29.46年	84.02年	164.8年	247.7年	
4	会合周期	115.88日	538.9日		29.53日	779.9日	1.092年	1.035年	1.012年	1.006年	1.004年	
5	轨道的偏心率 ε	0.206	0.007	0.017	0.05	0.093	0.048	0.056	0.047	0.009	0.249	
6	轨道对黄道的倾斜角	7°.0	3°.4	0°.0	5°.1	1°.9	1°.3	2°.5	0°.8	1°.8	17°.1	
7	平均轨道速度/(公里/秒)	47.8	34.95	29.8	1.03	24.15	13.04	9.66	6.76	5.47	4.83	
8	直径/公里	5 000	12 400	12 700	3 476	6 620	139 760	115 100	51 000	50 000	?	1 393 000
9	体积(地球=1)	0.06	0.92	1.00	0.02	0.15	1312	734	64	60	?	1 300 000
10	质量(地球=1)	0.054 3	0.813 6	1.00	1/81.56	0.108 0	318.35	95.3	14.58	17.26	0.93	332 488
11	密度(水=1.0)	5.0	4.86	5.52	3.34	4.20	1.34	0.71	1.26	1.61	?	1.41
12	表面重力常数比(地球=1)	0.36	0.86	1.00	0.16	0.4	2.64	1.17	0.92	1.12	?	28
13	脱离速度/(公里/秒)	4.2	10.15	11.28	2.42	5.1	59.6	35.4	20.95	22.55	?	618
14	旋转周期	88.0日	约10日	1.0日	27.3日	24.6小时	9.9小时	10.2小时	10.7小时	15.8小时	?	25日
15	最高表面温度/℃	410	100	60(?)	100	30	−138	−153	−184.5	−201	−211	6 000

续表

序号	名 称	水星	金星	地球	月球*	火星	木星	土星	天王星	海王星	冥王星	太阳
16	大气组分(比例依次递降)	无	N_2,CO_2,H_2O,O_2(?)	N_2,O_2,H_2O,A,CO_2	无	N_2,A,CO_2,H_2O(?),O_2(?)	H_2,He,CH_4,NH_3,H_2O	H_2,He,CH_4,NH_3,H_2O	H_2,He,CH_4,NH_3,H_2O	H_2,He,CH_4,NH_3,H_2O	H_2,He CH_4	许多
17	卫星数	0	0	1	0	2	12	10	5	2	0	
18	反照率	0.07	0.59	0.5(?)	0.07	0.15	0.44	0.42	0.45(?)	0.52(?)	很小	

* 环绕地球的轨道。

太阳系资料的说明：

(1) 天文符号，通常用这些符号来代替各行星的名称。

(2) 天文位置，以从地球到太阳的平均距离为 1，其距离等于 149 457 000 公里。月球到地球的半径距离为 384 000 公里。

(3) 恒星周期，是各行星绕太阳公转 1 周所需的时间。地球绕太阳公转 1 周的时间为 365 天零 5 小时 48 分 46 秒，此即称为 1 个太阳年(或回归年)。

(4) 会合周期，表示从地球上来看其他各行星绕太阳转 1 周的时间。

(5) 轨道的偏心率，即椭圆方程 $r=r_0/(1-\varepsilon\cos\theta)$ 中的 ε 参数；当 $\varepsilon=0$ 时轨道为圆形。

(6) 轨道对黄道的倾斜角，表示各行星的运行轨道平面与黄道之交角(黄道：即地球运行轨道的平面)。

(7) 轨道速度，为各行星在轨道上绕太阳公转的平均线速度。

(8) 直径，指各行星的平均直径。地球赤道直径为 12 756.776 公里，两极直径为 12 713.824 公里。

(9) 体积，以地球之体积为 1 来度量其他行星。

(10) 质量，以地球之质量为 1 来度量其他的行星。地球的重量为$(5.976\,5\pm0.004)\times10^{21}$吨。

(11) 密度，水星、金星、地球、火星和月球的密度都比水的密度大 3 倍以上，但木星、土星、天王星和海王星等密度却与水差不远，说明这些行星的组成有很大的区别。

(12) 表面重力常数比，以地球表面的重力常数为 1(地球表面重力加速度 $g=9.806\,0-0.026\,0\cos2\varphi$(米/秒^2)，$\varphi$=纬度)。

(13) 脱离速度，一物体从行星表面脱离该行星引力所需要的速度(不计大气的阻力)。

(14) 旋转周期，为各行星自转 1 周所需的时间。

(15) 表面温度，天文学方法测得的各行星之表面温度。

(16) 大气组分，指根据在行星表面所发现的气体推测的大气组分。

(17) 卫星数，行星所具有的卫星数量。

(18) 反照率，为被行星反射的光之总量与入射光总量之比。

表 1.6 太阳系行星的卫星

行　星	卫　星	发现年	离开行星的平均距离/公里	绕行星周期/日	直径/公里	备　注
地球	月球	远古	384 000	27.32	3 470	可用作航行站
火星	火卫一	1877	9 320	0.42	16(?)	
	火卫二	1877	23 500	1.26	8(?)	
木星	木卫一	1892	182 000	0.50	160	
	木卫二	1610	420 000	1.77	3 700	可用作航行站
	木卫三	1610	671 000	3.55	3 220	可用作航行站
	木卫四	1610	1 069 000	7.15	5 150	可用作航行站
	木卫五	1610	1 881 000	16.69	5 150	可用作航行站
	木卫六	1904	11 400 000	250.62	160	
	木卫七	1905	11 710 000	259.7	50	
	木卫八	1938	11 750 000	260.5	24	
	木卫九	1951	21 000 000	615	30	
	木卫十	1938	22 500 000	692.5	30	
	木卫十一	1908	23 460 000	738.9	56	
	木卫十二	1914	23 920 000	745.0	27	
土星	土卫一	1789	185 000	0.94	595	
	土卫二	1789	238 000	1.36	740	可用作航行站
	土卫三	1684	294 200	1.89	1 210	可用作航行站
	土卫四	1684	376 400	2.74	1 450	可用作航行站
	土卫五	1672	525 000	4.52	1 850	可用作航行站
	土卫六	1655	1 220 000	15.94	4 150	可用作航行站
	土卫七	1848	1 480 000	21.28	482	
	土卫八	1671	3 554 000	79.33	1 610	
	土卫九	1898	12 900 000	550	320	
	土卫十	1905	←数据不可靠→			
天王星	天王卫一	1948	130 000	1.41	240(?)	
	天王卫二	1851	192 000	2.52	800	
	天王卫三	1851	269 000	4.14	640	
	天王卫四	1787	437 500	8.71	1 610	
	天王卫五	1787	586 000	13.46	1 450	
海王星	海王卫一	1846	354 000	5.88	4 820	
	海王卫二	1949	8 000 000	730	320	

1.4　地球的周围环境

为了作星际航行我们必须首先离开地球表面，而一旦离开地球表面之后我们就需要飞经包围地球的大气层，因此我们需要了解地球大气层的情况。在标准情况下，大气在海面的密度是 1.2255×10^{-3} 克/厘米^3，在海面的压力是 1.01325×10^6 达因①/厘米^2，而温度是 15℃。由地面向上，密度、压力和温度都将降低，而在约 10 公里的上空，进入同温层，大气温度降到 −56℃，再往上有一个区域温度基本上不变。在同温层以上，温度又有几个变化，而再往上温度反而增加。这个变化在图 1.4 中表示出来，而在标准情况下的大气密度、压力及温度见表 1.7。可见在 30 公里的高度，大气压力只有海面压力的百分之一。

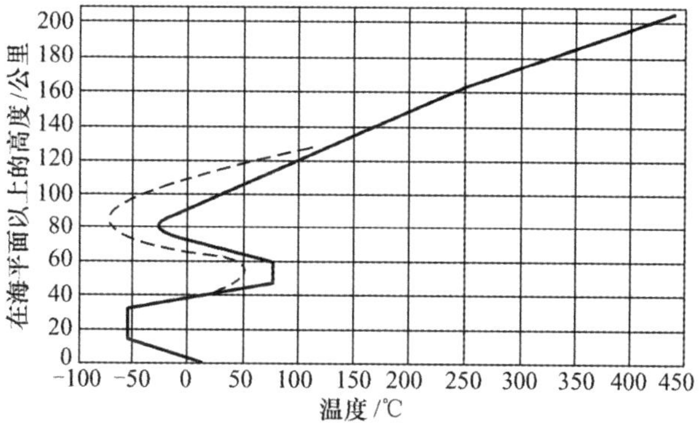

图 1.4　大气温度随高度的变化

（实线表示标准的温度分布；虚线表示用气象火箭所测得的结果）

表 1.7　空气参数与拔海高度的关系（p 为压力，ρ 为密度，T 为绝对温度；下标 0 为海面情况）

h/米	$\frac{p}{p_0}$	$\frac{\rho}{\rho_0}$	$\sqrt{\frac{T_0}{T}}$	h/米	$\frac{p}{p_0}$	$\frac{\rho}{\rho_0}$	$\sqrt{\frac{T_0}{T}}$
0	1.000	1.000	1.000	3 000	0.687	0.731	1.032
200	0.976	0.980		3 200	0.670	0.715	
400	0.953	0.960		3 400	0.653	0.700	
600	0.930	0.940		3 600	0.636	0.685	
800	0.907	0.921		3 800	0.619	0.670	
1 000	0.885	0.902	1.010	4 000	0.603	0.655	1.043
1 200	0.863	0.884		4 200	0.587	0.641	
1 400	0.842	0.866		4 400	0.572	0.627	
1 600	0.821	0.848		4 600	0.557	0.613	
1 800	0.800	0.831		4 800	0.542	0.600	
2 000	0.780	0.813	1.021	5 000	0.527	0.586	1.054
2 200	0.761	0.796		5 200	0.513	0.573	
2 400	0.742	0.779		5 400	0.499	0.560	
2 600	0.723	0.763		5 600	0.486	0.548	
2 800	0.705	0.747		5 800	0.473	0.535	

① 1 达因＝10^{-5}牛。——编者注

续表

h/米	$\frac{p}{p_0}$	$\frac{\rho}{\rho_0}$	$\sqrt{\frac{T_0}{T}}$	h/米	$\frac{p}{p_0}$	$\frac{\rho}{\rho_0}$	$\sqrt{\frac{T_0}{T}}$
6 000	0.460	0.523	1.066	15 000	0.118	0.152	1.133
6 200	0.448	0.511		15 200	0.114	0.148	
6 400	0.435	0.499		15 400	0.111	0.143	
6 600	0.423	0.487		15 600	0.107	0.139	
6 800	0.412	0.476		15 800	0.104	0.134	
7 000	0.400	0.465	1.078	16 000	0.101	0.130	1.133
7 200	0.389	0.454		16 200	0.098 0	0.126	
7 400	0.378	0.443		16 400	0.095 0	0.122	
7 600	0.367	0.433		16 600	0.092 3	0.118	
7 800	0.356	0.422		16 800	0.089 5	0.115	
8 000	0.346	0.412	1.091	17 000	0.086 7	0.111	1.133
8 200	0.336	0.402		17 200	0.084 1	0.108	
8 400	0.327	0.393		17 400	0.081 5	0.105	
8 600	0.317	0.383		17 600	0.079 0	0.101	
8 800	0.308	0.374		17 800	0.076 6	0.098 0	
9 000	0.299	0.365	1.104	18 000	0.074 2	0.095 2	1.133
9 200	0.291	0.356		19 000	0.063 5	0.081 4	1.133
9 400	0.282	0.347		20 000	0.054 3	0.069 7	1.133
9 600	0.274	0.339		21 000	0.046 5	0.059 4	1.130
9 800	0.266	0.330		22 000	0.039 8	0.050 7	1.128
10 000	0.258	0.323	1.118	23 000	0.034 1	0.043 2	1.125
10 200	0.250	0.314		24 000	0.029 9	0.036 9	1.123
10 400	0.243	0.306		25 000	0.025 1	0.031 6	1.121
10 600	0.235	0.298		26 000	0.021 6	0.027 0	1.118
10 800	0.228	0.290		27 000	0.018 5	0.023 1	1.116
11 000	0.221	0.282	1.133	28 000	0.015 9	0.0198	1.114
11 200	0.214	0.274		29 000	0.013 7	0.016 9	1.112
11 400	0.207	0.266		30 000	0.011 8	0.014 5	1.109
11 600	0.201	0.258		31 000	0.010 2	0.012 5	1.107
11 800	0.195	0.251		32 000	0.008 76	0.010 7	1.105
12 000	0.189	0.243	1.133	33 000	0.007 56	0.009 19	1.102
12 200	0.183	0.236		34 000	0.006 52	0.007 90	1.100
12 400	0.178	0.229		35 000	0.005 63	0.006 79	1.098
12 600	0.172	0.222		36 000	0.004 87	0.005 73	1.084
12 800	0.167	0.215		37 000	0.004 23	0.004 85	1.071
13 000	0.162	0.208	1.133	38 000	0.003 69	0.004 13	1.058
13 200	0.157	0.202		39 000	0.003 22	0.003 52	1.046
13 400	0.152	0.195		40 000	0.002 83	0.003 02	1.034
13 600	0.148	0.189		41 000	0.002 49	0.002 60	1.022
13 800	0.143	0.183		42 000	0.002 19	0.002 24	1.011
14 000	0.139	0.177	1.133	43 000	0.001 94	0.001 94	1.000
14 200	0.135	0.172		44 000	0.001 72	0.001 68	0.999
14 400	0.130	0.167		45 000	0.001 53	0.001 47	0.979
14 600	0.126	0.162		46 000	0.001 36	0.001 28	0.969
14 800	0.122	0.157		47 000	0.001 22	0.001 12	0.960

续表

h/米	$\frac{p}{p_0}$	$\frac{\rho}{\rho_0}$	$\sqrt{\frac{T_0}{T}}$	h/米	$\frac{p}{p_0}$	$\frac{\rho}{\rho_0}$	$\sqrt{\frac{T_0}{T}}$
48 000	0.001 09	0.000 984	0.951	75 000	0.000 037 2	0.000 046 8	1.122
49 000	0.000 977	0.000 866	0.942	80 000	0.000 016 7	0.000 022 9	1.176
50 000	0.000 878	0.000 764	0.933	85 000	0.000 007 21	0.000 009 90	1.176
55 000	0.000 508	0.000 473	0.963	90 000	0.000 003 10	0.000 004 29	1.176
60 000	0.000 284	0.000 282	0.997	95 000	0.000 001 34	0.000 001 85	1.176
65 000	0.000 152	0.000 163	1.034	100 000	0.000 000 58	0.000 000 8	1.176
70 000	0.000 077 4	0.000 089 5	1.075				

注：海平面上的压力 p_0＝760 毫米水银柱①；密度 ρ_0＝0.125 公斤·秒²/米⁴；温度 T_0＝288 开。

一直到几十公里以至 100 公里，大气的组分是基本上不变的，但在 30 公里左右有一层臭氧层，那儿臭氧的浓度比较大。在 100～140 公里高我们遇到第一个电离层（E 层），那儿电离度比它上下邻近区域的电离度高。再往上是第二个电离层（F 层），实际上 F 层在夏季日间又分为 F_1 层及 F_2 层；F_1 层高约 200 公里，F_2 层高约 250～400 公里。大气在这样的高度处密度早已降到很小，具体数据见图 1.5 及图 1.6。所以在 100 公里的高空，大气密度约只有地面的百万分之一；而飞行时的空气阻力是与密度成比例的，所以我们可以说在 100 公里以上的高空，空气阻力是很小的，远远小于地球重力的影响。

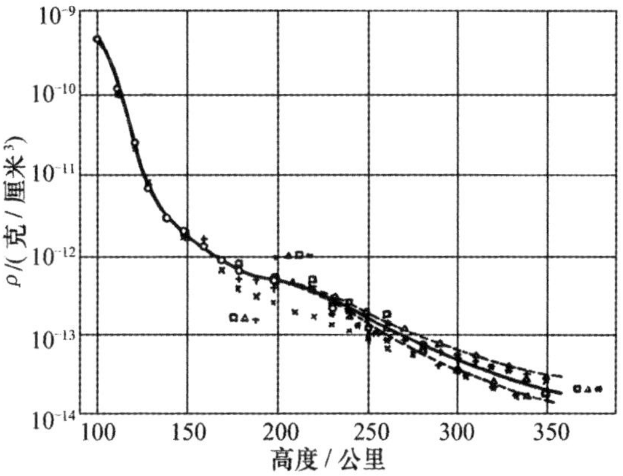

图 1.5　根据火箭和人造卫星测出的密度日变化（100～350 公里）

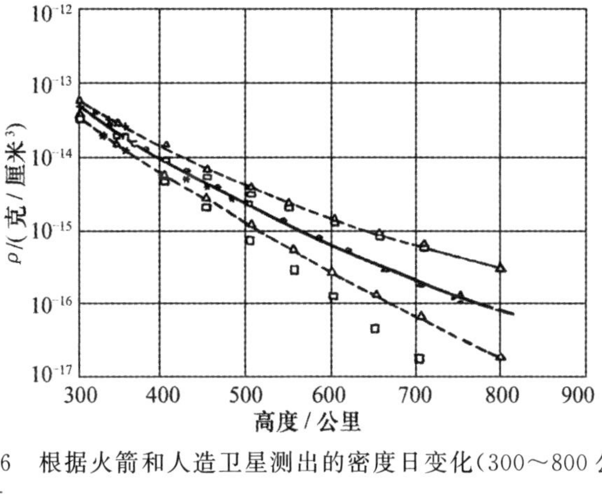

图 1.6　根据火箭和人造卫星测出的密度日变化（300～800 公里）

① 即毫米汞柱，1 毫米汞柱＝133.32 帕。——编者注

以上的一些知识是人们在发射人造地球卫星以前就知道了的。自从人造地球卫星发射后，我们对周围的环境有了新的发现：首先是苏联的维尔诺夫（C. H. Верноs），而后美国的范艾伦（J. A. Van Allen）阐明了内 、外辐射带的存在 。它们是由地球磁场所捕获的带电粒子所组成的；围绕地球形成内、外两个带（见图 1.7），在两磁极地区是带圈的空心处，是地球不被辐射带所包围的两个“窗户”。由于地球磁极与地理极并不重合，而偏向一边，所以辐射带也是偏向一边的；在地球赤道平面上内辐射带的下限在大西洋地区只有 600 公里高，而在太平洋西部地区却有 1 600 公里高。上限约 6 000 公里高。内辐射带的粒子为质子，质子能量达 10^8 电子伏；粒子流的强度为 10^3 质子/(秒 · 球面度 · 厘米^2)。由于质子的能量大，对生物及人有危害。实际上一般卫星式载人飞船不应飞越 300 公里以上，超过 300 公里飞过大西洋地区时粒子浓度已经足以引起危险。在地球赤道平面上，外辐射带离地球中心从 20 000 公里到 60 000 公里；而在 55°到 70°的高纬度，外辐射带下降到 300 公里至 1 500 公里。外辐射带的粒子是电子；能量比 2×10^4 电子伏大的粒子流强度是 10^9 电子/(秒 · 球面度 · 厘米^2)。另一组电子能量约为 10^6 电子伏，强度是 10^5 电子/(秒 · 球面度 · 厘米^2)。外辐射带的粒子能量较低，防护的问题也就比较容易解决。

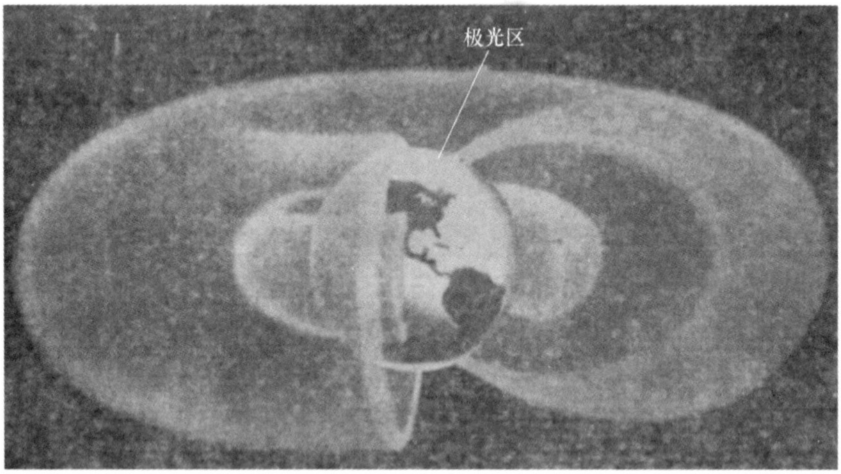

图 1.7 地球的内外辐射带

内、外辐射带的发现说明我们对地球周围环境的了解还在不断深入。为了星际航行，我们必须更进一步研究这些辐射带，搞清楚它们的结构及可能的变化规律。也因为有了地球周围辐射带的启发，人们最近又用了射电天文的方法发现木星周围约 32 万公里的上空（约 4.5 倍木星半径），也有极强的辐射带，强度为地球的 10^{14} 倍！这可能会阻止人降落到木星表面上去，因而必须利用在辐射带外的木星的卫星，即木卫二、木卫三及木卫四作为星际航行者的落脚点。

1.5　第一、第二、第三宇宙速度

了解太阳系的大致情况以后,我们可以对如何作星际航行进行分析和计算。首先来看星际航行对动力的要求是什么? 在这个问题上齐奥尔科夫斯基作出了重大的贡献。他提出了第一宇宙速度、第二宇宙速度及第三宇宙速度的概念,并对它们作了精确的计算。我们将在这节里阐明这个计算。我们的计算将假设地球是圆球形的,地球围绕太阳的轨道也是圆的。这样做自然不是十分精确,但实际上地球形状是接近于圆球形,地球轨道也是接近于圆形,所以这样假设所导致的误差是很小的。

万有引力定律指出:任何两个物体之间要相互吸引,其引力的大小和两个物体质量的乘积成正比,和距离的平方成反比。我们就应用万有引力定律来对物体绕地球的旋转运动进行分析和计算。

假设:如图 1.8 所示,g 为地球表面的引力常数;R 为地球的半径,R=6 371 公里;v 为物体绕地球旋转的速度;r 为物体绕地球的旋转半径;M 为地球的质量;m 为物体的质量。在地球表面上物体的重量是地球对这物体的吸引力,称为重力,即

$$mg = G\frac{Mm}{R^2}$$

故

$$g = G\frac{M}{R^2} \tag{1.1}$$

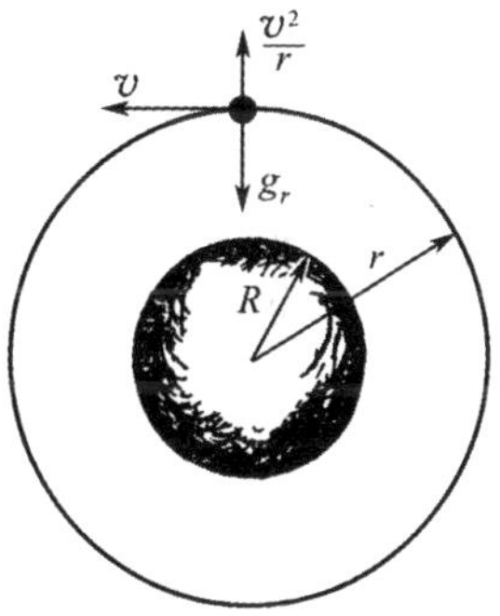

图 1.8　物体绕地球的运动

其中 G 为万有引力常数,$G=(6.670\pm0.005)\times10^{-8}$达因·厘米²/克²。在离地球圆心 r 轨道绕地球旋转的引力为 g_r

$$g_r = G\frac{M}{r^2}$$

由(1.1)式

$$G = g\frac{R^2}{M}$$

所以

$$g_r = g\left(\frac{R}{r}\right)^2$$

因此,作用在物体上的力 F 为

$$F = mg_r = mg\left(\frac{R}{r}\right)^2$$

单位质量的引力,即 $m=1$ 的 F 为 $g\left(\frac{R}{r}\right)^2$,它所产生的加速度为$\frac{v^2}{r}$。所以

$$g\left(\frac{R}{r}\right)^2 = \frac{v^2}{r}$$

或

$$v^2 = gR\left(\frac{R}{r}\right)$$

故

$$v = \sqrt{gR\left(\frac{R}{r}\right)} = \sqrt{gR}\left(\frac{R}{r}\right)^{\frac{1}{2}} \tag{1.2}$$

公式(1.2)说明了 r 越大 v 越小，即离地球越远地球对物体的引力越小，因此旋转的速度也就越小。

卫星的旋转周期 T 为

$$T(r) = \frac{2\pi r}{v} = \frac{2\pi r}{\sqrt{gR}\left(\frac{R}{r}\right)^{\frac{1}{2}}}$$

也就是

$$T(r) = 2\pi\sqrt{\frac{R}{g}}\left(\frac{r}{R}\right)^{\frac{3}{2}} \tag{1.3}$$

由公式(1.3)看出旋转周期同样是距离的函数，距离越远(即 r 越大)周期越长：一方面是因为旋转半径增加了；另一方面是因为 r 增加引力变小，旋转速度降低，所以引起了旋转周期的增加。

1.5.1 第一宇宙速度

第一宇宙速度 V_1 是指物体绕地球旋转，其旋转半径等于地球的半径，这时卫星所具有的旋转速度。V_1 由不使卫星落地，而又能自由地绕地球运转所需的能量来决定。根据公式(1.2)可以得出

$$V_1(R) = \sqrt{gR}\left(\frac{R}{r}\right)^{\frac{1}{2}}$$

由此可以计算出第一宇宙速度为

$$V_1 = \sqrt{gR} = \sqrt{9.81 \times 6\,371\,000} = 7\,910(\text{米}/\text{秒}) = 7.91(\text{公里}/\text{秒}) \tag{1.4}$$

而旋转周期为

$$T_1(R) = 2\pi\sqrt{\frac{R}{g}}\left(\frac{R}{R}\right)^{\frac{3}{2}} = 2\pi\sqrt{\frac{R}{g}}$$

也就是

$$T_1(R) = 2\pi\frac{\sqrt{Rg}}{g} = 2 \times 3.141\,6 \times \frac{7\,910}{9.81} = 5\,070(\text{秒}) = 84.5(\text{分}) \tag{1.5}$$

苏联的卫星是在离地面 200～300 公里的大气层里运转，速度约比 8 公里/秒略小，周期比 84.5 分长，一般接近 90 分。

如果卫星的旋转周期为 24 小时(24 小时＝1 440 分)，其轨道与赤道同心同面，即在地球上看卫星是不动的。这时卫星离地面的高度 h 可以如下计算：

$$\left(\frac{1\,440}{84.5}\right)^{\frac{2}{3}} = \frac{r}{R} = 6.63$$

$$r = 6.63R$$

$$
\begin{aligned}
h &= r - R = 6.63R - R \\
&= 5.63R \\
&= 35\,840(\text{公里})
\end{aligned}
$$

这种高度的轨道是在地球外辐射带的范围内。地球的内辐射带是在离地面 600 公里到6 000 公里之间，而外辐射带是在离地球中心从 20 000 公里到 60 000 公里。

1.5.2 第二宇宙速度

第二宇宙速度 V_2 是指从地球表面发射一个能永远离开地球引力场的物体所需的速度。这里我们不考虑空气的阻力，只计算引力的作用。因此，从地球表面飞到无限远处物体对引力场所做的功等于在发射时所具有的动能。功等于从地球到无限远处的距离乘以作用力。由于 $F=f(r)$，力是距离的函数，故必须在 R 到∞的范围内进行积分。对于单位质量的卫星所做的功等于

$$\int_R^{\infty} g\frac{R^2}{r^2}\mathrm{d}r = gR^2\left[-\frac{1}{r}\right]_R^{\infty} = gR$$

所以

$$\frac{1}{2}V_2^2 = gR$$

也就是

$$V_2 = \sqrt{2gR} = V_1\sqrt{2} = 7.91\times\sqrt{2} = 11.18(\text{公里}/\text{秒}) \tag{1.6}$$

发射高轨道卫星所需的总能量，即从地球发射到 r 轨道并绕地球旋转所需的能量等于从地面提到 r 轨道所做的功，加上卫星在轨道上的动能。对单位质量而言，从地面提升到 r 轨道所做的功为

$$\int_R^{r} g\frac{R^2}{r^2}\mathrm{d}r = gR^2\left[-\frac{1}{r}\right]_R^{r} = gR\left(1-\frac{R}{r}\right)$$

而动能由(1.2)式给出，故如果总能量以相当于速度 V 的动能来代表，那么

$$\frac{1}{2}V^2 = \frac{1}{2}v^2 + gR\left(1-\frac{R}{r}\right) = \frac{1}{2}gR\left(\frac{R}{r}\right) + gR\left(1-\frac{R}{r}\right) = gR\left(1-\frac{1}{2}\cdot\frac{R}{r}\right)$$

$$V^2 = 2gR\left(1-\frac{1}{2}\cdot\frac{R}{r}\right) = V_2^2\left(1-\frac{1}{2}\cdot\frac{R}{r}\right)$$

所以

$$V = V_2\sqrt{1-\frac{1}{2}\cdot\frac{R}{r}} \tag{1.7}$$

对应于把卫星发射到 $T(r)=24$ 小时$=1\,440$ 分的轨道上去所需的能量的速度为

$$
\begin{aligned}
V &= V_2\sqrt{1-\frac{1}{2}\cdot\frac{R}{r}} \\
&= V_2\sqrt{1-0.075\,4} \\
&= 0.961V_2 \\
&= 0.961\times 11.18 \\
&= 10.74(\text{公里}/\text{秒})
\end{aligned}
$$

这个速度要求已经是第二宇宙速度的 96.1%，所以发射高轨道的卫星将比发射低轨道的卫星要难。而实际上，在我们以后的讲解中会看到，发射 24 小时周期的卫星比发射宇宙火箭更难更复杂些。

1.5.3 第三宇宙速度

第三宇宙速度 V_3 是指物体脱离太阳系引力场所需的最小速度。即是在充分地利用了地球绕太阳旋转所具有的能量的情况下，再增加一部分能量就可以使其脱离太阳的引力。因为地球绕太阳旋转的实际椭圆轨道与圆形轨道差别很小，为了推导简化起见，假设地球绕太阳旋转的轨道是圆的。同时，因为各行星相互之间的吸引力比起太阳的吸引力来小得多，因此可以忽略，故只考虑太阳对地球的引力作用。

假设：$M_\odot$ 为太阳的质量；M 为地球的质量；R 为地球的半径；$\mathfrak{R}$ 为地球到太阳的距离（见图 1.9）；g 为地球表面的引力常数；$g_\odot$ 为太阳对地球表面上的引力常数。那么类似公式(1.1)可以写出

$$g_\odot = G\frac{M_\odot}{\mathfrak{R}^2}$$

由公式(1.1)

$$g = G\frac{M}{R^2}$$

所以

$$g_\odot = g\frac{M_\odot}{M}\left(\frac{R}{\mathfrak{R}}\right)^2 \tag{1.8}$$

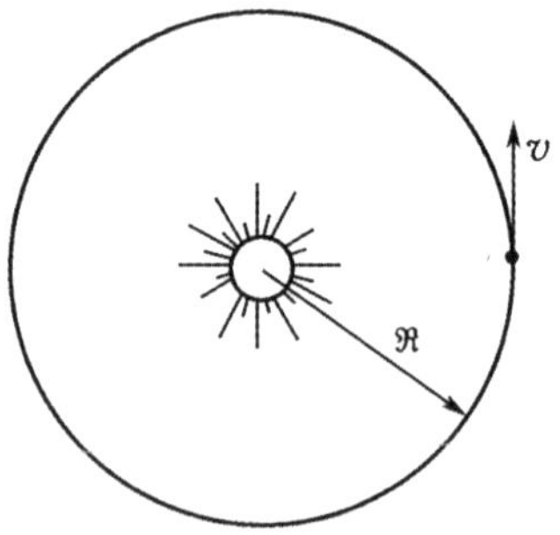

图 1.9 物体在太阳系中的运动

那么在地球轨道上太阳对每单位质量的引力为 $g\frac{M_\odot}{M}\left(\frac{R}{\mathfrak{R}}\right)^2$。

(1.8)式的引力常数在计算轨道速度及脱离引力场速度和以前计算第一宇宙速度及第二宇宙速度的 g 一样，起同样的作用，所以地球绕太阳的速度（卫星的速度一样计算）为

$$V_{\odot_1} = \sqrt{g_\odot \mathfrak{R}} = \sqrt{g\frac{M_\odot}{M}\left(\frac{R}{\mathfrak{R}}\right)^2 \cdot \mathfrak{R}}$$

而单位质量物体脱离太阳系的引力所需具备的速度为

$$V_{\odot_2} = \sqrt{2g_\odot \mathfrak{R}} = \sqrt{g\frac{M_\odot}{M}\left(\frac{R}{\mathfrak{R}}\right)^2 \cdot 2\mathfrak{R}}$$

单位质量的物体脱离太阳系的引力，利用了地球所具有的速度，即物体脱离地球轨道的方向与地球绕太阳旋转的方向相同时，还需增加的速度为

$$V_{\odot_2} - V_{\odot_1} = \sqrt{g\frac{M_\odot}{M}\left(\frac{R}{\mathfrak{R}}\right)^2 \cdot 2\mathfrak{R}} - \sqrt{g\frac{M_\odot}{M}\left(\frac{R}{\mathfrak{R}}\right)^2 \cdot \mathfrak{R}} \tag{1.9}$$

这个速度增量所代表的动能，对单位质量来说是

$$\frac{1}{2}(V_{\odot_2} - V_{\odot_1})^2 \tag{1.10}$$

但这并不是说从地球表面发射一单位质量就只需要这么多动能，因为从地球表面出发，首先得克服地球的引力场，而后剩下来的能量才是(1.10)式所给出的动能。克服地球引力场的动能是 gR，所以从地球表面发射脱离太阳系的最小速度是（不计空气阻力）V_3，而

$$\frac{1}{2}V_3^2 - gR = \frac{1}{2}(V_{\odot_2} - V_{\odot_1})^2$$

所以利用(1.9)和(1.10)式我们有

$$
\begin{aligned}
V_3^2 &= \left[\sqrt{g\frac{M_\odot}{M}\left(\frac{R}{\Re}\right)^2\cdot 2\Re}-\sqrt{g\frac{M_\odot}{M}\left(\frac{R}{\Re}\right)^2\cdot \Re}\right]^2+2gR \\
&= \left[\sqrt{g\frac{M_\odot}{M}\left(\frac{R}{\Re}\right)^2\cdot \Re}(\sqrt{2}-1)\right]^2+2gR \\
&= \left[\sqrt{2g\frac{M_\odot}{M}\left(\frac{R}{\Re}\right)^2\cdot \Re}\left(1-\frac{1}{\sqrt{2}}\right)\right]^2+2gR \\
&= 2g\frac{M_\odot}{M}\left(\frac{R}{\Re}\right)^2\cdot \Re\left(1-\frac{1}{\sqrt{2}}\right)^2+2gR \\
&= 2gR\left[1+\frac{M_\odot}{M}\cdot\frac{R}{\Re}\left(1-\frac{1}{\sqrt{2}}\right)^2\right]
\end{aligned}
$$

所以

$$
\begin{aligned}
V_3 &= V_2\left[1+\frac{M_\odot}{M}\cdot\frac{R}{\Re}\left(1-\frac{1}{\sqrt{2}}\right)^2\right]^{\frac{1}{2}} \\
&= 11.18\times\left(1+332\ 000\times\frac{6\ 371}{149\ 500\ 000}\times 0.292\ 9^2\right)^{\frac{1}{2}} \\
&= 16.63(\text{公里}/\text{秒}) \qquad (1.11)
\end{aligned}
$$

在以上的计算里，我们必须注意，重点是放在最小的脱离太阳系速度这一概念上。我们体现这个概念从两方面做：第一，我们是充分地利用了地球在轨道上公转的速度，使宇宙火箭对太阳运动的方向同地球公转运动的方向一致，任何其他宇宙火箭的方向会增大速度的要求。第二，我们使宇宙火箭一开始就加足速度到 V_3，而不是先只加到第二宇宙速度 V_2，等宇宙火箭脱离了地球引力场之后，已经对地球没有相对速度了，然后再加速到它能离开太阳系。如果这样做，分两段加速，那么所加的速度总和就不是 V_3，而是 $V_2+(V_{\odot_2}-V_{\odot_1})$了，总和自然大于 V_3。所以从加速的观点看问题，一鼓作气比分两段好。为什么有这个区别呢？我们要看到地球表面附近加速，火箭喷气留在势能低的地方，而在脱离地球引力场后加速，火箭喷气将留在势能高的地方。从能量的角度来看后者自然不利。

1.6　齐奥尔科夫斯基公式

齐奥尔科夫斯基公式是在理想情况下，即在没有考虑空气阻力和地心引力的影响下，建立起动量守恒方程式。因火箭增加的动量等于火箭喷射出的气体动量，而其符号相反。如设：M 为瞬时质量，c 为喷气速度，$M^{(1)}$ 为开始飞行的质量，$M^{(2)}$ 为终了时的质量，V 为飞行终了时所具有的速度，$\mathrm{d}v$ 为速度增量（见图 1.10），那么

$$
M\mathrm{d}v=-c\mathrm{d}M
$$

$$
-\frac{\mathrm{d}M}{M}=\frac{\mathrm{d}v}{c}
$$

在 $M^{(1)}$ 到 $M^{(2)}$ 及 $V=0$ 到 V 之间积分即得

$$
\int_{M^{(1)}}^{M^{(2)}}\left(-\frac{\mathrm{d}M}{M}\right)=\int_0^V\frac{\mathrm{d}v}{c}=\frac{1}{c}\int_0^V\mathrm{d}v
$$

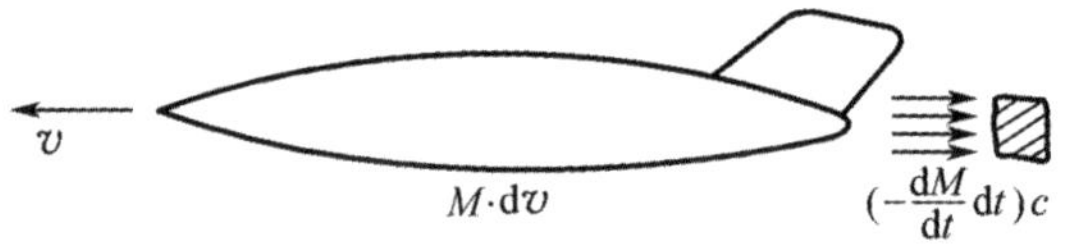

图 1.10 火箭在无外力作用下的运动

$$[-\ln M]_{M^{(1)}}^{M^{(2)}} = \ln \frac{M^{(1)}}{M^{(2)}} = \frac{V}{c}$$

所以

$$\frac{M^{(1)}}{M^{(2)}} = e^{\frac{V}{c}} \tag{1.12}$$

从齐奥尔科夫斯基公式，可以计算出火箭在一定的喷气速度下所携带的推进剂，及其与结构重量之比例。从公式看到，喷气速度 c 越大，质量比$\frac{M^{(1)}}{M^{(2)}}$越小。当喷气速度下降时，质量比$\frac{M^{(1)}}{M^{(2)}}$因是指数函数的关系而增加得很快。即质量比大，也就是起飞质量远远大于火箭停止工作时的质量。我们知道，两个质量之差等于火箭推进剂的质量，所以质量比大就等于说推进剂量增加了，而终了时达到高速的质量减小了，也就是有效负载减小了，两者对我们都不利。所以我们要从各方面采取措施使其喷射速度增加，以求得质量比的减少。这个问题我们将在第 3 章中详细地讲解。

1.7 恒星世界的宇宙航行

现在看起来，应用现代所知道的技术，使用化学燃料、原子反应堆、多级火箭结构的设计等，可以使速度达到每秒几十公里，这正是第一、第二、第三宇宙速度的数量级。因而，在太阳系内的旅行是可以办得到的。当然这需要我们做很多艰苦的工作，但它是可能的。在太阳系里的旅行实际上是行星之间的航行，为了明确起见叫做星际航行。

太阳系的半径约为 40 亿公里，但到最近的一个恒星半人马星座 α 星的距离，却有 400 000 亿公里，即 4.3 光年(1 光年等于以光的速度 30 万公里/秒走 1 年的距离)，是太阳系半径的 1 万倍。而太阳系离我们所在的星际系银河系的中心为 7 000 秒差距(1 秒差距等于 3.259 光年即 3.08×10^{13}公里=308 000 亿公里)，即 22 800 光年；距离银河系的边缘约 6 000 秒差距，即 19 600 光年；银河系的半径为 13 000 秒差距，即 42 400 光年，比太阳到最近的恒星又大了 1 万倍。而银河系又不过是宇宙中亿万个星系中的一个。在总宇宙中，在总星系中现在所能观测得到的约为 100 000 万秒差距，即银河系半径的约 10 万倍。

据现在天文观测所知，在离太阳 17 光年的近邻地区有 42 颗恒星(包含太阳在内，见表 1.8)。但实际上星的数目不止于此，因为有不少星实质上是双星或者三星。在银河系中，双星多星据估计占星的 1/5，如最近的半人马星座 α 星，实际上是距离很近的三颗星 A、B、C。再如离我们 8.7 光年的天狼星，是一颗很亮的星。它实际上是双星，A 星表面温度很高，光色发蓝，是紫外线很强的星；而 B 星直径只有 $0.03R_{\odot}$，但其质量大，密度也大，温度又高，这种星叫白矮星。更为特例的白矮星，如离我们 13.8 光年的 26 号星(Van Maanen 星)，半径仅为 $0.009R_\odot$(即比地球略小)，而质量是地球质量的 36 000 倍，这颗星基本上由原子核组成，而电子层外壳已被挤破了，每立方厘米有半吨重。

表 1.8　邻近的恒星

序号	恒星名称	星距/光年	半径($R_\odot=1$)			质量($M_\odot=1$)			温度/开		
			A	B	C	A	B	C	A	B	C
1	太　阳	—	1.0	—	—	1.0	—	—	5 700	—	—
2	半人马星座 α 星	4.3	0.99	1.58	0.045	1.25	0.65	0.38	5 150	4 950	3 250
3	Barnard 星	6.0	0.12	*	—	0.38	*	—	4 500	*	—
4	Wolf 359	7.7	0.032	—	—	0.25	—	—	3 100	—	—
5	Luyten 726−8	7.9	0.039	0.042	—	0.25	0.36	—	3 100	3 100	—
6	Lalande 21185	8.2	0.351	*	—	0.44	*	—	3 200	*	—
7	天狼星	8.7	1.53	0.030	—	2.35	0.98	—	9 000	8 600	—
8	Ross 154	9.3	0.12	—	—	0.38	—	—	3 000	—	—
9	Ross 248	10.3	0.077	—	—	0.36	—	—	2 900	—	—
10	波江星座 ε 星	10.8	0.89	—	—	0.77	—	—	4 200	—	—
11	Ross 128	10.9	0.11	—	—	0.38	—	—	3 000	—	—
12	天鹅星座 61	11.1	0.71	0.81	*	0.63	0.52	*	3 600	3 200	*
13	Luyten 789−6	11.2	0.084	—	—	0.38	—	—	2 900	—	—
14	南河三(小犬星座 α)星	11.3	1.74	0.007	—	1.8	0.64	—	6 700	7 500	—
15	印第安星座 ε 星	11.4	1.01	—	—	0.65	—	—	3 950	—	—
16	Σ 2398	11.6	0.28	0.19	—	0.41	0.41	—	3 400	2 300	—
17	Groombridge 34	11.7	0.49	0.12	—	0.44	0.40	—	3 200	3 100	—
18	鲸鱼星座 τ 星	11.8	0.57	—	—	1.1	—	—	5 400	—	—
19	Lacaille 9352	11.9	0.28	—	—	0.44	—	—	3 200	—	—
20	BD+5° 1668	12.4	0.17	—	—	0.40	—	—	3 350	—	—
21	Lacaille 8760	12.8	0.83	—	—	0.48	—	—	3 200	—	—
22	Kapteyn 星	13.0	0.24	—	—	0.52	—	—	3 200	—	—
23	Krüger 60	13.1	0.19	0.11	—	0.40	0.38	—	3 100	3 000	—
24	Ross 614	13.1	0.14	* *	—	0.38	* *	—	3 000	* *	—
25	BD−12° 4523	13.4	0.22	—	—	0.38	—	—	3 000	—	—
26	Van Maanen 星	13.8	0.009	—	—	>0.11	—	—	7 000	—	—
27	Wolf 424	14.6	0.091	0.091	—	0.36	0.36	—	3 100	3 100	—
28	Groombridge 1618	14.7	0.50	—	—	0.65	—	—	3 600	—	—
29	CD−37° 15492	14.9	0.40	—	—	0.42	—	—	4 300	—	—
30	CD−46° 11540	15.3	0.26	—	—	0.40	—	—	4 800	—	—
31	BD+20° 2465	15.4	0.28	*	—	0.40	*	—	3 300	*	—
32	CD−44° 11909	15.6	0.15	—	—	0.38	—	—	3 200	—	—
33	CD−49° 13515	15.6	0.34	—	—	0.42	—	—	3 400	—	—
34	AOe 17415−6	15.8	0.33	—	—	0.42	—	—	3 400	—	—

续表

序号	恒星名称	星距/光年	半径($R_\odot=1$)			质量($M_\odot=1$)			温度/开		
			A	B	C	A	B	C	A	B	C
35	Ross 780	15.8	0.15	—	—	0.38	—	—	3 200	—	—
36	Lalande 25372	15.9	0.40	—	—	0.44	—	—	3 400	—	—
37	CC 658	16.0	0.058	—	—	0.7	—	—	8 000	—	—
38	波江星座 o^2 星	16.3	0.83	0.059	0.17	0.85	1.3	0.38	4 400	5 900	3 200
39	蛇夫星座 70	16.4	1.04	0.84	—	0.81	0.65	—	4 800	3 700	—
40	牛郎星	16.5	1.23	—	—	2.2	—	—	9 100	—	—
41	BD+43° 4305	16.5	0.25	—	—	0.38	—	—	3 100	—	—
42	AC+79° 3888	16.6	0.15	—	—	0.40	—	—	3 400	—	—

* 看不见的伴星；

* * 用 5 米直径的望远镜观察的。

而出了太阳系的近邻，恒星世界的奇观就更多了。例如双星中的巨人，天鹅星座 V380 星，是一对高温发蓝光的巨星，它们以 12.43 天的周期相互围绕着转，其距离为 0.611×10^8 公里(只有地球到太阳距离的一半还不到)。一个半径为太阳半径的 29 倍，等于 0.201×10^8 公里，质量为太阳的 43.7 倍；另一个半径为太阳半径的 8 倍，即 0.056×10^8 公里，质量为太阳的 15.6 倍。在这个双星附近的行星，将在天空中看见两个太阳。要说巨星，要以猎户座 α 星(即参宿四)为代表，它离我们有 300 光年，是一颗红色的星，而且是一颗有脉动的星。它的半径从最小为太阳半径的 330 倍到最大为太阳半径的 460 倍，最小半径也是地球到太阳距离的 1.54 倍。另一个更大的星是武仙座的 α 星(Ras Algethi)，它也是红星，离我们有 800 光年，半径为太阳半径的 800 倍。此外还有一些不稳定的星，如变星、新星、超新星。周围有大量气体的所谓"行星星云"佛耳夫-拉叶或 W 型星等。白矮星中的冠军是一颗离我们约 100 光年、在金牛星座离昴星团不远的白矮星。它的直径只有月球的一半，而密度却为每立方厘米 200 吨！

整个宇宙是很大的，它包括了无数个星系，而银河星系是其中之一个，太阳系则只是银河系的一小部分。如果用现在我们能达到的每秒几十公里的速度，就是到最近的几颗恒星附近去也得几万年，这种旅行是不可设想的。故现在人类能飞行的范围是整个宇宙的很小一部分。所以说宇宙航行的可能性目前还很难预料，还只是我们的一个理想，目前还没有具体实现它的途径。因此近 20～30 年的任务是发展太阳系航行技术，或者是行星际航行，简称为星际航行。要突破太阳系的范围，进入大宇宙，必须大大地增加航行速度，直到接近光的速度。但那将产生一系列完全新的问题，例如：牛顿力学的规律不够准确了，要用相对论力学的规律去计算轨道；现有的燃料也不足以达到所需要的速度，必须制造出新的超级燃料。此外，在宇宙航行技术里，也一定包括一些我们现在还无法想到的问题。

1.8 阿克莱公式

到其他恒星去的问题也是速度问题，必须非常接近光速。这样高的速度不能用齐奥尔科夫斯基公式来计算，必须用相对论力学来计算。根据这样的计算，到半人马星座 α 星(见

表 1.8)时，设想宇宙飞船最高速度为 0.80 倍光速，而喷气速度为光速的 0.6 倍。用二级火箭(每一级的质量比 6.24)，一级用来加速火箭到 0.80 倍光速，一级作刹车之用。最大加速为 2 000厘米/秒^2(约 2g)，那么加速和减速对飞船中的人来讲各为 1 年，等速飞行一段对飞船中的人来讲是 2.5 年，共需 4.5 年。到天狼星去(8.7 光年)用多级火箭，用等加速度 2 000 厘米/秒^2，及等减速度 2 000 厘米/秒^2，最大速度 0.94 倍光速，喷气速度仍为 0.6 倍光速。加速及减速对飞船上的人来说各为 0.8 年，直走用 2.5 年，共需 4.1 年。这里看起来好像不合理：到比较远的天狼星反而只需要较短的时间；其实这是因为除了速度有所增加以外，还有一个特殊的相对论效果，在高速运动中的宇宙飞船上，时间的进程要比相对静止的地方慢，在飞船中的人感到的时间是短一些。

由这两个例子看到，用低速进行宇宙航行是很难想象的，即是在 0.80 倍光速下，飞行所需的时间也还要几年；而要使喷气速度达到光速的 0.6 倍，就必须使推进剂在燃烧后放出足够的能量，使其相关联的质量为推进剂原来质量的 20%(相关联的质量是指：转变成动能的那部分质量占推进剂原来质量的百分数。当喷气速度等于光速时，相关联的质量就为 100%)。而现在最强的推进剂是氘的聚变，其相关联的质量不到百分之一，喷气速度为光速的 5%，宇宙航行的要求远远超过了现有燃料所能达到的程度。所以，要实现恒星际航行，还有待于将来制出超高能的核子燃料，来得到接近于光的速度。

这里我们不准备介绍这种相对论力学计算的全部，只介绍相当于齐奥尔科夫斯基公式的阿克莱(J. Ackeret)公式，并且指出两者的差别。如图 1.11 所示，如果火箭相对于发射点的速度是 v，向前为正的方向；相对于火箭的喷气速度为 w，向后为正的方向。那么根据相对论的定律，在固定于发射点的坐标中，喷气速度 w'为

$$-w' = \frac{-w+v}{1-\frac{wv}{c^2}} \tag{1.13}$$

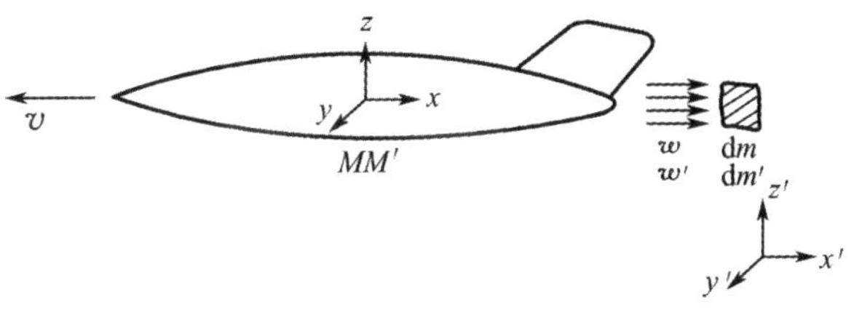

图 1.11　火箭在无外力作用下的相对论力学计算

其中 c 为光速(c=29.979 29±0.000 08 万公里/秒)；M 为静质量；M'为动质量；dm 为喷气的静质量；dm'为喷气的动质量，则

$$M' = \frac{M}{\sqrt{1-\frac{v^2}{c^2}}}$$

$$\mathrm{d}m' = \frac{\mathrm{d}m}{\sqrt{1-\frac{v^2}{c^2}}}$$

从而可以写出能量守恒方程式，即总能的一部分变成喷气的能量为

$$d\left(\frac{Mc^2}{\sqrt{1-\frac{v^2}{c^2}}}\right)+\frac{dm\cdot c^2}{\sqrt{1-\frac{w'^2}{c^2}}}=0 \tag{1.14}$$

而动量守恒方程式为

$$d\left(\frac{Mv}{\sqrt{1-\frac{v^2}{c^2}}}\right)+\frac{dm(-w')}{\sqrt{1-\frac{w'^2}{c^2}}}=0 \tag{1.15}$$

利用公式(1.13)得

$$1-\frac{w'^2}{c^2}=1-\frac{1}{c^2}\left(\frac{-w+v}{1-\frac{wv}{c^2}}\right)^2$$

$$=\frac{1-2\frac{wv}{c^2}+\frac{w^2v^2}{c^4}-\frac{w^2}{c^2}+2\frac{wv}{c^2}-\frac{v^2}{c^2}}{\left(1-\frac{wv}{c^2}\right)^2}$$

$$=\frac{\left(1-\frac{w^2}{c^2}\right)\left(1-\frac{v^2}{c^2}\right)}{\left(1-\frac{wv}{c^2}\right)^2}$$

因此

$$\frac{1}{\sqrt{1-\frac{w'^2}{c^2}}}=\frac{1-\frac{wv}{c^2}}{\sqrt{1-\frac{w^2}{c^2}}\sqrt{1-\frac{v^2}{c^2}}}$$

由此(1.14)式和(1.15)式可写成

$$\frac{dM}{\left(1-\frac{v^2}{c^2}\right)^{\frac{1}{2}}}+M\frac{\frac{vdv}{c^2}}{\left(1-\frac{v^2}{c^2}\right)^{\frac{3}{2}}}=-\frac{1-\frac{wv}{c^2}}{\sqrt{1-\frac{w^2}{c^2}}\sqrt{1-\frac{v^2}{c^2}}}dm$$

$$\frac{vdM}{\left(1-\frac{v^2}{c^2}\right)^{\frac{1}{2}}}+\frac{Mdv}{\left(1-\frac{v^2}{c^2}\right)^{\frac{1}{2}}}+Mv\frac{\frac{vdv}{c^2}}{\left(1-\frac{v^2}{c^2}\right)^{\frac{3}{2}}}$$

$$=-\frac{1-\frac{wv}{c^2}}{\sqrt{1-\frac{w^2}{c^2}}\left(1-\frac{v^2}{c^2}\right)^{\frac{1}{2}}}\left(\frac{-w+v}{1-\frac{wv}{c^2}}\right)dm$$

消去 dm 即得

$$vdM+Mdv\left(\frac{1}{1-\frac{v^2}{c^2}}\right)=\frac{-w+v}{1-\frac{wv}{c^2}}\left(dM+M\frac{dv}{v}\cdot\frac{\frac{v^2}{c^2}}{1-\frac{v^2}{c^2}}\right)$$

运算结果得

$$-\frac{dM}{M}=\frac{c}{2w}\left(\frac{1}{1-\frac{v}{c}}+\frac{1}{1+\frac{v}{c}}\right)d\left(\frac{v}{c}\right)$$

如果火箭的初始静质量是 $M^{(1)}$，发动机作用停止时的静质量是 $M^{(2)}$；初始速度 $v=0$，终了速度为 V，积分后得阿克莱公式为

$$\frac{M^{(1)}}{M^{(2)}}=\left(\frac{1+\frac{V}{c}}{1-\frac{V}{c}}\right)^{\frac{c}{2w}} \tag{1.16}$$

为了比较阿克莱公式和齐奥尔科夫斯基公式，我们对公式(1.16)可进一步加以整理，即

$$\frac{M^{(1)}}{M^{(2)}}=e^{\frac{c}{2w}\ln\left(\frac{1+\frac{V}{c}}{1-\frac{V}{c}}\right)}$$

现在我们展开对数函数

$$\ln\left(\frac{1+\frac{V}{c}}{1-\frac{V}{c}}\right)=\ln\left(1+\frac{V}{c}\right)-\ln\left(1-\frac{V}{c}\right)$$

$$=2\frac{V}{c}\left[1+\frac{1}{3}\left(\frac{V}{c}\right)^2+\frac{1}{5}\left(\frac{V}{c}\right)^4+\frac{1}{7}\left(\frac{V}{c}\right)^6\cdots\right]$$

所以

$$\frac{M^{(1)}}{M^{(2)}}=e^{\frac{V}{w}[1+\frac{1}{3}(\frac{V}{c})^2+\frac{1}{5}(\frac{V}{c})^4+\frac{1}{7}(\frac{V}{c})^6+\cdots]}=e^{\frac{V}{w}}e^{(\frac{V}{c})^2[\frac{1}{3}\cdot\frac{V}{w}+\frac{1}{5}\cdot\frac{V}{w}(\frac{V}{c})^2+\frac{1}{7}\cdot\frac{V}{w}(\frac{V}{c})^4+\cdots]}$$

我们将上式第二个指数函数作为 $\left(\frac{V}{c}\right)^2$ 的幂级数展开，那么

$$\frac{M^{(1)}}{M^{(2)}}=e^{\frac{V}{w}}\left\{1+\left[\frac{V}{w}\left(\frac{V}{c}\right)^2\right]\left[\frac{1}{3}\right]+\left[\frac{V}{w}\left(\frac{V}{c}\right)^2\right]^2\left[\frac{1}{18}+\frac{1}{5}\left(\frac{w}{V}\right)\right]+\left[\frac{V}{w}\left(\frac{V}{c}\right)^2\right]^3\left[\frac{1}{162}+\frac{1}{15}\left(\frac{w}{V}\right)+\frac{1}{7}\left(\frac{w}{V}\right)^2\right]+\cdots\right\} \tag{1.17}$$

这个公式指出：当 $\frac{V}{c}\to 0$ 时，也就是当火箭速度远远比光速小的时候，公式(1.17)中整个大括弧的值等于 1，所以阿克莱公式就简化为齐奥尔科夫斯基公式。也就是说，齐奥尔科夫斯基公式是阿克莱公式的特例。公式(1.17)指出，从齐奥尔科夫斯基公式到阿克莱公式的修正，永远是正的，即是加大的。当火箭速度很高时，用齐奥尔科夫斯基公式计算会得出过小质量比。

恒星际飞行要求飞行速度必须非常接近光速，因此一个主要的要求是喷气速度也必须达到半倍光速以上，不然质量比太大。例如：以今天比较有希望的能源，氘聚变成氦，或受控制的热核反应为

$$6D\to 2He(7.1\text{ 兆电子伏})+2P(17.7\text{ 兆电子伏})+2n(16.55\text{ 兆电子伏})+1.8\text{ 兆电子伏}$$

中子 n 将很快地从反应气体中逸出，其所携带的 16.55 兆电子伏的能量不能用来加热，故 6 个氘原子所产生的热能为 26.6 兆电子伏。若这个能量的 70％有效，变成动能，那么喷气速度为 15 000 公里/秒，比冲约 1.5×10^6 秒。但就是这个看来非常大的喷气速度也只是光速的 5％，即 0.05 倍光速。就是有了这样的喷气速度，要达到飞行速度为 0.80 倍光速，其所必需的质量

比计算如下：

用齐奥尔科夫斯基公式计算为

$$\frac{M^{(1)}}{M^{(2)}}=e^{0.80/0.05}=e^{16}=0.0889\times10^{8}$$

用阿克莱公式计算为

$$\begin{aligned}\frac{M^{(1)}}{M^{(2)}}&=\left(\frac{1+0.80}{1-0.80}\right)^{\frac{c}{2\times0.05c}}\\&=\left(\frac{1.80}{0.20}\right)^{10}\\&=34.8\times10^{8}\end{aligned}$$

以上计算说明了，在火箭速度接近光速时，齐奥尔科夫斯基公式是很不准确的。再者就是用我们在今天看来是最强的氘聚变能源，要达到 80％光速，总质量比要达到 34.8 亿。这是不可设想的大的质量比，所以就是用今天看来是最强的能源，也解决不了宇宙航行的问题。因此，宇宙航行不同于星际航行，星际航行是现实的，而宇宙航行还只不过是一个伟大的理想。但是我们有信心不但能够像今天那样进入星际航行的时代，而且也将实现宇宙航行。我们千万年来在地球表面的活动，从地球表面来研究自然，创造了进入行星际空间的条件；那么即将到来的星际航行时代，人在太阳系中研究自然，一定会给科学技术带来一个全新的境界，使科学技术达到以前不能达到的水平，使宇宙航行能够变为现实。因此，星际航行会给宇宙航行开辟道路！

第 2 章　火箭发动机原理

2.1　星际航行的动力

星际航行对速度的要求已经在上一章中得到了说明。当一物体围绕地球旋转，就需要7.91公里/秒的速度，这样高的速度，想用现代的航空发动机在大气层中是不可能达到的。首先，由于地球表面存在着几十公里厚的大气层，飞行器要以这样高的速度在稠密的大气中飞行，必然要受到巨大的大气阻力。一则飞行器需要很大的力量来克服这一阻力；再则在这样高的速度下，空气与飞行器表面强烈摩擦而产生高热使飞行器烧毁。因此，在大气层中所能达到的高速度是很有限的。但是，我们知道，正如 1.4 节中所讲的，地球表面的大气，随离地面的高度的增加而密度逐渐减小。据测得：离地面 30 公里高处，大气的密度只及地面上大气密度的约 1/100；如果离地面 60 公里时，则只及约 1/10 000；再往上就更加稀薄了，到 100 公里的高空，大气密度只有地面密度的 1/1 000 000 左右。因此，一般说来在太空中就几乎没有空气的阻力存在，就是速度很大也不会有多大的阻力，这对于作星际航行来说是十分有利的条件。然而，由于太空中几近于真空，而航空用的喷气发动机则正是用空气中的氧作氧化剂，没有空气也就没有氧，因此一般空气喷气发动机是不能直接地用在星际航行上的。

火箭发动机则是一很理想的星际航行的发动机。因为它本身已经同时带有燃料和氧化剂，所以它不仅在大气中可以工作，而且在没有空气存在的太空中也同样可以工作。火箭燃烧室中产生的高温、高压气体，利用直接反作用的原理，让这些气体以高速喷出，从而推动火箭。火箭发动机还有另外一个特点是：它的推力之大小与周围介质有关。实际上火箭发动机在高空的推力比在地面的推力要高大约 20%，这是由于地面的大气压力比高空的大气压力高得多的缘故。推力大小与发动机所处高度的关系可由图 2.1 了解。

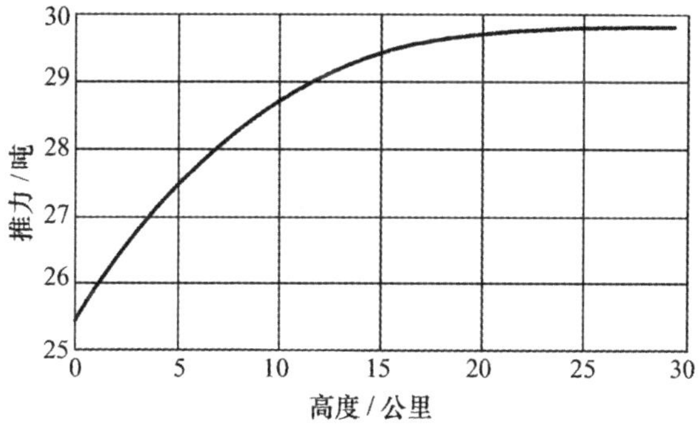

图 2.1　V－2 火箭的推力与高度的关系

由上述可见,火箭发动机是现代最适合于星际航行的发动机,越是在空气稀薄的地方飞行,则它越能发出更大的推力和更高的速度。在这里还需要说明一点:现在要作星际航行,要具有高的速度脱离地球引力飞向其他行星,首先得从地球表面起飞,从静止状态逐渐加到需要的速度。火箭发射时第一步就要以较低的速度通过大气层,这样一来空气喷气发动机就有可能作为多级火箭之第一级发动机,因为它可以充分地利用空气作为氧化剂,而无需在火箭第一级中带上这相当重的一部分氧化剂,从而可以大大减少第一级的重量,这对发射多级火箭有很大的好处。但是用空气喷气发动机及火箭发动机的运载系统,将比纯火箭发动机系统复杂,造价更高。像现在的运载火箭那样,一次使用以后就扔掉是太浪费,所以又必须考虑在完成了加速任务之后,把空的运载系统再安全地降落到地球表面上来,也就是“回收”运载系统。这在技术上就比现在的运载火箭要求更高,今天还没能实现。

2.2 固体推进剂火箭发动机工作原理

固体推进剂火箭发动机,是以固体燃料、固体氧化剂及其他添加剂混合组成的固体火药来作为推进剂。因此一般又可简称之为固体火箭发动机或固体发动机。

固体火箭发动机的特点如下:

1) 最大的优点是结构简单。由图 2.2 可看出典型的固体火箭发动机可分为四个主要部分:燃烧室、喷管、药柱及药柱支承装置。因此,固体火箭发动机广泛地应用到各种火箭弹上,特别是尺寸较小的火箭上。

2) 容易使用,操作可靠,可长期存放。固体火箭发动机的推进剂可事先制成药柱装于燃烧室中,长期存放,如需要时立即可以使用,使用起来也很简便。由于使用的推进剂是固体,因此在发动机工作过程中就不需要专门的推进剂供应和调节系统。由于没有泵、阀门、管路等,因而使发动机工作时较为可靠。

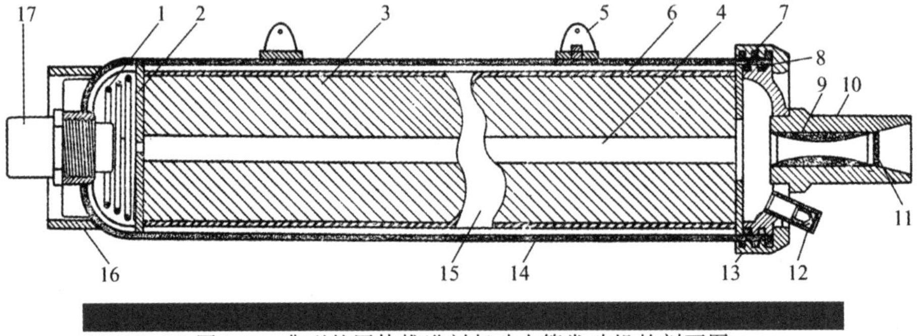

图 2.2 典型的固体推进剂起动火箭发动机的剖面图

1—弹簧(用作装药热膨胀);2—加力分配板(2 块);3—推进剂装药;4—燃气通道;5—安装掛耳(2 个);6—包覆层;7—特殊螺丝;8—环形紧塞具;9—喷管的石墨衬管;10—喷管;11—喷管盖;12—保险装置;13—螺丝封闭环;14—燃烧室壁;15—推进剂药外包覆层;16—贮存时垂直支持;17—点火器

现在来谈一谈固体火箭发动机的起动方法及工作状况：起动点火是十分简单的，一般采用在药柱中空处加入一临时小火药包，用电火花将之引燃后，再借小火药包去点燃整个药柱。药柱燃烧后产生高温高压气体，经过药柱及燃烧室空隙进入喷管膨胀排出而产生推力。因为固体推进剂不能用控制流量方法来进行调节控制，是靠推进剂的燃烧面来控制燃烧速度，从而控制火箭的推力，所以固体药柱的形状及推进剂本身的反应速度是控制燃烧速度的关键。

2.3　液体推进剂火箭发动机工作原理

液体推进剂火箭发动机亦可简称为液体火箭发动机或液体发动机。它与固体火箭发动机的最大不同之点就是所用的推进剂是液体状态。有时推进剂是单一的，如硝基甲烷（CH_3NO_2），即称其为单元液体推进剂。但是更多的情况是分别以氧化剂及燃料贮放于火箭携带的氧化剂及燃料贮箱中，即称其为双元液体推进剂。正由于这一点给液体火箭发动机带来了其他许多不同于固体火箭发动机的特点。这些特点是：增加了推进剂在火箭发动机中的贮存和输送系统、工作过程中推进剂用量的调节控制系统、燃烧室的冷却系统。近几年来，由于液体推进剂的使用，使火箭发动机的工作时间大大增长，推力大大增加，从而有可能把巨大的人造卫星、宇宙火箭及飞船送到预定的轨道上去。虽然由于采用了液体推进剂，使得发动机系统复杂化，各种部件设备增多，但是大推力的液体火箭发动机的结构重量仍得到了相应降低。

目前一般的液体火箭发动机燃烧室，压力都在 30 大气压以上，并且液体推进剂在进行燃烧之前必须进行充分的雾化，这一过程主要是靠氧化剂及燃料通过喷嘴达到雾化的目的。而在喷嘴的雾化过程中，就要产生约为几个大气压以上的压力降；再加上系统中的管路阀门等阻力损失，液体推进剂进入输送系统之前，最低限度应保持有十几个大气压的压头，方才能使推进剂贮箱中的燃料和氧化剂在发动机工作时给予正常的供应。因此对液体火箭发动机而言，正常的供应推进剂是保证发动机正常工作的关键。按照目前液体火箭发动机推进剂的输送形式大致可分为两类。

2.3.1　挤压式

液体火箭发动机的推进剂是借助于高压气体的压力，作用在推进剂液面上，使推进剂经过管路阀门、喷嘴，然后进入燃烧室燃烧，故称之为挤压式。图 2.3 即为挤压式液体火箭发动机的示意图。从图中可以看出，发动机本身除了带有燃料及氧化剂贮箱之外，还带有一高压气罐，内贮有高压惰性气体。高压气体经过减压阀，使压力降低到所需要的压力以后，分别进入燃料及氧化剂贮箱，去挤压燃料和氧化剂，使之输送到燃烧室中进行燃烧。产生的高温、高压气体经喷管膨胀以高速排出，从而产生反作用力推动整个火箭前进。

由于挤压推进剂需要高压气体，而且推进剂贮箱也需要承受一定的高压，因此随着输送推进剂的压力增高，推进剂的贮量增加（即为了增大发动机的推力或增长发动机的工作时间），都必然导致高压气罐及推进剂贮箱重量的增加，因而就增加了发动机的结构重量，相应地也就会降低火箭的有效载荷。所以挤压式输送系统的液体火箭发动机显然不宜做得过大。这种发动机由于靠高压气体挤压输送推进剂，它除了系统中有调节阀门之外没有转动部分，因而系统较简单，工作较可靠，一般推力较小的发动机采用这种形式还是具有优越性的。

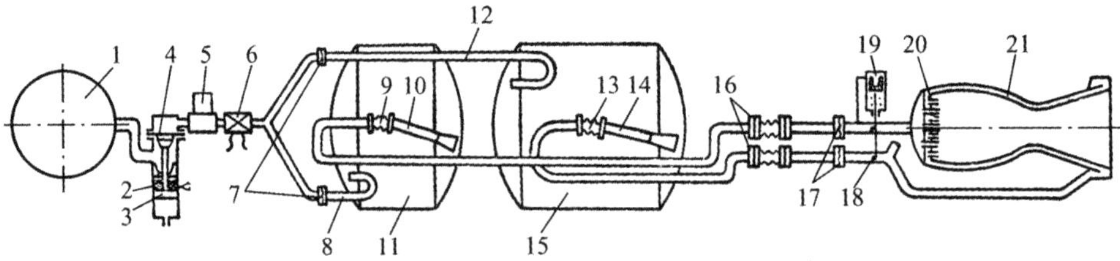

图 2.3　气压式输送系统液体火箭发动机

1—高压气罐；2—启动火药；3—活塞；4—高压阀门膜片；5—气体减压器；6—低压电动阀门；7—易破裂的膜片；8—给燃料箱输送气体的导管；9—燃料集液管的弹性悬接管；10—燃料集液管；11—燃料箱；12—给氧化剂箱输送气体的导管；13—氧化剂集液管的弹性悬接管；14—氧化剂集液管；15—氧化剂箱；16—膜盒；17—燃料和氧化剂管路上的膜片；18—节流阀门；19—控制节流阀门的伺服活塞；20—发动机头部；21—燃烧室

挤压式所用的高压气体是有选择性的。首先一点，所选择的工作气体应当对于燃料和氧化剂均是惰性的，如对于硝酸和煤油为组合的推进剂均可以采用高压空气；其次，对于发射火箭而言，不仅要考虑气体与推进剂之间不发生作用，而且还应当同时考虑到气体的重量。因此一般采用惰性气体氦最为理想，因为它正兼备了与一般推进剂不起任何作用的稳定性和重量轻（分子量为 4，密度不到空气的 1/7）的特点。

2.3.2　涡轮泵式

涡轮泵式的输送系统通常用于推力大和工作时间长的火箭发动机。对于这类火箭，涡轮泵式输送比其他任何类型的系统更轻。系统的重量实质上与发动机的工作时间长短无关。

发动机工作时是用气涡轮直接带动高转速的离心泵将推进剂组分分别由贮箱中抽出，然后压入燃烧室中雾化、混合和燃烧。涡轮的动力来源通常取自蒸汽或燃气。下面分别进行阐述。

2.3.2.1　蒸汽涡轮

涡轮所用的蒸汽是由发动机本身附属的蒸汽发生器来供给的。通常是采用过氧化氢（H_2O_2，浓度 80%以上）在特设的装有催化剂（高锰酸钾 $KMnO_4$、高锰酸钠 $NaMnO_4$ 或高锰酸钙 $Ca(MnO_4)_2$）的气体发生器中分解而得 400℃的高压水蒸气和氧的混合气体来吹动涡轮。为了产生蒸汽，由发动机本身带有一过氧化氢贮箱和为送过氧化氢去蒸汽发生器的高压气瓶。这种形式的输送系统以 V-2 发动机最典型（见图 2.4）。

可以看出，这种类型的发动机，虽然采用了涡轮泵的输送系统，但是仍保留着一部分挤压系统，如果发动机推力增加，特别是工作时间增长时，挤压部分的重量必然会增加，因而输送系统的重量还并不能与发动机的工作时间完全无关。

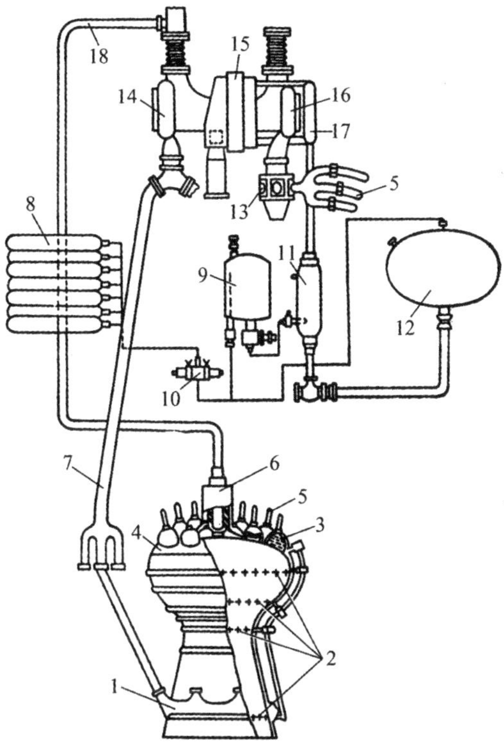

图 2.4　V-2 火箭发动机原理示意图

1—喷管；2—用于冷却的燃料的输送系统；3—喷嘴舱；4—燃烧室；5—通往喷嘴舱的液氧导管；6—燃料主阀门；7—通往冷却外套的燃料导管；8—高压气瓶；9—催化剂箱；10—减压器；11—反应器；12—过氧化氢箱；13—氧化剂主阀门；14—燃料泵；15—涡轮；16—氧化剂泵；17—向涡轮送蒸汽的导管；18—发动机停车时向泵回抽燃料的导管

2.3.2.2　燃气涡轮

这种涡轮的工质来源是直接从泵的出口抽出一定比例的燃料及氧化剂，在一辅助的小燃烧室中进行燃烧，产生约为 600～700℃的高压燃气去驱动涡轮转动，从而带动泵运转。一般火箭发动机推进剂的正常燃烧温度都在 3 000℃左右，这样高温的气体作为涡轮的工质是不行的，因为温度太高会使涡轮的机件变形或烧毁；所以在这辅助燃烧室中采取贫氧燃烧，使燃气温度都控制在 1 000℃以下。这种涡轮所消耗的推进剂一般约为整个发动机消耗的推进剂总量的 2%～3%。燃气涡轮的起动是靠辅助燃烧室中装临时火药包，它燃烧产生燃气推动涡轮来带动泵运转；待泵送出推进剂之后，就可直接供应一定比例的推进剂到辅助燃烧室中燃烧，产生燃气而维持涡轮泵继续正常的工作。这种形式的输送系统比蒸汽涡轮泵更进了一步，它不再有挤压式部分，因此发动机重量得到了进一步减轻，而且其重量不再随发动机工作时间的增长而增加了。

由于采用了泵式输送，因此从推进剂贮箱一直到泵入口的设备都不再要求承受高压。虽然增加了涡轮、泵及其他附属设备，但这些部分在现代技术条件下已经可以做得轻而可靠。因此，采用涡轮泵输送系统在现代火箭发动机中，特别是推力大、工作时间长的液体火箭发动机中，具有其他形式火箭发动机不可及的优越性。但当结合其他方面考虑问题时，挤压式输送亦有可能用在大型液体火箭发动机上。例如美国就曾经设计过一种叫“宇宙”(Cosmos)的推力为 2 730 吨的第一级运载火箭，用液氢、液氧作推进剂，就考虑采用挤压式输送系统。其原因在于挤压式输送系统中的各个设备，高压气罐、推进剂贮箱等虽然比较重，但却也很坚固结实。当这一级火箭的发动机工作结束后，就可能利用高压气罐及液氢贮箱中残存的氢气充起一只大氢气球，发动机借氢气球之浮力缓缓下降，使发动机贮箱和高压气罐安全着陆，从而回收再行利用，以降低每次发射在运载火箭制造方面的费用。

2.4 推力的计算

火箭燃烧室中的气流可以作为是定常的一维流动，即在燃烧室或喷管的任一截面上燃气的速度和压力都不随时间而改变，任一横截面上各点的流速相等，且沿喷管的轴向流动(见图 2.5)。

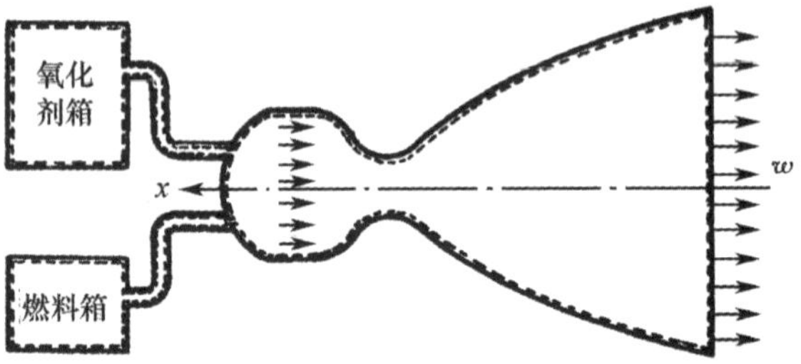

图 2.5 计算推力时的控制面

我们所要求的推力，就是所有作用在发动机包括燃烧室和喷管内壁上的力的轴向合力(即指发动机轴向 x 方向的合力)。什么是内壁？因为我们所要计算的是力与喷气动量之间的关系，我们也就要尽量使动量的计算简单些，这在固体发动机问题不大；推进剂是存放在燃烧室里的，只要我们把坐标固定在火箭上，就不会有什么推进剂的动量。对液体发动机，推进剂是从推进剂箱开始流动的，到了燃烧室的喷嘴，流速可以较大，我们不应该完全忽略在喷嘴处推进剂的动量。这个看来较麻烦的问题，可以用这样的办法来除去：我们把内壁从燃烧室经过喷嘴、推进剂导管，一直扩展到推进剂箱，内壁也包括推进剂箱的内壁，那么确实没有物质流出这样的内壁面，计算动量时只有一个动量，即喷气的动量。作用在内壁的压力为 p，在内壁取一小块面积 $\mathrm{d}A_i$，故作用在这一小块面积上的力为 $p\mathrm{d}A_i$。因为整个发动机是对称的，推力必然是轴向的，我们只要算压力在轴向(x)方向的分力就行了。如果 α 是“法向”(即垂直于 $\mathrm{d}A_i$，而从内壁向外)与 x 轴所形成的角，那么轴向分力是 $p\mathrm{d}A_i\cos\alpha$。整个内壁的轴向力为 $p\mathrm{d}A_i\cos\alpha$ 沿整个内壁的积分，即

$$\int_{内壁} p\cos\alpha\mathrm{d}A_i$$

因此反过来内壁作用在推进剂及燃气上的力应与此力大小相等而方向相反，即为

$$-\int_{内壁} p\cos\alpha \mathrm{d}A_i$$

这里对于推进剂及燃气流动时与燃烧室内壁产生的摩擦力忽略不计，因为它们比起压力 p 来要小得多，达不到 1%。

计算到这里，我们的内壁面还是开放的，在喷管的出口处是开着的。为了计算喷气的动量，我们必须把推进剂和燃气包起来，加上一个喷管出口截面就封闭了。如果在喷管出口截面上的气体压力是 p_e，那么作用在气体上的 x 方向的力是 p_eA_e。其中 A_e 表示喷管出口截面的面积(见图 2.6)。因此对于整个发动机封闭面而言，作用在推进剂及气体上的轴向合力应为

$$-\int_{内壁} p\cos\alpha \mathrm{d}A_i + p_eA_e$$

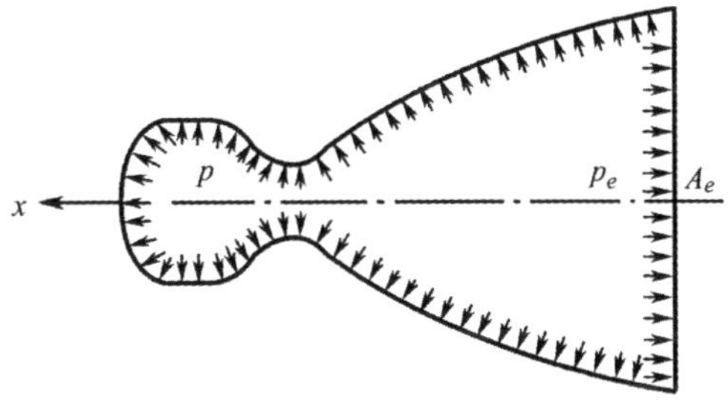

图 2.6　压力作用分布图

由牛顿第二定律(动量定理)知道，作用在气体上的力应当等于每秒钟气体所得到的动量，即

$$-\int_{内壁} p\cos\alpha \mathrm{d}A_i + p_eA_e = \dot{m}(-w)$$

式中 $\dot{m}$ 是每秒钟的燃气质量流率；w 是燃气从喷口喷出的速度。这里喷气速度取负值，是由于排气方向与选择的轴向相反。上式移项得

$$\int_{内壁} p\cos\alpha \mathrm{d}A_i = p_eA_e + \dot{m}w \tag{2.1}$$

如果发动机没有开动，那么作用在发动机内壁上的压力为外界大气静压 p_a。这时我们自然说推力是零。可见推力 T 是 p 及 p_a 之差的结果，即 $(p-p_a)$ 作用在内壁上的 x 方向合力，也就是

$$T = \int_{内壁} (p-p_a)\cos\alpha \mathrm{d}A_i = \int_{内壁} p\cos\alpha \mathrm{d}A_i - \int_{内壁} p_a\cos\alpha \mathrm{d}A_i$$

我们知道在一封闭面上作用相等的压力，则作用力是平衡的，即在任何方向上的合力为零，故得出

$$\int_{内壁} p_a\cos\alpha \mathrm{d}A_i + (-p_a)A_e = 0$$

式中第二项 p_a 取负值是因为压在喷口截面上的大气压力向封闭面内(我们假定的是压力向外为正)。上式移项得

$$\int_{内壁} p_a\cos\alpha \mathrm{d}A_i = p_aA_e \tag{2.2}$$

所以

$$T = \int_{内壁} p\cos\alpha \mathrm{d}A_i - p_aA_e \tag{2.3}$$

将(2.1)式带入(2.3)式得

$$T = \dot{m}w + (p_e - p_a)A_e \tag{2.4}$$

此式即为所求的推力公式。

我们在以上的计算中,实际上是假设发动机中的整个过程是定常的,即不随时间而变化。不然动量的计算就不会那么简单,不能光计算一个喷气动量而不计算推进剂及燃气在发动机内部流动速度随时间的变化。而在火箭发动机中的真实燃烧过程并不是十分稳定的,存在着不同程度的振荡。但是由于这些不稳定过程所带来的偏差,比起整个流出的动量却是很小,因此完全可以假定流动是定常的,直接用此推力公式来计算也还是足够准确的。

但是推力公式(2.4)也还没有能真正解决设计中的计算问题,它没有把喷管的几何尺寸、燃烧室的压力、燃气的性质等与推力联系起来,从而不能用来计算发动机的尺寸。这是因为我们没有具体分析燃烧室以及喷管中气体运动的缘故,在下一节中我们将进行具体分析和计算。

2.5 喷气速度的计算

在第1章里已经谈到在星际航行中希望火箭的喷气速度越高越好,但如何来提高喷气速度,要改进哪些因素,这就需要从以下的计算中加以说明。

根据热力学第一定律,如果 q 是单位质量气体所吸收的热(用机械功单位来计算),E 是单位质量的内能,p 为压力,V 为单位质量的容积,那么

$$\begin{aligned} \mathrm{d}q &= \mathrm{d}E + p\mathrm{d}V \\ &= \mathrm{d}E + \mathrm{d}(pV) - V\mathrm{d}p \\ &= \mathrm{d}(E + pV) - V\mathrm{d}p \\ &= \mathrm{d}H - V\mathrm{d}p \end{aligned} \tag{2.5}$$

其中 $H = E + pV$ 称为焓。焓是物质热力函数之一,只要温度 T、压力 p、容积 V 三者之中的两者给定了,就决定了焓的数值。我们利用焓这一热力函数的原因是它与流速的关系最简单。我们即将看到,为了把火箭发动机内速度的变化与焓的变化联系起来,我们就得出计算火箭喷气速度的公式。动量定理指出:气体的质量 m 乘以速度 w 称为动量 mw,如果没有任何力作用于气流,则根据牛顿第二定律动量不变。当气体沿变截面管子流动时,气体的速度和压力都要变化,也就是说,单位时间动量的变化等于作用力,即压力的作用。

我们参看图2.7,分析一股气流在两个相距 Δx 的截面之间的流动,$\dot{m}$为每秒的流量,$\mathrm{d}w$ 是速度增量,所以$\dot{m}[(w+\mathrm{d}w) - w]$是两个截面之间的每秒钟动量的增加。根据牛顿第二定律,每秒钟动量的增加必须等于作用在气体上的力的总和。这力有几个部分:第一是左方截面的力 pA;第二是右方截面的力$-(p+\mathrm{d}p)(A+\mathrm{d}A)$;第三是侧面的力 $p\mathrm{d}A$。如果略去二次微量不计,那么三者之和为$-A\mathrm{d}p$,所以

$$\dot{m}\mathrm{d}w = -A\mathrm{d}p$$

而$\dot{m} = \rho A w$,其中 ρ 是密度,即单位容积的质量等于$\dfrac{1}{V}$,从而

$$\rho A w \mathrm{d}w = -A\mathrm{d}p$$

即

$$w\mathrm{d}w = -\frac{1}{\rho}\mathrm{d}p = -V\mathrm{d}p \tag{2.6}$$

把(2.6)式代入(2.5)式可得

$$\mathrm{d}q = \mathrm{d}H + w\mathrm{d}w = \mathrm{d}H + \mathrm{d}\left(\frac{1}{2}w^2\right)$$

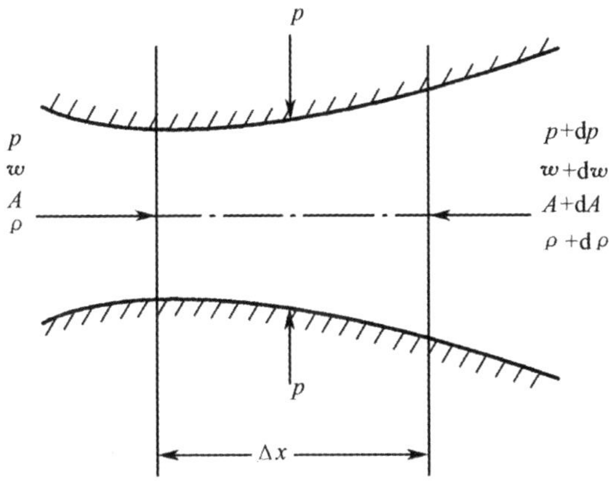

图 2.7　气流在管中的流动

由于火箭发动机的喷管内气流速度很大，气体与喷管壁接触的时间很短，在大型的发动机里约为 0.001 秒，而且大部分气体不靠近喷管壁流动，故气体传给壁的热量很少，与气体的总热量相比一般小于 2%，可以忽略。所以在火箭发动机喷管里的气体膨胀过程，可以认为是与喷管壁没有热交换的情况下进行的，故 $\mathrm{d}q=0$，则

$$\mathrm{d}H + \mathrm{d}\left(\frac{1}{2}w^2\right) = 0$$

所以在这种绝热流动情况下

$$\frac{1}{2}w^2 + H = \text{常数} \tag{2.7}$$

因为在我们的计算中，一切都以单位质量为准，所以 $\frac{1}{2}w^2$ 实际上是气体的动能，那么公式(2.7)的意思是：在每一个气流的截面，其气体的动能与焓之和不变。这个公式只要流动是定常的就成立。它可以应用到理想气体，也可以应用到非理想气体。至于为什么只有在定常情况下才成立，其理由和上节中所说的一样。

如果 w_c 和 H_c 为燃烧室燃烧终了时的气体速度和焓；w_e 和 H_e 为喷管出口的速度及焓，则

$$\frac{1}{2}w_c^2 + H_c = \frac{1}{2}w_e^2 + H_e$$

一般燃气在燃烧终了时的速度，即进入喷管时的速度 w_c，远远小于喷气的速度，所以可以认为 $w_c=0$，因此有

$$H_e + \frac{1}{2}w_e^2 = H_c$$

所以

$$w_e = \sqrt{2(H_c - H_e)} \tag{2.8}$$

公式(2.8)没有作理想气体的假设,故具有一般性,对于一般的气体可以应用。

为了便于进一步计算,我们将首先对理想气体进行计算,于是作如下的假设:

1) 燃烧生成物在整个发动机内其成分是均匀不变的。

2) 因为燃烧温度很高(2 200～3 300℃),燃气的情况远在它们临界区以外,所以性质与理想气体很相近,遵循理想气体定律,并且假设定容比热和定压比热都是常数,对这种理想气体来说

$$pV = RT \tag{2.9}$$

那么依照公式(2.5)当 V 不变的时候,即当 dV=0 时

$$\left(\frac{\partial q}{\partial T}\right)_V = \left(\frac{dE}{dT}\right)$$

其中下标 V 是指容积不变。而 $\left(\frac{\partial q}{\partial T}\right)_V$ 正是定容比热的定义,即在容积不变的条件下,单位质量的气体,温度每提高 1 度所需的热量(机械功单位),所以 $\left(\frac{dE}{dT}\right) = C_V$。而我们如果像通常那样,把内能的标定点放在绝对零度,即当 $T=0$ 开时,$E=0$,那么由于假设 C_V 是常数,故

$$E = C_V T \tag{2.10}$$

当 p 不变的时候,$dp=0$,故公式(2.5)给出

$$\left(\frac{\partial q}{\partial T}\right)_p = \frac{dH}{dT}$$

其中下标 p 是指压力不变。而 $\left(\frac{\partial q}{\partial T}\right)_p$ 正是定压比热的定义,即在压力不变的条件下,单位质量的气体,温度每提高 1 度所需的热量(机械功单位),所以 $\frac{dH}{dT} = C_p$。而由于假设 C_p 是常数,故

$$H = C_p T \tag{2.11}$$

而

$$C_p - C_V = \frac{dH}{dT} - \frac{dE}{dT} = \frac{d(E + pV)}{dT} - \frac{dE}{dT}$$

即

$$C_p - C_V = \frac{d(pV)}{dT}$$

依照理想气体的物态方程(2.9)得

$$C_p - C_V = R \tag{2.12}$$

其实公式(2.12)的推导并没有引用比热不变的假设,所以它对于变比热的理想气体也是正确的。两个比热的比一般叫做绝热指数,即

$$\frac{C_p}{C_V} = k \tag{2.13}$$

所以引入理想气体定律后,燃气的焓等于定压比热乘以温度,即

$$H_e = C_p T_e$$

$$H_c = C_p T_c$$

公式(2.8)变成

$$w_e = \sqrt{2C_p(T_c - T_e)} = \sqrt{2C_p T_c \left(1 - \frac{T_e}{T_c}\right)} \tag{2.14}$$

现在的问题是：温度比$\frac{T_e}{T_c}$一般不是设计所规定的，规定的是膨胀压力比$\frac{p_e}{p_c}$。如何把$\frac{T_e}{T_c}$和$\frac{p_e}{p_c}$联系起来？这就要求我们研究喷管中气体流动的过程。但是我们以前说过：过程是可以作为绝热的。严格说来，气体在喷管中流动，对管壁有些摩擦，摩擦把机械能变成热能，所以气体除了膨胀作功之外，还得对摩擦作功。但另一方面又吸收摩擦所生的热，这是气体内部所生的热，不是管壁上传进来的。但是由于摩擦力很小，这些效果在喷管的整个过程中不占重要部分，可以略去不计。所以整个过程不但没有外部加热，也没有内部加热。不计摩擦效果的理想绝热过程称为等熵过程。这样叫的理由是因为，熵 s 的定义是 $ds=\frac{dq}{T}$，等熵就是说在过程中熵没有变化，$ds=\frac{dq}{T}=0$。对理想气体来说，如果 $dq=0$，那么(2.5)式可以写成

$$0 = dE + pdV = C_V dT + pdV = \frac{C_V}{R}d(RT) + pdV = \frac{1}{k-1}(pdV + Vdp) + pdV$$

或写为

$$0 = k\frac{dV}{V} + \frac{dp}{p} \tag{2.15}$$

积分后即得

$$pV^k = 常数 \tag{2.16}$$

因此如果下标1及下标2代表等熵过程中的两点，其压力及容积分别为 p_1，V_1；p_2，V_2；那么

$$\frac{p_1}{p_2} = \left(\frac{V_2}{V_1}\right)^k \tag{2.17}$$

如果代入物态方程(2.9)得

$$\frac{T_2}{T_1} = \left(\frac{p_2}{p_1}\right)^{\frac{k-1}{k}} \tag{2.18}$$

于是公式(2.14)变成

$$w_e = \sqrt{2C_pT_c\left[1-\left(\frac{p_e}{p_c}\right)^{\frac{k-1}{k}}\right]} \tag{2.19}$$

因为

$$C_p = kC_V = \frac{kC_V}{C_p - C_V}(C_p - C_V) = \frac{k}{k-1}R$$

而如果 $\mathfrak{M}$ 是燃气的平均分子量，那么气体常数

$$R = \frac{\overline{R}}{\mathfrak{M}}$$

其中$\overline{R}$是普适常数(为1公斤克分子①任何一种气体或任何一种气体混合物的通用气体常数)。以功的单位表示为

$$\begin{aligned}\overline{R} &= 8.314\times10^7\ 尔格^{②}/(克分子\cdot 开)\\ &= 8.31\ 焦/(克分子\cdot 开)\\ &= 848\ 公斤\cdot 米/(公斤克分子\cdot 开)\end{aligned}$$

---

① 现用摩尔表示。——编者注

② 1尔格 $=10^{-7}$ 焦。——编者注

以热量单位表示为

$$\overline{R}=1.986\ \text{大卡}^{①}/(\text{公斤克分子}\cdot\text{开})$$

那么公式(2.19)可以写为

$$w_e=\sqrt{\frac{2k}{k-1}\cdot\frac{\overline{R}}{\mathfrak{M}}T_c}\sqrt{1-\left(\frac{p_e}{p_c}\right)^{\frac{k-1}{k}}} \tag{2.20}$$

此式即为理想喷管喷出速度的计算公式。

当在真空的条件下，即出口压力 $p_e=0$，喷气速度达到最大值，这时气体的温度及焓降低到零

$$T_e=T_c\left(\frac{p_e}{p_c}\right)^{\frac{k-1}{k}}\rightarrow 0$$

也就是分子不规则运动的能量全部变成气流有组织运动的动能。喷出速度达到最大值 $w_{\max}$ 的计算公式为

$$w_{\max}=\sqrt{2C_pT_c}=\sqrt{\frac{2k}{k-1}\cdot\frac{\overline{R}}{\mathfrak{M}}T_c} \tag{2.21}$$

所以

$$w_e=w_{\max}\sqrt{1-\left(\frac{p_e}{p_c}\right)^{\frac{k-1}{k}}} \tag{2.22}$$

而实际上，射流速度不可能达到最大值，因为喷管出口的压力及温度的降低永远是有限值。但是我们仍希望，出口压力 p_e 越小燃烧室压力 p_c 越高越好，即使比值$\frac{p_e}{p_c}$越小越好。这可以从提高燃烧室压力来降低比值，但固体火箭发动机燃烧室压力有限制，压力太高，结构重量会增大，推进剂燃烧速度也会太大，所以一般为 35～45 大气压。而液体火箭发动机燃烧室的压力，受涡轮泵及结构重量的限制，一般为 40～70 大气压。故一般比值$\frac{p_e}{p_c}$的变化范围为$\frac{1}{10}$～$\frac{1}{60}$或$\frac{1}{70}$，所以想从提高 $\sqrt{1-\left(\frac{p_e}{p_c}\right)^{\frac{k-1}{k}}}$ 项的值来增加喷气速度是有限的。另外可从 $\sqrt{\frac{2k}{k-1}}$ 项来看，由于 k 值取决于气体的结构组成和温度，它随温度的上升而下降。对于单原子气体而言，具有最大的值，$k=1.67$，对双原子气体可由在低温下的 1.4 到高温下的 1.28 之间变化。多原子气体值更小，一般高温气体的 k 在 1.25 到 1.3 之间变化。因此 k 值的变化范围不大，所以 k 值的变化对喷气速度的影响也很小。要想提高喷气速度主要依赖于提高燃烧终了时的温度 T_c，和降低燃气的平均分子量，即使$\frac{T_c}{\mathfrak{M}}$的比值提高。由于提高温度和降低分子量有时是互相矛盾的，如以液氢液氧发动机为例，当想提高燃烧温度时，可以增加氧量使其在接近于水的组分，即两个氢原子、一个氧原子的条件下燃烧，但这时因为氧的分子量大，由于氧的增加使其燃气混合物的平均分子量跟随增加了，反而不好。故受到两者的限制，只能是采取使总的效果$\frac{T_c}{\mathfrak{M}}$之比值增加的办法来提高喷气速度。一般是取选择推进剂使其 T_c 上升，而不要使燃气的

① 1 大卡 = 4.186 8 千焦。—— 编者注

平均分子量增加;其结果是使其喷射速度增加。

2.6　喷管的形状

由于喷射速度很高,一般在喷管出口达到了超声速,而在燃烧终了时的速度一般是低于声速,即亚声速。所谓声速是指:气体中不均匀性或干扰在介质中的传播速度。不仅仅指人的耳朵能感觉到的波动如声音,而且也包括频率已超过听觉范围以外的气体波动。其声速的数学表示式可以作如下的推导。

由于不动的气体受到冲击后,气体被压缩,波以速度 v 从左向右传播。为了把它变成一个定常化的问题,使其不随时间而变化,故使我们跟随波一起以速度 v 移动,我们站在波上来看,对于单位面积而言可以写出:

连续方程　表示了物质不灭的关系,流进 A′A 面的质量等于流出的质量(见图 2.8),没有消失也没有堆积

$$1\cdot\rho v = 1\cdot(\rho+\mathrm{d}\rho)(\mathrm{d}v+v)$$

略去二次微分项

$$v\mathrm{d}\rho+\rho\mathrm{d}v=0$$

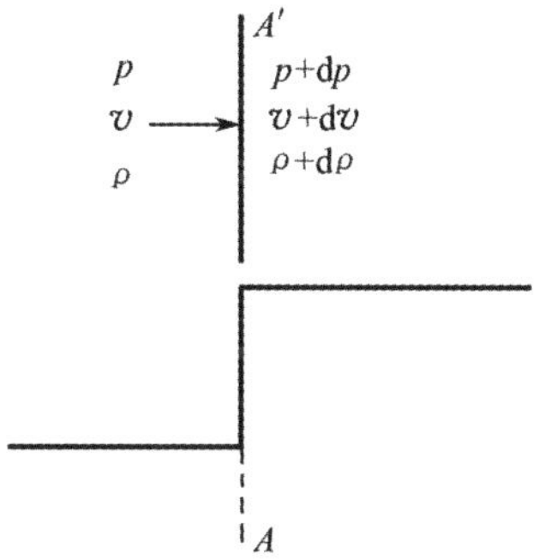

图 2.8　在气体中干扰的传播

动量方程　动量的变化等于压力的作用。对于单位面积而言

$$(\rho+\mathrm{d}\rho)(v+\mathrm{d}v)^2-\rho v\cdot v=[p-(p+\mathrm{d}p)]$$

展开得

$$v^2\mathrm{d}\rho+2\rho v\mathrm{d}v=-\mathrm{d}p$$

或

$$-v^2\mathrm{d}\rho+2v^2\mathrm{d}\rho+2\rho v\mathrm{d}v=-\mathrm{d}p$$

也就是

$$-v^2\mathrm{d}\rho+2v(v\mathrm{d}\rho+\rho\mathrm{d}v)=-\mathrm{d}p$$

以连续方程的结果代入则得

$$-v^2\mathrm{d}\rho=-\mathrm{d}p$$

所以

$$v^2=\frac{\mathrm{d}p}{\mathrm{d}\rho}$$

我们所计算的速度 v,实际上就是一个小的压力变化的传播速度,即声速 a,所以

$$a=\sqrt{\frac{\mathrm{d}p}{\mathrm{d}\rho}}\tag{2.23}$$

因为气体在迅速地压缩和膨胀时,气体来不及热交换,所以波传播的气体压缩过程为绝热等熵过程。那么根据(2.15)式

$$\frac{\mathrm{d}p}{\mathrm{d}\rho}=\frac{kp}{\rho}$$

$$a=\sqrt{\frac{\mathrm{d}p}{\mathrm{d}\rho}}=\sqrt{\frac{kp}{\rho}}$$

根据状态方程 $p=\rho RT$，所以

$$a=\sqrt{\frac{k\rho RT}{\rho}}=\sqrt{kRT}=\sqrt{k\frac{\overline{R}}{\mathfrak{M}}T} \tag{2.24}$$

公式(2.24)与实验很符合，说明了气体中的声速与压力和密度的绝对值无关，而与它们的比值有关，即与温度有关。

但是如何能够使燃烧终了的燃气速度达到声速，甚至超过声速呢？这里应用了几何喷管，即拉瓦尔喷管，可以使亚声速气流变成超声速气流。其作用原理分析如下：这里同样假设为理想气体，同时是稳定的一维气体流动，即空间每一点的气体参数如速度、压力、温度、密度，不随时间而变。速度为一常数等于轴心的速度，忽略了变截面而产生的向轴心和离轴心的径向流动。因此流量方程为

$$\rho wA=\text{常数} \tag{2.25}$$

取对数

$$\ln(\rho wA)=\ln(\text{常数})$$

即

$$\ln\rho+\ln w+\ln A=\ln(\text{常数})$$

微分得

$$\frac{d\rho}{\rho}+\frac{dw}{w}+\frac{dA}{A}=0$$

重新排列后得

$$\frac{dA}{A}=-\frac{dw}{w}-\frac{d\rho}{\rho}=-\frac{dw}{w}-\frac{d\rho}{dp}\cdot\frac{dp}{\rho}$$

因为

$$wdw=-\frac{dp}{\rho}$$

而马赫数 Ma 为

$$Ma=\frac{w}{a}$$

所以

$$\begin{aligned}\frac{dA}{A}&=-\frac{dw}{w}+\frac{d\rho}{dp}wdw\\&=-\frac{dw}{w}+\frac{d\rho}{dp}w^2\frac{dw}{w}\\&=-\frac{dw}{w}\left(1-\frac{d\rho}{dp}w^2\right)\\&=-\frac{dw}{w}\left(1-\frac{w^2}{a^2}\right)\end{aligned}$$

故

$$\frac{dA}{A}=\frac{dw}{w}(Ma^2-1) \tag{2.26}$$

从方程(2.26)可以看出，拉瓦尔喷管完全是由于截面的变化而引起的速度变化，没有热量变化，与外界也没有热及机械功的交换，也没有摩擦的存在，故叫做几何喷管。

当气流加速时，$\frac{dw}{w}>0$，管截面按照公式(2.26)的变化为：

$w<a$，则$\frac{dA}{A}<0$(收缩)即对亚声速气流一般缩小截面就可提高速度；

$w=a$，则$\frac{dA}{A}=0$ 喉部截面；

$w>a$，即$\frac{dA}{A}>0$(扩散)即对超声速的气流，要想增加速度必须扩大截面。

应该注意到：在喉部截面附近，气流对管横截面的变化是十分敏感的，例如由 $Ma=0.9$ 变到 $Ma=1$ 产生 10%的速度变化，而截面积的变化则为 2%；但从 $Ma=0.95$ 到 $Ma=1$ 则截面积只要变 0.5%。由于这个原因，要在直管里保持相当长的一段临界状态是极难的，必须要收缩与扩张两部分来组成；而在喷管最窄处的气体速度恰等于声速，即 $Ma=1$。

由以上分析看来，我们在超声速喷管中要达到最大的速度就要求气体完全膨胀到 $\rho_e=0$。这时依照公式(2.25)喷管出口截面积会无限地增加，也就增加了喷管的尺寸及重量。因此，最大速度 w_{max} 是不可能达到的，不能够单纯地追求最大速度，必须与发动机喷管的合理尺寸及重量联系起来考虑。而火箭发动机喷管的几何尺寸，取决于喉部截面和出口截面之面积比，因此我们要对膨胀比进行计算。

设 p_e、w_e、A_e 分别为喷管出口处的压力、速度、面积，ρ^*、A^*、w^* 分别为喷管喉部截面的密度、面积、速度，p_c、T_c、ρ_c 分别为燃烧室的压力、温度、密度。

由质量守恒方程即公式(2.25)得到

$$\rho^* w^* A^* = A_e w_e \rho_e$$

$$\frac{A_e}{A^*} = \left(\frac{\rho^*}{\rho_e}\right)\left(\frac{w^*}{w_e}\right)$$

而根据公式(2.22)

$$w^* = w_{max}\sqrt{1-\left(\frac{p^*}{p_c}\right)^{\frac{k-1}{k}}}$$

$$w_e = w_{max}\sqrt{1-\left(\frac{p_e}{p_c}\right)^{\frac{k-1}{k}}}$$

所以

$$\frac{A_e}{A^*}=\left(\frac{p^*}{p_e}\right)^{\frac{1}{k}}\left[\frac{1-\left(\frac{p^*}{p_c}\right)^{\frac{k-1}{k}}}{1-\left(\frac{p_e}{p_c}\right)^{\frac{k-1}{k}}}\right]^{\frac{1}{2}}$$

$$=\left(\frac{p^*}{p_c}\cdot\frac{p_c}{p_e}\right)^{\frac{1}{k}}\left[\frac{1-\left(\frac{p^*}{p_c}\right)^{\frac{k-1}{k}}}{1-\left(\frac{p_e}{p_c}\right)^{\frac{k-1}{k}}}\right]^{\frac{1}{2}}$$

如果我们认为燃烧室的压力是相应于 $w_c=0$ 时的压力，又是理想气体，那么燃烧室出口与喉部截面处的能量守恒方程可写成

$$H_c = H^* + \frac{1}{2}w^{*2}$$

$$C_p T_c = C_p T^* + \frac{1}{2}w^{*2}$$

喉部截面的速度等于声速，即

$$w^{*2}=a^{*2}=k\frac{p^*}{\rho^*}$$

所以

$$C_pT_c=C_pT^*+\frac{k}{2}\cdot\frac{p^*}{\rho^*}$$

用 C_pT_c 除以上方程得

$$1=\frac{T^*}{T_c}+\frac{k}{2}\cdot\frac{p^*}{\rho^*}\cdot\frac{1}{C_pT_c}$$

即

$$1=\frac{T^*}{T_c}+\frac{k}{2}\left(\frac{p^*}{p_c}\cdot\frac{\rho_c}{\rho^*}\right)\frac{p_c}{\rho_c}\cdot\frac{1}{C_p}\cdot\frac{\rho_cR}{p_c}$$

$$1=\frac{T^*}{T_c}+\frac{k}{2}\left(\frac{p^*}{p_c}\cdot\frac{\rho_c}{\rho^*}\right)\frac{k-1}{k}$$

$$\begin{aligned}1&=\left(\frac{p^*}{p_c}\right)^{\frac{k-1}{k}}+\frac{k-1}{2}\left[\frac{p^*}{p_c}\left(\frac{p_c}{p^*}\right)^{\frac{1}{k}}\right]\\&=\left(\frac{p^*}{p_c}\right)^{\frac{k-1}{k}}+\frac{k-1}{2}\left(\frac{p^*}{p_c}\right)^{\frac{k-1}{k}}\\&=\left(\frac{p^*}{p_c}\right)^{\frac{k-1}{k}}\left(1+\frac{k-1}{2}\right)\\&=\left(\frac{p^*}{p_c}\right)^{\frac{k-1}{k}}\left(\frac{k+1}{2}\right)\end{aligned}$$

所以

$$\left(\frac{p^*}{p_c}\right)^{\frac{k-1}{k}}=\frac{2}{k+1} \tag{2.27}$$

$$\left(\frac{p^*}{p_c}\right)^{\frac{1}{k}}=\left(\frac{2}{k+1}\right)^{\frac{1}{k-1}} \tag{2.28}$$

把以上两个结果代入面积比的公式则得

$$\frac{A_e}{A^*}=\left(\frac{2}{k+1}\right)^{\frac{1}{k-1}}\left(\frac{p_c}{p_e}\right)^{\frac{1}{k}}\left[\frac{1-\dfrac{2}{k+1}}{1-\left(\dfrac{p_e}{p_c}\right)^{\frac{k-1}{k}}}\right]^{\frac{1}{2}}$$

或简化成

$$\frac{A_e}{A^*}=\left(\frac{2}{k+1}\right)^{\frac{1}{k-1}}\sqrt{\frac{k-1}{k+1}}\cdot\frac{\left(\dfrac{p_c}{p_e}\right)^{\frac{1}{k}}}{\sqrt{1-\left(\dfrac{p_e}{p_c}\right)^{\frac{k-1}{k}}}} \tag{2.29}$$

公式(2.29)对于一个不变的绝热指数 k 而言，$\frac{p_c}{p_e}$仅与面积比有关。公式也可以用来计算任意一截面 A_x 上的气体参数。用 A_x 替换 A_e，p_x 替换 p_e，由$\frac{A_x}{A^*}$求出$\frac{p_x}{p^*}$，再由绝热方程用$\frac{p_x}{p^*}$求出其他的参数。此公式也可以应用在喷管的亚声速和超声速部分，因此我们可以用公式(2.29)

来确定喷管全长上气流参数的变化。如果在一定的燃烧室条件下，喷管喉部的尺寸不变，外界压力也不变，根据详细计算的结果，最大的推力是发生在 $p_e = p_a$（p_a 为周围大气的压力）时，其面积比即膨胀比为

$$\frac{A_e}{A^*} = \left(\frac{2}{k+1}\right)^{\frac{1}{k-1}} \sqrt{\frac{k-1}{k+1}} \cdot \frac{\left(\frac{p_c}{p_a}\right)^{\frac{1}{k}}}{\sqrt{1-\left(\frac{p_a}{p_c}\right)^{\frac{k-1}{k}}}} \tag{2.30}$$

2.7 推力系数

上一节的计算明确了发动机的一个重要的相对尺寸膨胀比，但是还没有能给出计算绝对尺寸的公式。给出这样的公式就是本节的目的。这个公式就是推力系数 C_T 的公式，其定义为

$$C_T = \frac{T}{p_c A^*} \tag{2.31}$$

它的用处是：在知道了推力的要求之后，决定了燃烧室压力 p_c，就能用 C_T 倒算喷管喉部的尺寸，燃烧室和整个喷管的尺寸也就依此而定。

由公式(2.4)，我们得到

$$T = \rho_e A_e w_e^2 + A_e(p_e - p_a)$$

因此

$$\begin{aligned}
C_T &= \frac{T}{p_c A^*} = \frac{\rho_e A_e w_e^2}{p_c A^*} + \frac{p_e - p_a}{p_c} \cdot \frac{A_e}{A^*} \\
&= \frac{A_e}{A^*}\left\{\frac{\rho_e}{p_c} \cdot 2C_p T_c\left[1-\left(\frac{p_e}{p_c}\right)^{\frac{k-1}{k}}\right] + \frac{p_e}{p_c} - \frac{p_a}{p_c}\right\} \\
&= \frac{A_e}{A^*}\left\{\frac{\rho_e}{p_c} \cdot \frac{2kR}{k-1} \cdot \frac{p_c}{\rho_c R}\left[1-\left(\frac{p_e}{p_c}\right)^{\frac{k-1}{k}}\right] + \frac{p_e}{p_c} - \frac{p_a}{p_c}\right\} \\
&= \frac{A_e}{A^*}\left\{\frac{2k}{k-1} \cdot \frac{\rho_e}{\rho_c}\left[1-\left(\frac{p_e}{p_c}\right)^{\frac{k-1}{k}}\right] + \frac{p_e}{p_c} - \frac{p_a}{p_c}\right\} \\
&= \frac{A_e}{A^*}\left\{\frac{2k}{k-1}\left(\frac{p_c}{p_e}\right)^{-\frac{1}{k}}\left[1-\left(\frac{p_e}{p_c}\right)^{\frac{k-1}{k}}\right] + \frac{p_e}{p_c} - \frac{p_a}{p_c}\right\}
\end{aligned}$$

公式(2.29)代入上式得

$$C_T = \left(\frac{2}{k+1}\right)^{\frac{1}{k-1}} \sqrt{\frac{k-1}{k+1}}\left[\frac{2k}{k-1}\sqrt{1-\left(\frac{p_e}{p_c}\right)^{\frac{k-1}{k}}} + \frac{\left(\frac{p_c}{p_e}\right)^{\frac{1}{k}}}{\sqrt{1-\left(\frac{p_e}{p_c}\right)^{\frac{k-1}{k}}}}\left(\frac{p_e}{p_c} - \frac{p_a}{p_c}\right)\right]$$

或

$$C_T = \left(\frac{2}{k+1}\right)^{\frac{1}{k-1}} \sqrt{\frac{k-1}{k+1}}\left[\frac{2k}{k-1}\sqrt{1-\left(\frac{p_e}{p_c}\right)^{\frac{k-1}{k}}} + \frac{\left(\frac{p_e}{p_c}\right)^{\frac{k-1}{k}}\left(1-\frac{p_a}{p_e}\right)}{\sqrt{1-\left(\frac{p_e}{p_c}\right)^{\frac{k-1}{k}}}}\right] \tag{2.32}$$

公式(2.32)是在理想气体及喷管中无热交换即等熵情况下，所得的推力系数的理论计算公式。图2.9及图2.10给出了推力系数在一定的绝热指数下，不同的面积比、压力比的情况下变化的理论计算结果。我们看到推力系数 C_T 一般是介于1与2之间的数值，也就是说，推力要比燃烧室压力 p_c 与喷管喉部截面之乘积大些，但不会大太多。这是一个值得记住的重要关系。

从图2.9及图2.10可看出，在固定的压力比 $\frac{p_c}{p_e}$ 时，有一个最好的膨胀比，即推力系数为最大的那一个点。当气体出口压力 $p_e > p_a$(外界大气压力)时，产生膨胀不足的情况，即出口截面积 A_e 还不够大，喷出后仍继续膨胀。当 $p_e < p_a$ 时，即喷管出口压力低于周围的大气压力，产生过膨胀。在发动机的流量一定的情况下，选择推力系数 C_T 最大即 $p_e = p_a$ 时的膨胀比，得到一个最大的有效喷气速度。

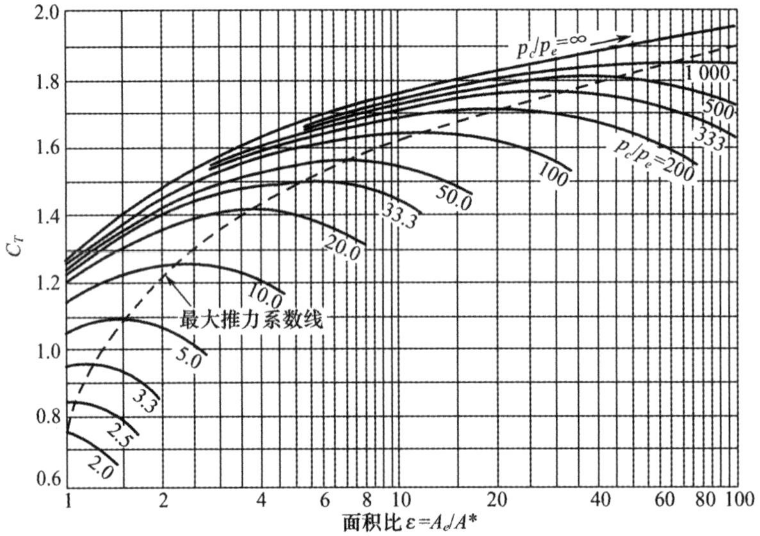

图2.9 推力系数 C_T 与面积比 ε 的关系曲线($k=1.20$)

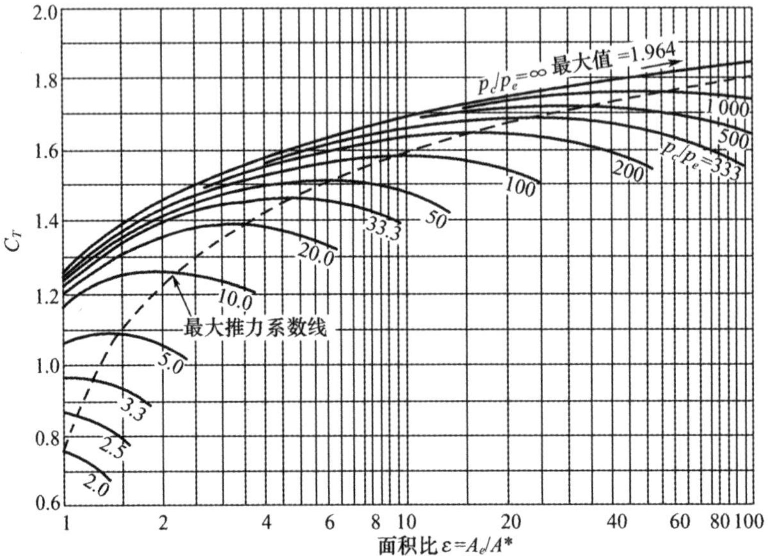

图2.10 推力系数 C_T 与面积比 ε 的关系曲线($k=1.30$)

当过膨胀太大时，气流和喷管壁发生分离，喷管中未被气体充满，喷管尾端就有一部分未被利用。情况和我们在上段计算所假设的不一样，实际推力系数并不是那么小，但总比 $p_e=p_a$ 的情况要小。因此运载火箭的喷管一般设计的条件是：在地面时使 $p_e<p_a$，在高空时 p_a 降低，使 $p_e>p_a$。不是光适应高空情况，而是使喷管在地面时发生气流分离，在高空时产生膨胀不足，这样做也可以使喷管短小些，节省一些重量。当推力系数 C_T 定了之后，我们就可以从设计所需要的推力及选定的燃烧室压力 p_c 来确定喷管喉部的尺寸。

2.8 比冲

比冲 I_s 是火箭发动机最重要的性能参量之一，也叫比推力。它相当于火箭发动机每秒消耗 1 公斤推进剂（包括燃料和氧化剂）所发生的推力 T；如果 G（公斤/秒）为发动机推进剂的重量流量，c（米/秒）为有效喷气速度，它是把速度推力和静压力推力在计算上统一起来的一个相当速度，那么

$$I_s=\frac{T}{G}=\frac{\text{推力(公斤)}}{\text{推进剂的消耗量(公斤 / 秒)}}=\frac{\dot{m}c}{\dot{m}g}=\frac{c}{g}(\text{秒}) \tag{2.33}$$

按照公式(2.4)

$$T=\dot{m}w_e+A_e(p_e-p_a)$$

所以

$$I_s=\frac{G}{Gg}w_e+\frac{A_e}{G}(p_e-p_a)$$

也就是

$$I_s=\frac{w_e}{g}+\frac{A_e}{G}(p_e-p_a) \tag{2.34}$$

当

$$p_e=p_a$$

有

$$I_s=\frac{w_e}{g} \tag{2.35}$$

从公式(2.33)看到为获得一定推力，当比冲越大时，则所需要消耗的推进剂就越少，故比冲越大越好。比冲在很大程度上取决于推进剂的种类，而对于每一种推进剂来说，它又取决于燃烧室内工作过程组织的质量。因比冲大致与喷气速度成正比，所以通常可以用喷气速度的大小来说明一发动机和推进剂的优劣。液体发动机的有效喷气速度一般为 2 200～2 700 米/秒，比冲 I_s=220～270 秒；固体发动机的有效喷气速度没有液体发动机那么高，一般在 2 400 米/秒以下，比冲 I_s 约为 240 秒。

以上计算为燃烧室比冲，而发动机比冲应把输送推进剂所消耗的能量或者推进剂加进去，如涡轮泵的小燃烧室消耗 2%～3%推进剂使总的比冲降低 2%～3%。

2.9 更准确的计算

从整个计算来看，都是在理想条件下进行的；即假设没有热交换、没有摩擦存在的等熵过程，燃气遵循着理想气体定律，定压比热 C_p 是一个不变的数值。而实际上 C_p 是一个变数；因燃气在喷管里膨胀时压力降很大，从十几倍到几百倍，与此同时燃气的温度也跟随下降，故认为 C_p 不变是不对的，必须用变比热的方法具体计算 C_p 的变化。另一方面因压力和温度的变化，喷管内的化学平衡也跟随变化，所以燃气成分也变化了。自然的趋势是倾向于平衡，但要看在当时的温度和压力下倾向于平衡的速度大小。由于喷气速度很大，变化的时间很短，是否能达到平衡由具体情况而定。一般是取两个极端情况进行计算：一个是冻结法，即是认为在喷管里成分不变来计算；另一个是平衡法，即在每一个截面在当时的温度和压力下，反应都是处于平衡状态。这套计算虽复杂但已较成熟，用电子计算机已可以解决。图 2.11 及图 2.12 是假设 $p_a \approx 0$ 用液氧煤油发动机所作的计算结果。我们看出有一个最佳的混合比，即氧化剂重量与燃料重量之比，在那儿比冲最大。但另一方面比冲与混合比的关系也并不是一个急剧变化的关系，在最佳混合比附近，即使混合比有些偏差对比冲的影响也不大。

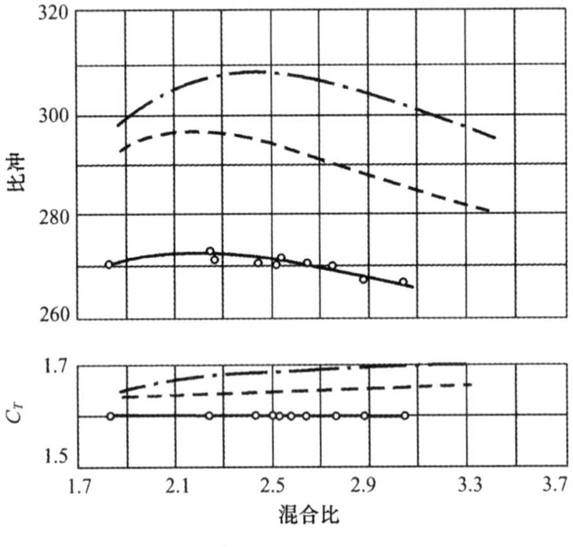

图 2.11 当 $A_e/A_t=5.49$，$p_c=42.2$ 大气压，$p_a=0$ 时用 IP-4 煤油及液氧为推进剂的火箭发动机的实验及理论性能

—·—表示平衡流计算值；– – –表示冻结流计算值；——表示实验值

实际过程是在两种情况之间，那么是不是就可以认为实际的比冲或推力系数就真是介乎理论计算的冻结流与平衡流之间呢？这里我们必须看到在以前各节的理论计算中，我们引入了各种简化假设，以上所说的改进并没有把所有这些缺点都改正，而其中由于气流与喷管摩擦及冷却喷管所引起的效果是主要的。结果是冻结流及平衡流之平均值还比实验结果大些；一般实验比冲是理论比冲的平均数值的 92%～95%，而实验的推力系数为理论推力系数平均值

的 95%～97%。这还没有把涡轮泵所耗费的工质计算在内，如果计算在内，将再把比冲降低 2%～3%，则全发动机的实际比冲一般为理论平均值的 90%～93%。只要知道这些差别，用电子计算机算出来的冻结流和平衡流数据，仍然是选择各种推进剂和预测新发动机设计性能的重要根据。

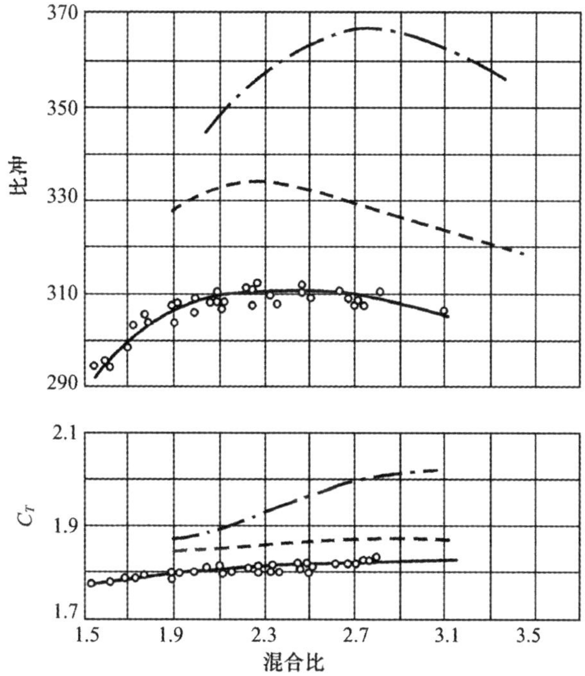

图 2.12　当 $A_e/A_t=48.39$；$p_c=42.2$ 大气压；$p_a=0$ 时用 IP-4 煤油及液氧为推进剂的火箭发动机的实验及理论性能

—·—表示平衡流计算值；－－－表示冻结流计算值；——表示实验值

我们在这里也必须说：上面所说的喷气速度或比冲的理论计算，与有些书(特别是旧的火箭技术书)中的理论计算是毫无相同之处的。那些不正确的计算中，没有考虑燃烧的化学平衡，也没有考虑喷管的绝热膨胀过程，而只是把在测定热值的仪器中燃料在标准条件下所产生的热作为推进剂的能量，算出每单位质量推进剂的能量；并说这能量全部转化为动能，而用动能公式去求喷气速度。这种理论喷气速度和由此而计算出来的比冲，比我们所说的正确计算要高得多，一般多出 40%～50%，是完全不可靠的。如果在热力学数据不足的条件下，要想对一种新的推进剂组合作一个初步估算，那也必须把在测定热值的仪器中量出每单位质量推进剂的热量乘上 1/2，即假设只有一半的热能变成动能，从这来计算喷气速度及比冲。但即使这样做也是很不准确的，只是一个估算。

第3章　火箭发动机的技术实现

3.1　液体推进剂的性能

推进剂是火箭发动机的能源及工质，它由燃料和氧化剂组成。液体推进剂是指所用的燃料和氧化剂为液体，固体推进剂是指所用的燃料和氧化剂为固体。

液体推进剂一般有单元推进剂和双元推进剂。而三元推进剂的使用还未成功。单元推进剂是指本身含有燃料和氧化剂；它可以是几种化合物的混合物（如 H_2O_2 与 C_2H_5OH 混合），也可以是一种化合物（如硝基甲烷）。其特征在平常条件下是稳定的，在加热和加压时便分解产生热的气体。因为只有一个组分，所以输送系统较简单。但是单元推进剂也可以看做是一种液体炸药，总有些不稳定，比较危险，而且比冲较小，所以不常用。另外是双元推进剂，指燃料和氧化剂在喷入燃烧室前不混合，是目前使用最成功的推进剂。它又分自燃和非自燃两类推进剂。用双元推进剂时要考虑如何选定混合比，使其具有最大的比冲量。

推进剂的性能与液体火箭发动机的性能及结构有密切的关系，应选择良好的推进剂，使火箭在最小的重量时，能达到规定的飞行高度和射程；同时还应该保证火箭在不同条件下工作的可靠性。在下面我们将列举一些液体火箭发动机推进剂在一定条件的理论计算值（各种推进剂的物理化学性质可参看表 3.14 及表 3.15）。

其理论计算的条件是：

1）燃烧室压力 $p_c=70.308$ 大气压；

2）喷管出口的压力等于大气压 $p_e=1.0335$ 大气压；

3）燃烧在最佳混合比下进行。

混合比是指氧化剂与燃料的重量比，即与单位重量燃料混合的氧化剂的重量。所谓最佳混合比是指：理论上能得到最大比冲时的混合比。最高比冲取决于燃烧室温度和燃气平均分子量的比值的最大值。有时宁愿稍降低一些燃气温度，而仍倾向于减少燃气平均分子量，来提高比冲。

表 3.1 给出的是推进剂的理论计算性能。表中所写比冲乘密度项的意义如下：

$$\text{比冲}\times\text{密度}=\frac{\text{公斤}}{\text{公斤}/\text{秒}}\cdot\text{公斤}/\text{升}=\frac{\text{公斤}}{\text{升}/\text{秒}}$$

可称为体积比冲，它表示了比冲与推进剂贮箱的尺寸的关系。如果单从高比冲出发不与推进剂的密度综合考虑，有时就可能出现虽然推进剂的比冲高，但因密度很低，使推进剂的贮箱很大，增加了火箭的重量，其最终的综合效果不会很好。所以体积比冲是一个设计的参考值。也就是要求把比冲和密度一起考虑来选择推进剂。

表 3.1　可贮存的液体推进剂的理论(平衡流)计算性能

氧化剂	燃料	比冲*/秒	氧化剂与燃料的重量比	密度/(克/厘米^3)	密度比冲/(秒·公斤/升)
N_2O_4	肼	291	1.35	1.21	354
	甲肼	288	2.17	1.19	343
	偏二甲肼	286	2.59	1.17	335
	偏二甲肼及二乙三胺混合物**	282	2.74	1.21	341
	二乙三胺	278	2.85	1.27	352
	B_5H_9	296	2.95	1.08	318
红发烟硝酸	肼	278	1.52	1.28	357
	偏二甲肼	272	3.15	1.27	345
	偏二甲肼及二乙三胺混合物**	268	3.26	1.31	351
最大密度的发烟硝酸	甲肼	280	2.40	1.30	364
	偏二甲肼	278	2.93	1.28	355
	偏二甲肼及二乙三胺混合物**	275	2.98	1.32	364
	二乙三胺	270	3.14	1.39	376
	B_5H_9	294	2.80	1.14	336
混合氮氧化物,含15%NO及85% N_2O_4	甲肼	290	2.20	1.18	341
	偏二甲肼	288	2.64	1.16	332
	偏二甲肼及二乙三胺混合物**	286	2.90	1.20	342
	B_5H_9	302	3.06	1.07	322
H_2O_2,98%	肼	285	2.00	1.25	356
	B_5H_9	312	2.00	0.996	311
	烃代硼烷	294	1.85	1.13	331
	甲肼	290	2.20	1.18	341
	偏二甲肼	288	2.64	1.16	332
ClF_3	肼	292	2.79	1.49	436
	甲肼	283	2.96	1.43	404
	偏二甲肼	279	2.97	1.37	382
	偏二甲肼及二乙三胺混合物**	275	2.95	1.41	388
	二乙三胺	267	2.93	1.47	393
	B_5H_9	288	7.1	1.47	423
$ClF_3+ClO_3F^{70/30}_{65/35}$	甲肼	289	3.28	1.38	398
	偏二甲肼	288	3.70	1.34	386
BrF_5	肼	244	3.35	1.86	455
	甲肼	235	3.60	1.77	415
	偏二甲肼	231	3.68	1.70	392
	二乙三胺	220	3.68	1.84	404
	B_5H_9	246	11.45	1.99	489
N_2H_4	B_5H_9	329	1.27	0.789	260

*　燃烧室压力 $p_c=70.308$ 大气压;排气压力 $p_e=p_a=1.0335$ 大气压。

**这是含 60%的偏二甲肼和 40%二乙三胺的混合物,是美国在发射“探险者”时用来代替酒精的燃料。

从表 3.1 我们可以看到，所列出的都是适应于贮存的理想推进剂，都分别具有比冲高、体积密度大、适于应用各种材料、燃烧稳定、自燃（一些用 H_2O_2 的推进剂组合除外）、液态温度范围宽、黏度低、具有化学稳定性、传热性较好、蒸汽压低、具有热稳定性的特征。另外几个突出点是：从比冲来看一般的推进剂组合都在 270～280 秒左右，而硼烷（B_5H_9）不论在哪一种氧化剂里燃烧其比冲都是最高的，甚至超过 300 秒。还可看到氟化溴 BrF_5 与燃料组合的比冲较低，但是它的密度尤其是体积比冲是最高的。表中最后一组推进剂与一般的推进剂不同，它是以肼（N_2H_4）作为氧化剂，而燃料是硼烷（B_5H_9）；它们组合燃烧形成氮化硼和氢。氢降低了燃气的平均分子量，使其比冲很高。这是用氮作氧化元素的一种新型推进剂。

表 3.2 是另一类推进剂的理论计算性能。它们都用液化气体作氧化剂，因为它们的临界温度都低于室温，所以不能长期贮放在没有特殊隔热措施的贮箱中。也就是不能贮放在运载火箭内，必须在发射时临时加注。其实不但是临时加注，而且当火箭在发射台上加注液氧后直到发动机点火前一瞬间，还必须不断地添补，以抵消在推进剂箱中的挥发损耗，这就给发射过程带来了一些困难。但是这类推进剂的比冲一般比在表 3.1 中所列出的一类推进剂要高，所以低温氧化剂的推进剂是星际航行运载火箭的主要推进剂。

表 3.2 用液化气为氧化剂的液体推进剂的计算性能

氧化剂	燃　料	比冲*/秒		燃烧温度**/开
		冻结流	平衡流	
O_2	RP－1 煤油	286	300	3 672
	NH_3	285	294	3 089
	偏二甲肼	295	310	3 574
	N_2H_4	301	313	3 400
	乙醇，92.5％	274	287	3 389
	H_2	388	391	2 997
	二乙三胺	289	295	3 350
F_2	N_2H_4	334	363	
	NH_3	330	357	4 542
	H_2	398	410	3 869
	Li(估计)	352	382	5 500
	二乙三胺	322	330	3 500
N_2F_4（四氟化肼）①	N_2H_4	311	332	4 431
	H_2	326	357	—
	NH_3	306	325	—
	偏二甲肼	286	316	—
	JP－4	277	297	—

*　燃烧室压力 $p_c=70.308$ 大气压，排气压力 $p_e=p_a=1.0335$ 大气压。

**　相应于平衡流比冲的燃烧温度。

① 即四氟肼，又称四氟化二氮。——编者注

3.2 液体推进剂的选择

选择推进剂对于火箭发动机的设计及工作性能有很密切的关系。从工程技术上面看，选择推进剂要考虑很多方面的因素。但是在星际航行里，对于最低几级的运载火箭而言，选择推进剂最主要的指标是推进剂在发动机燃烧室中燃烧时要具有最大的比冲；而其他的因素是次要的。但其他的因素是仍然存在甚至在一定时期起决定性的作用，然而总是去努力解决其他次要的因素，以求最终能取得最大的比冲。这里的道理可以从齐奥尔科夫斯基公式看出：比冲增加也即是增加了喷气速度，在一定最终速度的要求下可以降低质量比$\frac{M^{(1)}}{M^{(2)}}$，即降低了运载火箭的起飞重量，这是非常有利的。但是高比冲并非是唯一考虑的因素，因此除了主要指标以外，还应该考虑下列几点。

3.2.1 腐蚀性要小甚至没有腐蚀性

如果选择了具有腐蚀性的推进剂，一则是使其必须选择质量高、价贵而重的不锈钢材料，因而增加了发动机的成本、重量和制造上的困难，同时由于腐蚀性的存在而使发动机工作不稳定。例如：管路、阀门和离心泵的轴承如果被腐蚀，会使供应调节系统失灵，这就破坏了发动机的正常工作。又如：当喷嘴的喷孔被腐蚀后，使其喷孔变形，尺寸变化，改变了推进剂的流量和混合比，不能保证发动机正常安全的运行。所以要求腐蚀性愈小愈好，没有腐蚀性更好。如果腐蚀性所带来的问题不能解决，哪怕是比冲再高的推进剂也无法使用。如液氟 F_2 是一个氧化性强、燃烧比冲高的良好氧化剂，但是因为它的腐蚀性很大，目前还没有完全解决抗氟的腐蚀性的问题，所以还不能在实际上使用。

3.2.2 没有毒性和极小毒性

如果在液体火箭发动机中，使用对人有毒的推进剂时，就使这种液体火箭发动机的使用很困难。如液氟，从劳动保护的角度来看，空气中最大允许的含量为二百万分之一，多了就中毒。另外高氯酰氟(ClO_3F)在空气中允许的浓度为百万分之三到百万分之四十。五硼烷(B_5H_9)也有毒，在空气中的允许浓度为百万分之几的范围内。偏二甲肼($(CH_3)_2N\cdot NH_2$)也有毒。由于不能保证绝对不出任何事故，而在大推力的发动机试验里，如果一出事故就是上吨的推进剂流出；当它具有强烈的毒性时，所产生的后果是极其严重的，甚至会发生人身事故。所以，在使用有毒的推进剂时，一定要有了严密的安全保护措施后才能使用。而且在使用时必须严格遵守各种安全技术规程来进行工作。当然毒性不是绝对不能解决的问题，但是在没有完善的防护、急救及治疗措施之前，是不能大量使用的。

3.2.3 要有现实性

新的推进剂的使用，必须在使用前要充分掌握它的各种性能，熟悉它的使用条件，如对一定的推进剂要用什么型式的喷嘴最好，它的贮存及运输情况如何等性能都需要有一定时间来熟悉，不断积累一整套实践经验。对于一个设计工程师来说，只有这样他才能用它来进行设计。

3.2.4 推进剂的生产能力及生产成本问题

实际上是推进剂的资源是否丰富，以及推进剂的生产工艺过程是否经济合理的问题。如果各种性能都很好，而来源不丰富，又不能大量生产，其生产成本又高，这样的情况，再好性能的推进剂也不能大量使用。例如五硼烷（B_5H_9）就是这个原因没有被利用。因为火箭发动机的推进剂消耗是大量的，所以必须考虑产量和成本问题。

总的说来，对推进剂的要求主要指标是具有高的比冲量，但在一定情况下还应考虑其他的因素：如从使用观点出发，应要求无腐蚀、无毒、物理性质稳定、冰点低（即能适应在寒冷条件下的飞行）、比重大、蒸汽压低等要求。如从简化发动机的结构以及使发动机工作可靠的角度出发，还提出要实现可靠的散热，要求推进剂的比热大，或者是推进剂其中之任一组元的比热要大，冷却效果好；黏度要小，使输送系统的阻力小。从燃烧起动来看，燃烧速度要快，点火时间要短，燃烧时不发生有害的振动等。这些要求在具体使用时，在得到高比冲的情况下，综合平衡其他的因素来选定发动机的推进剂。

目前使用最多的燃料有乙醇（酒精）、煤油、氨基有机化合物和液氢 4 种。其中液氢是不适于贮存、准备时要不断地加注的一类燃料。从实用的观点来看，液氧及煤油组合推进剂应用较广；因为液氧及煤油的来源较广、生产量大、成本低、无毒而比冲也较高。但是对于大推力的发动机而言，倾向于使用液氢及液氧组合推进剂。因为液氧是含有 100％的氧化元素，氧化力强。故在近代氧化剂中，由氧组合的推进剂热值最高。所以液氢及液氧组合推进剂的燃烧性能很好，比冲高而燃烧室温度不高，这是因为燃气的平均分子量小的缘故。同时氢和氧无毒性、无腐蚀性，而来源较广。氧可以由分离空气而得，氢是化工生产的大量中间产品（如合成氨），液化后就可得液氢。这些生产过程及经验都是比较成熟的。所以应用液氢及液氧组合推进剂愈来愈显得重要了。缺点是氢的比重小，它所需的贮箱尺寸要大，使其重量增加了。另一方面液氢的温度很低（沸点是－252.7℃），给选择贮箱材料带来了困难。所以使用液氢、液氧组合的推进剂必须要解决超低温技术问题。但这是可以解决的。

表 3.1 列出的其他推进剂的组合，其使用的可能性还是很大的。当在推力不大，而且要求在高空点火的发动机上，即可在第二级或第三级使用。因为表 3.1 所列出的除了 H_2O_2 之外，其他都是能自燃的推进剂组合，即不需要点火设备能自行燃烧。这种推进剂尤其是在高空更加显示出它的优越性。如美国“雷神”火箭的第一级发动机是使用液氧及煤油，“宇宙神”也是使用液氧及煤油；而第二级是使用红发烟硝酸组合的自燃推进剂。

3.3 几种液体火箭发动机

为了对液体火箭发动机的结构及其工作性能有具体的了解，在这里我们举出下面几种液体火箭发动机为例子。

3.3.1　V－2 液体火箭发动机

V－2 液体火箭发动机的工作性能参数参看表 3.3，其燃烧室结构见图 3.1。它的动力装置是比较典型的，是早期使用液氧及酒精组合推进剂和具有大推力的液体火箭发动机，采用了球形燃烧室（见图 3.1）。球形燃烧室的优点是在相同的燃烧室表面积下，可以有较大的燃烧室容积，并且重量轻而强度高。燃烧室壁由薄钢板焊接而成球形。由于钢的传热性不好，故燃烧室同时采用了内冷却和外冷却。内冷却是酒精由喷管下部短管 7 进入冷却夹套，将燃烧室内部的热量带走，然后经燃料阀 9 的下腔进入喷嘴。外冷却是采用了薄膜冷却的方法。所谓薄膜冷却是将少量的燃料、氧化剂或惰性液体（V－2 火箭发动机是用酒精），从上腔流入输送管道经过 10、11、12、13 用低速喷入，在燃烧室内壁上形成一层薄膜，使内壁与燃烧室内高温区域隔绝，并通过酒精的蒸发吸收热量，使燃烧室内壁的温度降低到酒精的沸点以下。外冷却的孔共 5 排，其中第二排孔 4，因在起动时氧化剂易进入，故在起动前用纸贴上，或者用易熔金属填塞住，以避免氧化剂进入后与酒精接触，而在冷却夹套里燃烧。这只要求保持 1～2 秒的时间，使其氧化剂不进入就行了。当发动机起动后，由于酒精泵开始工作，压力升高后立刻就把纸吹掉了。如果用易熔金属，当燃烧室的温度不断升高后，金属就被熔化而被吹跑了，酒精即可喷入。另外，为了加强冷却，使燃烧室头部最边上一圈的喷头在富燃料情况下工作，这样可以降低靠近燃烧室内壁的燃气温度，从而也就降低了内壁所受的温度。

表 3.3　V－2 火箭的发动机性能

地面推力	27.2 吨
地面比冲	218 秒
燃烧室重	550 公斤
涡轮泵系统重	450 公斤
涡　轮：	
每分钟转数	5 000 转
在 5 000 转/分时的功率	675 马力①
工作压力	21 大气压
背压	1.1 大气压
蒸汽流量	1.68 公斤/秒
平均工作时间	70 秒
总的可能工作时间	100 秒
液氧泵：	
在 5 000 转/分时的排量	75 公斤/秒
功率	320 马力
出口压力	24 大气压
酒精泵：	
在 5 000 转/分时的排量	50 公斤/秒
功率	355 马力
出口压力	25 大气压

① 1 马力＝735.498 75 瓦（准确值）。——编者注

燃烧室头部由 18 个预燃室(即前室)组成,18 个预燃室排成两圈,外圈 12 个,内圈 6 个。采用前室的目的是为了安置更多的推进剂喷嘴,每个前室设有从中间进入的液氧和从周围进入的酒精喷嘴(包含有直射式和离心式喷嘴)。V－2 火箭发动机中吹动涡轮转动的工作气体是蒸汽;蒸汽由 H_2O_2 在高锰酸钠($NaMnO_4$)催化剂的作用下,在燃气发生器里分解而得。

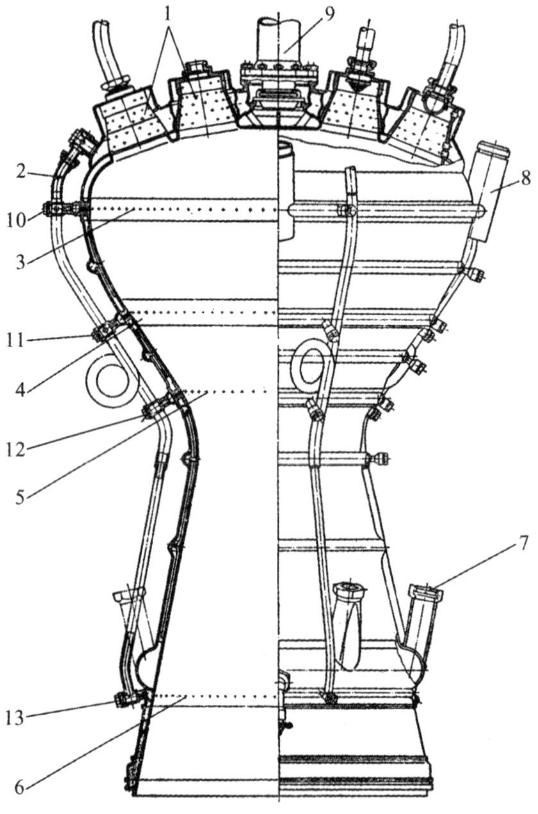

图 3.1　V－2 火箭发动机燃烧室结构

1—前室;2—导管;3,4,5,6—外冷却喷油孔;7—酒精入口;8—将推力传给弹体的承力接头;9—液氧主阀门;10,11,12,13—补助冷却带

它的点火装置采用了火焰筒点火的方式,如图 3.2 所示。因为发动机的流量很大易吹灭,故就采用了焰火点火装置。此装置由支架、安装盘和传爆管组成,固定在发射台上,可以旋转。在起动前将点火装置放入燃烧室中,将传爆管中的火药用电火花点燃,这时在燃烧室内旋转,喷出的火焰将燃烧室内加温至 2 000℃左右,这样推进剂进入燃烧室后,即可点火燃烧,逐渐地增加推力,达到所要求的负荷。当火箭起飞以后点火装置仍留在地面。

3.3.2　H－1 型液体火箭发动机

H－1 型液体火箭发动机,是由美国北美航空公司洛克达因(Rocketdyne)分公司制造的。单台发动机已经试验成功,但实际使用时将把 8 台发动机联合起来作为“土星”计划的一级运载火箭,目前尚在试验阶段。单台发动机的主要数据见表 3.4。

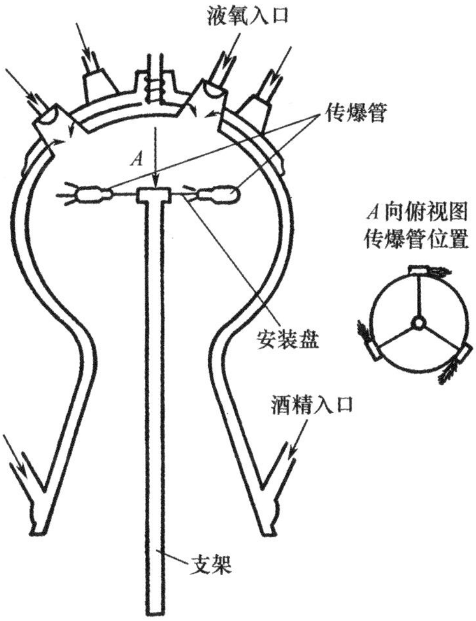

图 3.2　V-2 火箭发动机的点火装置

表 3.4　H-1 型发动机的主要数据

地面推力	85 吨
海平面比冲	255 秒
推进剂	液氧及 RP—1 型煤油
工作时间	120 秒
喷管膨胀比	8∶1
喷管出口气体速度	2 550 米/秒
燃烧室温度	2 750℃
总空重	635 公斤
发动机的长度	2 438 毫米
最大宽度(包括涡轮泵)	1 524 毫米
涡轮功率	3 000 马力
涡轮转速	32 000 转/分
减速齿轮箱传动比	4.88∶1
泵加速所需时间	约 0.45 秒
液氧泵流量	12 000 升/分
液氧泵工作温度	—181℃
煤油泵流量	8 000 升/分
煤油泵出口压力	56～70 大气压
单位重量推力	134 公斤/公斤

H-1 型液体火箭发动机的主要部件有燃烧室、燃气发生器、自燃点火剂容器、涡轮泵组、火药起动器、控制阀门等。其流程原理见图 3.3,其外形见图 3.4。

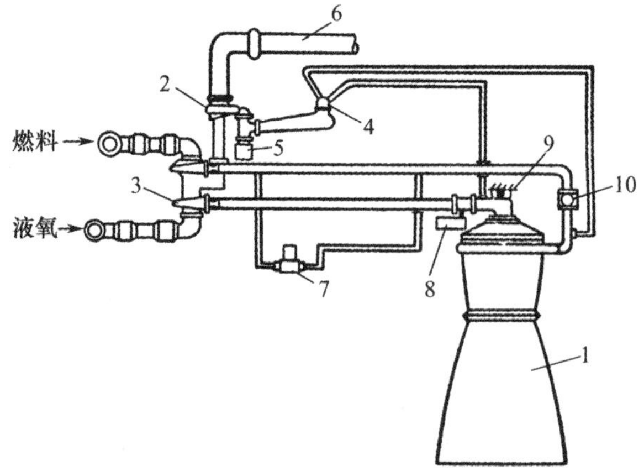

图 3.3 H-1 发动机的系统图

1—推力室;2—涡轮;3—泵;4—燃气发生器;5—涡轮起动器;6—涡轮排气管;
7—煤油和添加剂混合器;8—液氧主阀门;9—常平座;10—煤油主阀门

图 3.4 86 吨推力发动机的外形

(右面的是 H—1 发动机,左面的是其前身 S—3D 发动机。
H—1 发动机比 S—3D 发动机改进得更紧凑,更简单可靠)

燃烧室组件由燃烧室、喷注器和液氧汇流器等几部分组成。燃烧室由许多楔形断面的镍管排列在芯轴上,然后经钎焊而成。管子外部用钢带箍紧。为了适应热交换特性和燃烧室外形的要求,镍管的断面形状在各处也不完全相同。在燃烧室顶端的断面近似于圆形,往下到喷管喉部断面形状变窄而且变高，这时冷却剂流速最大，最高热交换速度达 98 卡[①]/(厘米^2·秒)。再往下又逐渐变宽，在喷管出口处达到极限。燃烧室采用了再生冷却，所谓的再生冷却是指冷却剂在固定的冷却道里流动，冷却液所吸收的热量没有浪费，而是增加了推进剂在进入喷嘴前的能量。大部分用液体推进剂的火箭发动机都采用这种冷却方式。由于镍管的传热效果很好，所以没有辅助冷却。H－1 型发动机里是用煤油作为冷却剂。煤油从燃烧室顶部钢制的环形分配歧管进来，沿着镍管向下流到喷管口的环形回流歧管，然后回头流到燃烧室顶部的环形汇流歧管，最后从喷注器进入燃烧室。经过这一循环，虽然燃烧室温度高达 3 100℃，但煤油的温度升高不会超过 37℃。燃烧室头部有许多重叠的钢带加强，钢带上焊有安装其他部件用的法兰盘和装配件。

喷管轮廓为钟形，外部也有若干个钢环箍紧。

燃烧室顶部有一个平板型的喷注器，上面有一系列同心的环形管道，其中液氧管道与煤油管道相间配置。管上有许多斜孔喷嘴，两种液体喷出后，互相撞击形成均匀混合的喷雾。发动机采用三乙基铝($Al(C_2H_5)_3$)自燃液体点火。点火用的自燃液体导管与主煤油管隔开，自燃液体从喷注器最外层的一个环形管上的喷嘴喷出。

涡轮泵组包括一个两级的涡轮、两台离心泵和一个齿轮箱，其数据见表 3.4。涡轮用火药起动器起动以后，再由燃气发生器供给动力(燃气发生器是使用发动机的推进剂，采用富燃料混合比燃烧，控制温度在 650℃以下)。由于涡轮泵起动后，使煤油具有一定的压力，从液氧主阀门进入，经过一系列传动机构，接通了液氧管。与此同时，煤油进入三乙基铝的容器内。三乙基铝受压后推开一薄膜阀门，进入喷注器，从喷注器最外圈的喷嘴喷入燃烧室。在燃烧室里三乙基铝与液氧混合立即着火，形成空心的锥形火焰。涡轮继续加速，燃料主阀门被推开，大量煤油进入燃烧室，开始猛烈地燃烧，这时发动机起动过程完成，逐渐达到正常运转。起动过程及停火过程见图 3.5。我们注意到整个起动时间只有 1 秒，从而可以体会到采用自动起动

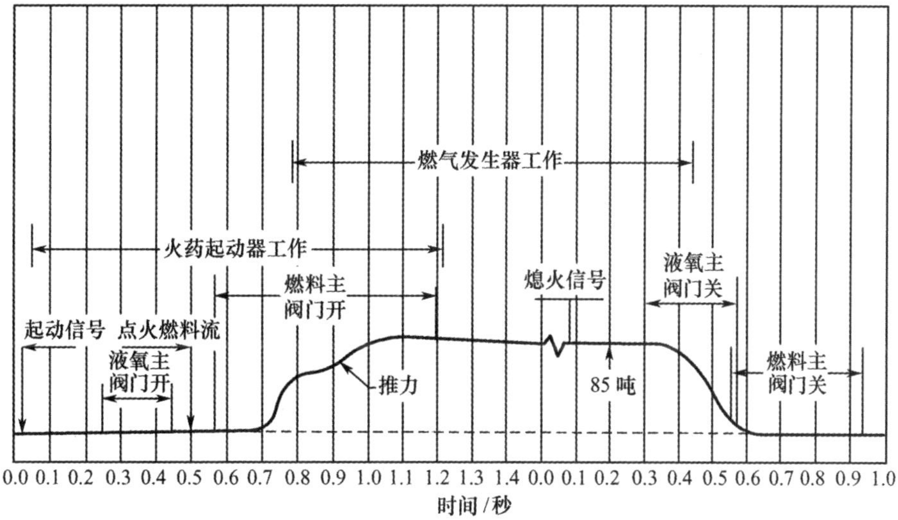

图 3.5　H－1 发动机的工作特性曲线

① 1 卡＝4.186 8 焦。——编者注

系统及自动程序控制的必要。如果 H－1 型火箭发动机在高空工作时，推力将增加到 97 吨，而比冲上升到 290 秒。比冲和推力随高度的变化可参见图 3.6。

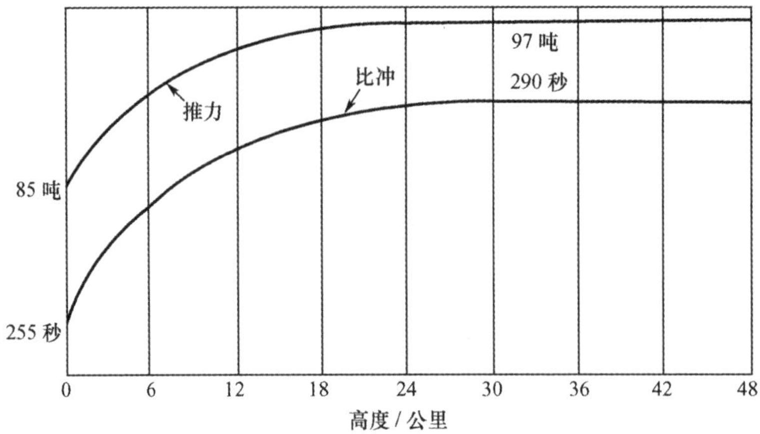

图 3.6 H－1 型火箭发动机的推力及比冲与高度的关系

3.3.3 F－1 型液体火箭发动机

F－1 型液体火箭发动机也是由美国北美航空公司洛克达因分公司制造的(见图 3.7)，准备代替 8 个 H－1 型发动机，作为“土星”计划里的第一级运载火箭。现只是在试车，计划在 1963 年可以实际使用，其主要数据见表 3.5。可以看出，F－1 型发动机单位重量的推力比 H－1型小，即发动机相对地比较重；另外涡轮的功率比起 H－1 型发动机的涡轮功率按推力放大还高。从这两点事实估计燃烧室的压力有所增加，从而比冲也必然相应地增加了。它的点火系统与 H－1 型发动机相同，采用了三乙基铝自燃燃料点火。

图 3.7 F－1 型发动机的外形
(里面的是 F－1 的原尺寸模型，外面的是 H－1 发动机)

表 3.5　F-1 型发动机的主要数据

推力	680 吨
比冲	—
推进剂	液氧-RP-1 煤油
推进剂流量：	
液氧	约 2 吨/秒
RP-1 煤油	约 1 吨/秒
燃烧室直径	1 米
喷管出口直径	3 米
全长	3.4 米
涡轮泵外径	1.2 米
涡轮泵全长	1.5 米
涡轮泵重	1.14 吨
涡轮泵功率	60 000 马力
总空重	6.8 吨
单位重量推力	100 公斤/公斤

3.3.4　LR-115 型液体火箭发动机

LR-115 型液体火箭发动机由美国普拉特-惠特尼公司(Pratt & Whitney)为“土星”计划的第二级、第三级生产的实验性发动机。其部分数据见表 3.6。

表 3.6　LR-115 型发动机的部分数据

真空中的推力	6.8 吨
比冲	420 秒
喷管膨胀比	40∶1
燃烧室压力	21 公斤/厘米^2
燃烧室温度	3 080℃

发动机燃烧室采用了液态氢的再生式冷却，与 H-1 型发动机不同的是它只有分配和汇流两个环形歧管，喷管底部没有回流歧管。其流程原理见图 3.8，这样使每一条管道都是一个完整的通路。

发动机起动时，−253℃低温的液氢从燃料管输入，通过二级液氢泵和两个溢流阀门 2 和 3，将离心泵预先冷却。然后进入分配支管，流到燃烧室壁的冷却管道。这时液氢完全蒸发，温度上升到−190℃。液氢变成气氢后，已足以使涡轮转动，涡轮带动同轴的液氢泵，同时通过齿轮带动液氧泵。气氢从涡轮排出，被引入燃烧室，与液氧同时从喷注器喷出。电点火以后，随着燃烧的进行，燃烧温度升高，涡轮的功率增加，直到发动机达到额定的推力为止。这时液氢以超过临界压力(即 12.8 大气压)的压力进入燃烧室壁的冷却管道，进行超临界压力下的冷却。通过燃烧室壁后氢的温度由液态的−253℃升高到气态的−60℃。

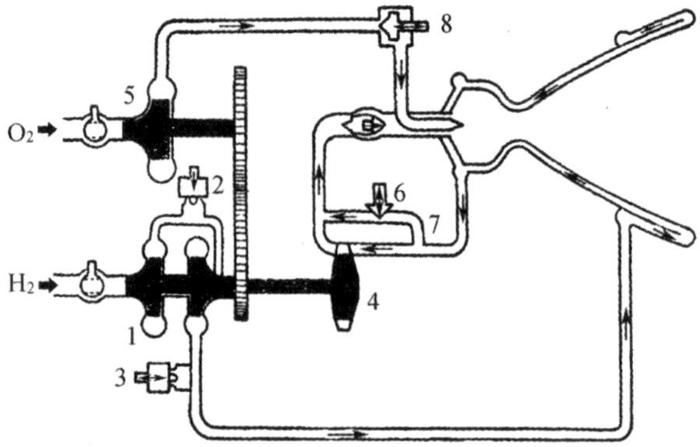

图 3.8　LR－115 发动机的工作原理图

1—液氢泵；2，3—溢流阀门；4—涡轮；

5—液氧泵；6—调节阀门；7—分流管；8—节流阀门

发动机的涡轮泵组有一个两级的涡轮。另因液氢密度很低，为 0.07 克/厘米^3，故采用了二级离心泵；液氧用单级离心泵，外加一套齿轮联动装置。整个涡轮泵组密封在一个铝制的壳体内。齿轮和轴承利用液氢冷却，不需要润滑剂。发动机有一个高效率的电点火的设备，能够在真空中给发动机点火。因为 LR－115 型发动机在大气层以外工作，所以发动机试验应该在真空中进行。此系统的特点没有燃气发生器，直接用气氢吹动涡轮，故使系统比较简单。发动机的外形见图 3.9。

图 3.9　LR－115 型发动机的外形

3.4 液体火箭发动机的设计过程

液体火箭发动机是根据它的用途及所选择的推进剂来进行设计的，可以分为下列步骤加以说明。

3.4.1 初步设计

1）当选择了推进剂后，就可以用热化学计算来选定燃烧室的压力 p_c 和推进剂的混合比。

2）在选定了的燃烧室压力和推进剂混合比的条件下，用热化学计算算出比冲量、燃烧室气体的温度、喷出燃气的平均分子量和比热比。

3）决定发动机的尺寸：由发动机的用途就可以知道飞行的高度。如果认为是完全膨胀的话，则喷管出口的压力等于外界压力，即 $p_e=p_a$，则比值$\frac{p_c}{p_e}$也就知道了，这样可以由膨胀比的公式算出喷管出口面积与喉部面积的比值$\frac{A_e}{A_t}$；然后根据图 2.9，由已知的$\frac{p_c}{p_e}$和$\frac{A_e}{A_t}$选择一个推力系数，而比热比数值由热化学计算算出；再根据已知的推力（由用途决定的）、燃烧室压力 p_c 和推力系数 C_T，由 $C_T=\frac{T}{A_t p_c}$可算出喷管喉部的绝对尺寸，因而喷管出口的面积也就决定了。

然后从燃烧时间（也就是推进剂在燃烧室停留的时间，包括推进剂的挥发、活化和完全燃烧的时间）的概念出发，在决定了燃烧室形状之后，来计算燃烧室的尺寸。由于对于一定的推进剂，在一定的混合比下，燃烧温度随压力变化很小，因此 可以认为燃烧室温度不变。所以在燃烧室里的气体密度只与压力成正比，即 $\rho_c \propto p_c$。而流量等于面积乘以当地的速度和密度，对于燃烧室的截面而言流量 $\rho_c w_c A_c \propto p_c w_c A_c$。而对于喷管喉部，因为速度不变，永远等于声速，其流量 $\rho^* A^* \propto p_c A^*$（因为喷管亚声速部分压力虽有变化，但是在燃烧温度不变的情况下，$\rho^* \propto p_c$），所以可写成

$$\rho_c w_c A_c = 常_{(1)}\, p_c A_c w_c$$

$$\rho^* A^* = 常_{(2)}\, p_c A^*$$

根据连续性方程：在任何截面上没有流量的增减，燃烧室的流量应与喉部流量相等。所以有

$$常_{(1)}\, p_c A_c w_c = 常_{(2)}\, p_c A^*$$

因此

$$w_c = \frac{p_c A^*}{p_c A_c} \cdot \frac{常_{(2)}}{常_{(1)}} = 常\frac{A^*}{A_c}$$

即

$$w_c \propto \frac{A^*}{A_c}$$

如果 l 为燃烧室的长度，V_c 为燃烧室容积（假设燃烧室为圆筒形），则在燃烧室停留的时间 t 为

$$t \propto \frac{1}{w_c} \propto \frac{l}{\dfrac{A^*}{A_c}} = \frac{l A_c}{A^*} = \frac{V_c}{A^*} = L^*$$

因此，推进剂在燃烧室停留的时间 t 与 L^* 成正比。L^* 是燃烧室体积除以喉部面积，称为特征长度。因为它只考虑到喉部截面积，而没有考虑其他的因素，故只能适用于指定的推进剂和一种型式的发动机的喷嘴，而且在混合比和燃烧室压力变化范围都不大的情况下才适用。L^* 的定值是由实验得来，它体现了一定的燃烧效率。喷嘴改变了，L^* 也要改变，但作为工程设计师在对一定推进剂和一定型式的喷嘴的设计参数，它还是很有用的。表 3.7 列举对部分推进剂所习用的特征长度（其条件是燃烧室压力 $p_c \approx 21$ 个大气压）。

表 3.7 特征长度 L^*

推进剂	L^*/米
硝酸及苯胺	1.15～2.0
液氧及煤油	1.5～2.5
硝酸及煤油	2.0～3.0
液氧及酒精	2.5～3.0
硝基甲烷	>4.88
液氧及柴油	2.99

对大推力发动机而言，一般认为燃烧室长度与直径之比值为 1，即燃烧室直径与长度相等，则燃烧室尺寸很容易算出

$$V_c = \frac{\pi}{4} d_c^3$$

由已知的喉部截面积选定特征长度 L^*，V_c 即可决定，同时燃烧室直径和长度也就定了。

我们还可以从另外一个角度来看，设 d^* 是喉部直径，如果

$$L^* = \frac{V_c}{A^*} = \frac{A_c l}{A^*} = \frac{\dfrac{\pi}{4} d_c^3 \left(\dfrac{l}{d_c}\right)}{\dfrac{\pi}{4} d^{*2}} = \frac{d_c^3 \left(\dfrac{l}{d_c}\right) d^*}{d^{*3}}$$

则有

$$\frac{d_c^3}{d^{*3}} = \frac{L^*}{d^* \left(\dfrac{l}{d_c}\right)}$$

所以

$$\frac{d_c}{d^*} = \left[\frac{L^*}{d^* \left(\dfrac{l}{d_c}\right)}\right]^{\frac{1}{3}}$$

当 $\dfrac{l}{d_c}$ 之比和燃烧室压力不变，特征长度 L^* 也一定时，我们知道推力 T 同 $A^* = \dfrac{\pi}{4} d^{*2}$ 成正

比，所以有

$$\frac{d_c}{d^*} \propto (T)^{-\frac{1}{6}}$$

由这推导说明，推力愈大时$\frac{d_c}{d^*}$比值愈小，即燃烧室的直径愈接近于喉部直径。照这样说，如果一个推力为 6 吨的燃烧室$\frac{d_c}{d^*}$是 2.5，那么当推力放大到 600 吨，$\frac{d_c}{d^*}$就降低到 1.16，即燃烧室与喷管相对比显得缩小了；这却是大推力发动机的一个趋势。

3.4.2　燃烧室试验

燃烧室试验实质上是燃烧稳定性的试验。火箭发动机的燃烧稳定性的含义是：在运行中燃烧室工作比较平稳，没有剧烈到震破发动机的振动或爆炸。这当然不是说发动机没有任何振动，火箭发动机在实际运转中是有强烈的振动及噪声，在机体上常常量出一百到几百 g 的加速度。但这还不足以破坏发动机，所以仍然看成是正常的。保证燃烧的稳定是近代火箭技术发展中的重要问题之一，也是发动机设计的第一关。影响燃烧不稳定的因素很多，不单是燃烧室的结构、喷嘴和推进剂的特性，而且包含了推进剂输送系统的动力特性。不稳定性大致可分为两类：第一类为动力装置的低频振荡（包括推进剂导管），约在 40～400 赫；第二类是高频振荡（约在 1 000 赫以上）。低频振荡一般发生在燃烧室压力较低的情况下，用加高燃烧室压力的办法就可以解决，所以比较容易处理。而高频振荡与喷嘴的排列和推进剂的雾化及燃烧有关，比较难解决。由于目前在燃烧稳定方面没有一个成熟的理论，尽管有一系列的理论著作，但所提供的方法在相当程度上还不能满足实际的需要。所以在设计发动机燃烧室的过程中，主要依靠多次反复的试验，从经验上来掌握燃烧稳定问题，为设计提供资料和数据。首先是在初步设计已经决定燃烧室尺寸的基础上，进行燃烧室试验。做一个相同尺寸但截去喷管超声速部分的燃烧室模型，因为喷管喉部截面以后是超声速气流，它的不稳定干扰的传播速度小于气流的速度，所以当不稳定干扰还没有来得及传向燃烧室的时候，气流早已喷到发动机的外面了，故喷管超声速部分的变化对燃烧室工作没有影响，而只是对推力有影响。故在作燃烧室的燃烧稳定试验时，可以截掉喷管超声速部分。但是要测量推力时，一定得把喷管全部加上。燃烧稳定试验用的燃烧室模型也不加冷却夹套，因为燃烧时间很短，大约 1～2 秒，如果燃烧是不稳定时，在 1～2 秒内一定会出现。因此在初步燃烧稳定试验时可不加冷却，而不会使燃烧室烧坏。这样在能达到试验目的的情况下，可以减少增加了冷却夹套而带来的试验设备的复杂性。

燃烧稳定与喷嘴的设计很有关系，如喷嘴喷孔的排列形式以及相互位置和喷孔的尺寸大小等。所以在这阶段主要是改变喷嘴的型式及影响喷嘴工作过程的各种因素，来达到燃烧稳定。由于没有成熟的理论，完全是依靠经验来达到燃烧稳定，所以这是一个极其复杂的过程。但是达到了燃烧室模型试验的燃烧稳定，这才只是第一关。这时就可以得到喷嘴的型式及喷嘴的性能参数，如喷嘴压力降、混合比、燃烧室压力等；然后根据这些肯定了的数据重新来定发动机的其他参数，就可以正式开始发动机的设计。

3.4.3　输送调节系统的试验（涡轮泵组试验）

燃烧室模型试验决定了泵的压力及流量，这时就可以开始发动机输送系统的设计。

3.4.3.1 泵的设计和试验

一般认为最适用于在火箭发动机中压送推进剂的是离心泵，因为它对于大流量和高压力的情况是最有效的，就重量和容积而论也是最经济的。对于流量小、推力小于2吨的小火箭，也可以使用其他型式的泵，如瓣泵、齿轮泵。

泵的设计是根据火箭发动机的推力、有效排气速度、推进剂的密度和混合比来决定泵的流量。根据燃烧室的压力和在阀门、管路和喷注器中的水力损失来确定泵的排出压力。而泵的进口压力的选择与“气蚀”和推进剂的贮箱重有密切关系。因为如果在流体通道中，当某一点的压力低于流体在此点的蒸气压时，就会产生蒸气泡，使流体中出现了充满蒸气的空隙，这种现象叫“气蚀”。由于进口压力低，离心泵“气蚀”多半发生在泵入口。由于“气蚀”而引起了泵的流量变化不定，使发动机的工作不正常，所以在离心泵里是不允许有“气蚀”现象的。因此要选择合适的泵的进口压力，使它一方面不发生“气蚀”现象，另一方面推进剂贮箱不会因为压力太高而使箱子重量增加太多。离心泵的设计理论现在还不是很准确的，所以要进行泵的试验。由于火箭发动机的泵功率很大（大概每吨推力涡轮泵的功率为20～100马力），故试验设备也是相当庞大的。在作泵的试验时，工质一般用水，试验结果可以很准确地换算到实用推进剂组分。

3.4.3.2 调节器的试验

与泵的设计试验同时进行的是调节器的试验，也就是阀门试验。因为火箭发动机的起动时间很短，只有1秒左右。在这样短的时间里要完成大流量高压力的阀门开关，如果用人工进行调节是很难想象的，必须用自动调节控制系统。火箭发动机阀门的一般设计是较容易的，但详细设计例如空隙问题，阀门座的材料、开启延迟时间等的设计是不容易的。由于火箭发动机中任何一个阀门的失灵常常会导致火箭发动机工作的破坏，甚至会引起火箭发动机本身的毁坏，所以火箭发动机的阀门必须有明确而严格的检验方法。推进剂阀门的泄漏，阀门不照规定时间开关，都会带来不良的影响。所以在阀门装配前必须严格检验两种性能：一种是阀门座和阀门垫片处是否发生泄漏，另一种是动作是否准确敏捷。

因为推进剂的作用压力高，经过的流量大，而阀门动作所需的力量也要大，所以是用操纵气压和液压系统的办法来操作推进剂阀门。其实质是一种放大动力的操纵办法。不然要用很笨重的控制机械来操作，这在火箭发动机上是不允许的。

3.4.3.3 燃气发生器的设计及试验

在燃气发生器中，推进剂起化学变化产生燃气，用所生成的燃气来推动涡轮；然后用涡轮来带动泵运转，不断供给燃烧室推进剂，以保证火箭发动机的稳定燃烧。由于气体太热会损坏涡轮机的叶片、喷管以及叶轮，所以要求燃气发生器所产生的气体比火箭发动机燃烧室中的燃气温度要低得多。如在H-1型发动机里，燃气发生器里的温度只有650℃。主要用调节燃料和氧化剂比例的方法来达到调节温度的目的。但是什么样的比例最好要经过试验来确定，例如液氧煤油燃烧，当煤油多了燃烧就不完全，容易产生焦化，使其在燃气里有可能含有没有燃烧的碳粒，这在发动机里是不允许的，所以必须要进行燃气发生器的试验。

3.4.3.4 涡轮泵组的试验

一般来说涡轮的设计在理论上和实际上已比较成熟，只要给定燃气以后就可以进行涡轮的设计，而且可以不进行单独的涡轮试验。故可以在进行了泵、调节器和燃气发生器的试验以后，就直接进行涡轮泵组试验。由于不需要外加能源，由燃气发生器自己供给涡轮的能量，就可使涡轮泵组用真实的推进剂组分进行真实的液体火箭发动机输送系统的试验。所以在这一阶段的试验设备反而变简单了。

3.4.4 发动机试车

在进行涡轮泵组合试验的同时，应把燃烧室及喷管的样机制出来，而且这时可以应用挤压式的输送系统在试车台上进行单个燃烧室的试验。然后进一步来考验燃烧是否稳定、燃烧时间长短和燃烧效率的高低。当这一步试验达到设计要求时，就可以与涡轮泵组合联合在一起进行整个发动机的试验，对以前各阶段的试验进行综合性的考验。如果试验的结果发动机工作过程稳定，各部分工作情况良好，达到了发动机的设计指标，可以认为发动机设计完成，能够提供作为飞行器的发动机使用。在高空使用的发动机还应该在高空模拟试车台上进行高空模拟试验。

3.4.5 推力的调节

由于液体火箭发动机工作时所产生的推力很可能不是设计时的推力，而在一定范围内有偏差，这就要求作推力调节。推力调节有很多种办法，如可用改变燃烧室压力或者改变燃烧室推进剂的流量等方法来调节推力。在使用涡轮泵的发动机中，推进剂供给量的改变靠增减涡轮泵转速的方法来实现。这时由于两泵间转速的相互协调，从而保证推进剂混合比不变。由于涡轮泵转速变化，推进剂流量也变，燃烧室压力也跟随变化，也就可以达到推力调节的目的了。改变涡轮泵的转数则是通过调节燃气发生器内的压力来实现的。

从以上的设计试制过程来看，设计一个新的火箭发动机不是一件轻而易举的工作，而是一项艰巨复杂的工作。需要投入大量的人力、物力，经过较长期的努力才能设计出一个新的发动机。据估计，设计一个新的发动机，最少要准备报废 40 个发动机；时间不是几个月而是几年，由经验得出是 2.5 年；其物质力量的消耗更大，例如 F－1 型发动机来说，它的涡轮泵功率为 6 万马力或约 4 万千瓦。如果说试制成发动机要报废 40 个发动机，那就像报废 40 座 4 万千瓦的动力站，即 40 个 4 万千瓦的火力发电设备。

从本节所谈到的发动机设计试制过程看来，整个工作量是相当大的。其主要的原因是目前还没有一个完整成熟的燃烧理论，设计试验绝大部分只能依靠实践来进行，若能提出一个完整成熟的燃烧理论，这将是一个很大的贡献。这也是有关科学技术工作者的一项光荣而艰巨的任务。

3.5 发动机试车台

试车台是进行整个发动机试验的设备。为了使我们对试车台有一个初步的概念，在这里首先介绍一下美国“土星”运载火箭第一级发动机试车台(见图 3.10)。试车台的高度从地面至桥式起重机导轨的高度为 56.4 米,火箭发动机的支承台离地面 22.5 米,喷管离地面 20 米。火焰偏流槽深入地下 9 米,喷管离槽底约 30 米。火焰偏流槽是因为发动机的火焰很长(就发亮部分来看,估计有 40 米长)而设置的。火焰偏流槽使火焰转弯,这样可以降低试车台的高度和火箭支承台离地面的高度。火焰偏流槽设计的主要依据是实验,由实验来决定火焰偏流槽的形状和弯曲部分的曲率,找到防止火焰倒流到发动机底部的办法,确定数千个冷却水孔的位置。试车台的贮水器在火箭点火时能以 150 米^3/分的流量向偏流槽供应冷却水来消火。试车台的桥式起重机的起重量为 100 吨,它的任务是与另一个辅助起重机一起把试验的火箭发动机装上试车台。

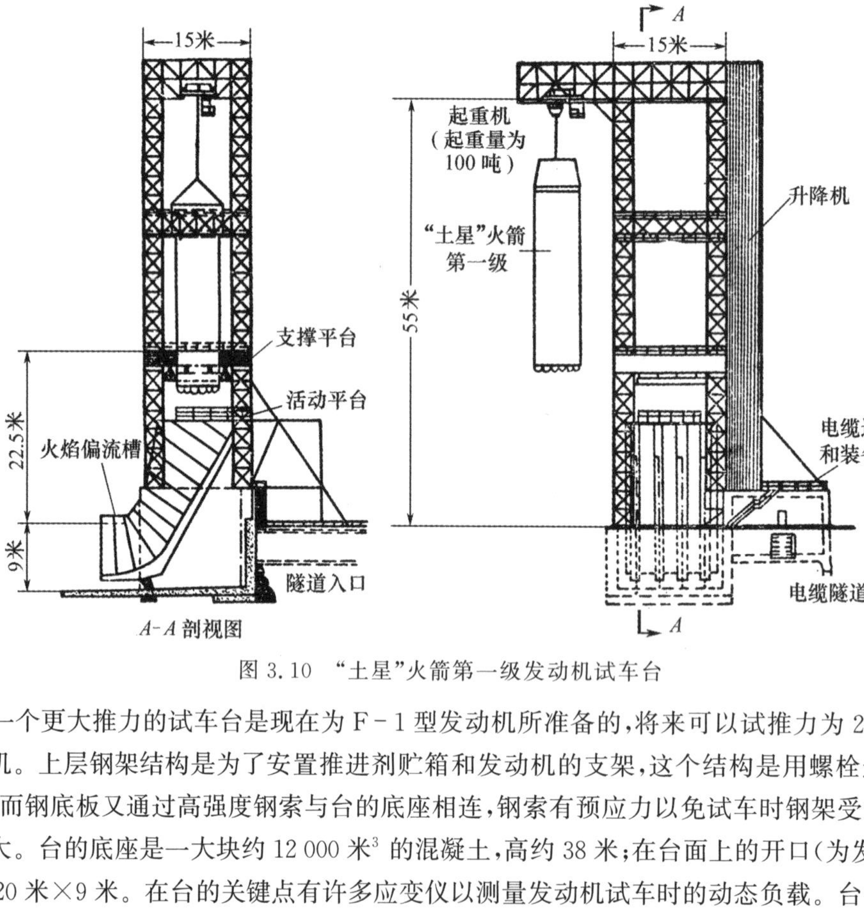

图 3.10 “土星”火箭第一级发动机试车台

另一个更大推力的试车台是现在为 F-1 型发动机所准备的,将来可以试推力为 2 700 吨的液体发动机。上层钢架结构是为了安置推进剂贮箱和发动机的支架,这个结构是用螺栓连到台面的钢底板;而钢底板又通过高强度钢索与台的底座相连,钢索有预应力以免试车时钢架受推力作用时变形过大。台的底座是一大块约 12 000 米^3 的混凝土,高约 38 米;在台面上的开口(为发动机火焰)尺寸是 20 米×9 米。在台的关键点有许多应变仪以测量发动机试车时的动态负载。台的后方有一条约 6 米宽的沟,沟中是各种管道。沟后是一座两层混凝土墙结构的准备车间、设备间、部件储备室及测量线路接线室。这个建筑物的顶与台面相齐。测量信号通过一条约 240 米长的电缆管到试车台的控制及测量记录室。电缆管中有 600 对线路。为了消防灭火及试车时冷却火焰偏流槽,有个 1 500吨水的贮池。为了初步阶段试 F-1 型发动机,安了一个 284 米^3/分排量的高压水泵;从泵到台有一条直径为 1.37 米的水管;泵的功率为 6 000 马力。

这些大型试车台(见图 3.11)的控制及测量记录室也是很复杂的,不亚于一个大发电站的控制室,图 3.12 让我们略见其大概。

图 3.11　大型发动机试车台

图 3.12　大型发动机试车台的控制及测量记录室

3.6　固体推进剂及固体火箭发动机的发展

人们在开始运用火箭时就采用了固体推进剂。在早期多采用黑色火药作为推进剂(比冲为 50～140 秒)。这种火药能量小,因此不能使火箭得到较大的推力和较高的速度。直到后来化学工业进一步发展,发明了无烟火药后才逐渐使火箭的推力增加,射程加大。

固体推进剂的比冲比起液体推进剂来说要低,特别是比较老的双基药类固体推进剂的比冲一般在 200 秒以下。表 3.8 列出了一些比冲较高的固体推进剂的一些性能。

表 3.8 固体推进剂性能

推进剂成分	在 70.5 大气压下的比冲/秒	在 70.5 大气压下的燃速/(厘米/秒)	燃速压力指数(n)	密度/(克/厘米^3)
高氯酸铵(氧化剂) 聚丁二烯(粘结剂) 铝粉(加成剂)	250	1.186	0.236	1.75
高氯酸铵(氧化剂) 聚氨基甲酸酯(粘结剂)	238	0.577		1.72
浇铸式双基药	219	1.142	0.61**	1.55
挤压式双基药	216*	1.170	0.0***	1.58

* 在 88.46 大气压下。

** 在 56.3～116 大气压下。

*** 在 63.3～84.5 大气压下。

我们可以由表 3.1 的一些液体推进剂的性能数据,比较出液体推进剂的比冲一般高于固体推进剂,而密度却比固体推进剂低。近年来由于固体火箭的发展,而提出了许多有希望的固体推进剂。它们的比冲则可达 250 秒以上;如用高氯酸硝酰(NO_2ClO_4)及高氯酸锂($LiClO_4$)作氧化剂,以固体硼烷($B_{10}H_{14}$)作燃料,则其比冲可达到 280～300 秒($p_c=70$ 大气压的条件下)。所以高比冲的固体推进剂是大有发展前途的。

但是,在 10 多年前,一则由于固体推进剂的比冲低,而更主要的是由于采用双基药柱多孔燃烧的固体发动机结构,使发动机的结构重量比高达 40%～60%,而后起的液体火箭发动机的结构重量比仅为 10%左右。因此,尽管固体发动机较简单、可靠,使用方便,但却由于结构重量太大而限制了它的发展,以至于在 10 多年前曾经认为固体火箭没有什么发展前途,而几乎趋于停顿。固体发动机的结构重量之所以大是因为在采取双基药挤压成型的药柱的多孔燃烧,而使燃烧室必须处于高温和高压下工作(固体发动机燃烧室一般没有冷却系统)。由于燃烧室壁要承受几十个大气压和 2 500℃以上的高温,如不把燃烧室做得厚而坚固,就不可能承受这些载荷而正常工作,这样一来就大大地增加了整个发动机的重量。但是,1945 年后在固体发动机的设计中引入了一个新的设计原理,从而使已经被认为没有什么发展前途的固体火箭发动机重新与液体火箭发动机展开竞争。

这个新的设计原理的实质是把原来双基药压型药柱的多孔燃烧改为混合组分的固体推进剂,把它浇铸在燃烧室内,采用内孔燃烧。这种方法的优点,首先在于利用固体推进剂本身作一隔热物,使燃烧室壳壁完全与高温的燃烧气体隔开,因而燃烧室本身就在通常温度下进行工作,它所承受的负荷只有燃烧室的压力(实际上药柱本身也承受了一部分压力)。由于这一改革使得燃烧室壳壁的厚度大大减小,而且可以考虑采用常温的高强度钢(强度为 200 公斤/毫米^2,比重为 7.9)和轻质材料钛合金(比重为 4.7)、玻璃钢(比重为 2)。这样就使固体火箭发动机的结构重量立即降到药柱重量的 10%以下,这是固体发动机的一很大飞跃,使有可能制造出结构重量轻、推力大、工作时间长的固体发动机,用于星际航行。其次采用浇铸法代替原来的挤压法,这种药柱成型的方法的改进,也为制成大型固体火箭发动机提供了必要条件,使制造时不再受设备尺寸的限制,而几乎可以做出任意大的固体药柱。由于固体火箭发动机的设计有了这一改进,发展才有了远大的前途;因此美国也就开始研究制造大型的固体火箭发动机(见表 3.9)。1961 年 8 月间他们试验了一种推力约 230 吨、燃烧时间 87 秒的大型固体发动机,药柱重为 80 吨。这种大推力固体发动机就可以用来作为运载火箭的第一级动力,它具有成本比较低、设计制造时间比较短的优点。例如美国现在计划把液体推进剂的二级火箭"大力神Ⅱ"(用四氧化二氮(N_2O_4)为氧化剂,肼(N_2H_4)和偏二甲肼($(CH_3)_2N \cdot NH_2$)的等重混合物为燃料,一级推力 195 吨,二级推力 45.4 吨)为基础,两旁各绑上一个推力为 406~614 吨的固体火箭,燃烧时间约 100 秒,形成三级"大力神Ⅲ"运载火箭。该火箭第一级为固体的,总推力 818~1 228 吨,第二级和第三级是原来的"大力神Ⅱ"的第一级和第二级。

表 3.9　美国计划试制大型固体火箭

推力/吨	燃烧时间/秒	药重/吨	总重/吨	壳体尺寸(直径×长度)/米
455	20	36.3	4.55	
911	90	327	360	4.57×18.8
1 090	72		314	3.81×27.4
2 270				6.10×—
4 550				6.10×32.6

3.7　固体火箭发动机的设计问题

同液体火箭发动机比较,固体火箭发动机的设计是比较简单的。通常,大多数的设计参数是根据已定的推力及发动机的工作时间确定的。其中最主要的问题是确定采用推进剂和提出药柱的燃烧方式。在要求燃烧时间短的大推力发动机中,通常采用燃烧速度大的推进剂,而对工作时间较长的发动机,则采用燃烧速度较低的推进剂。这是一般的常规,但并不是唯一的原则。

3.7.1　药柱设计

药柱形状的选择是决定燃烧方式、控制燃烧室压力的重要手段。药柱形状是根据药柱的性能及发动机对推力、压力的要求而有所不同。以前是采用侧面燃烧药柱,也称为非限制性燃烧式药柱。这种形状的药柱燃烧时,使燃烧室壳壁严重地受热,同时由于药柱最后的剩余碎片很多而造成大量能量的损失。而图 3.13 中所示各形状药柱是采用浇铸法成型的内孔燃烧式药柱。这种药柱燃烧时燃烧室的壳壁就不再受高热,所以可以做成重量轻的燃烧室。

图 3.13　固体药柱的各种形状

3.7.2 燃烧稳定性

燃烧的稳定性表现在燃烧室中的现象——压力是否稳定。影响燃烧室压力变化的主要因素有两个：首先，我们知道，固体推进剂的燃烧速度是直接受推进剂本身的物理化学性能所决定的；而作用在燃烧面上的压力、燃烧环境的温度及燃烧表面气体流动情况都对推进剂的燃烧速度产生不同程度的影响。在一般的固体发动机中，由实验得出了固体药柱燃烧的速度 r 与作用在燃烧面的压力 p_c（即燃烧室压力）的 n 次方成正比，即 $r\propto p_c^n$；n 值对一般固体推进剂而言在 0.4～0.8 之间；燃烧速度一般在 1 厘米/秒左右。因而，固体发动机燃烧室中的压力的变化就会引起燃烧速度的变化，而燃烧室压力的大小又是由燃烧产生的燃气量的多少而定。在大多数固体发动机中都要求推力保持平稳，即要求保持燃烧室的压力平稳。当一个固体药柱的长度一定时，燃烧速度和燃烧压力都不变化，则只有要求燃烧面积保持恒定才有可能达到（其他产生高频振荡燃烧的不稳定在后面讨论）。但是药柱的燃烧面通常只能在设计时确定下来，制造成型后使用时就只能视其自己发展变化。因而设计燃烧药柱的形面是控制燃烧室稳定的一个很重要的问题。图 3.14 中即可看出各种形状的药柱燃烧时间与压力和推力的变化情况，说明了可以通过药柱形面的设计大致地控制燃烧的变化过程。图中的虚线表示不同燃烧时间的药柱形面。星形空心药柱的周边在燃烧过程中基本上保持不变，因此单位时间所燃烧掉的燃料的体积（即燃烧掉推进剂的量）不变，故产生的燃气量也就不变，从而保证了压力与推力的恒定。

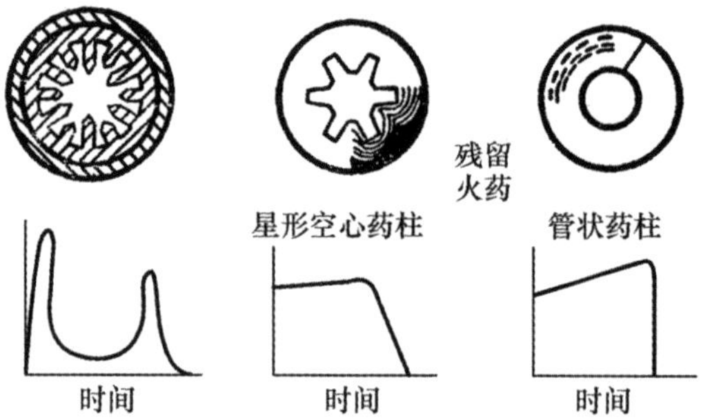

图 3.14 固体药柱的燃烧过程

固体发动机的工作时间很容易从燃烧速度和药柱的厚度求得，即等于 $\frac{t}{r}$（t 为药柱厚度，r 为燃烧速度）。

上面所谈到的只是一般燃烧室压力及推力按照发动机的用途来保持稳定。但是，在固体火箭发动机燃烧室中的燃烧也和其他液体发动机一样，还有着其他一些原因影响燃烧的不稳定性。因此，即便确定好燃烧形面，在燃烧过程中仍会出现压力的突变。这些导致燃烧不稳定的原因是燃烧室中的高频振荡燃烧，而产生压力高峰。这种不稳定燃烧具有强烈的破坏性，但是其产生的原因目前尚未获得确切的解释；同时要消除它也是较困难的，需要通过试验、改变推进剂的组分、改进燃烧室药柱设计等来达到目的。

3.7.3 药柱的工艺问题

无烟硝化甘油火药一般称为双基火药，是一种硝化纤维和硝化甘油添加剂和增塑剂的胶合物。这种推进剂的制造工艺已经很完善了。制造方法是把配好的药粉适当加热或借液态胶合剂的作用,在强力水压机上的预制模中挤压成型,成型之后取出阴干再装入制造好的固体发动机燃烧室中,以资使用。挤压的作用有助于火药的凝固,增加药柱的强度。但是,挤压成型时,药柱的大小及重量都要受到水压机的能力和尺寸的限制。近 10 多年来采用了新的比冲较高的推进剂,并采用浇铸成型工艺,而克服了挤压成型的缺点,不再受设备能力和尺寸的限制。这种混合组分的固体药柱是由氧化剂、燃料(橡胶状的粘结剂)和加成剂(铝粉等),以一定比例混合而成。在这些组合中(见表 3.10),对一般氧化剂而言都为粉末状,这里是用燃料作粘合剂,因此必须保证有足够的燃料才能保证药柱的强度。加成剂的作用在于增加燃烧产物的温度,也能对燃烧起稳定作用。推进剂组分的纯度和固体颗粒度的大小及其均匀度,直接影响到制造出来的药柱的性能,必须严格控制。如表 3.11 是对高氯酸铵纯度的要求。药柱的制造过程是把这些组分以一定比例混合均匀之后,适当加热使粘结剂熔融,混合物变成糊状再浇铸到预先创造好的燃烧室中,等到药柱凝结成固体后再把制内孔形的阳模取出,即可运去贮藏或使用。这种方法不但简单而更重要的是可以用来制造几乎任意尺寸的药柱。

表 3.10　具有金属加成物的固体推进剂性能

推进剂	比冲/秒	推进剂	比冲/秒
68%高氯酸铵 17.5%燃料粘结剂 15%铝粉	254	67.5%高氯酸铵 22.5%燃料粘结剂 10%铝粉	248
63.75%高氯酸铵 21.25%燃料粘结剂 15%铝粉	253	67.5%高氯酸铵 22.5%燃料粘结剂 10%镁粉	243
72%高氯酸铵 18%燃料粘结剂 10%铝粉	252	71.25%高氯酸铵 23.75%燃料粘结剂 5%硼粉	241

表 3.11　高氯酸铵的纯度规格

组　分	最小含量/%	最大含量/%
非水溶物		0.10
硫酸化的灰		0.25
氯酸盐(以 $NaClO_3$ 计)		0.15
氯化物(以 NH_4Cl 计)		0.20
硫酸盐(以 $(NH_4)_2SO_4$ 计)		0.20
溴酸盐(以 $NaBrO_3$ 计)		0.04
非碱金属		0.04
水分		0.02
对甲基橙试剂的反应	中性	
高氯酸铵	99.0	

但是,固体推进剂药柱不管采取哪一种成型方法,都会碰到药柱在制造过程中或制造好后产生细小的裂纹,这些裂纹往往是肉眼所看不见的,而它们对发动机的危害也是十分大的。由于裂纹的存在而造成药柱燃烧时大量粉碎,以致发生爆炸,因此必须消除这些裂纹。这些裂纹产生的原因,一般主要有两个方面:

第一,因为目前所用的组合式固体推进剂均系两种主要成分在粘结剂的作用下机械混合在一起,膨胀系数不一,故在温度变化时易产生裂纹。

第二,空气中的氧与药柱的暴露面接触而使之发生变化,在运输过程中受振而发生裂纹。解决这一问题的办法通常采用加抗老剂,药柱制好后存放在惰性气体中贮存,在运输中防止振动、碰撞。

另外,药柱内部会产生松孔,这种现象在双基药中存在,而在组合式药柱中更加严重。产生的原因有两个:

其一是在制造时混入其他液体(如水分),加温时则液体蒸发产生气泡。

其二是温度变化时药柱产生热应力。组合式药柱的各种成分对温度和振动的反应不同,因而产生松孔。

这种松孔的危害性与裂纹相同,也是在制造过程中必须设法克服的因素。

3.7.4 喷管材料

当我们确定了发动机的推力、压力等参数,选好药剂之后,即可开始喷管的设计工作。设计的要求及过程与液体火箭发动机相同,在此从略。但是,对火箭发动机的喷管而言,是在2 500℃以上的燃气中工作,这对于液体火箭发动机来说,因为有冷却夹套比较容易解决喷管的材料问题。对固体发动机的喷管则没有冷却系统,却又要在这样高的温度下工作,因而喷管的材料就成了一个大问题。解决这个问题时一般是采用石墨衬在金属喷管壁上以耐高温。因为一般固体发动机的工作时间较短,而石墨一般能耐较高的温度,是可行的。衬石墨喷管形式见图 2.2。

3.8 固体火箭发动机的发展前景

前面已经谈了固体火箭发动机,由于引入了新的设计原理,制造工艺上采取了新的措施,而使得固体火箭发动机又重新迅速地发展起来了。特别是在大型火箭发动机的设计和制造方面提出了新的构想。打算用这种方法来解决大型固体发动机的制造、运输等一系列问题,从而使固体推进剂在火箭技术中的应用方面成为液体推进剂的重要竞争者。

这种想法的中心内容之一是设计一分段加工、制造和运输的装配式大型固体火箭。在前面药柱制取工艺中曾经提到过浇铸法存在着的一个严重缺点,药柱可能产生裂纹,这对大型药柱的连续浇铸,则更难以保证浇铸质量。更难办的是巨大的单个药柱的运输和贮存都不方便,更不安全，因此提出了分段制造的建议。采用这一建议就可克服单个药柱所带来的一系列困难。分段制造不仅在制造上可以更好地保证质量，而且现代的技术对制造直径为 3 米、长 3 米的分段药柱并不困难，而其重量也不大，能满足运输和贮存条件的要求。还值得指出一点，由于把一个巨大的整个药柱分成数段后，如果其中一段损坏，并不使得其他各段报废。

图 3.15(a)是装配式的大型固体火箭的各组合段。图 3.15(b)表示所建议的大型固体火箭发动机的结构。图 3.15(c)则是一大型的三级固体火箭的总装模型。

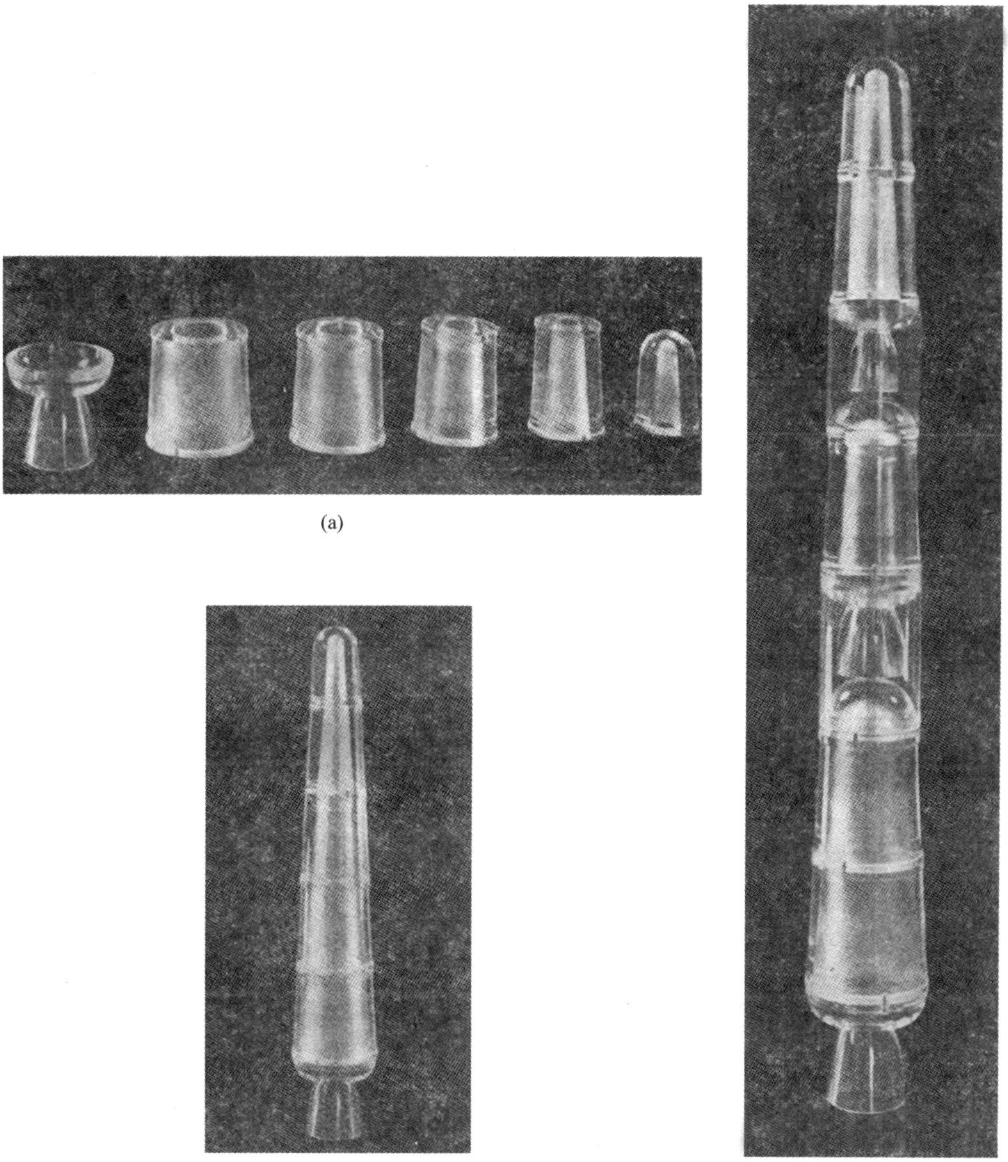

(a)　(b)　(c)

图 3.15　分段装配巨型固体发动机的塑料模型

另一个中心内容是采用带锥孔的锥形药柱，这是固体发动机工艺中的一个新思想。由于采用这种形式的药柱，可以增大装药容积系数和避免过分的侵蚀燃烧。因为对于接近喷管的药柱内孔流过的燃气量比上面其他部分内孔中流过的多，而锥形通道则正达到了使内孔中气体流动速度趋于一致，特别是使接近喷管处的内孔中流速不会过高，这样就降低了接近喷管部分药柱的剧烈侵蚀燃烧，保证了药柱燃烧的均匀性，符合于恒定燃烧室压力和燃料全部燃尽的要求。还应指出一点，由于采用了锥孔型药柱，给予制造加工上带来了方便，也更有效地保证了药柱的质量。因为内孔是锥状的，在药柱浇铸好后，取出制孔阳模时，只需要把阳模移动几毫米就可以脱离药柱，这样就使孔表面受损伤的可能性降低到最小。因此，既简化了制造工艺过程和费用，又提高了制造的可靠程度。

3.9 新型火箭发动机——固液型发动机

我们知道，火箭发动机对于推进剂性能的要求是多方面的，其中又以考虑比冲为最主要的条件。但是其他一些条件在一定情况下往往也会起着很大影响或起着决定性的作用。如推进剂的密度，当发动机的推进剂贮箱重量影响整个发动机的结构重量较大时，它就成了一个不可轻视的要素了。在 3.1 节中谈到了推进剂的密度比冲，可以看出密度比冲愈大，则同样体积的推进剂就可多产生推力或增长发动机的工作时间，相应地就减少了发动机的结构比，而增大了火箭的有效载荷。一般的液体推进剂的密度小，固体推进剂密度大（见表 3.1 及表 3.8）。因此要想增大火箭的有效载荷，一方面就要力求提高推进剂的比冲，另一方面则要寻找高密度的推进剂。

目前来看，固体推进剂的比冲虽然提高了，但还是不及液体推进剂。然而它的密度大，故有条件用降低火箭的结构重量来弥补因比冲较小带来的缺点。液体推进剂有它独特之处，就是液体发动机的推力很容易利用调节推进剂的流量来控制，也适用于多次起动。而这里所要介绍的新型式的固液火箭发动机，则几乎兼备了固体和液体发动机的优点。

固液火箭发动机通常是把燃料作成固体混合物浇铸在燃烧室内，发动机工作时将液体氧化剂喷入药柱的燃烧孔中而燃烧。表 3.12 中介绍了几种以固体燃料与液体氧化剂为组合的固液推进剂。通常之所以采用氧化剂为液体、燃烧为固体是由于一般的液体燃料的密度比液体氧化剂密度小。因此，采用这种组合时可以提高推进剂的平均密度。但是这个原则并不是绝对的。表 3.13 中的数据就是以液体燃料和固体氧化剂为组合的推进剂，比冲也是相当高的。如使用固体高氯酸硝酰（NO_2ClO_4）作氧化剂和液氢为燃料的组合，其比冲可达 349 秒。由表 3.1 及表 3.12 中可以看出，固液推进剂的密度比冲比一般液体推进剂的密度比冲要高。说明了固液型推进剂组合具有比固体推进剂高的比冲，而密度高于一般的液体推进剂。因此，这种组合的推进剂用于火箭发动机是很有前途的。

表 3.12　混合推进剂($p_c=70.308$ 大气压；$p_a=p_e=1.0335$ 大气压)

固体燃料	液体氧化剂	理论比冲/秒		密度比冲/(秒·公斤/升)	
		海平面	真空	海平面	真空
铝聚乙烯	99%H_2O_2	294	349	409	485
氢化锂	99%H_2O_2	295	345	372	435
氢化锂镁	99%H_2O_2	313	372	363	431
金属锂	99%H_2O_2	328	383	286	334

表 3.13　新的固体氧化剂高氯酸硝酰(NO_2ClO_4)的理论比冲
($p_c=70.308$ 大气压，$p_a=p_e=1.0335$ 大气压)

液体燃料	使用 NO_2ClO_4 作氧化剂时的比冲/秒	使用 NH_4ClO_4 作氧化剂时的比冲/秒
H_2	349	287
BeH_2	346	340
AlH_3	305	302
B_5H_9	302	285
N_2H_4	295	265
偏二甲肼	289	259
C_2N_2	276	258
CH_4	278	252

除了上述固液发动机在使用推进剂方面存在的优点外，它还在控制等方面具有液体发动机的优点。我们都知道，固体发动机所存在的一个大缺点是它的燃烧过程无法很好控制调节，而液体发动机则可以由调节推进剂的流量来控制发动机的起动、停车、燃烧室的压力和推力。固液发动机则具有这可调节的特点，即是调节液体组元的流量来控制燃烧过程。试验型的固液发动机已实现了 2.5 毫米/秒的低药柱燃烧速度，比表 3.8 所列纯固体推进剂的燃烧速度小多了。它也适用于多次起动的场合。其次，这个液体组元也可以用来作为燃烧室和喷管的冷却剂，同样可以进一步降低发动机的结构重量，也不必再寻找耐高温的喷管材料。

3.10　发动机推力方向的调节

发动机推力方向的调节是关系到整个火箭是否能按照正确的轨道飞行的重要问题。在枪炮中射出的弹头是按照一定的弹道运动的，弹头的方向是靠枪膛的来复线的作用。一般航空飞行器是靠空气舵的作用来调整航向。而运载火箭在起飞时速度太低，空气舵没有足够的控制力；在高空时又因空气稀薄，空气舵也没有足够的控制力，因此必须靠另一些新的方式来调整航向，即借助于调节推力方向来达到目的。目前推力方向的调节可分为如下几种类型。

3.10.1 燃气舵

在第1章中已经提到了齐奥尔科夫斯基建议以燃气舵来控制火箭飞行的稳定性。这种方法比较简单，因此，在最早期的V-2火箭上就采用了燃气舵来控制。图3.16中表明了由于燃气舵片与燃气喷射方向成δ角度时所产生的作用力示意图。其中力矩M是作用在火箭上使火箭绕重心产生转动，从而改变了火箭的飞行方向。这种控制方法的最大缺点是对发动机的推力损失很大；例如，对V-2火箭的燃气舵来说，当$\delta=0$时，4个舵片产生的总推力损失达460公斤，而当舵片转动角度时损失还要增大。燃气舵存在的另一个问题是舵片处在喷出温度达2 500℃以上的燃气中工作。因此，舵片的材料必须是耐高温，否则就会被烧毁而失去作用。舵片通常采用石墨。近年来有人研究采用含硼硬玻璃制成玻璃钢的燃气舵。这种玻璃作为喷管蒙皮和燃气舵的效果特别好，因为在温度很高时它的表面才变为浓稠的液体，随即吸收大量热量而蒸发，而本身向内部传热却很少。因此，这种燃气舵的烧蚀是相当慢的。

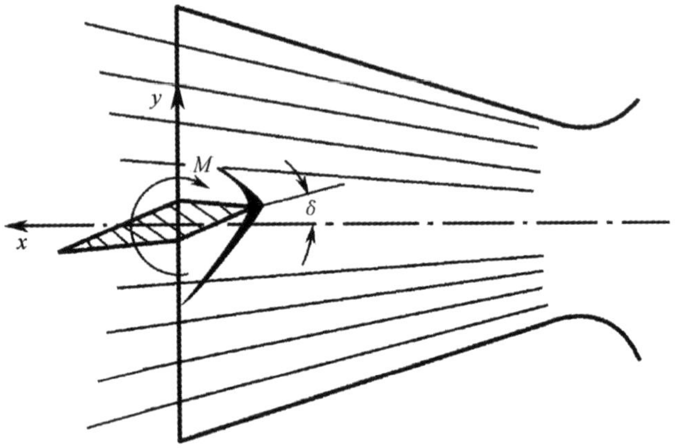

图3.16 发动机喷气气流中的燃气舵

3.10.2 改变喷气方向

这种方法的一种是用机械带动整个发动机(不包括推进剂贮箱)，绕一定点旋转以使发动机的排气方向偏离火箭轴线方向(即火箭原来运行方向)(见图3.17)。由于喷气方向的改变，作用在火箭上推力的方向也改变，火箭也随之改变方向。采用这种方法只需使发动机转动很小的角即可，因此推力损失很小。发动机由一个电动机或液压元件带动，使它可以任意转动。结构虽比较复杂，但是它适用于发动机长时间工作的需要，此为燃气舵所不及。

改变发动机喷气方向的办法用在固体发动机上则由于固体发动机整个燃烧室较大，而且装有推进剂，因而可以想象其重量比液体发动机燃烧室要大得多，故不可能采用和液体发动机同样转动整个发动机的方向来调节推力方向。对固体发动机则采用了可以改变方向的万向喷管(见图3.18)。

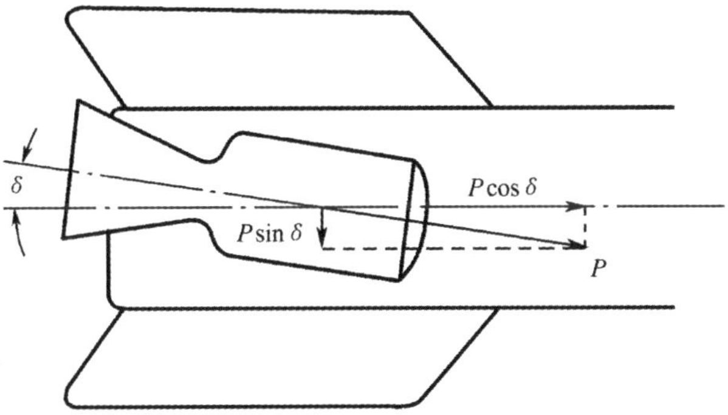

图 3.17　摆动发动机

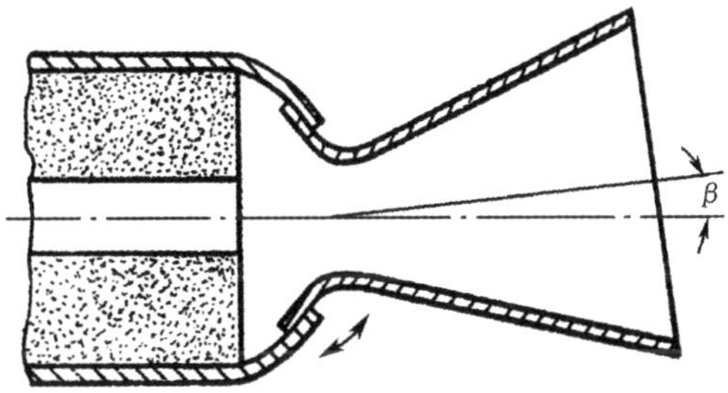

图 3.18　固体发动机的万向活动喷管

前面所述的两种改变推力方向的方法是一直到现在所惯用的办法，如 V-2 火箭用燃气舵，而"土星"火箭是用摇摆发动机(摇动 8 个 H-1 发动机的外圈 4 个)。最近又有另一个创议，建议从燃烧室中引出一部分高压燃气，引到对称布置在喷管膨胀部分(超声速部分)。侧壁的 4 个孔，孔的开闭是可控制的。如果孔是关闭的，那就没有燃气引入喷管侧壁，气流正常，推力方向与喷管轴向相同；如果一个孔开了，高压燃气从喷管侧壁进入喷管，引起气流中的斜激波(见图 3.19)，喷气方向就变了，推力方向也就变了。利用 4 个孔的开闭，我们就能改变发动机推力到任意方向。这个方法如能实现，将是一个比较轻的设计，因为它没有燃气舵或摇摆发动机那样笨重的元件及机构。

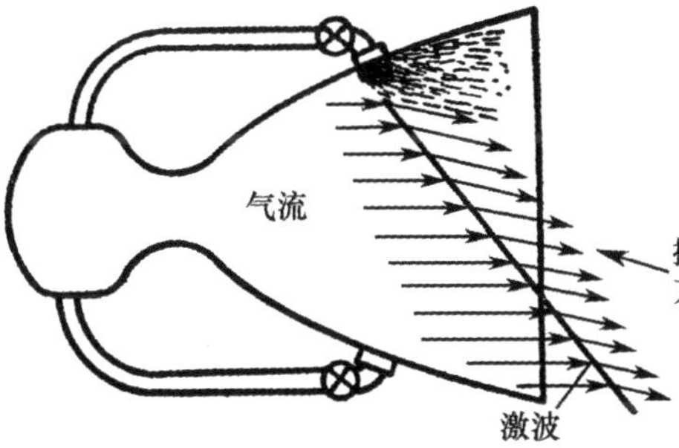

图 3.19　用斜激波改变喷气方向

表 3.14　氧化剂的某些物理化学性能

氧化剂	沸点/℃	冰点/℃	临界温度/℃	临界压力/大气压	密度/(克/厘米^3)	黏度/厘泊①	比热/(卡/(克分子·开))
O_2	−183.0	−218.8	−118.8	49.7	(液)1.144(沸)	0.190(沸)	(液)12.99(沸)
H_2O_2,98%	150.2	−0.435	457	214	1.442 2(25℃)	1.798(0℃) 1.156(25℃) 0.819(50℃)	21.36(0～27℃)
红发烟硝酸	60	−52 到−60			1.593*(0℃) 1.551*(25℃) 1.515(45℃)	1.990*(0℃) 1.249*(25℃) 0.909*(45℃)	
ClO_3F (过氯醯氟②)	−46.8	−146	95.17	53.00	(液)1.700(−50℃) (液)1.518(0℃) (液)1.413(25℃) (液)1.287(50℃)	(液)0.384(−50℃) (液)0.219(0℃) (液)0.175(25℃) (液)0.148(50℃)	23.05(−50℃) 25.51(0℃) 26.74(25℃) 29.71(50℃)
N_2F_4 (四氟化肼)	−74±1	−162	37.5	54	1.5(−100℃)		
F_2(氟)	−188.14	−219.62	−129.2	55	(液)1.51(沸)	0.257(沸)	13.948(沸)

① 1 厘泊$=10^{-3}$帕·秒。——编者注

② 现称高氯酰氟。——编者注

续表

氧化剂	蒸气压	汽化热/(千卡①/克分子)	生成热/(千卡/克分子)	熔解热/(千卡/克分子)	毒性(空气中最大允许含量)($\times10^{-6}$)
O_2	$\lg\frac{P}{760}=5.2365+\frac{419.31}{T}-0.00648T$ (P 的单位为毫米汞柱;T 的单位为开)	1.630(沸)	(液)−3.109 (沸)	0.1065(熔)	无
H_2O_2,98%	$\lg P=44.5760-\frac{4025.3}{T}-12.996\lg T+4.6055\times10T^{-3}$ 0.00265(25℃) 0.06675(80℃) (P 的单位为毫米汞柱;T 的单位为开)	12.334(25℃) 11.260(沸)	(液)−44.780 (25℃)	2.987(冰)	1.0
红发烟硝酸	0.180 (25℃) 0.522 (45℃) 对应成分: HNO_3 84.6%, N_2O_4 13.4%, H_2O 2.0%				
ClO_3F (过氯醯氟)	$\lg P=4.46862-\frac{1010.814}{T}$ 11.98(25℃) 21.91(50℃) (P 的单位为大气压;T 的单位为开)	4.6(沸) 3.5(25℃)	(液)−8.62 (25℃) (气)−5.12 (25℃)		3~40 (每周工作40小时)
N_2F_4 (四氟化肼)	$\lg P=6.9643-\frac{811}{T}$ (P 的单位为厘米汞柱;T 的单位为开)	3.170	(气)−2.0±2.5 (25℃)		
F_2(氟)	$\lg P=7.08718-\frac{357.258}{T}-\frac{1.3155\times10^{13}}{T^8}$ (P 的单位为毫米汞柱;T 的单位为开)	1.564(沸)	(液)−2.874 (熔)	0.1220	0.5

① 1千卡=4.1868千焦。——编者注

表3.15 燃料的某些物理化学性能

燃料	沸点/℃	冰点/℃	临界温度/℃	临界压力/大气压	密度/(克/厘米^3)	黏度/厘泊	比热①/卡/(克分子·开)	蒸气压/大气压	汽化热/(千卡/克分子)	生成热/(千卡/克分子)	熔解热/(千卡/克分子)	毒性(空气中最大允许含量)(×10^{-6})
RP—1 煤油		<—40			(液)0.80 (25℃)	1.0(0℃)	0.4 (25℃)					
NH_3	—33.38	—77.76	132.3	111.3	(液)0.638 6 (0℃) (液)0.602 9 (25℃) (液)0.562 9 (50℃)	(液)0.169 (0℃) (液)0.136 (25℃) (液)0.125 (50℃)	19.36(25℃)	3.759(—3℃) 10.469(27℃) 18.458(47℃)	5.581(沸) 0.829 (25℃)	(液)—11.869 (25℃) (气)—11.04 (25℃)	1.351 (冰)	100
N_2H_4 (肼)	113.5	1.5	380	145	1.0(25℃)	0.9(25℃)	23.72(25℃)	0.026 (30.7℃) 0.132 (62.5℃)	9.600(沸)	(液)+12.05 (25℃)	3.025 (冰)	0.5～1.0
$CH_3N_2H_3$ (甲基肼)	87.5	—52.4			0.938 (—50℃) 0.897(0℃) 0.874(25℃)	19.0(—55℃) 0.78(25℃)	32.25(25℃)	0.065 3(25℃) 0.526(70℃)	9.648 (25℃)	(液)+12.7 (25℃)	2.491 (冰)	0.5～0.1 (每天工作8小时)
B_5H_9	60.60	—46.75	227		0.644(0℃) 0.623(25℃)	0.4(0℃) 0.3(25℃)	36.12(25℃)	0.279(25℃)	7.28 (25℃)	(液)+7.74 (25℃) (气)+15.02 (25℃)	1.468 (冰)	0.01 (每天工作8小时)
$Al(BH_4)_3$	44.5	—64.46			0.570(0℃) 0.549(25℃)	0.280(0℃) 0.210(25℃)	44.3(0℃)	0.157(0℃) 0.474(25℃)	6.871 (25℃)	(液)—74.7 (25℃) (气)—67.8 (25℃)	1.68 (冰)	0.01 (估计)

① 现称质量热容，也称比热容，单位为焦/(千克·开)。——编者注

第 4 章　运载火箭的技术实现

4.1　多级运载火箭的级数

我们知道，实现星际航行的重要条件之一，是必须具有足够大的动力，使飞行器具有足够高的速度，由地球的表面飞向太空。也就是在第 1 章已讲过的，如果要发射人造地球卫星，必须具有第一宇宙速度（7.91 公里/秒）；发射宇宙火箭（即人造太阳行星），必须具有第二宇宙速度（11.18 公里/秒）；要脱离太阳系引力场，必须具有第三宇宙速度（16.63 公里/秒）。在现代科学技术的成果中间，能够满足要求的只有火箭发动机。但是，要用什么样的火箭发动机才能达到这样高的速度呢？为了回答这个问题我们用齐奥尔科夫斯基公式来进一步分析和讨论。这里为了分析问题简化起见，忽略了地球引力和空气阻力的影响。

设$\frac{M_1}{M_2}$为火箭起飞时与燃烧终了时的质量比；V 为燃烧终了时火箭所具有的速度；c 为有效喷气速度，那么

$$V = c\ln\frac{M_1}{M_2} = gI_s\ln\frac{M_1}{M_2} \tag{4.1}$$

由公式(4.1)我们看到，在不考虑外力作用的情况下，火箭的最终速度（也就是最大速度）V 是与火箭的喷气速度 c 以及火箭质量比$\frac{M_1}{M_2}$的对数成正比，其变化规律可参看图 4.1。也就是说：在一定的推进剂重量之下，火箭本身的重量（即结构重量）越小越好，以便使$\frac{M_1}{M_2}$增加，获得最大的火箭飞行的终速度 V。公式告诉了我们，最大的火箭终速度与燃烧过程的时间或推进剂的绝对重量无关，只和推进剂的重量与火箭的结构重量之比例有关。因此，我们可以从提高燃气的喷气速度和增大起飞质量与最终质量之比这两个方面来提高火箭的最终速度。而燃气喷气速度的提高是受推进剂性能的限制，与推进剂燃烧过程所产生的温度和燃气的平均分子量有关。假如我们利用目前的一些化学推进剂，所能够获得的最大喷气速度只在 2.5 公里/秒到 3 公里/秒左右。前一章已说明，目前认为较好的液氧及液氢、液氟及液氢推进剂组合，也只能达到 4 公里/秒左右。若考虑到火箭可能的结构，火箭最初与最终之质量比不可能大于 10，按照以上根据，代入齐奥尔科夫斯基公式算出的火箭最终的速度约为 9 公里/秒。所以，如果考虑了地球的引力及空气的阻力损失，最终速度最多只能达 7 公里/秒，这比起第一宇宙速度也还差一些。这也就说明了，用目前的化学推进剂的能量，用单级火箭是不能够进行星际航行的。当然随着科学技术的发展，我们也可以考虑利用原子反应堆作热源，以液态氢作喷射工作介质，就有可能把喷气速度增加 2～3 倍。但这又跟随着带来了一系列必须要解决的技术问题，如耐高温材料、传热等问题。所以在目前的星际航行里，运载火箭不是单级，而是用多级运载火箭。

另外，我们也可以从提高火箭最初与最终时质量比方面来看，因为质量比是以对数出现在

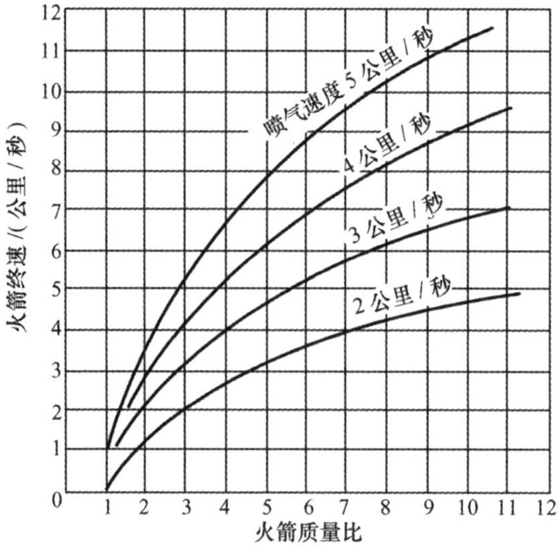

图 4.1　火箭最终速度及喷气速度与质量比的关系

公式里，而数值的对数的增加比算数的增加要慢得多，所以质量比的增加对火箭的最终速度的影响较小。同时，对于一定的推进剂的重量，质量比受结构材料的限制，不能无限制地提高。要提高质量比，一个比较现实的方法就是采用多级运载火箭。

多级运载火箭的组合(参看图 4.2)是由称为“级”的个体火箭组合而成的，在起飞前形成一个飞行的整体。每一级是一个独立的工作单位，其内装有自己使用的推进剂及发动机的一切输送控制系统。当第一级(也叫做最低一级)火箭发动机开始工作时，整个火箭组合便起飞了。当第一级火箭的推进剂燃烧完以后，使整个火箭组合达到了一定的速度。这时第一级火箭完成了它担负的任务以后，便自动地脱离火箭组合系统，同时第二级火箭发动机自动点火开始工作，在第一级加速的基础上使火箭组合系统进一步地加速。这样继续下去，每一级在完成了它所担负的任务以后，就自动地脱离整个系统，一直重复到带有有效负载的最后一级火箭发动机点火时为止，则多级运载火箭最终产生的速度为各级火箭产生的速度总和。如果为 n 级火箭，则最终的速度为

$$V_N = V_1 + V_2 + \cdots + V_n = \sum_{i=1}^{i=n} V_i \qquad (4.2)$$

其中 V_i 和 i 级在刚刚终止燃烧时所给与被推进的诸级的速度增量 V_i，与该级的有效喷气速度和质量比有关。如果 c_i 和 i 级的有效喷气速度，$M_1^{(i)}$、$M_2^{(i)}$ 为 i 级点火时及燃烧终了时的火箭质量，它们不但包括 i 级本身的质量，而且也包括了 i 级以上的各级质量和有效负载，那么

$$V_i = c_i \ln \frac{M_1^{(i)}}{M_2^{(i)}} \qquad (4.3)$$

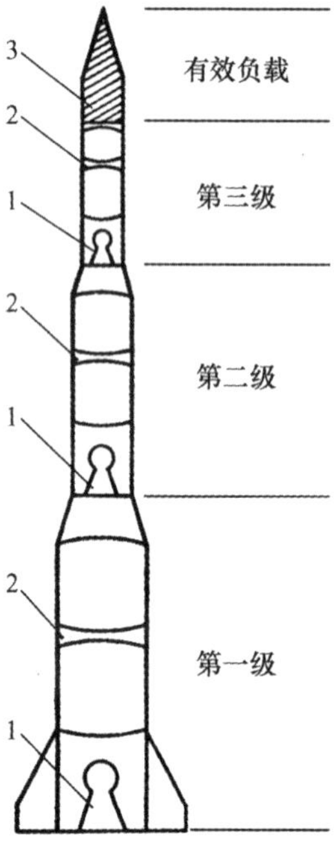

图 4.2　三级火箭示意图
1—发动机；2—贮箱及其他结构；3—有效负载

从以上的分析来看，目前在星际航行里的运载火箭肯定是多级的运载火箭，不是单级运载火箭。我们可以看出，应用多级运载火箭具有很多的优点，同时也存在着一些缺点。

首先一个优点是：由于多级运载火箭的每一级，根据它所担负的任务能够独立地进行工作。当它的推进剂燃烧完后，这一级在完成了自己的任务后就自动地脱离多级运载火箭系统。而被甩掉的一级火箭，其本身具有一定的重量(主要是结构重量如推进剂箱、发动机及控制输送系统等的重量)，这部分重量是不需要将它加速到运行轨道的速度，这样就节省了把不需要加速的那部分重量加速所需的动力，因而减少了推进剂的消耗，提高了运载火箭的设计效果。由于多级运载火箭有随时丢掉不需要的重量的特性，因而在运载火箭工作的过程中，能够不断地减少飞行重量，使其获得良好的加速性能，逐步达到较高的飞行速度。

第二个优点是：由于多级运载火箭每一级工作的独立性，每一级工作的高度范围是不同的。如第一级一般是从地面到70公里左右的高度飞行，而第二级在70公里以上的高空飞行。因此，就可以相应于不同的飞行高度，采用不同形式的发动机，更好地适应于这一级发动机的工作条件。例如，可以根据高度的不同，大气压力不同，采用不同的喷管的膨胀比。也可以在各级使用不同的推进剂，如在高空点火困难，就可以采用高比冲的自燃推进剂组合。为了减少最后几级的重量和简化结构，采用不同的设计方案。例如在最低几级，因为推力大，推进剂的流量大，这时就可以采用涡轮泵组合的输送供应系统；而在最后几级，推力小，推进剂的流量也小，其推进剂的贮箱尺寸也小，故可以考虑使用挤压式的输送供应系统更为适宜。同时也可以考虑在最后几级使用固体推进剂的发动机，使发动机的结构更进一步地简化，结构重量降低。这样我们就可以在相应的飞行高度及其飞行条件下，从更多方面来选择不同的设计方案，设计出较好的发动机，也就提高了飞行性能及设计效果。

多级运载火箭的第三个优点是：采用了多级火箭以后，对每一级的推力大小、工作时间等可以灵活的选择，以适应于火箭质量不断减小、轨道倾斜度不断增加的变化。也就能从一个与发射轨道的要求相适应的加速度，来选择每一级火箭的最初加速度。

多级运载火箭的第四个优点：由于一级一级的运载火箭，当它的推进剂燃烧终了就被甩掉，开动新的一级的发动机，加速度可以调整一次，不至于一直上升，这对于在星际航行里载人的火箭是很有利的。运载火箭起飞时的推力必须大于重量，一般为重量的1.25～1.5倍；但是它随着推进剂的逐渐消耗，火箭质量的减小，其加速度也跟随上升；另一方面由于飞行高度的增加，火箭的推力也微有增加。所以质量逐渐减小，推力逐渐上升，这两个因素使得火箭的加速度越来越大，由开始不到一个 g(重力加速度)逐渐地上升到第一级熄火时的加速度 $5\sim6g$。如果不采用多级火箭，而采用单级火箭时，其加速度继续随着推进剂的减少而增大到使人受不了的情况(一般加速度在 $5\sim6g$ 时人还能适应)。使用多级运载火箭就可以解决加速度过大的问题，因为多级运载火箭的每一级的推力不同，我们可以在设计上来控制最大的加速度值。当第一级工作加速度达到 $5\sim6g$，使其熄火被甩掉，第二级开始工作。而第二级的推力比第一级小得多，故其加速度值就从 $5\sim6g$ 下降到 $1g$ 左右。然后又随着第二级推进剂的减少，加速度又逐渐地增加，增加到我们所要求的最大加速度后，第二级熄火第三级开始工作。这样继续下去，整个加速度随时间的变化是成一锯齿形曲线变化。所以多级运载火箭就可以避免在飞行过程中出现过大的加速度，为人类进行星际航行开辟了道路。

虽然多级运载火箭有这样多的优点，但是，是否火箭的级数越多越好呢？是否可以无限地增加火箭的级数来获得无限高的速度呢？在回答这问题时，我们必须要看到多级运载火箭还有它的缺点，使我们不能无限制地增加它的级数。

首先一个缺点是：随着火箭级数的增加，必然带来整个多级火箭组合系统的复杂化，如控制问题，级数越多越复杂。当每一级脱落时，由于质量、转动惯量的改变，使整个多级火箭组合的动力学性质改变了，控制系统里的一些参数也必须跟随着改变。每一级脱落时都要引起这些改变，而这些改变都要由控制系统来进行自动调整。因此，随着级数的增加，这些调整会变得相当复杂。

第二个缺点是：由于多级运载火箭结构和控制的复杂性，不单是给设计带来了更多的困难，而更重要的是使多级运载火箭工作的可靠性降低了。随着级数的增加，系统就越复杂，其工作的可靠性就越低。即使火箭的性能都很好，但因其可靠性差，那也不是一个好的设计。所以在多级火箭的设计里，工作的可靠性是相当重要的。

总的看来：在目前的情况下，要实现星际航行，不用多级运载火箭是不可能的。但是级数要选择恰当，要适可而止。目前一般的情况是：要发射低轨道卫星（即几百公里高的轨道），使用普通的化学推进剂时，用二级或三级运载火箭就可以了。要发射高轨道卫星或者达到第二宇宙速度时，级数相应地增加为三级或四级运载火箭。所以整个设计，一方面要满足发射轨道的要求，结合已经掌握的发动机，要求多级。但是一定要与多级运载火箭的复杂性及可靠性结合起来，尽量使级数少。两方面必须统一起来考虑，不能片面地强调多级。

4.2 运载火箭的实例

为了给我们一个概念，以便对运载火箭有较具体的了解，现举一些运载火箭的实例。由于资料的限制，下面就介绍一些美国的多级运载火箭的情况（表 4.1）。表中“侦察兵”多级火箭全部是使用固体推进剂，它可以作为小负载的运载火箭，如进行仪器的高空探测时用。而“婚神[①]Ⅱ”多级运载火箭的效率低，现在不使用了。“雷神-德尔它”是“雷神”中程弹道式导弹作为第一级，第二级是“德尔它”，由于“雷神”比较成熟可靠，所以用得较多。而“雷神-阿金纳 B”的第二级是另一个叫“阿金纳 B”的火箭。“宇宙神-阿金纳”和“宇宙神-半人马座”都用“宇宙神”为基础，再在上面加了“阿金纳 B”或“半人马座”火箭。“宇宙神”是洲际弹道火箭，它是一个一级半的火箭，其一级半的意思是指：有 3 个发动机，中间一个小的发动机，其推力为 36.3 吨，而两旁各一个大的发动机，其推力为 84 吨。这 3 个发动机在起飞时同时点火。当工作了 100 多秒以后，两旁推力为 84 吨的发动机熄火后自动地脱落，而中间一个小的发动机仍继续工作。所以它们是同时点火就不能称为二级，同时又因两个发动机熄火后一个仍继续工作，也不能称为一级，故就称为一级半。它这样安排的主要目的，是为了避免高空点火的困难和不可靠性，所以制成全部在地面点火，使其起动可靠。但由于整个火箭还有些问题，所以“宇宙神”多级火箭目前用得很少。现在发展的“半人马座”采用了两个在上一章中所讲的 LR－115 液氧及液氢发动机，使“宇宙神-半人马座”运载火箭比“宇宙神-阿金纳 B”运载火箭的性能有所提高，但是现在还在试验中。

① 现称“丘诺”——编者注

表 4.1　美国现有的和即将有的运载火箭

型　号	每级推力*/吨和推进剂	长**/米	最大直径/米	有效负荷/公斤***		
				到 550 公里高轨道	第二宇宙速度	到土星和金星附近
侦察兵	第一级　46.7　(固体) 第二级　28.1　(固体) 第三级　6.2　(固体) 第四级　1.3　(固体)	19.8	1.0	68		
婚神 Ⅱ	第一级　68.0　(液氧及煤油) 第二级　6.8　固体 第三级　1.8　固体 第四级　0.7　固体	23.5	2.7	43 (最大)	6.8	
雷神-德尔它	第一级　68.0　液氧及煤油 第二级　3.5　白烟硝酸及偏二甲肼 第三级　6.8　固体	28.0	2.4	227	27	
雷神-阿金纳 B	第一级　74.8　液氧及煤油 第二级　6.8　红烟硝酸及偏二甲肼	26.2	2.4	726		
宇宙神-阿金纳 B	第一级　166.5　液氧及煤油 第二级　36.3　液氧及煤油 第三级　6.8　红烟硝酸及偏二甲肼	30.0	3.05	2 270	340	
宇宙神-半人马座	第一级　166.5　液氧及煤油 第二级　36.3　液氧及煤油 第三级　13.6　液氧及液氢	32.0	3.05	3 856	1 134	680

*　在海平面上的推力。

* *　不计有效负载的长度。

* * *　有效负载有时包含了最后一级火箭的结构重量在内。

如在第 1 章中所讲的,美国目前努力发展的是“土星”运载火箭。它一共有三个方案,即三级的 C－1 型(见图 4.3)、四级的 C－2 型(见图 4.4)和五级的 C－3 型。组成这些型号的各级实际一共有五种,即 S_1、S_2、S_3、S_4 及 S_5,它们的尺寸及性能见表 4.2。S_5 实际上就是上面所讲的“半人马座”的改进型。由这些级所组成的三个“土星”方案的性能见表 4.3。可见,如果“土星”运载火箭一旦实现,它的运载量将是可观的。C－3 方案预计还可以将载人飞船送达月球,在月球上安全着陆,然后返回地球。

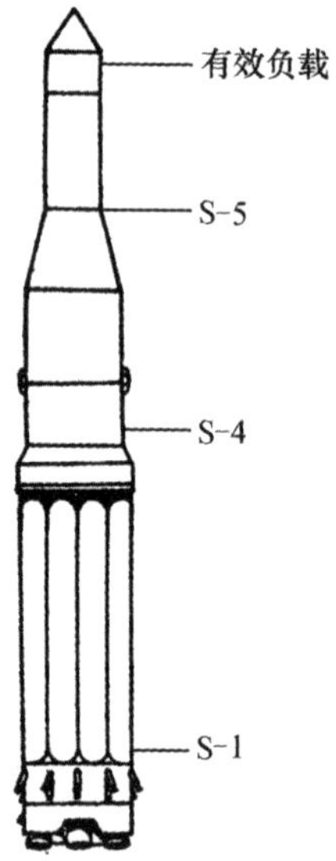

图 4.3 “土星”C－1

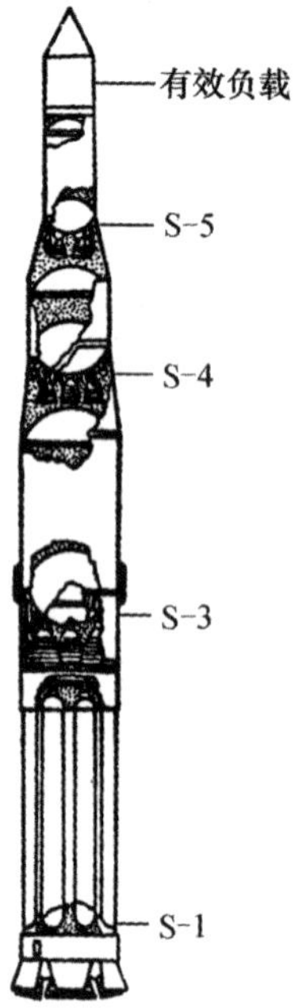

图 4.4 “土星”C－2

表 4.2 组成“土星”运载火箭的各级

	S_1	S_2	S_3	S_4	S_5
C－1 型中的用途	第一级			第二级	第三级
C－2 型中的用途	第一级		第二级	第三级	第四级
C－3 型中的用途	第一级	第二级	第三级	第四级	第五级
直径/米	约 6.7			5.5～5.6	3.05
长/米	25.0		28.6	15.25	16.20
发动机数和型号	8×H－1	4×J2*	2×J2**	4×LR115	2×LR115
推 进 剂	RP－1 煤油及液氧	液氢及液氧	液氢及液氧	液氢及液氧	液氢及液氧
推力/吨	8×85.4=683***	4×90.7=362.8	2×90.7=181.4	4×7.94=31.76****	2×7.94=13.60

* 可能安装 6 台 J2 发动机。

** 可能安装 4 台 J2 发动机。

*** 推力预计可增到 8×113.4=907.2 吨。

**** 推力预计可增到 4×9.07=36.28 吨。

表 4.3 “土星”运载火箭的方案

方　案	C－1	C－2	C－3
级数	3	4	5
各级型号	$S_1+S_4+S_5$	$S_1+S_3+S_4+S_5$	$S_1+S_2+S_3+S_4+S_5$
全长/米	约 56.5	65～70	
起飞重量/吨	550～580		
计划第一次发射时间	1963 年～1964 年	1965 年～1967 年	

续表

方　案		C-1	C-2	C-3
有效负载/公斤	将卫星送入480公里高的轨道	9 980	20 400	25 000
	将飞行器送入绕月球后面的轨道	5 440	载人飞船	—
	将火箭送入行星际轨道	4 080	7 700	—
	将卫星送入24小时的轨道	2 040	4 080	—
	向月球作安全着陆	1 090	2 270	—

“土星”的第一级 S_1(见图 4.5)是三个方案通用的,可与不同上面几级及不同有效负载组成不同的组合。整个火箭的重心位置、转动惯量、空气压力分布以及轨道上加速度等都随组合的不同而改变,第一级的设计必须适应这些要求。而设计的重点放在结构强度上,据说安全系数比一般大型火箭高 20%。由于强度增加,从而使运载火箭可以回收,以便多次使用。第一级飞行时的控制精确度要求不高,这是一方面因为采用 8 台发动机并联,推力可能有参差,很难精确地控制;而另一方面第一级的主要任务是把上面各级送出稠密的大气层,也不要求很高的控制精确度。第一级长 25 米,直径约 6.7 米,工作时间为 120 秒,在 30 公里的高空熄火脱离,这时火箭的速度约 1.5 公里/秒。第一级一共有 9 个并列的推进剂箱,1 个中央圆筒和 8 个外围圆筒。中央圆筒是液氧箱,长 15.2 米,直径 2.7 米,壁厚 6.35 毫米。外围圆筒中有 4 个液氧箱,4 个煤油箱,两者相间配置;圆筒直径 1.78 米,壁厚 2.3 毫米,外围液氧箱与中央液氧箱等长,煤油箱比液氧箱稍短,长 14.9 米。各液氧箱之间和各煤油箱之间用管连通。第一级的 8 台发动机配置成内外两圈(见图 4.6):内圈 4 台固定在推力架的中央圆筒上,发动机轴线与火箭轴线成 3°角,以便每台发动机的推力接近地通过重心。外圈的 4 台发动机每台有两个液压机控制,可作各方向的摆动;径向最大摆角为 10°,侧向为 ±7°。在正常位置,发动机轴线与火箭轴线成 6°角,使每台发动机的推力接近地通过重心。8 台发动机在同一电信号的控制下,成对分批点火,以避免由于推力骤然增加而产生强烈的震动;点火次序是由内至外,时间间隔约 0.4 秒。点火后,在将近 3 秒内火箭的推力便达 680 吨的额定值。同样,关车也是成对分批进行的,不过时间间隔较小,为 0.2 秒。目前第一级已进行过一次试射。

在这里特别应该指出的是:我们在很多英美的文献中,看到了用数学中的变分法来求得多级运载火箭的最佳级数值。我们认为这是脱离实际的,没有多大的实用价值。因为,在设计火箭时,有很多方面的问题和限制,必须要考虑进去。例如发动机的选择,对于大多数的设计工程师来说,没有多大的活动余地;因为一个新的发动机产生,最快估计需要两年半的时间;我们不能等待这样长的时间来设计多级运载火箭,而只能根据现实可能利用的,并且是目前所具有比较好的发动机来进行设计。另外如推进剂的选择也是如此。一种新的推进剂的使用也是一件不容易的事情,也需要一定长的时间去积累经验,熟悉性能,等等。这些问题已在上章中加以阐明,但它们不是用数学计算的方法所能解决的。当然,多级火箭的最佳设计方案是存在的,它是在估计了一切条件以后,来比较到底使用多少级,每一级使用几个发动机较好,哪些型式的发动机组合起来工作性能最好,等等,进行一系列的全面比较分析以后,把可能性和现实性结合起来,最后得出一个最佳的方案。因为各方案参数的变化是不连续的,不能够用数学上的变分法来求得最佳方案。

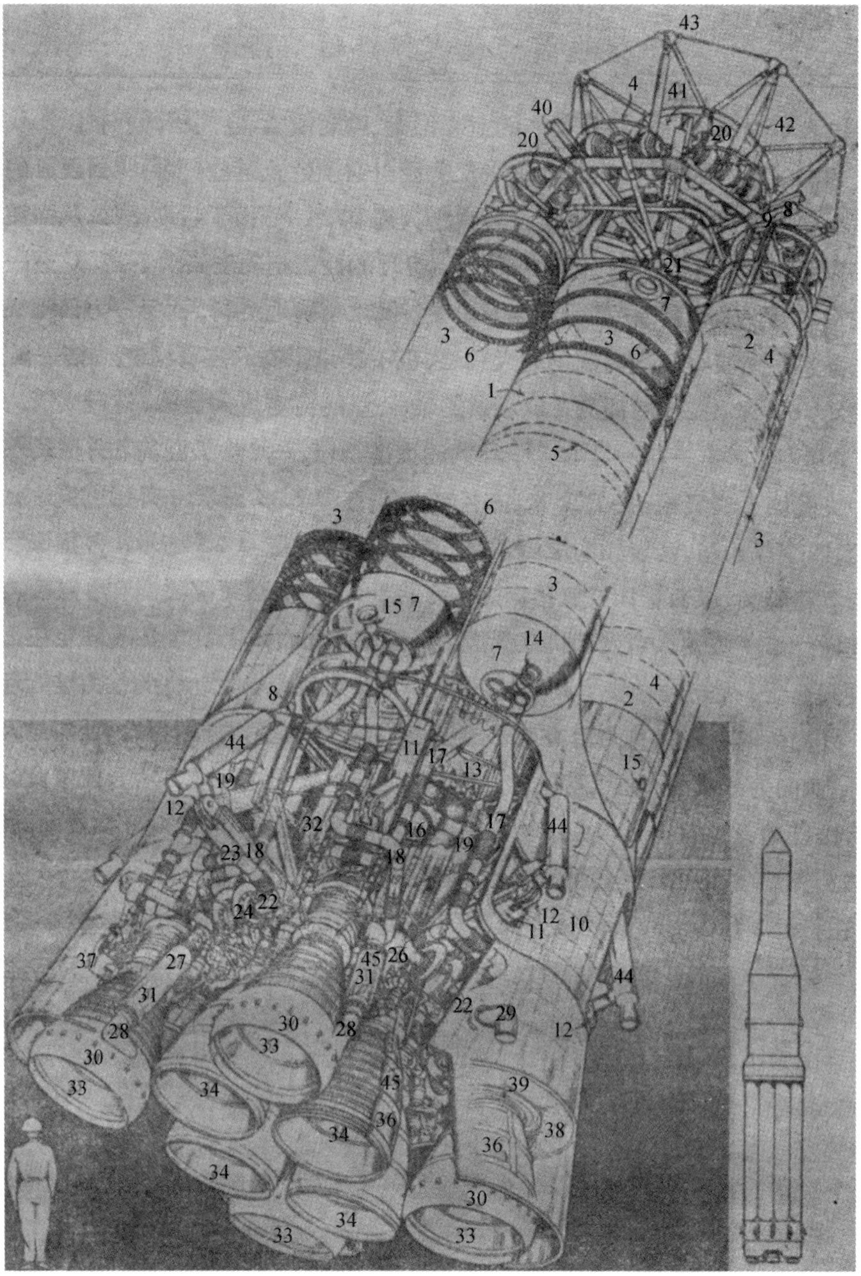

图 4.5 “土星”火箭第一级的结构详图

1—中央液氧箱；2—外围煤油箱；3—外围液氧箱；4—外围煤油箱；5—焊缝；6—隔框；7—箱底；8—外围推进剂箱的定位构件；9—中央液氧箱的定位构件；10—加强肋；11—推力架；12—支撑凸耳；13—抗拉杆；14—液氧加注口；15—煤油加注口；16—中央贮箱的加注和输出接头；17—液氧输出歧管；18—煤油输出歧管；19—波纹管；20—高压气瓶；21—推进剂箱的清洗和通风管；22—液氧泵；23—液氧输出阀门；24—燃料泵；25—润滑油和添加剂贮存器；26—涡轮；27—火药起动器；28—涡轮排气管；29—燃料回流管；30—吸气器；31—热交换器；32—涡轮泵安装架；33—外圈发动机；34—内圈发动机；35—常平推力座；36—燃烧室保护套；37—液压常平作动筒；38—镀金隔热板；39—软质密封层；40—蛛网形架；41—回收系统容器；42—联结杆；43—第二级火箭的承座；44—回收系统的制动火箭；45—涡轮燃气发生器

图 4.6　“土星”火箭第一级发动机的配置

4.3　结构重量、结构比

由 4.1 节的叙述中,我们可以看到,在多级火箭的设计中,降低结构重量对提高设计效果和增加火箭飞行的速度等方面,都有很重要的作用,所以不断地改进设计,不断地降低结构重量是我们努力的目标。因此,我们要进一步来研究结构重量,找出降低结构重量的努力方向。为了给我们一个数值上的概念,首先举一个设计师较现实的估计数据的例子。如果用四级火箭把一个较大的而且能回到地球上来的卫星送到 1 600 公里高的轨道上去,卫星有翼,能用滑翔的办法回到地球上来。根据现有的技术,第一级是使用液氧及煤油推进剂组合,第二、三、四级是使用液氢及液氧的推进剂组合。第四级推进剂量很少,是因为前三级已经加足了速度,而第四级主要是起拉平轨道的作用。其数据见表 4.4。

表 4.4　多级运载火箭的例题

	第四级	第三级	第二级	第一级	有效负载重量/公斤
推进剂重量/公斤	657	21 340	69 500	218 000	8 690
结构重量/公斤	207	3 180	8 000	21 400	
点火重量/公斤	9 554	34 074	111 574	350 974	
结构比		9.35%	7.2%	6.1%	

第四级上带的有效负载的重量共 8 690 公斤,其分布如下:

结构重量	3 640 公斤
发动机(返回用的火箭)	455 公斤
必要的设备	2 730 公斤
航行员及他们的给养(14 天)	455 公斤
其他科学仪器设备	1 410 公斤
总计	8 690 公斤

表 4.4 中的结构比是指每一级的结构重量(不包括有效负载或上一级)与该级点火时,包括上一级和有效负载在内的重量之比,也就是

$$结构比=\frac{不包括有效负载或上一级的结构重量}{点火重量}$$

从表 4.4 中可看到,结构重量随着级数往上而减少,而结构比是增加的。

4.3.1 结构重量的组成

4.3.1.1 发动机的结构重量

V-2 火箭发动机是 1935 年产生的,它是一个较重的发动机。但是现代的液体发动机,每 1 吨推力只要有不到 10 公斤的重量,即推力与发动机的重量之比为 100∶1 以上。

4.3.1.2 结构及箱体

V-2 火箭之所以很重,主要是它的液氧酒精贮箱和外壳是各自独立的,形成双层结构,即装液氧酒精的箱体是一单独用铝制的贮箱。在液氧箱与外壳之间,还用玻璃棉隔热,故这样的结构就使重量增加了。现在不考虑用双层结构,而是推进剂箱体本身就是火箭外壳。也就是说直接在外壳内装推进剂,这样就省掉一层重量。当然因此而带来了另外的问题,液氧因无隔热层而产生挥发、结霜等问题,但可以用另外的办法来解决。同时还可以考虑用充气薄壳结构来减少结构重量;充气是为了增加其整个结构的刚度,使其更加稳定。一般充气的压力在2~3大气压就可以了。如"宇宙神"多级火箭就是用很薄的不锈钢板焊接而成。总的来说就是要从设计、材料及结构各方面来想办法最大限度地减轻其结构重量。

4.3.1.3 控制系统的结构重量

由于多级运载火箭是一个复杂的组合系统。它有一个极复杂的控制系统来对整个火箭各系统部件的工作过程进行自动控制,因此其控制元件是相当多的。虽然它们每一个元件都是非常小,其重量与总重量比起来是非常轻的。但是由于数量很多,所以每一个元件的重量哪怕是减少 1 克,其总的效果也是相当可观的,因此不能忽略这些小元件的重量。所以我们在设计时不能够以公斤来计算减少量,而应该以克来计算其减少量。也就是说,哪怕是减少 1 克的重量,全体设计人员也要尽最大的努力来做到。

4.3.1.4 控制执行元件的重量

如燃气舵的舵机,是一个用油压系统来推动舵工作的。

以上几部分为结构重量的主要组成部分,其他还包括了一些尺寸、重量、大小不同的元件,我们在设计过程中也要尽可能地来减少这些组成部分的重量。这是我们所有参加火箭设计的每一个工作人员必须努力的方向。不但要看到大件设备的重量减轻,更重要的要看到千万个小零件的重量减轻。有人对大型火箭作过估计,其重量分布如下:

元件重在 2.5 公斤以下的占总的结构重量的	46.1%
元件重在 2.5~5 公斤之间的占总的结构重量的	13.2%
元件重在 5~12.5 公斤之间的占总的结构重量的	8.1%
元件重在 12.5 公斤以上占总的结构重量的	32.6%

因此在火箭的设计里决不能忽视小部件的重量，在小部件上即使减轻一点重量也能积少成多，对减少结构重量是相当重要的。

4.3.2　结构比与点火重量的关系

我们主要控制的指标不是绝对的结构重量，而是相对的结构重量，即结构重量的百分比。减少百分比是非常大的一件事情，总希望结构比(即结构重量与起飞重量之比)愈小愈好。

那么结构比到底是以什么参数来决定的呢？我们把上面所说的各项结构重量分别来看：首先对液体火箭来说，发动机的重量是与推力成比例的；而因为结构及箱体主要是承受发动机的推力作用，所以如果忽略推进剂密度大小所引起箱体大小的影响，那么结构及箱体的重量也是与推力成比例的；执行元件也主要是为了改变推力的方向，所以执行元件的重量也与推力成比例。只有控制系统的重量不与推力成比例，但控制系统的重量不算太大。所以我们可以说结构比大致是推力的函数。但是对液体运载火箭来说，推力一般为点火重量的 1.25～1.5 倍，所以推力这个参数可以用点火重量来代表，而说结构比是点火重量的函数。图 4.7 就表达这样的关系。

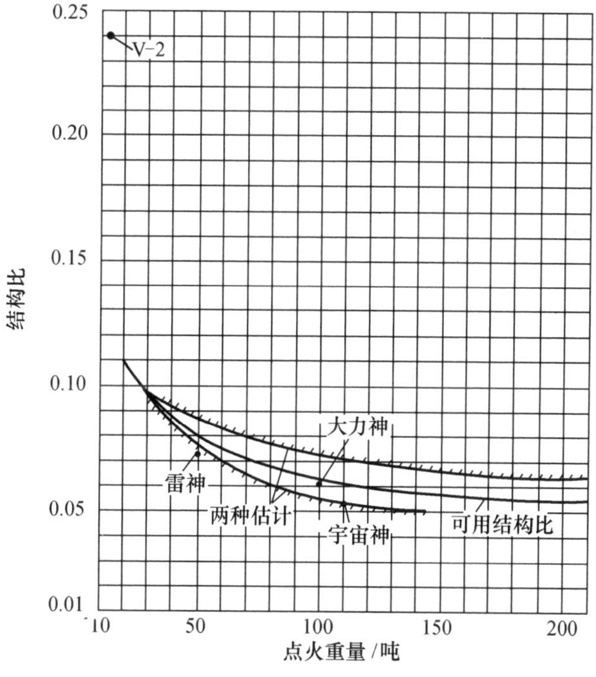

图 4.7　火箭结构比与点火重量的关系

从图 4.7 看出，火箭的点火重量增大，结构比就降低，这是因为大火箭可以设计得更加精致，图上也标上了 4 个火箭的具体数据，如 V-2、“雷神”、“宇宙神”和“大力神”。V-2 火箭是老设计，结构比自然大，不能代表现代火箭技术。图 4.7 中的曲线是一个估算性质的曲线，估计得保守些就用最上面一条曲线，而估计得较理想些就用最下面一条曲线。我们认为用中间一条曲线较为适宜。但是，图 4.7 的关系不是一成不变的，随着新材料的发现，出现了新的工艺，可设计出新型的结构形式，而这三者的密切结合是可以降低其结构比，改变结构比的曲线。总之，运载火箭的机体重量的减轻是材料研究工作者、材料生产者、强度研究工作者、结构设计师、工艺师、制造工人的集体创造，他们都对最后的成果有贡献。

4.4 运载火箭的设计过程

在这一节里，将对运载火箭的设计过程作一般性的概述，如何从依据提出的火箭研究和使用的要求，通过一系列的设计和试验，最后设计和制成可供实际运用的火箭，使读者对过程的主要阶段有所了解，初步掌握设计的主要要求和原则。

现代火箭系统总起来可分为火箭结构、发动机和控制系统三大部分。在设计火箭时这三个部分是各自分别进行的。但是，它们之间是相互影响、相互关联着的。因此，它又统一在共同的要求之下，统一在结构总体设计的领导之下，由总体结构设计来平衡各个设计部分之间所产生的问题。

火箭的设计工作也和其他事物的发展规律一样，是一个不断发展的连续过程。但是，在发展过程中又有它固有的不同的发展阶段。这种设计是具有高度的严格性和严密性。因为，火箭是用于星际航行上，因而必须保证它的可靠性，并能十分精确地执行它的任务。这种要求实质上就是要求整个火箭上的千万个零件和部件都必须非常可靠，而且是精确地相互配合。要达到这样高的要求，如果不按照严格的步骤进行设计、制造和试验，各个部门不能严密地配合协调整个工作，则必然使整个庞大的设计工作混乱不堪，而最后不但不能得到预期的效果，而反会导致整个工作的失败，造成时间、人力、物力和财力上的巨大损失。

通常运载火箭的设计工作可以分为如下几个阶段。

4.4.1 第一阶段 设计方案的初步选择

火箭的性能都是由它的用途和任务而定。设计时所采用的发动机、结构、控制系统以及结构的材料可以不同，但所设计出的火箭都可满足所提出的任务的需要。然而，所设计出的火箭的尺寸、加工工艺、技术条件、可靠性、准确性及成本等却可能产生很大的差别，甚至会影响到设计的具体实现。因此，设计方案的选择必须是慎重的，一般都采用多方案比较的办法，从最初提出的十几种或更多的方案中进行比较和选择。这种选择既要照顾到设计出的火箭的高度可靠性和实用性，而且也要考虑到现实性和可能性，即是要考虑到目前国家的科学水平和生产水平以及科学研究新成果的运用。方案的选择是通过专门的总体结构设计部门，经过全面的比较之后方能从这些方案中确定出几个比较好的方案，以作为进一步定案的基础。

4.4.2 第二阶段 方案的确定

上面已经提出的几个比较好的方案，这只是由总体设计部门根据任务要求的初步选择。而要最后定案，就必须协同发动机和控制系统的设计部门再进一步商讨比较，最后共同提出一个最佳方案。这个方案也可能是几个方案中的一个，也可能是吸取这几个方案的优点重新提出一个更好、更切合实际的方案。

这一步工作是十分重要的。因为,我们所提出的方案都必须根据已有的发动机和控制系统,加以适当的修改后,来组成方案的基础,而不能以全新的、还没有研究、或正在研究而没成功的发动机和控制系统来作为基础。要研究出一新型的发动机和控制系统需要很长的时间,同时由于还没研究成功,也无法给火箭设计提供准确而可靠的数据。因此,在确定方案时必须吸取发动机及控制系统设计部门的意见,看看他们是否能够按照方案的要求,按时提供可靠的发动机和控制系统,以及从他们本身设计的角度出发对于火箭结构设计的要求是什么。当大家取得一致意见之后,火箭设计的方案即可就此而定。这时总体设计部门也就可以向结构设计、发动机及控制系统设计部门提出初步设计的要求。各部门接受此任务之后就可以开始初步设计、研制及试验工作。

4.4.3 第三阶段　初步设计

初步设计是方案的进一步具体化。它把方案中所提出的任务要求和必要的参数进行具体的计算,对结构的布置进行研究,并审核重量的平衡和修正等。因此,初步设计是一项细致的工作,它主要分成三个部分进行:结构设计、发动机设计和控制系统设计。结构设计的工作内容是进行具体的总体设计和部件设计,详细地选择材料和结构型式,并最后对整个火箭设计进行总平衡,提出各部分的详细参数,向发动机和控制系统设计部门提出具体的设计参数和设计任务书。

发动机设计部门在这个期间的工作内容及程序已经在第3章有关部分中作了系统的概述。控制系统的初步设计内容及过程将在以后的章节中论述。

4.4.4 第四阶段　工艺设计

这一阶段的工作是在初步结构设计工作的基础上,进行更进一步计算和设计——工艺设计。前面已经谈过,降低火箭的结构重量是火箭设计中具有极其重大意义的工作。因此,工艺设计与初步设计之不同点是要精确地设计出整个火箭的结构,每个零件及部件,仔细研究零件或部件的形状、尺寸、强度和重量。总之,目的在于设计出结构强度高,工作可靠而又要挖去任何多余的重量。虽然设计是十分精确的,但是,由于人们设计技术水平有限,对材料性能掌握不够,对一些新的部件或零件设计的经验不足等原因,而使单纯由理论上设计出来的东西不一定能符合实际情况,即这些新的零件或部件的强度、重量和可靠性并不一定都恰如其分。因此,必须对这些没有把握的零件或部件加工生产,进行模拟尺寸或全尺寸的各种试验,以鉴定其性能、强度,并对设计不合理的地方加以改进,最后达到全部零件工作可靠而结构重量又达到最轻的要求。只有当这一步完全通过时才能算火箭结构的工艺设计基本上完成。

与此同时,其他两个部门也根据总体设计所提的有关参数和设计任务书,对发动机及控制系统分别进行相应的修改和试验,最后提出一套完整的符合于所设计火箭要求的发动机系统和控制系统。

在这过程中,由于对原来的发动机及控制系统有了改进,而使所提供出的部件的性能有所变化,一般说变化不会很大。所以总体设计最后还需根据各部门的最后设计结果作一次方案性的调整,把有关各方面的修正数据吸取到最后的技术设计中,这样才算最后设计出整个运载火箭,拿出整套可供样机制造的图纸。

在这一阶段进行中，由于完成了整个火箭的设计，因此，就可以考虑火箭制造出来后，所需进行的一系列试验及所必需的地面设备，把地面设备设计任务书提供有关部门设计和建设。这些设备主要包括测试系统、地面控制系统、运输起重设备、推进剂的加注系统、发射、观测等设备以及其他的附属设备。

4.4.5 第五阶段 样机的生产和地面试车

当发动机和控制系统的研制工作接近完成时，就可以进行样机的生产。由于所设计出来的火箭是经过了各个部件的各种试验，性能比较可靠。但是，为了保证生产出的样机真正达到设计要求，还必须生产一定数量的样机来进行各方面的试验。首先，样机的地面试验，这同样是一件十分复杂的工作。它分为如下几个步骤来进行。

4.4.5.1 破坏强度试验

破坏强度试验亦称为静力试验。试验的目的是考核火箭的结构所应当承受的静力负荷，看看它的强度是否能全面地满足设计的要求。很显然，结构的各个部件或零件的强度已经经过部件实验可以满足要求；但是，装配成一个整体之后，由于受到其他部件的影响，因而可能所承受的负荷有变化，以致使部件破坏。在强度试验中这种问题会大量出现，但因有了以前几个阶段的严密工作，所产生的各项问题不会太严重，只需对个别部件加以修改后即可达到要求。

4.4.5.2 水平测试

破坏强度试验完成之后，就可以进行包括发动机及控制系统在内的总装配。装配完成之后就在装配厂内进行水平测试(因一般火箭的总装工作都是水平装配)。由于原来的结构、发动机及控制系统本身就十分复杂，现在要装到一起并协调工作，因此也就更加复杂了。水平测试的目的是要把装配好的火箭，以模拟讯号输入，测试其各个部件的工作情况是否正常、协调。装配过程中各部件相互之间以及一些偶然因素的影响都会导致系统的失灵。因此，必须进行精细的测试、修改和调整，直到一切故障完全消除，才能结束水平测试工作，而进入垂直测试工作。

4.4.5.3 垂直测试和全机试车

水平测试完成后，说明整个系统总装配正确无误，并且各部分运转正常协调。这时即可将火箭运往全机试车台，将它垂直固定在试车架上准备作点火试验。但是，在点火之前还必须作垂直测试，即进行和水平测试相同的测试和一些其他特殊的测试。只有垂直测试通过后才能作全机地面点火试车。垂直测试的目的在于水平测试后火箭又经过运输、竖立和固定等过程，不免受到一些振动，并且在由水平变为垂直位置时，整个系统受力状况有了变化，因此可能产生局部失灵，通过垂直测试即可及时发现这些问题，以便修补和调整。

从火箭设计制造到现在，一直是进行纯部件试验和模拟试验。虽然以前的许多试验都是十分严格和周密的，但是发动机、控制系统、结构部件等并没有受到点火试车的考验。因此，全机试车则是进入了一个近似真实的试验。垂直测试结束后，即可按照所要模拟的条件，进行正式点火试车(对高空火箭可在模拟高空条件下作点火试验)。由于火箭系统非常复杂、精细、设计要求很高，而发动机在工作时和火箭实际飞行时，振动是十分剧烈的。因此，这一步模拟外界条件的试车是必不可少的，它可以确切地鉴定整个系统工作的可靠性，为飞行试验打下可靠的基础，如果发现问题，也可以在发射前进行必要的修正。

4.4.6 第六阶段 飞行试验

通过以前一系列试验而使整个火箭的可靠程度得到了认真的考验。但是,最终的目的还是要真正进行发射。火箭在飞行时不但有振动、摆动等问题影响火箭各部分运转过程,而且还有火箭的稳定、弹道控制、气象条件、各级之间的熄火脱离、点火的配合等十分复杂的问题,也影响着整个系统。这个问题远非地面试车及模拟试验所能够全部解决的。

对于多级运载火箭的飞行试验,也是分成若干步进行的。首先是第一级火箭加上一个假的第二级火箭(重量、形状、尺寸同第二级,但不带第二级的发动机),进行飞行试验,看两级之间配合情况是否正常。然后才进行第一、二级联合飞行试验,余此类推。只有这样逐步进行试验都成功之后,才能作整个火箭的飞行试验,最后提供出一可靠的、性能符合要求的运载火箭,予以发射人造卫星和星际航行使用。苏联屡次向太平洋中部发射火箭就是这种飞行试验。每一次的试验都标志着苏联在星际航行用的运载火箭方面又有了新的发展,在做新运载火箭的最后调整工作。

从运载火箭的整个设计过程充分地说明了这套技术是十分复杂而严密的,要求也是很严格的。因此,从事这项工作的人必须是用严肃认真的态度来对待,任何轻浮草率都会给整个工作带来不可估量的损失。

4.5 星际航行场

星际航行场是一个范围相当大,设备也非常复杂的综合性的试验场和发射场。因为火箭的研究不单在发射前需要进行许多精确、全面的测试和试验,而且在发射时及发射后更需要大量的辅助设备,如测试、控制、导航、观察和记录的电学、光学、无线电雷达、通讯等设备。因此,没有这样复杂的星际航行场就无法进行发射试验工作或至少是不能很好地进行这些工作。星际航行场的设备远比航空用的飞机场复杂得多。现在世界上最完备、最先进的星际航行场是苏联的拜科努尔星际航行场。它位于哈萨克加盟共和国①的中部,大约东经 66°和北纬 48°,是一片广阔的原野。加加林和季托夫两位宇宙航行员就在这里起飞。

为了引用具体资料说明问题,我们在下面介绍一个美国的发射场。图 4.8 即为美国当前最大的火箭及导弹试验和发射场——卡纳维拉尔角(Cape Canaveral)靶场。它位于美国南部佛罗里达州的一个半岛上,东面是大西洋,南面是加勒比海。射程向东南可伸延长达 8 000 公里,并且这里水、陆交通极为方便,便于运输。气候条件良好,晴天很多,便于观察和全年试验。

图中白色方块表示未来的发射台,深色表示现有和正在施工中的发射台。Ⅰ部分是高推力区,将有 6～7 个推力为 454～900 吨的发射台,以供大型军事卫星和空间飞行器试验使用。“土星”火箭发射台也包括在内。Ⅱ部分为洲际导弹区域,其中有 4 个台主要发射“大力神”和“宇宙神”导弹。“水星”火箭发射台也在这个区域内建设;此外,还包括有其他一些用于中程及洲际导弹的发射台。Ⅲ部分是将来要建的超高推力区域。这个区域主要用来发射大型人造卫

① 现哈萨克斯坦共和国。——编者注

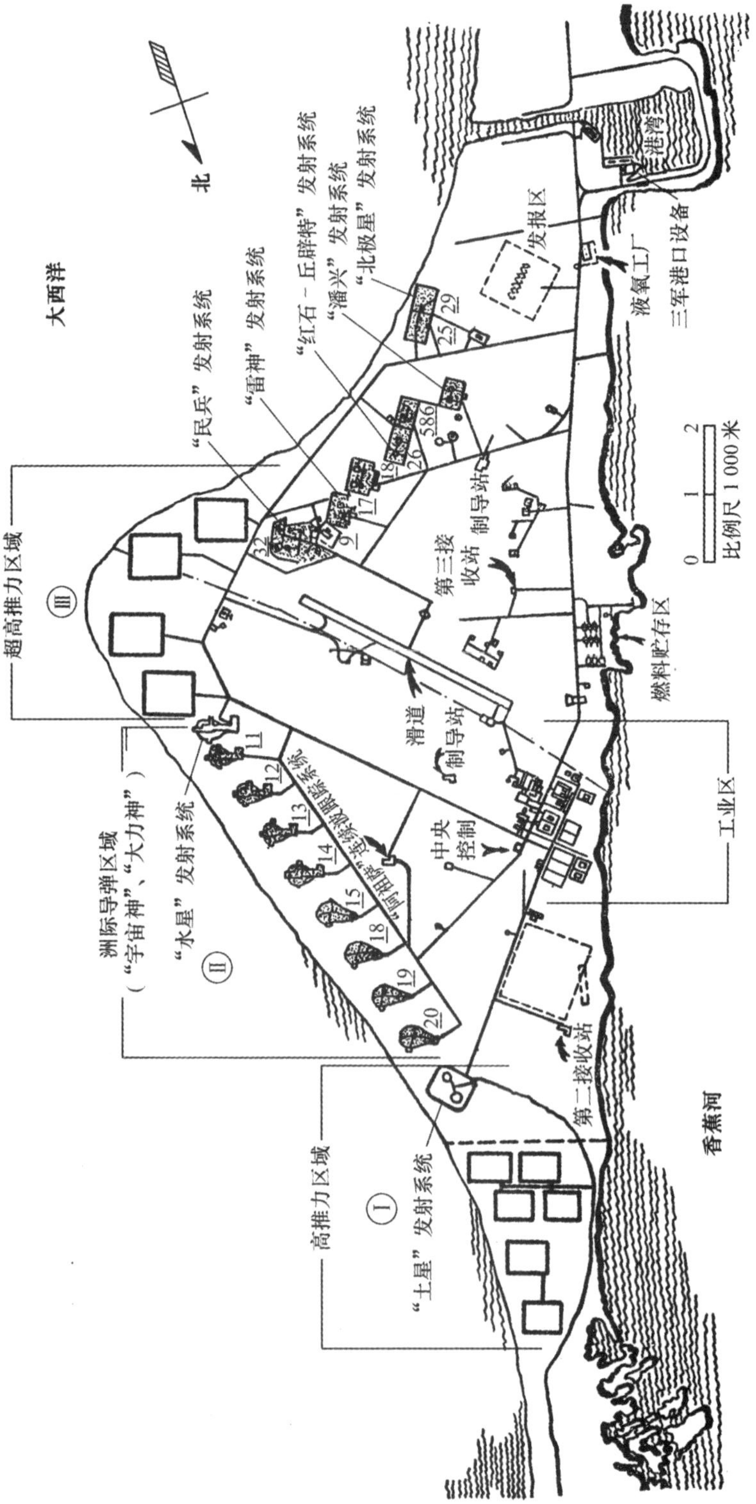

图 4.8 卡纳维拉尔角靶场

星和月球火箭，其中将包括推力为 1 350～1 800 吨的发射台 1 个，2 300 吨发射台 2 个，4 540 吨发射台 1 个。在Ⅲ部分的南边还有"民兵"、"雷神"、"红石"、"潘兴"和"北极星"等导弹发射场。此外，靶场还包括了为发射服务的测试、控制、制导、通讯、跟踪系统、推进剂仓库、液氧工厂、工业区(主要是修配厂、办公楼等)、海港及飞机场等附属设备。在大西洋中沿导弹发射路线还有 10 多个岛屿上设有观察站以及 10 余艘船只作为流动观测站和从事弹着点的调查、打捞工作。总之整个靶场是一个十分复杂、庞大的系统，这里不能详细一一介绍，只能以"土星"发射区及其一些主要设备为例作重点介绍。

4.5.1 发射区

这里我们以"土星"火箭发射区为例(见图 4.9)来概述发射区的主要设备。"土星"火箭发射区是建设在卡纳维拉尔角靶场的"高推力区域"内(见图 4.8)，推力为 454～900 吨，共有两处 34 号及 37 号发射场。下面分别介绍区中的主要部分。

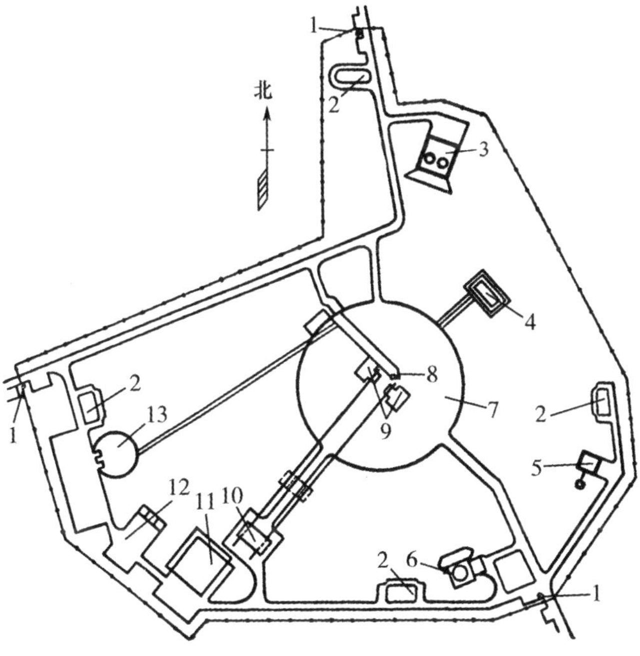

图 4.9　"土星"火箭发射区

1—警卫室；2—摄影站；3—液氢贮存设备；4—贮水池；5—燃料贮存设备；6—液氧贮存设备；7—发射区；8—缆塔；9—发射台；10—发射工作塔；11—附属建筑；12—高压设备；13—发射控制中心

4.5.1.1 发射台

发射台用钢筋混凝土筑成(12.8 米见方，8.2 米高)，台下有倒 V 形的火焰偏流槽，以备火箭起飞大量燃气顺槽排出，以及发射台地下室(见图 4.10)。

4.5.1.2 装配及工作塔

工作塔是一桥式钢结构架。塔高 93 米，宽 39.6 米，重 2 800 吨，塔上有 40～60 吨起重机、升降机，并在每隔一定距离有一层工作台，以使工作人员装配工作方便。塔底有轮子，使塔可以 0.45～12 米/分的速度在固定的轨道上移动。火箭的竖立和各级的连接，各项检查、测试工作都借助于此塔来完成。在发射前，塔一直在火箭附近工作，开始发射时则使塔离开火箭，以便发射火箭(见图 4.11)。

图 4.10 “土星”火箭发射台

图 4.11 “土星”火箭装配塔

4.5.1.3 缆塔

缆塔用来支持电缆及导管，安装有液氮冷却箱、冷冻机、地面液压装置等设备，以便进行加注、供电和测试工作。塔高达 72 米，底面积 2.2 米^2，塔顶断面面积 0.93 米^2，离塔底 8 米起，每隔 6.1 米有一层工作台。塔上有一架载重为 910 公斤的升降机，为升降工作人员及小型工具之用。顶部有起重量为 1.36 吨的起重机，以备装卸导管、电缆等用。此塔是固定在发射台旁不动。因为它一直到发射前 1 秒钟还在进行自动加注推进剂的工作，而且地面控制还需用电缆送讯号入机体。

4.5.1.4 缆塔室讯号接线站

缆塔室讯号接线站的作用主要是把由操纵室来的测试控制、讯号电线集合、分配到缆塔上去。

4.5.1.5 发射台地下室

发射台地下室主要包括如下设备：工频交流驱动的发电机组；发射台讯号接线站，为整个发射台(包括缆塔讯号接线站在内)与操纵室的总接线站；推进系统继电器组；点火系统；控制系统继电器组；加注系统(液氧在火箭贮箱中不断挥发而损失，因此在发射前要不断进行补充，这一系统即为进行液氧补充的自动控制系统)；断电器组。

4.5.1.6 操纵室

操纵室是发射控制中心，建筑在离发射台 300 米的地方，是一个圆拱形的混凝土地堡建筑。高 11 米，直径 47 米，壁厚为 2.5 米，上面铺了一层 3 米厚的砂子，以保证工作人员及仪器的安全。在发射准备完毕时，场内人员都得离开或进入操纵室。操纵室是发射时的中枢，装有通讯、控制设备及通风设备。有 3 000 条导线通到发射台讯号接线站(见图 4.12)。

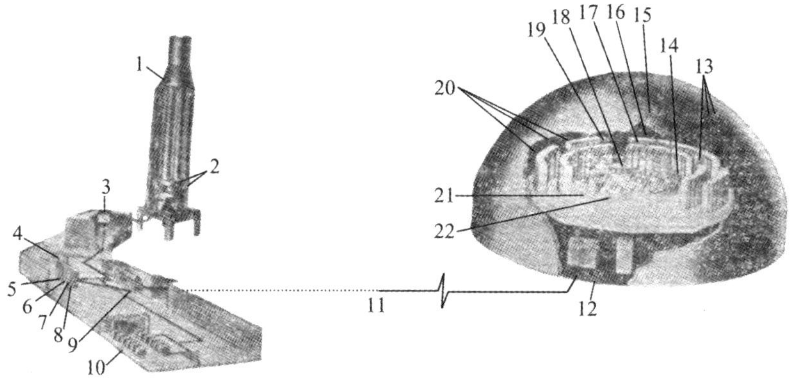

图 4.12 “土星”火箭发射操纵室

1—运载火箭顶部管缆；2—运载火箭底部管缆；3—缆塔室讯号接线站；4—燃料加注柜；5—推进系统继电柜；6—点火控制柜；7—配电柜；8—控制系统继电器柜；9—发射台讯号接线站；10—发电机组；11—305米长的电缆通道；12—操纵室讯号接线站；13—二、三级测试柜；14—二、三级控制台；15—制导系统测试柜；16—程序仪表柜；17—飞行控制柜；18—推进系统和电路控制台；19—推进剂加注柜；20—遥测柜；21—交、直流功率测量台；22—试验指挥台

4.5.1.7 操纵室的控制系统

操纵室的控制系统包括：垂直测试台，直流、交流指示台，推进系统台，二、三级台，飞行控制柜，测量及遥测柜，推进剂加注柜，程序控制柜，制导系统测试柜，二、三级测试柜。这些都是用来对火箭发射、制导及测试的测量、操纵、记录的台和柜。它们的电源、讯号线、通讯线都汇集到操纵室讯号接线站，再由这里发送至发射台讯号接线站转至各部分。

4.5.1.8 液氧贮箱及加注系统

液氧贮箱为发射场的液氧贮存库的贮存容器，直径为12米，容量为473米^3。采用真空套的隔热法绝热。液氧的蒸发量为0.2%，由一个自行加压的热交换器保持贮箱的内压为2.7大气压(表压)。

液氧加注系统包括：一台加注第一级火箭的排量为9 450升/分、压头为122米的离心泵，一条长为22米、直径为200毫米的无隔热铝管；一台加注第二及第三级用的排量为3 785升/分、压头为183米的离心泵，一条直径为150毫米的无隔热铝管。一次加注以后，由于火箭推进剂贮箱中液氧产生蒸发而损失，需要进行补充加注。补充加注设备包括：容量为49 200升、工作压力为14大气压的夹层真空隔热容器，液氧靠容器的压力来输送；一个气动阀门及直径分别为75毫米(一级用)、50毫米(二级用)、25毫米(三级用)的隔热导管。气动阀门由液面高度控制器及加注计算机控制。对第二及第三级液氧的液面高度(即液氧装置)必须严格控制，直到火箭离开缆塔臂为止。

4.5.1.9 液氢贮箱及输送系统

液氢贮箱及输送系统用于给“土星”运载火箭上的各级加注燃料。现在还没有具体资料。

4.5.1.10 煤油贮箱及输送系统

煤油贮存于两个容积为114 000升的圆筒形隔热贮箱中。隔热贮箱放在5米高的防护墙包围中。防护墙靠发射台一面堆有很厚的泥土，以加强防火。

煤油加注系统有排量 3 785 升/分、工作压力为 12 大气压的离心泵两台，排量为 2 270 升/分的循环泵和排量为 2 270 升/分的过滤器组成过滤系统，以便进行定期过滤及加注时过滤。两台离心泵是通过一条直径为 200 毫米、长为 300 米的导管加注入火箭贮箱中，其液面由煤油加注计算机控制，并经常测定煤油比重。待加满之后再用引射器将管道中多余的煤油吸出。加注计算机则计算出煤油加注量，并相应地调节加注液氧量到适合的混合比所需量。煤油加注前必须过滤和除去水分，以保持纯净。

4.5.1.11 高压气站

高压气站以纯净的高压氮气供应整个发射场，用于清洗、置换、压送物料等。

在星际航行发射中，除了发射区之外还必须有一套很复杂的辅助设备。以下是这些设备的简单介绍。

4.5.2 计时系统

精密计时是准确测量火箭位置和性能的一项基本要求。一般采用压电晶体，用一标准频率每隔 1/100 秒、1/50 秒、1/10 秒发出讯号，其时间的基准点是以火箭离开发射台算起。火箭竖立在发射台上与台面接触点上有一讯号接点，当火箭一离开台面(即离开接触点)，则此时马上发出一电讯号传给计时系统，以此时为零点开始计时，计时讯号由计时系统分别发给各测量、观察、记录站，以采用共同的时间坐标，一个 64 千赫的钟频率可在长时间内保持误差在百万分之一以内的稳定性。

4.5.3 雷达系统

发射场及靶场沿途各站均采用雷达系统来跟踪火箭的飞行，它可以跟踪几百公里外的目标，角度的测量度可达百万分之三十四。

4.5.4 无线电测位测速系统

这个系统即为连续波系统，它采用了多普勒原理进行测速和比相位的方法定位。当从发射机发射出一连续波讯号，火箭接到此讯号后进行倍频，而后再送回地面，由安装在精确测量过的基线上的地面接收机，接收原始讯号并将其进行倍频，然后把倍频后的原始讯号和火箭上送回的输入信号进行差拍，则可测定出火箭飞行的准确方位及速度。

卡纳维拉尔角靶场所用的“阿祖萨”(Azusa)连续波跟踪系统，即为此原理的设备，其定位的准确度可达百万分之三十四。

4.5.5 光测系统

光测系统在火箭飞行的最初期几百公里以内及最终期时对火箭进行跟踪摄影。借助于附设的跟踪经纬仪来记录火箭的图像、方位角及仰角等。在发射场上还设有许多固定摄影机，用以记录发射时火箭的状况以及记录飞行后期的测量和操纵数据。高精度的弹道摄影机是用来摄取夜间发射和终程阶段的导弹，记录下安设在导弹上的强闪光对于星迹背景的图像，以提供精确的空间位置数据，其准确度可达五万分之一。

最后应当指出的是整个星际航行场的系统十分复杂，设备也十分庞大，这里只能粗略地介绍其中一些主要部分。真正要设计、建设和掌握这样一套系统是需要耗费大量的人力、物力、财力，要我们付出艰苦的劳动的。

第5章 运载火箭从地面起飞的轨道问题

5.1 发射人造行星或月球火箭的轨道与发射人造卫星的轨道

设计运载火箭从地面起飞到卫星轨道或其他轨道的飞行轨道是一个十分重要的问题。这里我们将把火箭离地面较近的轨道和火箭离地球表面较远的轨道分开来考虑，它们都是指同一火箭从地面起飞一直到最后送入卫星轨道或其他轨道的连续飞行过程的两个阶段。区分这两个阶段的主要原因在于：火箭在飞行轨道上所承受的自然条件不同，因而对火箭动力的要求也不同。离地面较近的一段轨道是指火箭离开地面的一段飞行轨道，这一阶段，火箭是在推力作用下运行，所以叫做主动段；飞出了稠密的大气层，发动机熄火时火箭到达离地面约为100公里的高空，离发射点的水平距离在200公里左右，因此，这段轨道上的运动，应当考虑推力、地球引力和空气阻力的作用。由于火箭上升的高度与地球半径比较起来很小，因此，重力随高度而产生的变化完全可以忽略。火箭的水平位移也只有很小一段距离，地球表面曲率的影响也是非常微小的，所以这里我们也可以不考虑它的影响。紧接着火箭熄火后的是自由飞行段，也称为被动飞行段。这时火箭不再有推力的作用，而是利用火箭已经具有的能量作惯性飞行。这段轨道上的运动所要考虑和忽略的问题正好和主动飞行段相反。首先，火箭是从100公里高空按一定的轨道自由飞行到预定的卫星轨道或其他轨道上去。因此，高度变化则为几百公里到几千公里以至更大的范围。这样大的高度变化，相对于地球半径而言就不再是很小了，因而由于高度的变化而引起的地球引力的变化就十分可观了。所以在这一段运动中必须考虑重力变化的影响。其次，火箭在自由飞行中不但高度不断增加，而且其水平距离也在变化，一般火箭在这段的水平位移在几千公里以上。在这样大的距离上地球表面不能再看做是平面了，故必须考虑到地球表面曲率对火箭运动的影响。第三，在100公里以上的高空中空气已经变得十分稀薄了。虽然火箭已经具有相当高的飞行速度，但是所产生的阻力并不大，因此空气阻力的影响可以不考虑。如果是发射人造行星或打中月球的火箭，轨道的划分也只有这两段。自然，在离开地球重力场的时候，我们又应该考虑到太阳重力场的影响，那么将在下一章里详细说明。

初听起来令人感到奇怪的是：发射人造地球卫星的轨道比这还复杂，在一段主动轨道和一段自由飞行或被动轨道之后还得再加上一小段主动段，也就是两个主动段之间加上一个被动段。这就是说，火箭从地面发射时，在第一段就加足了它飞行时所需要的大部分能量，然后火箭发动机停止工作，让推力为零。这时火箭靠本身的惯性在地球引力的作用下进行自由飞行，一直到与所要到达的轨道相切的位置，这时火箭再一次点火，最后加速使火箭进入所要到达的轨道上。为什么搞得这样复杂呢？能不能一口气加速而不用中间的自由飞行段？当然可以。但是我们要考虑到卫星轨道至少有几百公里高，将来还会发射更高的卫星，而这样来安排发射轨道的主要目的是要在满足轨道的要求的前提下，使火箭动能的消耗最小。因为，在离地球表面附近的地方加速，使火箭的喷气留在势能低的地方，这样所消耗的能量比把喷气留在离地面较远的势能高的地方所消耗的能量要小。所以最经济的安排是使所有的火箭喷气都留在势能低的地方，也就是不分两段加速。但是在 100 公里以下的一段加速不能满足进入 100 公里以上卫星轨道的要求。为了使火箭能进入所要求的运行轨道，所以在它进入轨道之前必须再给它一个较小的速度增量，使卫星进入我们所要求的运行轨道；不然火箭在没进一步加速时，就在惯性及重力作用下继续沿椭圆轨道而掉入空气层被烧毁。所以，安排轨道时尽可能将能量加在低能位处，而另一方面也不能把发动机的推力加到过于大，以致在 50 公里以下的低空就达到接近第一宇宙速度，因为在稠密的大气层里速度太大，则因飞行器与空气摩擦生热使表面温度变得很高，这对飞行器是不利的。而且空气阻力随运动速度的增加而成方次的增加，如当速度在 200 米/秒以下，阻力与速度的平方成正比，当速度在 400～600 米/秒时，空气的阻力与速度的三次方成正比。故低空就达到高速度，阻力损失太大，这样也不上算。其实单一主动段的卫星轨道在实践中还会出现另一个问题：即轨道上加速度变化必须小，那就要求火箭级数增加或使发动机的推力能在大范围内调节，但是两者都带来非常困难的技术问题。所以，存在着相互矛盾的因素，应当把它们统一起来考虑，安排一个合理实用的发射轨道。

总的来看，安排发射轨道的第一段是选择一个合适的速度、尽量短的推力作用时间，使其在阻力最小的情况下加足飞行所需的绝大部分能量；然后停车，使推力为零，火箭依靠惯性在地球引力的作用下沿椭圆轨道作自由飞行，一直飞到卫星轨道相切的一点，即椭圆轨道的远地点时；火箭再一次点火稍许增加速度使它进入运行轨道。这样安排的发射轨道的能量消耗量小而又能满足轨道的要求。轨道的路线见图 5.1，对这样形式的轨道我们将在后面计算和讨论。当然这不是唯一可能的轨道，也可以不要自由飞行段，但这将使能量或推进剂的消耗量加大，所以不为星际航行工程师所取。

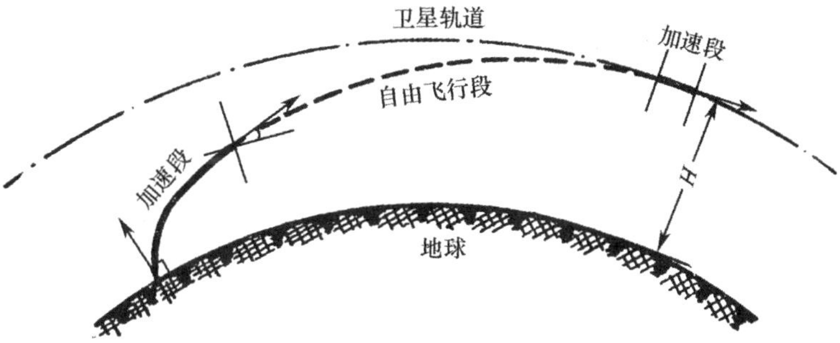

图 5.1　发射卫星的合理轨道

5.2　邻近地面的起飞轨道

运载火箭从地面起飞到熄火这一段的飞行状况的分析在图 5.2 中表明：设 v 为火箭在轨道上飞行的切向速度；θ 为火箭飞行方向与水平线的夹角；M 为火箭瞬时质量；Mg 为火箭重力；M_n 为重力的向心分力，$M_n = Mg\cos\theta$；D 为火箭飞行时所受的空气阻力；T 为火箭发动机产生的轴向推力；L 为火箭在迎面气流作用下产生的升力；δ 为推力与火箭运行方向的夹角；c 为火箭发动机的有效排气速度。因此，我们可以得出火箭沿轨道切向运动方程为

$$\frac{dv}{dt}=-\frac{D}{M}-g\sin\theta-c\frac{dM}{dt}\cdot\frac{\cos\delta}{M} \qquad (5.1)$$

式中$\frac{dM}{dt}$是指火箭由于喷出气体而产生的质量变化。由于质量是减少的，故$\frac{dM}{dt}$为负值，喷气流量为$-\frac{dM}{dt}$。

又令：s 为火箭沿轨道运动的距离，R 为轨道的曲率半径；因此，轨道的曲率为$\frac{1}{R}=\frac{d\theta}{ds}$，故火箭飞行的向心加速度很容易得出

$$\frac{v^2}{R}=v^2\frac{d\theta}{ds}=v\frac{ds}{dt}\cdot\frac{d\theta}{ds}=v\frac{d\theta}{dt}$$

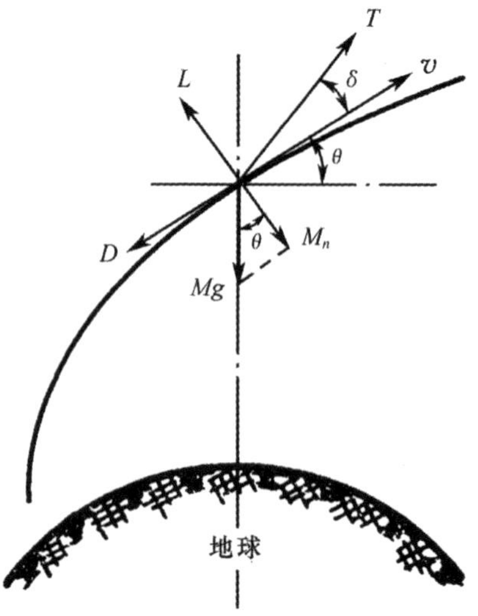

图 5.2 起飞轨道上火箭受力图

因此，火箭的径向运动方程为

$$v\frac{d\theta}{dt}=\frac{L}{M}-g\cos\theta-c\frac{dM}{dt}\cdot\frac{\sin\delta}{M} \qquad (5.2)$$

运动方程描述了火箭在离地面较近时的轨道上的运动状况。但是，应当指出的是一般发射火箭时，即 $\theta_0=\frac{\pi}{2}$，$t=0$ 时，说明火箭是垂直起飞的。这时如果推力也是垂直向上，则 $\delta=0$，火箭对轨道不倾斜，那么 $L=0$；所以从公式(5.2)看出$\frac{d\theta}{dt}=0$，即 θ 保持在 90°，火箭将继续直往上飞。要想使轨道倾斜，必须使 $\theta\neq\frac{\pi}{2}$，改变 θ 角的方法在实际飞行过程中有多种，如在第 3 章中所讨论的推力方向调节的各种方法，就是当火箭垂直飞行一定高度后借助于程序控制的作用，使舵机调节推力的方向与火箭飞行方向成一很小的 δ 角，即可在一段时间内使 θ 角改变到给定值，然后再利用地球引力的作用按照方程(5.1)及方程(5.2)航行。火箭飞行方向改变的速度(即 θ 角改变的速度)，是依设计要求及发射的轨道要求而定。因此，当知道 δ 角与时间的关系时，我们就可以利用此运动方程来计算飞行在轨道上的火箭任何时刻的速度、方向和高度。但是，问题的困难在于 θ 角不能预先确定，它与 v 又有关系。所以一般必须采用数字积分来解此方程，而无其他简便的办法。这里对数字积分不去追述，只作一简略的估计，使大家有一粗略的数量概念。

我们将(5.1)式变化一下得出

$$dv=-\frac{D}{M}dt-g\sin\theta dt-c\cos\delta\frac{dM}{M}$$

我们知道，由于火箭发动机产生的推力很大，只需使推力方向改变一很小的 δ 角，即可改变火箭的飞行方向。因此，可以把 $\cos\delta=1$，其所引起的误差是很小的。我们对上式进行积分得

$$\int_0^{v_1}dv=-\int_0^{t_1}\frac{D}{M}dt-g\int_0^{t_1}\sin\theta dt-c\int_{M_0}^{M_1}\frac{dM}{M}$$

所以

$$v_1 = -\int_0^{t_1} \frac{D}{M}\mathrm{d}t - g\int_0^{t_1} \sin\theta \mathrm{d}t + c\ln\frac{M_0}{M_1} \tag{5.3}$$

从方程中可以看出最后一项 $c\ln\frac{M_0}{M_1}$就是方程(1.8)齐奥尔科夫斯基公式。这是因为齐奥尔科夫斯基公式没有考虑空气阻力损耗和重力作用的损耗的缘故。

对于多级运载火箭而言，根据齐奥尔科夫斯基公式得出，当第一级火箭的推进剂烧尽后火箭速度为

$$v_1 = c_1\ln\frac{M_0^{(1)}}{M_1^{(1)}}$$

其中 c_1 为第一级发动机的有效喷气速度；$M_0^{(1)}$ 为第一级火箭点火时全火箭的质量；$M_1^{(1)}$ 为第一级火箭熄火时的全火箭质量。当第二级火箭的推进剂烧尽后，火箭的速度为 v_1 附加以速度

$$v_2 = c_2\ln\frac{M_0^{(2)}}{M_1^{(2)}}$$

其中 c_2 为第二级发动机的有效喷气速度；$M_0^{(2)}$ 为第二级火箭点火时全火箭的质量；$M_1^{(2)}$ 为第二级火箭熄火时的全火箭质量。以此类推，以后每一级火箭速度都得到类似增加，则

$$v_n = c_1\ln\frac{M_0^{(1)}}{M_1^{(1)}} + c_2\ln\frac{M_0^{(2)}}{M_1^{(2)}} + \cdots + c_n\ln\frac{M_0^{(n)}}{M_1^{(n)}} = \sum_{i=1}^{i=n} c_i\ln\frac{M_0^{(i)}}{M_1^{(i)}}$$

如果每级火箭的排气速度都相等($c_1 = c_2 = \cdots = c_n = c$)，那么

$$v = c\ln\frac{M_0^{(1)}}{M_1^{(1)}}\frac{M_0^{(2)}}{M_1^{(2)}}\cdots\frac{M_0^{(n)}}{M_1^{(n)}}$$

因此，由于方程(5.3)只与齐奥尔科夫斯基公式差阻力及重力所引起损耗的两项，对多级运载火箭而言，应当有下面的关系

$$v_1 = -\int_0^{t_1} \frac{D}{M}\mathrm{d}t - g\int_0^{t_1} \sin\theta \mathrm{d}t + c_1\ln\frac{M_0^{(1)}}{M_1^{(1)}} + c_2\ln\frac{M_0^{(2)}}{M_1^{(2)}} + \cdots + c_n\ln\frac{M_0^{(n)}}{M_1^{(n)}} \tag{5.4}$$

式中 v_1 为熄火时火箭具有的速度。

显然，公式中由于推力使用所产生的速度，即齐奥尔科夫斯基速度，只要我们知道各项排气速度及各级火箭在点火时及熄火时的质量即可计算出来。因而，问题只要把其他两项所损耗速度的大小估计出来，就可算出在主动飞行阶段末了火箭所具有的速度。

现在我们来讨论空气阻力所产生的速度损耗。火箭的起飞过程是一个由静止变到运动，由低速飞行逐渐增加速度变为高速飞行。因此，开始时虽然是在稠密的大气层中飞行，但火箭速度是很低的。而后火箭速度逐渐加快，高度不断增加，大气的密度也随高度的增加而越来越稀薄。那么，在考虑火箭飞行在大气中所受的阻力时，既要考虑到火箭速度的变化，也要考虑到空气密度的变化。可以看出低速物体在稠密的大气中运动和较高速的物体在稀薄的大气中运动，所受的空气阻力不会太大。此外，我们知道，空气阻力的大小与物体的横截面面积的大小成正比，而物体的质量又与它的体积成正比，这对于火箭而言也不例外。因此，阻力损耗项中的$\frac{D}{M}$即应与火箭横截面面积与火箭的体积之比成正比关系。这一事实说明了，如果火箭的形状相似，面积是长度的平方关系，体积是长度的立方关系，则它们的比值为$\frac{1}{\text{长度}}$。说明火箭

越大其截面积与体积之比就越小，阻力也就越小。这样进一步说明了从地面起飞的火箭，由于空气阻力造成的速度损耗不会很大。这一项在实际计算的结果中确是如此。

其次是估计地球引力作用所引起的速度损耗。为了简便起见，我们采用一典型的火箭飞行过程来说明这个问题。假设：运载火箭从起飞到熄火整个过程共飞行 160 秒，其中 0～7 秒为垂直飞行，即 θ 保持 $\frac{\pi}{2}$；7～87 秒为改变方向作轨道飞行，即使 θ 角从 $\frac{\pi}{2}$ 等速递减到 $\frac{\pi}{6}$；87～160 秒为保持 $\theta=\frac{\pi}{6}$ 的角度不变的方向飞行，见图 5.3。

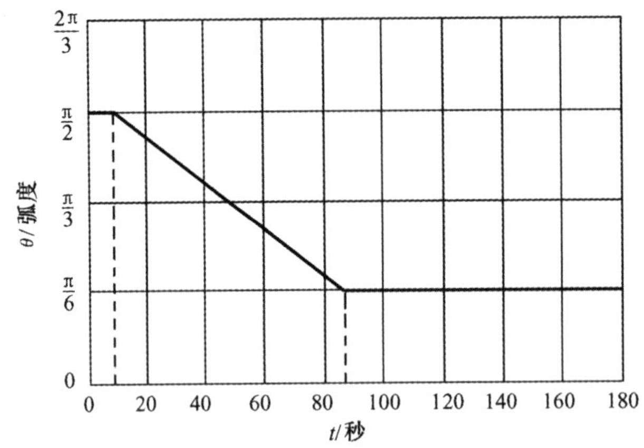

图 5.3　火箭飞行角度 θ 与推力作用时间 t 的关系示例

因此，方程(5.4)的重力损耗项可以从时间为 0 秒积分到 160 秒区间来求得由于重力作用而产生的速度损耗，即

$$
\begin{aligned}
g\int_0^{160}\sin\theta \mathrm{d}t &= g\int_0^{7}\sin\theta \mathrm{d}t + g\int_7^{87}\sin\theta \mathrm{d}t + g\int_{87}^{160}\sin\theta \mathrm{d}t \\
&= g\int_0^{7}\sin\frac{\pi}{2}\mathrm{d}t + g\int_7^{87}\sin\theta \mathrm{d}t + g\int_{87}^{160}\sin\frac{\pi}{6}\mathrm{d}t \\
&= 7g + g\int_7^{87}\sin\theta\frac{\mathrm{d}t}{\mathrm{d}\theta}\mathrm{d}\theta + \frac{1}{2}(160-87)g \\
&= 7g + g\frac{\mathrm{d}t}{\mathrm{d}\theta}\int_{\pi/2}^{\pi/6}\sin\theta \mathrm{d}\theta + \frac{73}{2}g \\
&= 7g + g\frac{87-7}{\frac{\pi}{6}-\frac{\pi}{2}}\left(-\cos\frac{\pi}{6}+\cos\frac{\pi}{2}\right) + \frac{73}{2}g \\
&= 7g + 66.1g + 36.5g \\
&= 109.6g \\
&= 1\,074(\text{米}/\text{秒})
\end{aligned}
$$

因此，可以将在这一段上飞行时重力作用所引起的速度损耗大约估计为 1 200 米/秒。再加上考虑到由于空气阻力所带来的损耗，根据许多计算，这两项损耗的总和为

$$
\int_0^{t_1}\frac{D}{M}\mathrm{d}t + g\int_0^{t_1}\sin\theta \mathrm{d}t \approx 1\,300 \sim 2\,000(\text{米}/\text{秒})
$$

一般估计时可取两项损耗之和为 1 500 米/秒。

从这两部分损耗来看重力的作用是十分重要的。从公式中看出，如果熄火时火箭所具有的飞行方向与水平方向成的 θ 角越小，而重力场所引起的速度损耗也越小，即是使轨道尽量平行于地面，对我们取得更高的速度是有利的，因而这是个十分重要的设计指导思想。

5.3 质点在向心引力场中的运动

在讨论自由飞行段的轨道之前，我们先研究一个质点在向心引力场中的运动问题。

假设：中心引力是由一个质量很大的质点所产生的，而运动的质点的质量确比它小得多；因此，中心质点所受运动质点的引力很小，以至可以忽略不计。实际上火箭或卫星的运动就是这种运动。因此，火箭所受地球的中心引力的中心应与地球的中心“0”点重合，所以我们用图 5.4 简单地描述质点在中心引力的作用下绕“0”点运动的状况。

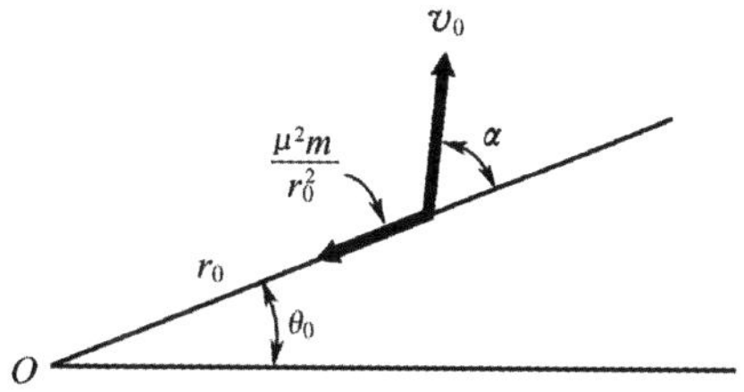

图 5.4　质点绕中心力场的运动

前面我们已经提到了，火箭从主动飞行变成自由飞行，是从火箭熄火开始。设此时的时间为 t_0；火箭所具有的速度，即熄火速度为 v_0；质点至中心的距离为 r_0；质点运动方向与径向的交角为 α，因此，按照万有引力定律，质量为 m 的质点此时所受的向心引力为 $\frac{\mu^2 m}{r_0^2}$，μ 为常数。如果质点是绕地球运动时(认为地球是圆球形)，则质点所受的向心力为 $mg\left(\frac{R}{r}\right)^2$，则得

$$mg\left(\frac{R}{r}\right)^2 = \frac{\mu^2 m}{r_0^2}$$

所以常数

$$\mu^2 = gR^2 \tag{5.5}$$

因此，我们很容易由向心力求得质点在 r 处所具有的势能 $\left(-\frac{\mu^2 m}{r}\right)$。又由于火箭在自由飞行中无推力作用，同时在高空，其空气阻力可以忽略不计，因此它的飞行是一个保守系统的运动，即是整个系统所具有的能量总和(动能及势能)保持不变。而且质点速度的平方是径向速度平方和切向速度平方之和，亦即

$$\text{总动能} = \frac{1}{2}\left[\left(\frac{\mathrm{d}r}{\mathrm{d}t}\right)^2 + \left(r\frac{\mathrm{d}\theta}{\mathrm{d}t}\right)^2\right]$$

很显然，此时单位质量所具有的势能 $= -\frac{\mu^2}{r}$。所以，我们得出单位质量所具有的总能量为

$$\frac{1}{2}\left[\left(\frac{\mathrm{d}r}{\mathrm{d}t}\right)^2 + \left(r\frac{\mathrm{d}\theta}{\mathrm{d}t}\right)^2\right] - \frac{\mu^2}{r} = \frac{1}{2}v_0^2 - \frac{\mu^2}{r_0} \tag{5.6}$$

式中 $\frac{1}{2}v_0^2$ 及 $-\frac{\mu^2}{r_0}$ 分别表示单位质量在 t_0 时所具有的动能和势能。

此外，大家都知道，质点此时是作惯性飞行，作用在质点上的力只有向心力；而向心力是一径向

力，它不可能改变质点运动的角动量。因此，此时质点的角动量也应当是守恒的。所以我们得出

$$r\cdot r\frac{\mathrm{d}\theta}{\mathrm{d}t}=r^2\frac{\mathrm{d}\theta}{\mathrm{d}t}=\text{常数}=r_0v_0\sin\alpha \tag{5.7}$$

利用微分关系和(5.6)式我们得到

$$\frac{\mathrm{d}r}{\mathrm{d}t}=\frac{\mathrm{d}r}{\mathrm{d}\theta}\cdot\frac{\mathrm{d}\theta}{\mathrm{d}t}=\frac{\mathrm{d}r}{\mathrm{d}\theta}\frac{v_0r_0\sin\alpha}{r^2} \tag{5.8}$$

再将(5.7)式和(5.8)式代入(5.6)式则得

$$\left(\frac{\mathrm{d}r}{\mathrm{d}\theta}\right)^2\frac{v_0^2r_0^2\sin^2\alpha}{r^4}+\frac{v_0^2r_0^2\sin^2\alpha}{r^2}-\frac{2\mu^2}{r}=v_0^2-\frac{2\mu^2}{r_0}$$

所以

$$\left(\frac{\mathrm{d}r}{\mathrm{d}\theta}\right)^2=\frac{v_0^2-\dfrac{2\mu^2}{r_0}+\dfrac{2\mu^2}{r}-\dfrac{v_0^2r_0^2\sin^2\alpha}{r^2}}{\dfrac{v_0^2r_0^2\sin^2\alpha}{r^4}}$$

$$\frac{\mathrm{d}r}{\mathrm{d}\theta}=\frac{\sqrt{v_0^2-\dfrac{2\mu^2}{r_0}+\dfrac{2\mu^2}{r}-\dfrac{v_0^2r_0^2\sin^2\alpha}{r^2}}}{\dfrac{v_0r_0\sin\alpha}{r^2}}$$

故得出

$$\mathrm{d}\theta=\frac{\dfrac{v_0r_0\sin\alpha}{r^2}\mathrm{d}r}{\sqrt{v_0^2-\dfrac{2\mu^2}{r_0}+\dfrac{2\mu^2}{r}-\dfrac{v_0^2r_0^2\sin^2\alpha}{r^2}}}$$

因为

$$\mathrm{d}\left(\frac{v_0r_0\sin\alpha}{r}\right)=-\frac{v_0r_0\sin\alpha}{r^2}\mathrm{d}r$$

所以

$$\mathrm{d}\theta=\frac{-\mathrm{d}\left(\dfrac{v_0r_0\sin\alpha}{r}\right)}{\sqrt{v_0^2-\dfrac{2\mu^2}{r_0}+\dfrac{2\mu^2}{r}-\dfrac{v_0^2r_0^2\sin^2\alpha}{r^2}}}$$

又由于

$$\frac{\mu^2}{r}=\frac{v_0r_0\sin\alpha}{r}\cdot\frac{\mu^2}{v_0r_0\sin\alpha}$$

所以，可以把上面的公式换写为

$$\mathrm{d}\theta=\frac{-\mathrm{d}\left(\dfrac{v_0r_0\sin\alpha}{r}-\dfrac{\mu^2}{v_0r_0\sin\alpha}\right)}{\sqrt{\left(v_0^2-\dfrac{2\mu^2}{r_0}+\dfrac{\mu^4}{v_0^2r_0^2\sin^2\alpha}\right)-\left(\dfrac{v_0r_0\sin\alpha}{r}-\dfrac{\mu^2}{v_0r_0\sin\alpha}\right)^2}}$$

显然，这种形式就是反余弦函数的微分形式。因此可以对上式进行积分得到

$$\theta-\theta_0=\arccos\frac{\dfrac{v_0r_0\sin\alpha}{r}-\dfrac{\mu^2}{v_0r_0\sin\alpha}}{\sqrt{v_0^2-\dfrac{2\mu^2}{r_0}+\dfrac{\mu^4}{v_0^2r_0^2\sin^2\alpha}}}$$

式中 θ_0 为积分常量。

上式进行变换后即得

$$\cos(\theta-\theta_0)=\frac{\dfrac{v_0 r_0\sin\alpha}{r}-\dfrac{\mu^2}{v_0 r_0\sin\alpha}}{\sqrt{v_0^2-\dfrac{2\mu^2}{r_0}+\dfrac{\mu^4}{v_0^2 r_0^2\sin^2\alpha}}}$$

通过以上的运算我们最后得出质点距引力中心的距离为

$$r=\frac{v_0 r_0\sin\alpha}{\dfrac{\mu^2}{v_0 r_0\sin\alpha}+\sqrt{v_0^2-\dfrac{2\mu^2}{r_0}+\dfrac{\mu^4}{v_0^2 r_0^2\sin^2\alpha}}\cos(\theta-\theta_0)}$$

或写作下式

$$r=\frac{\dfrac{v_0^2 r_0^2\sin^2\alpha}{\mu^2}}{1+\dfrac{v_0 r_0\sin\alpha}{\mu^2}\sqrt{v_0^2-\dfrac{2\mu^2}{r_0}+\dfrac{\mu^4}{v_0^2 r_0^2\sin^2\alpha}}\cos(\theta-\theta_0)} \tag{5.9}$$

此即为用极坐标表示的椭圆方程，我们可以把公式(5.9)与在极坐标中圆锥曲线方程作比较，就可以更清楚地看出，方程(5.9)说明了人造卫星的轨道是一圆锥曲线，并且是以地球的中心为它的一个焦点。我们知道，在极坐标中圆锥曲线方程有如(5.10)式的形式，其中 p(通径)和 θ_0 为常数，而 ε 代表圆锥曲线的偏心率

$$r=\frac{p}{1+\varepsilon\cos(\theta-\theta_0)} \tag{5.10}$$

如果 $\varepsilon<1$，则 r 在 θ 的所有值内都是一有限值，这时圆锥曲线为一个椭圆形。

$\varepsilon=0$ 则 $r=p=$常数，椭圆就变成一个圆形。

$\varepsilon=1$，则当 $(\theta-\theta_0)=\pi$ 时 $1+\varepsilon\cos(\theta-\theta_0)$ 趋近于零，r 趋近于 ∞，这时圆锥曲线就成为一个抛物线。

$\varepsilon>1$，则圆锥曲线就成为双曲线。

把方程(5.8)与方程(5.9)对比后，我们就得到其对应的值为

$$p=\frac{v_0^2 r_0^2\sin^2\alpha}{\mu^2}$$

$$\varepsilon=\frac{v_0 r_0\sin\alpha}{\mu^2}\sqrt{\frac{\mu^4}{v_0^2 r_0^2\sin^2\alpha}-\left(\frac{2\mu^2}{r_0}-v_0^2\right)}$$

$$=\sqrt{1-\frac{v_0^2 r_0^2\sin^2\alpha}{\mu^4}\left(\frac{2\mu^4}{r_0}-v_0^2\right)} \tag{5.11}$$

由公式(5.11)看出，火箭所运行的轨道是椭圆、抛物线或双曲线，皆决定于初速 v_0 是小于、等于或大于 $\sqrt{\dfrac{2\mu^2}{r_0}}$。而如果我们利用公式(5.5)及公式(1.6)，则 $\sqrt{\dfrac{2\mu^2}{r_0}}$ 正是第二宇宙速度 V_2。所以当 $v_0<V_2$，因 $\dfrac{2\mu^2}{r_0}-v_0^2>0$，则 $\varepsilon<1$ 轨道为椭圆形；$v_0=v_2$，因 $\dfrac{2\mu^2}{r_0}-v_0^2=0$，则 $\varepsilon=1$，轨道为抛物线；$v_0>v_2$，因 $\dfrac{2\mu^2}{r_0}-v_0^2<0$，则 $\varepsilon>1$，形成一个双曲线轨道；后两种情况火箭都将飞往无限远处。但是，地球卫星的运载火箭，其速度必然小于第二宇宙速度 V_2，只能是绕地球旋转，也就是说不可

能大于第二宇宙速度，只能是$\frac{2\mu^2}{r_0}-v_0^2>0$，所以只能是一个椭圆形的轨道。下面我们将对椭圆形轨道进一步进行计算。

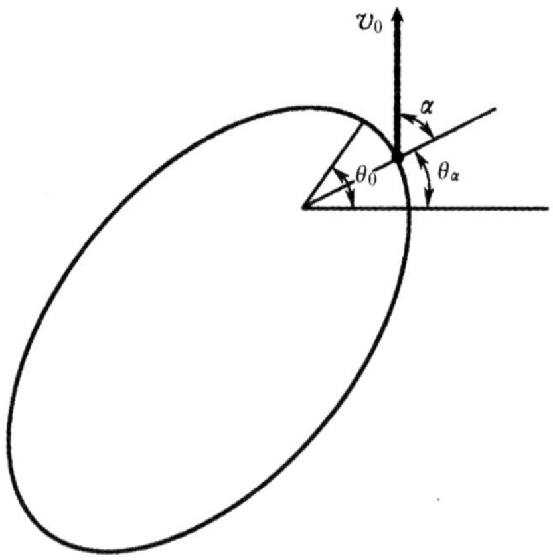

图 5.5 椭圆卫星轨道

椭圆形轨道的近地点 r_2 是指距离地球中心最近的一点，即 r 为最小值。由(5.9)式可以看出，当$(\theta-\theta_0)=0$，$\cos(\theta-\theta_0)=1$ 时，$1+\varepsilon\cos(\theta-\theta_0)$为最大，则 r 为最小，故

$$r_2=\frac{p}{1+\varepsilon}$$

同时，从这里也就指出了积分常数 θ_0 的意义，即 θ_0 是在轨道近地点在极坐标中的角坐标，它就是近地点的 θ 值(见图 5.5)。

椭圆形轨道的远地点 r_1 是指距离地球中心最远一点的位置，也就是 r 为最大的一点，即当 $\theta-\theta_0=\pi$，$\cos(\theta-\theta_0)=-1$ 时，$1+\varepsilon\cos(\theta-\theta_0)=$最小，则 r 就为最大值，所以

$$r_1=\frac{p}{1-\varepsilon}$$

如果，椭圆形轨道的半长轴用 a 表示，半短轴用 b 表示，则

$$2a=r_1+r_2=p\left(\frac{1}{1+\varepsilon}+\frac{1}{1-\varepsilon}\right)=\frac{2p}{1-\varepsilon^2}$$

所以

$$a=\frac{p}{1-\varepsilon^2}$$

由公式(5.11)得到

$$1-\varepsilon^2=\frac{v_0^2r_0^2\sin^2\alpha}{\mu^4}\left(\frac{2\mu^2}{r_0}-v_0^2\right) \tag{5.12}$$

则

$$a=\frac{\dfrac{v_0^2r_0^2\sin^2\alpha}{\mu^2}}{1-\left(\dfrac{v_0^2r_0^2\sin^2\alpha}{\mu^4}v_0^2-\dfrac{v_0^2r_0^2\sin^2\alpha}{\mu^4}\dfrac{2\mu^2}{r_0}+1\right)}$$

简化后得

$$a=\frac{\mu^2}{\dfrac{2\mu^2}{r_0}-v_0^2} \tag{5.13}$$

(5.13)式指出：半长径 a 的数值是与 α 角无关的，而只是 r_0 及 v_0 的函数，即不同的 α 角会形成不同的椭圆轨道，但所有这些轨道的半长径都是相同的，数值等于(5.13)式所给出的(见图 5.5)。因为

$$b=a\sqrt{1-\varepsilon^2}$$

所以

$$b=\frac{\mu^2}{\dfrac{2\mu^2}{r_0}-v_0^2}\cdot\frac{v_0r_0\sin\alpha}{\mu^2}\sqrt{\frac{2\mu^2}{r_0}-v_0^2}$$

即

$$b = \frac{v_0 r_0 \sin\alpha}{\sqrt{\frac{2\mu^2}{r_0} - v_0^2}} \tag{5.14}$$

矢径扫过的面积为一三角形的面积，其值为

$$三角形面积 = \frac{1}{2} \times 底 \times 高 = \frac{1}{2} \cdot r\mathrm{d}\theta \cdot r = \frac{1}{2} r^2 \mathrm{d}\theta$$

所以对于单位时间即每秒对心所扫出来的面积为$\frac{1}{2} r^2 \frac{\mathrm{d}\theta}{\mathrm{d}t}$，而依照(5.6)式应为常数。也就是说，质点在有心力的作用下，它对力作用中心的矢径在等时间内扫出来的面积是相等的，即“面积速度”是守恒的，其值为$\frac{1}{2} v_0 r_0 \sin\alpha$。

5.4　椭圆轨道上卫星的周期

我们可从上节所讨论的问题出发来计算椭圆轨道上卫星的周期。这时是在高空飞行，可以忽略空气阻力及其他力的作用，只考虑重力的作用。而重力为中心力，故动量矩是守恒的，所以卫星在椭圆轨道上运行的周期 T 为

$$T = \frac{椭圆的面积}{每秒对心扫出来的面积} = \frac{\pi ab}{\frac{1}{2} v_0 r_0 \sin\alpha}$$

$$T = \frac{\pi a^2 \sqrt{1 - \varepsilon^2}}{\frac{1}{2} v_0 r_0 \sin\alpha} = \frac{2\pi\mu^2}{\left(\frac{2\mu}{r_0} - v_0^2\right)^{\frac{3}{2}}} = \frac{2\pi a^{\frac{3}{2}}}{\mu}$$

所以

$$T = \frac{2\pi a^{\frac{3}{2}}}{\sqrt{gR^2}} \tag{5.15}$$

我们从公式(5.15)看到：周期的长短与 α 角无关，只要 r_0 及 v_0 确定了，周期也就定了。不同的 α 角，即 v_0 的方向会造成不同的椭圆轨道，但是，在每一个轨道上的周期是相同的。这也就说明，如果发射火箭的速度控制得很准确，当发射角即发射方向稍微有偏差，并不改变其卫星的运行周期。

现在设近地点离地球表面的高度为 h_2，则 $r_2 = R + h_2$；远地点离地球表面的高度为 h_1，则 $r_1 = R + h_1$，其中 R 为地球的半径，则

$$2a = h_1 + h_2 + 2R$$

所以

$$a = \frac{h_1 + h_2}{2} + R$$

其椭圆轨道的周期 T 为

$$T=\frac{2\pi a^{\frac{3}{2}}}{\sqrt{gR^2}}$$

$$=2\pi\sqrt{\frac{R}{g}}\left(\frac{h_1+h_2}{2R}+1\right)^{\frac{3}{2}}$$

$$=84.5\left(1+\frac{h_1+h_2}{2R}\right)^{\frac{3}{2}}(\text{分}) \tag{5.16}$$

5.5 发射卫星的最佳轨道

我们在 5.1 节里已经说明了发射人造地球卫星的轨道最好分成三段：一段是离地球表面很近的(约 100 公里的范围)的主动段；然后是一段自由飞行的被动段；最后在自由飞行的椭圆轨道将与卫星的圆形轨道相切时，再加一小段主动段，使卫星进入轨道(见图 5.1)。而椭圆轨道是运载火箭继续上升的轨道，所以椭圆与卫星轨道相切的那一点一定是椭圆轨道的远地点。因此，椭圆轨道的远地点，即卫星圆形轨道的半径为

$$r^*=r_1=\frac{p}{1-\varepsilon}=\frac{\dfrac{v_0^2r_0^2\sin^2\alpha}{\mu^2}}{1-\sqrt{1-\dfrac{v_0^2r_0^2\sin^2\alpha}{\mu^4}\left(\dfrac{2\mu^2}{r_0}-v_0^2\right)}} \tag{5.17}$$

我们可以应用质点在有心力场作用下角动量守恒的这一事实，来计算远地点的速度，也即是到达远地点时的速度 v_1 乘以远地点离地心的距离 r^* 等于最初速度的角动量。故有

$$v_1r^*=v_0r_0\sin\alpha$$

$$v_1=\frac{v_0r_0\sin\alpha}{r^*}$$

而相应于在卫星的圆形轨道上的旋转速度为 v^* 其值为

$$v^*=\sqrt{gR}\left(\frac{R}{r^*}\right)^{\frac{1}{2}}=\frac{\mu}{\sqrt{r^*}}$$

因此火箭最后要进入卫星轨道所需要增加的速度为

$$v^*-v_1=\frac{\mu}{\sqrt{r^*}}-\frac{v_0r_0\sin\alpha}{r^*}$$

这里，由于高空空气稀薄，其空气阻力可以忽略；另外在最后加速时其航行轨道基本上是与地球表面平行，即与重力垂直，所以最后加速段可以看成是在完全没有损耗的条件下进行的。

根据以上发射轨道的速度安排，所有各级运载火箭用齐奥尔科夫斯基公式计算得出的速度 V，应该是 v_0 及达到 v_0 所必有的速度损耗，再加以上所计算的第二主动段的速度增量，即

$$V=\sum_{i=1}^{i=n}c_i\ln\frac{M_0^{(i)}}{M_1^{(i)}}$$

$$=v_0+\text{所有的速度损耗}+\frac{\mu}{\sqrt{r^*}}-\frac{v_0r_0\sin\alpha}{r^*} \tag{5.18}$$

但是，我们在具体安排时，如何才能使 V 为最低呢？为了回答这个问题，我们可以作如下的分析和讨论：

由公式(5.18)我们可以看到，在全部变数里，r^* 是我们所选择的圆形卫星轨道的直径，它

是由我们发射卫星的目的来决定的；它与轨道的选择无关，在计算中是一个不变值。r_0 是可以由我们给定的，一般第一段总要飞出大气层以外，r_0 为 100 公里左右的高度。我们可以认为它是一个不变的数值，或者变化很小可以忽略。另外，所有的损耗在第一段飞行中变化也不大，可以忽略。所以在以上条件下，我们就可以来选择速度 v_0 及 v_0 与 r_0 之间的夹角 α 的关系，使其达到总的速度值 V 为最小。

从公式(5.17)可以得到

$$\left(1-\frac{v_0^2 r_0^2 \sin^2\alpha}{r^* \mu^2}\right)^2 = 1-\frac{v_0^2 r_0^2 \sin^2\alpha}{\mu^4}\left(\frac{2\mu^2}{r_0}-v_0^2\right)-2\mu^2\,\frac{v_0^2 r_0^2 \sin^2\alpha}{r^* \mu^4}+\frac{v_0^4 r_0^4 \sin^4\alpha}{r^{*2}\mu^4}$$
$$=-\frac{v_0^2 r_0^2 \sin^2\alpha}{\mu^4}\left(\frac{2\mu^2}{r_0}-v_0^2\right)$$

即

$$-\frac{2\mu^2}{r^*}+\frac{v_0^2 r_0^2 \sin^2\alpha}{r^{*2}}=-\frac{2\mu^2}{r_0}+v_0^2$$

所以

$$v_0 r_0 \sin\alpha = r^* \sqrt{v_0^2-2\mu^2\left(\frac{1}{r_0}-\frac{1}{r^*}\right)}$$
$$\frac{v_0 r_0 \sin\alpha}{r^*}=\sqrt{v_0^2-2\mu^2\left(\frac{1}{r_0}-\frac{1}{r^*}\right)} \tag{5.19}$$

从公式(5.18)看出：要使总的速度为最小值，实际上就是 $\left(v_0-\frac{v_0 r_0 \sin\alpha}{r^*}\right)$ 为最小值。因此将公式(5.19)代入公式(5.18)得出

$$v_0-\sqrt{v_0^2-2\mu^2\left(\frac{1}{r_0}-\frac{1}{r^*}\right)} \tag{5.20}$$

让(5.20)式等于最小值时，就可以满足使总速度值为最小。而(5.20)式中 $2\mu^2\left(\frac{1}{r_0}-\frac{1}{r^*}\right)$ 为常数，所以只有当 v_0 为最大值时，$v_0-\sqrt{v_0^2-常数}$ 才为最小。但是，v_0 不可能无限制地增加，它存在一个极限值。而且这个极限值的求出，不能用一般使微分等于零的方法，因为当 v_0 增加还没有达到使其微分等于零的时候，问题本身的含义就限制了 v_0 继续增加。其 v_0 的增加主要是受 α 角的限制。根据公式(5.19)，v_0 加大时，$\sin\alpha$ 也不断加大，但当 $\alpha=\frac{\pi}{2}$，$\sin\alpha=1$ 时，$\sin\alpha$ 已达其最大值，也就是 v_0 已达到它可能的最大值了。让最大值用 v_0^* 来表示，则从公式(5.19)可得到

$$\sin\alpha=1=\frac{r^*}{r_0}\sqrt{1-\frac{2\mu^2}{v_0^{*2}}\left(\frac{1}{r_0}-\frac{1}{r^*}\right)}$$
$$1-\left(\frac{r_0}{r^*}\right)^2=\frac{2\mu^2}{v^{*2}}\left(\frac{1}{r_0}-\frac{1}{r^*}\right)=\frac{2\mu^2}{v_0^{*2} r_0}\left(1-\frac{r_0}{r^*}\right)$$
$$1+\frac{r_0}{r^*}=\frac{2\mu^2}{v_0^{*2} r_0}=\frac{2r^*}{r_0}\cdot\frac{1}{\left(\dfrac{v_0^*}{\dfrac{\mu}{\sqrt{r^*}}}\right)^2}$$

所以

$$\left(\frac{v_0^*}{\frac{\mu}{\sqrt{r^*}}}\right)^2=\frac{2\left(\frac{r^*}{r_0}\right)}{1+\frac{r_0}{r^*}}=\frac{2\left(\frac{r^*}{r_0}\right)\left(\frac{r^*}{r_0}\right)}{\left(1+\frac{r_0}{r^*}\right)\left(\frac{r^*}{r_0}\right)}=\frac{2\left(\frac{r^*}{r_0}\right)^2}{1+\frac{r^*}{r_0}} \tag{5.21}$$

把方程(5.21)代入没有加损耗的用齐奥尔科夫斯基公式计算出的速度增量为

$$\begin{aligned}(\Delta V)^*&=\frac{\mu}{\sqrt{r^*}}-\frac{v_0^* r_0\sin\alpha}{r^*}+v_0^*\\&=\frac{\mu}{\sqrt{r^*}}+v_0^*\left(1-\frac{r_0}{r^*}\right)\\&=\frac{\mu}{\sqrt{r^*}}\left[1+\frac{\sqrt{2}}{\sqrt{1+\frac{r^*}{r_0}}}\left(\frac{r^*}{r_0}-1\right)\right]\end{aligned} \tag{5.22}$$

其中 $\sin\alpha=1$。

因此,对于多级运载火箭用齐奥尔科夫斯基公式计算出来的所需要的总速度的最小值为

$$\begin{aligned}V^*&=\sum_{i=1}^{i=n}c_i\ln\frac{M_0^{(i)}}{M_1^{(i)}}\\&=\text{损耗}+(\Delta V)^*\\&=\text{损耗}+\frac{\mu}{\sqrt{r^*}}\left[1+\frac{\sqrt{2}}{\sqrt{1+\frac{r^*}{r_0}}}\left(\frac{r^*}{r_0}-1\right)\right]\\&=\text{损耗}+\sqrt{gR}\sqrt{\frac{R}{r^*}}\left[1+\frac{\sqrt{2}}{\sqrt{1+\frac{r^*}{r_0}}}\left(\frac{r^*}{r_0}-1\right)\right]\end{aligned} \tag{5.23}$$

其中 $\sqrt{gR}\sqrt{\frac{R}{r^*}}$ 为半径为 r^* 的轨道上卫星的速度值。

因为 $\alpha=\frac{\pi}{2}$,所以自由飞行段的开始正好在近地点,而远地点是在近地点与地球中心的连线上,也就是与卫星轨道相切的那一点。这种形式的轨道特点是:第一加速段与第二加速段之间的距离是很远的,即自由飞行段相当长。按照这个最小动力要求的发射轨道如图 5.6 所示。实际上发射轨道的选择要受一些因素的限制,如轨道的精确度,以及为了使发射轨道不超出国土或自己控制的地区,有时宁愿多消耗一些能量而不采用自由飞行段较长的轨道;也就是说,根据实际需要和可能选择消耗能量最小的轨道。但我们的计算说明了好的发射轨道总是在两个主动段之间加一段比较长的自由飞行段。

为了给我们一个概念,下面对周期为 24 小时的卫星轨道所需要的速度进行具体的计算。例:R 为地球的半径 6 371 公里,第一主动段结束时的高度为 100 公里,即 $r_0=6\,371+100=6\,471$(公里)。

$$T=24\text{ 小时}$$

$$r^*=6.63R$$

$$r_0=R+100=\frac{6\,371+100}{6\,371}R=1.016R$$

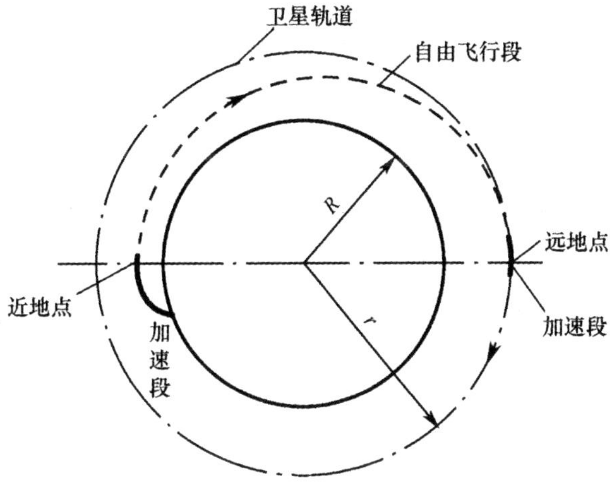

图 5.6　发射卫星的“最优”轨道

$$\frac{r^*}{r_0} = 6.53$$

$$(\Delta V)^* = \sqrt{gR}\left(\frac{R}{r^*}\right)^{\frac{1}{2}}\left[1+\frac{\sqrt{2}}{\sqrt{1+\frac{r^*}{r_0}}}\left(\frac{r^*}{r_0}-1\right)\right]$$

$$= 7.91 \times \frac{1}{\sqrt{6.63}}\left[1+\frac{\sqrt{2}}{\sqrt{7.53}}(6.53-1)\right]$$

$$= 7.91 \times \frac{1}{2.574}\left(1+\frac{1.414}{2.746}\times 5.53\right)$$

$$= 11.81(公里/秒)$$

而在第一主动段终了时的实际速度是

$$v^* = \frac{\mu}{\sqrt{r^*}} \cdot \frac{r^*}{r_0} \cdot \frac{\sqrt{2}}{\sqrt{1+\frac{r^*}{r_0}}}$$

$$= 7.91 \times \frac{1}{\sqrt{6.63}} \times 6.53 \times \frac{1.414}{2.746}$$

$$= 10.35(公里/秒)$$

所以，在远地点附近，第二主动段所增加的速度＝11.81－10.35＝1.46(公里/秒)

我们注意到$(\Delta V)^*$是 11.81 公里/秒，比第二宇宙速度 V_2＝11.18 公里/秒还大一些，而我们在 1.5 节中所计算的 24 小时卫星的理想发射速度，只有 10.74 公里/秒，这说明实际可行的发射轨道与理想的差别。

再举个例子，r^*＝7 000 公里，也就是发射低轨道卫星，r_0＝6 471 公里，则有

$$(\Delta V)^* = \sqrt{gR}\left(\frac{R}{r^*}\right)^{\frac{1}{2}}\left[1+\frac{\sqrt{2}}{\sqrt{1+\frac{r^*}{r_0}}}\left(\frac{r^*}{r_0}-1\right)\right]$$

$$= 7.91\left(\frac{6\,371}{7\,000}\right)^{\frac{1}{2}}\left[1+\frac{\sqrt{2}}{\sqrt{1+\frac{7\,000}{6\,471}}}\left(\frac{7\,000}{6\,471}-1\right)\right]$$

$$= 7.91\times 0.954\left(1+\frac{1.414}{\sqrt{2.082}}\times 0.082\right)$$

$$= 8.16(公里/秒)$$

在第一主动段终了时实际速度是

$$v^{*} = \frac{\mu}{\sqrt{r^{*}}}\cdot\frac{r^{*}}{r_0}\cdot\frac{\sqrt{2}}{\sqrt{1+\frac{r^{*}}{r_0}}}$$

$$= 7.91\times 0.954\times\frac{1.414}{1.444}\times 1.082$$

$$= 7.98(公里/秒)$$

所以，在远地点附近第二主动段所增加的速度为

$$8.16-7.98 = 0.16(公里/秒)$$

我们看到第二主动段的速度增量比第一主动段的速度增量小得多，这确实做到了把主要加速运动留在100公里高度以下，从而取得了较高的效率。

另一方面由于是多级运载火箭而且分两段加速，到了一定的时候在高空需要再一次点火，所以增加了系统的复杂性。这是我们为了提高发射效率、降低动力要求所付出的代价。

第 6 章　星际航行的轨道

6.1　太阳的重力场

上一章里已经详细地讨论了质点在中心力场中的运动，并且依据这个原理具体论述了火箭在地球引力场作用下的运动。这里我们将研究飞船脱离了地球引力后，在太阳引力场中作星际间的飞行。在太阳引力作用下的运动和在地球引力作用下的运动，其基本原理都是一样的，因为它们都是服从于万有引力定律，都是在中心力场的作用下的运动。因此，在讨论飞船在太阳引力作用下的运动时，完全可以运用上一章里所讲的物体在中心力场作用下运动的基本关系。

在第 5 章中我们得出的地球向心力常数为 $\mu^2 = gR^2$。当考虑物体绕太阳运动时，则需对此常数加以修正。从万有引力定律得知，距离太阳为 r 远的物体绕太阳运动时，其单位质量物体所受的向心力为 $g_\odot\left(\frac{R_\odot}{r}\right)^2$（$g_\odot$ 为太阳表面的重力加速度，$R_\odot$ 为太阳的半径）。这里很容易导出 $g_\odot = g\frac{R^2}{M}\cdot\frac{M_\odot}{R_\odot^2}$（M 及 R 分别为地球的质量和半径），因此得出

$$
\begin{aligned}
g_\odot\left(\frac{R_\odot}{r}\right)^2 &= g\frac{R^2}{M}\cdot\frac{M_\odot}{R_\odot^2}\left(\frac{R_\odot}{r}\right)^2 \\
&= g\frac{M_\odot}{M}\left(\frac{R}{r}\right)^2 \\
&= \frac{\mu_\odot^2}{r^2}
\end{aligned}
$$

所以太阳的向心力常数为

$$\mu_\odot^2 = g\frac{M_\odot}{M}R^2 \tag{6.1}$$

这样一来，我们就可以运用第 5 章的基本公式来计算飞船在太阳引力场中的运动轨道了。

在这里我们可以先计算一下，要离开地球中心多远，太阳的重力场才会同地球的重力场相等量？因为地球距太阳约 1.495×10^8 公里；$\frac{M_\odot}{M}=332\,488$。如果这个距离是 d，那么

$$g\frac{R^2}{d^2} = g\frac{M_\odot}{M}\cdot\frac{R^2}{(1.495\times10^8)^2}$$

即

$$d = 1.495\times10^8\sqrt{\frac{1}{332\,488}} = 260\,000(\text{公里})$$

如果我们把月球的作用也算上，那么，一个星际飞船一旦离开地球40多万公里，就基本上脱离了地球、月球的重力作用，它的运动就主要为太阳重力场所控制了。

6.2 太阳系中的椭圆轨道

这里要讨论的轨道，就是要将飞船从地球轨道上送到其他行星的轨道上去的最经济的轨道，即所谓Hohmann式轨道(据说首先由Walter Hohmann提出)。在这节里我们将叙述这类轨道和其所需的火箭动力。

大家都知道，太阳周围的各个行星的运动轨道都是以太阳为一个焦点的近于圆形的椭圆轨道，并且它们的轨道平面基本上在同一平面上。因此，我们可以把这些行星的轨道看做圆形，而且所有轨道都处在一共同平面上，这样就使问题简化了。图6.1表示飞船从地球轨道到外层行星轨道间的航道。在上一章里我们已经证明：从离地面一定高度的一点到另一个较高的圆形卫星轨道最省动力的轨道，是以起始高度为近地点，以要求卫星达到的轨道高度为远地点的椭圆轨道。这一结果可以应用到星际轨道问题上来，不过近地点应是近日点，远地点应是远日点。也就是说，到比地球距太阳更远的行星上去的最佳轨道，应是外切于地球轨道、内切于行星轨道，并以太阳为一个焦点的椭圆轨道。这就是所谓Hohmann式星际飞行轨道。这个轨道的近日点正好在地球轨道上，远日点则在行星轨道上。

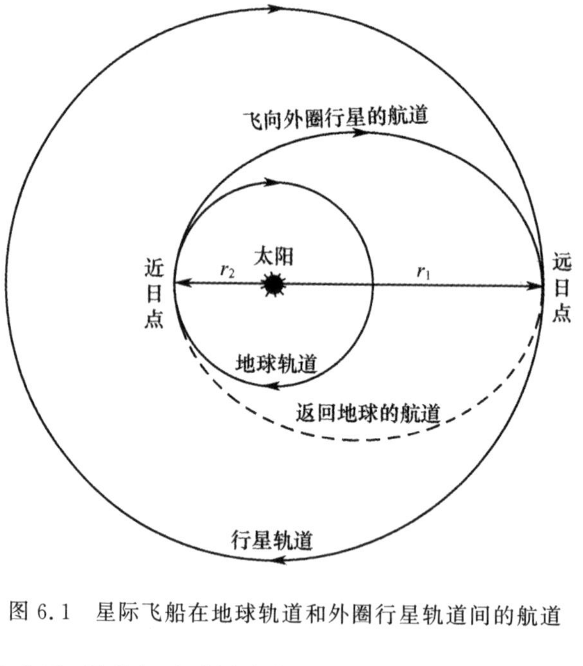

图6.1 星际飞船在地球轨道和外圈行星轨道间的航道

飞船脱离地球引力之后，虽然与地球没有相对速度了，但是它仍然同地球一起在地球的轨道附近绕太阳运动。为了使它脱离地球轨道沿图6.1的椭圆轨道运动，飞船原来所具有的能量是不够的，还需要加给一定的速度或者是当它脱离地球引力场时还剩余一部分速度，使它刚好沿椭圆轨道自由飞行，则达椭圆轨道的远日点；即是到达椭圆与外圈行星轨道相切的一点。此时又必须给飞船加一定的能量，使它达到进入行星轨道所应具有的轨道速度。如果这时我们不再给它加这一点力量，那么，它将由于能量不足不能进入行星轨道，而沿椭圆轨道的另一半弧长向近日点运动，然后重复运行在这椭圆轨道上成为太阳的一颗人造行星。这里我们可以看出，要从地球轨道上发射宇宙飞船到其他行星上去，也需要把轨道分成为两个加速段当中夹一个很长的自由飞行段来达到目的。当然，如果要求缩短航行时间，还可以采用其他的轨道。但是这样的轨道要求飞船具有更高的速度，目前火箭技术所能达到的水平，还只能采取这种经济的办法，即采用 Hohmann 式或近似于 Hohmann 式的飞行轨道。苏联在 1961 年初发射的金星火箭，就采用了一条比最小动力轨道需时较少的轨道，即多花了一些动力，但缩短了飞行时间。

这里我们只说明了向地球以外的行星发射星际飞船所采取的最现实最经济的轨道，而对靠近太阳的内圈行星：金星和水星，用什么样的轨道发射呢？这个问题很简单，正好与向外圈行星发射飞船的椭圆轨道相同。但是发射方向却正好相反，也就是说，要从地球轨道上使飞船进入远日点与地球轨道相切，近日点与金星或水星轨道相切的椭圆轨道。这就必须首先使飞船减速，使它进入椭圆轨道，然后等飞船到达与行星轨道相切的一点时，又一次使飞船减速，使它再次减少能量而进入内圈行星轨道。

上面对从地球轨道上向其他行星发射星际飞船的轨道进行了详细地描述，现在我们再来作进一步的计算。由第 5 章里我们有椭圆方程

$$r=\frac{p}{1+\varepsilon\cos(\theta-\theta_0)} \tag{6.2}$$

令 r_1 为椭圆的远日点的距离；r_2 为椭圆的近日点的距离（见图 6.1）。我们得出

$$\frac{r_2}{r_1}=\frac{1-\varepsilon}{1+\varepsilon}$$

求解即得到椭圆的偏心率为

$$\varepsilon=\frac{r_1-r_2}{r_1+r_2}$$

所以

$$\sqrt{1-\varepsilon^2}=\frac{2\sqrt{r_1 r_2}}{r_1+r_2}$$

设 a 为椭圆长轴，b 为椭圆短轴，则

$$a=\frac{r_1+r_2}{2}$$

$$b=a\sqrt{1-\varepsilon^2}$$

所以，椭圆面积为

$$\pi ab=\pi a^2\sqrt{1-\varepsilon^2}=\pi\left(\frac{r_1+r_2}{2}\right)\sqrt{r_1 r_2} \tag{6.3}$$

由方程(5.15)得出质点绕椭圆运动的周期为

$$T=2\pi\frac{a^{\frac{3}{2}}}{\mu_\odot}=2\pi\left(\frac{r_1+r_2}{2}\right)^{\frac{3}{2}}\frac{1}{\mu_\odot} \tag{6.4}$$

由(6.3)及(6.4)式，依据质点绕中心力运动时半径扫过的面积不变及运转周期不变的原理得出

$$面积速度 = \frac{椭圆面积}{周期} = \frac{\mu_{\odot}}{2} \cdot \frac{\sqrt{r_1 r_2}}{\sqrt{\frac{r_1 + r_2}{2}}} = 常数 \tag{6.5}$$

这样我们就可以得出沿椭圆轨道运动的飞船,在近日点及远日点的速度。

设 v_2^* 为地球的轨道速度;v_2 为飞船沿椭圆轨道运动时在近日点上所具有的轨道速度;v_1^* 为行星的轨道速度;v_1 为飞船沿椭圆轨道飞行到达远日点时具有的速度(见图 6.2)。因此由(6.5)式可以得出

$$面积速度 = \frac{1}{2} r_1 v_1 = \frac{1}{2} r_2 v_2 = \frac{\mu_{\odot}}{2} \cdot \frac{\sqrt{r_1 r_2}}{\sqrt{\frac{r_1 + r_2}{2}}}$$

所以飞船在椭圆轨道上远日点及近日点的速度可求得

$$v_1 = \mu_{\odot} \left(\frac{r_2}{r_1}\right)^{\frac{1}{2}} \frac{1}{\sqrt{\frac{r_1 + r_2}{2}}} \tag{6.6}$$

$$v_2 = \mu_{\odot} \left(\frac{r_1}{r_2}\right)^{\frac{1}{2}} \frac{1}{\sqrt{\frac{r_1 + r_2}{2}}} \tag{6.7}$$

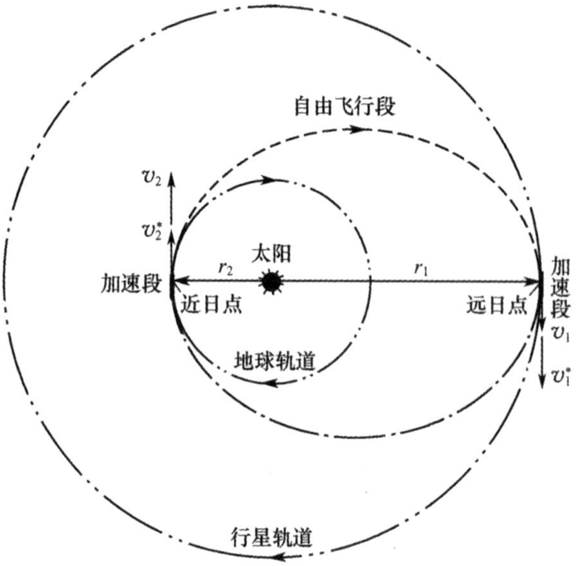

图 6.2 Hohmann 式行星际轨道

前面已经对飞船进入椭圆轨道时要加速的道理进行了说明,这个速度增量令它为 Δv_2,则

$$\begin{aligned}\Delta v_2 &= v_2 - v_2^* \\ &= \mu_{\odot} \left(\frac{r_1}{r_2}\right)^{\frac{1}{2}} \frac{1}{\sqrt{\frac{r_1 + r_2}{2}}} - \frac{\mu_{\odot}}{\sqrt{r_2}}\end{aligned}$$

$$= \frac{\mu_{\odot}}{\sqrt{r_2}}\left(\sqrt{\frac{2r_1}{r_1+r_2}}-1\right)$$

$$= v_2^*\left(\sqrt{\frac{2r_1}{r_1+r_2}}-1\right) \tag{6.8}$$

同理,令飞船由椭圆轨道进入行星轨道所需增加的速度为 Δv_1

$$\Delta v_1 = v_1^* - v_1$$

$$= \frac{\mu_{\odot}}{\sqrt{r_1}}\left(1-\sqrt{\frac{2r_2}{r_1+r_2}}\right)$$

$$= v_1^*\left(1-\sqrt{\frac{2r_2}{r_1+r_2}}\right) \tag{6.9}$$

由(6.8)式看出,$2r_1>r_1+r_2$;所以,$\left(\sqrt{\frac{2r_1}{r_1+r_2}}-1\right)>0$,说明 Δv_2 是正的;即是说,要使在地球轨道上的飞船进入向外圈行星发射的椭圆轨道时需要加速。同理由(6.9)式得知 $2r_2<r_1+r_2$,所以$\left(1-\sqrt{\frac{2r_2}{r_1+r_2}}\right)>0$,说明 Δv_1 也是正的,飞船由椭圆轨道进入外圈行星轨道时也要加速。因此,我们很容易得出从地球轨道向内圈的金星和水星轨道发射飞船时情况正好相反,即由地球轨道进入椭圆轨道时要减速,而再由椭圆轨道进入内圈行星轨道时也要减速。

因此,我们就可以来计算由地球轨道向其他行星轨道发射星际飞船所需的速度总增量

$$\Delta V = \frac{\mu_{\odot}}{\sqrt{r_2}}\left(\sqrt{\frac{2r_1}{r_1+r_2}}-1\right)+\frac{\mu_{\odot}}{\sqrt{r_1}}\left(1-\sqrt{\frac{2r_2}{r_1+r_2}}\right)$$

或写作

$$\Delta V = v_2^*\left(\sqrt{\frac{2r_1}{r_1+r_2}}-1\right)+v_1^*\left(1-\sqrt{\frac{2r_2}{r_1+r_2}}\right) \tag{6.10}$$

由地球轨道飞向其他行星轨道,从起飞到终点所走过的路程正好是椭圆轨道的一半;因此,得出飞船的航期是半个周期,即

$$T^* = \frac{1}{2}T$$

$$= \pi\left(\frac{r_1+r_2}{2}\right)^{\frac{3}{2}}\frac{1}{\mu_{\odot}}$$

$$= \pi\left(\frac{r_1+r_2}{2}\right)^{\frac{3}{2}}\frac{1}{R\sqrt{g\frac{M_{\odot}}{M}}}$$

$$= \pi\left(\frac{r_1+r_2}{2R}\right)^{\frac{3}{2}}\sqrt{\frac{R}{g}\cdot\frac{M}{M_{\odot}}}$$

$$= 2\pi\sqrt{\frac{R}{g}}\cdot\frac{1}{2}\left(\frac{r_1+r_2}{2R}\right)^{\frac{3}{2}}\sqrt{\frac{M}{M_{\odot}}}$$

$$T^* = \frac{84.5}{2}\left(\frac{r_1+r_2}{2R}\right)^{\frac{3}{2}}\sqrt{\frac{M}{M_{\odot}}}\ (\text{分}) \tag{6.11}$$

以上公式的推演,虽然都是以地球轨道上向外圈行星轨道发射宇宙飞船为模型,但实际上是适合于任意两个行星轨道之间的椭圆轨道上飞船的计算。

6.3 实例

我们以从地球发射一星际飞船到木星为例，来说明有关的具体问题。

由表 1.5，我们可以得出下列数据：

$V_1=\sqrt{gR}=7.91$（公里/秒）；

$R=6\ 371$ 公里；

$r_2=1.494\ 57\times10^8$ 公里；

$r_1=5.203\,r_2$；

$\frac{M_\odot}{M}=332\ 488$。

故由前面的公式算得

$$v_2^*=7.91\times3.764=29.80(\text{公里}/\text{秒})$$

$$v_1^*=13.06\ \text{公里}/\text{秒}$$

$$\Delta v_2=v_2^*\left(\sqrt{\frac{10.406}{6.203}}-1\right)\approx8.80(\text{公里}/\text{秒})$$

$$\Delta v_1=5.64\ \text{公里}/\text{秒}$$

这里只是计算了沿椭圆轨道飞行时，飞船所需的速度增量。但是，我们知道，飞向其他行星去的飞船首先还得从地球表面上开始，因此需要把从地面起飞的过程和沿 Hohmann 式轨道飞行联系到一起来考虑。下面就来计算用两种不同的方案把飞船从地球送到木星。

第一方案：飞船从地球表面直接起飞，即是采用飞船在离地面较近的轨道上，就使它具有脱离地球引力场的速度，并还剩余一定速度。使飞船直接进入椭圆轨道飞向木星轨道。到了椭圆轨道与木星轨道相切的位置时再给飞船加一点速度，使它进入木星轨道。实际上也就是把飞船从地球表面到木星轨道的整个飞行过程分为两段加速当中夹一段很长的自由飞行。因此，我们可以算出飞船在第一加速段所应具有的能量为

$$\frac{1}{2}(\Delta v)^2=\frac{1}{2}V_2^2+\frac{1}{2}(\Delta v_2)^2$$

所以，第一加速段飞船所应具有的速度增量

$$\Delta v=\sqrt{V_2^2+(\Delta v_2)^2}=\sqrt{11.18^2+8.80^2}\approx14.23(\text{公里}/\text{秒})$$

从而计算出整个过程中飞船所需加的速度为

$$V=\Delta v+\Delta v_1=14.23+5.64=19.87(\text{公里}/\text{秒})$$

第二方案：首先从地球表面发射一人造卫星；然后再从人造卫星沿同样的椭圆轨道向木星发射飞船，即是将整个航道分为两个大的阶段，先用第 5 章里讲的发射卫星的方法发射卫星，再采用近似于 Hohmann 式轨道的办法从卫星上发射飞船去木星。因此，我们可以算得整个过程飞船所需的能量的总和为

$$V=V_1+\sqrt{V_2^2-V_1^2+(\Delta v_2)^2}+\Delta v_1$$

$$=7.91+\sqrt{11.18^2-7.91^2+8.80^2}+5.64\approx25.40(\text{公里}/\text{秒})$$ ①

① 后作者又修正为$[7.91^2+(\sqrt{11.18^2-7.91^2+8.80^2})^2]^{\frac{1}{2}}+5.64\approx14.23+5.64=19.87$（公里/秒）。——编者注

从这两个方案的结果很明显地看出，这两种方案对能量的要求是一样的，但是具体的繁易却有很大的不同。第一种方案比较简单，有可能只用一个连续的加速段；而第二种方案要用三个互相间隔的加速段。我们知道苏联所发射的金星火箭就是从卫星轨道上发射的。既然这种办法费能量，那么为什么不采取从地球表面直接发射的办法呢？其原因在于第二种办法虽然耗费的能量多，但是人造卫星停留时间可以很长，因此能把人造卫星的轨道参数测量得很准，而且也有时间利用这些测得的参数来在地面计算好发射星际火箭的时刻和火箭推力的作用方向，并执行这个发射程序。总之，从卫星轨道上发射宇宙飞船容易取得精确的瞄准，因而大大地增强了可靠性和飞行轨道的精确性。相反，第一种方法对动力的要求虽然低些，但因为没有人造卫星这一个间隙来进行轨道的精确测量及瞄准，不容易控制得很准，发射不可靠。当然，在解决了更多级火箭的精确控制问题后，采用直接发射的办法是可以实现的。

飞向土星的星际飞船的航期可以由(6.11)式求得

$$
\begin{aligned}
T^{*} &= \frac{84.5}{2}\left(\frac{6.203\times 1.494\,57\times 10^{8}}{12\,742}\right)^{\frac{3}{2}}\sqrt{\frac{1}{332.488}} \\
&= 1\,438\,000(\text{分}) \approx 1\,000(\text{天})
\end{aligned}
$$

这里由于飞船从地面起飞段在整个轨道飞行中只占很小一部分，因此计算它的航期时就只考虑到沿 Hohmann 轨道飞行的时间。

由上面的计算看出采用 Hohmann 轨道发射星际飞船，比起其他轨道而言，在能量上要少得多。但是，从时间上来说却相当长，由地球飞向木星就得 3 年的时间。如果我们有更有效的推进系统，火箭的速度能达到更高，那么是可以用其他形式的轨道，以至用抛物线或双曲线轨道。但我们知道，火箭向行星飞行时还要受到地球轨道速度的影响，如果火箭具有的速度太小就使飞行不可能是直线或近于直线飞行。因此要飞行时间大大缩短，火箭必须具有更高的速度，比如 50 公里/秒的速度。在今天火箭发动机性能所能达到的条件下，星际飞行还只能采用 20 公里/秒以下的速度，也就是用 Hohmann 式或近于 Hohmann 式的轨道。

最后还要指出一种用来发射太阳探测器最省能量(接近太阳的自动站)的办法。有人建议将火箭以稍低于第三宇宙速度向外圈发射，使火箭最后到达太阳引力场的边沿绕太阳运行。由于这时它绕太阳的轨道速度很小了，因此只要将这个速度抵消，它就会受太阳的引力而自动向太阳中心掉。但是，这样作虽然所需要的能量很小，而要求控制高度精确，因为在抵消它具有绕太阳的速度时要恰到好处。抵消过多了它就会向相反的方向绕太阳转，抵消不够它也会以剩下的速度绕太阳转，而不能一直掉向太阳。因此，要在这样远的距离上，使它瞄准要去的行星，那就更加困难了。要实现这种方案还是一个十分困难而又复杂的过程，有待今后科学进一步的发展来解决。

6.4　在中心力场中的低推力轨道

低推力的轨道是基于这样一种设想：由于考虑到从卫星轨道上起飞有许多好处，例如像前面所说的，从卫星轨道上起飞，比从地球表面上起飞其控制的精确度可以提高，故许多星际航行轨道都是从地球卫星的轨道上开始。在卫星轨道上地球对卫星的引力始终是存在的，因为卫星既绕地球旋转，当然有加速度，而且这个加速度刚好等于地球引力所产生的加速度；同时在人造地球卫星中的物体也随着卫星绕地球旋转，它的加速度也正是地球引力所产生的加速度。因而在卫星内部就不需要用任何力来托着物体，这时物体处于失重状态，虽然它没有重量了，但是同样受地球引力的作用。从这里也可以看出，物体的重量虽然起源于地球的引力，但它和地球引力并不是一回事，这我们应有明确的概念。因此有人就考虑，可以利用失重这一个事实，用很小的加速度从卫星轨道上发射飞船；而且就建议，在星际航行中可以采用低推力的轨道，用推力小而比冲非常高的电火箭系统(我们将要在下一章中讲解)。这就给轨道提出了另一方面的问题，研究加速度小到$\frac{1}{1\ 000}g$以至$\frac{1}{10\ 000}g$的轨道。但是要能使用这样小的加速度，必须付出一定的代价；而且随着加速度的逐渐减少，所付出的代价越来越大，这我们可以从以后的分析计算中看到。所以我们不能认为在卫星轨道上，在已经失重的情况，就没有什么重力损耗，那是不正确的。实际上，虽然在卫星轨道上感觉不到重力的作用，但是卫星并没有脱离地球引力场，也像5.2节中讲的一样，仍然有重力损耗，因而对低推力轨道是要付出一定的代价。下面我们可以对从卫星上起飞的轨道，即低加速度轨道进行具体的计算来加以说明。由于推力是一直作用在飞行器上，因而飞行轨道不再是一个椭圆形而是一螺旋形的轨道。

这里设g^*为在卫星轨道上的重力常数；F_r为瞬时单位飞船质量的径向推力；F_θ为瞬时单位飞船质量的周向推力(参看图6.3)。F_r和F_θ的值在飞行的过程中是可以变化的。这里我们可以利用牛顿定律，对于单位质量的飞行器写出下列两个运动方程，作为我们考虑问题的基础。其飞行器运动的径向加速度为

$$\frac{\mathrm{d}^2 r}{\mathrm{d}t^2}=r\left(\frac{\mathrm{d}\theta}{\mathrm{d}t}\right)^2-g^*\left(\frac{r^*}{r}\right)^2+F_r \tag{6.12}$$

由单位时间的角动量的变化可得到周向运动的方程为

$$\frac{\mathrm{d}}{\mathrm{d}t}\left(r^2\frac{\mathrm{d}\theta}{\mathrm{d}t}\right)=rF_\theta \tag{6.13}$$

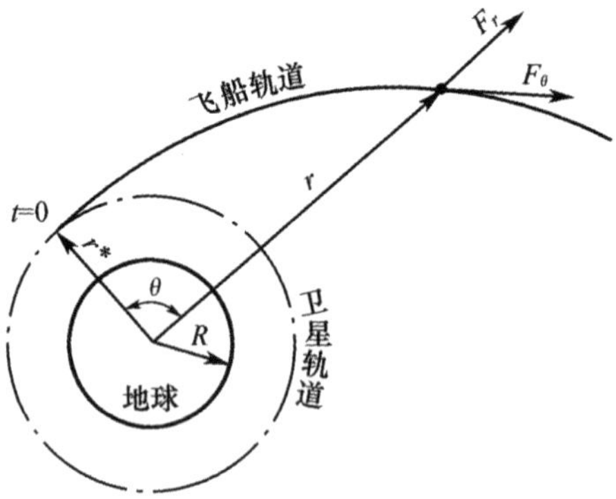

图6.3 从卫星轨道上起飞

根据以前的计算结果，我们知道用径向推力方向其能量的消耗比较大，效果是不好的，而最好的推力方向也不是轨道的切线方向，而是与轨道的切线方向成某一个合适的角度。但是周向推力与最好推力方向所需质量比的差别不大，故这里只考虑周向的推力，使其问题简化，同时所得结果与最佳推力方向的结果相近。这里为了计算上的方便我们采用了下列无量纲变数的形式①。

① 我们在这里可以指出的是：在力学的计算中，为了使其计算简化，一般常采用变数无量纲化的方法进行计算，这样可以使其计算的形式简化，同时由于所有的变数都没有量纲，计算起来既方便又不会因为量纲不统一而出错误。所以无量纲变数的方法是一个常用而可行的方法，至于挑选什么样的基本量纲，要根据每一个具体问题分析得出，使其无量纲化后计算变得更简单。

对长度的无量纲变数为

$$\rho = \frac{r}{r^*} \tag{6.14}$$

这里 r 为对于任何时间，飞行轨道离地球中心的距离；而 r^* 为当 $t=0$ 时，飞行轨道距离地球中心的距离，也就是起飞的卫星轨道半径。对时间的无量纲变数为

$$\tau = \sqrt{\frac{g^*}{r^*}}t$$

故

$$d\tau = \sqrt{\frac{g^*}{r^*}}dt$$

或

$$dt = \sqrt{\frac{r^*}{g^*}}d\tau \tag{6.15}$$

θ 角本身就是一个无量纲的变数，故不需要进行无量纲的变化。由于只采用周向推力，故令其 $F_r=0$，而

$$F_\theta = \nu g^* \tag{6.16}$$

这里 F_θ 本身就是一个加速度，而 ν 的大小就代表了这个加速度的大小。于是把以上的无量纲变数代入(6.12)式就得到

$$r^* \frac{g^*}{r^*} \cdot \frac{d^2\rho}{d\tau^2} = r^* \frac{g^*}{r^*}\rho\left(\frac{d\theta}{d\tau}\right)^2 - g^* \frac{1}{\rho^2}$$

也就是

$$\frac{d^2\rho}{d\tau^2} = \rho\left(\frac{d\theta}{d\tau}\right)^2 - \frac{1}{\rho^2} \tag{6.17}$$

把各无量纲变数代入(6.13)式，则得到

$$\sqrt{\frac{g^*}{r^*}}r^{*2} \sqrt{\frac{g^*}{r^*}}\frac{d}{d\tau}\left(\rho^2\frac{d\theta}{d\tau}\right) = r^* g^* \rho \nu$$

$$\frac{d}{d\tau}\left(\rho^2\frac{d\theta}{d\tau}\right) = \nu\rho \tag{6.18}$$

根据下列初始条件1)～3)，方程(6.17)可以作如下的变换；其初始条件为：

1) 当 $\tau=0$，

$$\rho = 1 \tag{6.19}$$

2) 当 $\tau=0, \rho=1$ 时，即在卫星轨道上飞船的速度，它是切于圆轨道的，也就是说没有径向速度，故

$$\left(\frac{d\rho}{d\tau}\right)_0 = 0 \tag{6.20}$$

3) 当 $\tau=0, \rho=1$，而且其线速度即卫星速度为 $\sqrt{g^* r^*}$，所以

$$r^*\left(\frac{d\theta}{dt}\right)_0 = \sqrt{g^* r^*}$$

$$r^* \sqrt{\frac{g^*}{r^*}}\left(\frac{d\theta}{d\tau}\right)_0 = \sqrt{g^* r^*}$$

因此

$$\left(\frac{\mathrm{d}\theta}{\mathrm{d}\tau}\right)_0 = 1 \tag{6.21}$$

4) 当把初始条件 1)和 3)代入(6.17)式,则得

$$\frac{\mathrm{d}^2\rho}{\mathrm{d}\tau^2} = 0 \tag{6.22}$$

如果将(6.17)式乘以 ρ^3,则得

$$\rho^3 \frac{\mathrm{d}^2\rho}{\mathrm{d}\tau^2} = \left(\rho^2 \frac{\mathrm{d}\theta}{\mathrm{d}\tau}\right)^2 - \rho$$

即

$$\rho^3 \frac{\mathrm{d}^2\rho}{\mathrm{d}\tau^2} + \rho = \left(\rho^2 \frac{\mathrm{d}\theta}{\mathrm{d}\tau}\right)^2$$

所以

$$\rho^2 \left(\frac{\mathrm{d}\theta}{\mathrm{d}\tau}\right) = \left(\rho^3 \frac{\mathrm{d}^2\rho}{\mathrm{d}\tau^2} + \rho\right)^{\frac{1}{2}}$$

代入(6.18)式可得

$$\frac{\mathrm{d}}{\mathrm{d}\tau}\left(\rho^3 \frac{\mathrm{d}^2\rho}{\mathrm{d}\tau^2} + \rho\right)^{\frac{1}{2}} = \nu\rho \tag{6.23}$$

(6.23)式是以 ρ 为变数、τ 为自变数的三次非线性常微分方程,(6.19)式、(6.20)式及(6.22)式是定解所必需的三个初始条件。当 $\rho(\tau)$定了之后,就可以把(6.18)式一次积分得出周向分速度 $\rho\dfrac{\mathrm{d}\theta}{\mathrm{d}\tau}$,而(6.21)式则决定了积分常数,求解的原理就是这样。但要解出这方程式,必须要用较复杂的数值积分的方法,对于如何进行数值积分运算,这里不准备介绍。

随着飞行的进行,当 $t=t_1$ 时,单位质量飞船所具有的动能为

$$\frac{1}{2}\left[\left(\frac{\mathrm{d}r}{\mathrm{d}t}\right)_1^2 + \left(r_1 \frac{\mathrm{d}\theta}{\mathrm{d}t}\right)_1^2\right]$$

而单位质量飞船所具有的势能为

$$-g^* \frac{r^{*2}}{r}$$

因此单位质量能量的总和为

$$\frac{1}{2}\left[\left(\frac{\mathrm{d}r}{\mathrm{d}t}\right)_1^2 + \left(r_1 \frac{\mathrm{d}\theta}{\mathrm{d}t}\right)_1^2\right] - g^* \frac{r^{*2}}{r}$$

如果我们要求加速段的终了,也即是 $t=t_1$ 时,不但有足够的能量(动能)来克服地球引力而脱离地球引力场,而且要求在脱离地球引力场之后,还要有一定的速度 $n\sqrt{g^* r^*}$;其中 n 为一个无量纲的参数,它表示了剩余的速度大小。设加速终了时的情况用下标“1”来代表,则

$$\frac{1}{2}\left[\left(\frac{\mathrm{d}r}{\mathrm{d}t}\right)^2 + \left(r \frac{\mathrm{d}\theta}{\mathrm{d}t}\right)^2\right] - g^* \frac{r^{*2}}{r} = \frac{1}{2}(n\sqrt{g^* r^*})^2$$

代入以上的无量纲的变数后,上式可变成

$$\frac{1}{2}\left[r^{*2} \frac{g^*}{r^*}\left(\frac{\mathrm{d}\rho}{\mathrm{d}\tau}\right)_1^2 + r^{*2} \frac{g^*}{r^*}\rho_1^2\left(\frac{\mathrm{d}\theta}{\mathrm{d}\tau}\right)_1^2\right] - g^* r^* \frac{1}{\rho_1} = \frac{1}{2}n^2 g^* r^*$$

即当 $\tau=\tau_1(t=t_1)$时,描写加速终了时的无量纲的方程为

$$\left(\frac{d\rho}{d\tau}\right)_1^2+\rho_1^2\left(\frac{d\theta}{d\tau}\right)_1^2-\frac{2}{\rho_1}=n^2 \tag{6.24}$$

从微分方程和边界条件,首先把 ρ 及 $\rho\frac{d\theta}{d\tau}$作为 τ 的函数定下,那么(6.24)式实际上就是计算每一指定星际航行任务(即指定 n)的无量纲动力加速时间 τ_1。知道了 τ_1 就能算出 t_1,t_1 也就是发动机作用的时间,是飞船设计的一个重要参数。

在这里我们将设 ν=常数,即推力随质量 M 的变化而变化,但保持一定的比例。此外我们为了计算简单,先设 ν 较大,然后从结果来推论 ν,即加速度较小时的情况。因为 ν 大,加速度相应较大,其加速段不会很长,故很接近于 1,就可以用 $\rho=1$ 代入方程(6.23),因而使(6.23)式简化,就可以利用初始条件和终了时的条件将(6.23)式进行下列近似积分,则

$$\frac{d}{d\tau}\left(\frac{d^2\rho}{d\tau^2}+1\right)^{1/2}=\nu \tag{6.25}$$

而(6.25)式积分就得到

$$\left(\frac{d^2\rho}{d\tau^2}+1\right)^{1/2}=C_1+\nu\tau$$

即

$$\frac{d^2\rho}{d\tau^2}+1=C_1^2+2C_1\nu\tau+\nu^2\tau^2$$

利用初始条件 4),当 $\tau=0$,$\frac{d^2\rho}{d\tau^2}=0$,所以 $C_1=1$,则

$$\frac{d^2\rho}{d\tau^2}=2\nu\tau+\nu^2\tau^2 \tag{6.26}$$

再将(6.26)式积分得到

$$\frac{d\rho}{d\tau}=C_2+\nu\tau^2+\nu^2\frac{\tau^3}{3}$$

应用初始条件 2),当 $\tau=0$,$\frac{d\rho}{d\tau}=0$;代入上式就得到 $C_2=0$,则

$$\frac{d\rho}{d\tau}=\nu\tau^2+\frac{1}{3}\nu^2\tau^3 \tag{6.27}$$

最后将(6.27)式积分后得

$$\rho=C_3+\frac{1}{3}\nu\tau^3+\frac{1}{12}\nu^2\tau^4$$

利用初始条件 1)得到 $C_3=1$,故

$$\rho=1+\frac{1}{3}\nu\tau^3+\frac{1}{12}\nu^2\tau^4 \tag{6.28}$$

从(6.28)式可以看出,当 τ 很小时,即时间很短的时候,ρ 是很趋近于 1,故说明以上的近似积分是合理的。把(6.28)式所得结果代入方程(6.18),得

$$\frac{d}{d\tau}\left(\rho^2\frac{d\theta}{d\tau}\right)=\nu\rho=\nu+\frac{1}{3}\nu^2\tau^3+\frac{1}{12}\nu^3\tau^4$$

积分后为

$$\rho^2\frac{d\theta}{d\tau}=C_4+\nu\tau+\frac{1}{12}\nu^2\tau^4+\frac{1}{60}\nu^3\tau^5$$

利用初始条件 2)得到 $C_4=1$,所以

$$\rho^2\frac{d\theta}{d\tau}=1+\nu\tau+\frac{1}{12}\nu^2\tau^4+\frac{1}{60}\nu^3\tau^5 \tag{6.29}$$

把已经求得的 ρ 平方后得

$$\rho^2=1+\frac{2}{3}\nu\tau^3+\frac{1}{6}\nu^2\tau^4+\frac{1}{9}\nu^2\tau^6+\frac{1}{18}\nu^3\tau^7+\frac{1}{144}\nu^4\tau^8 \tag{6.30}$$

把已知的 ρ 与 $\frac{d\rho}{d\tau}$ 相乘即得

$$\rho\frac{d\rho}{d\tau}=\nu\tau^2+\frac{1}{3}\nu^2\tau^3+\frac{1}{3}\nu^2\tau^5+\frac{7}{36}\nu^3\tau^6+\frac{1}{36}\nu^4\tau^7 \tag{6.31}$$

对于加速终了时,$t=t_1$ 的方程(6.24)乘以 ρ_1^2,即得

$$\rho_1^2\left(\frac{d\rho}{d\tau}\right)_1^2+\rho_1^4\left(\frac{d\theta}{d\tau}\right)^2-2\rho_1=\rho_1^2n^2$$

也就是

$$\left(\rho_1\frac{d\rho}{d\tau}\right)_1^2+\left(\rho_1^2\frac{d\theta}{d\tau}\right)^2-2\rho_1=\rho_1^2n^2 \tag{6.32}$$

将(6.29)式、(6.30)式及(6.31)式的结果代入(6.32)式,则得

$$\left(\nu\tau_1^2+\frac{1}{3}\nu^2\tau_1^3+\frac{1}{3}\nu^2\tau_1^5+\frac{7}{36}\nu^3\tau_1^6+\frac{1}{36}\nu^4\tau_1^7\right)^2+\left(1+\nu\tau_1+\frac{1}{12}\nu^2\tau_1^4+\frac{1}{60}\nu^3\tau_1^5\right)^2-$$
$$2\left(1+\frac{1}{3}\nu\tau_1^3+\frac{1}{12}\nu^2\tau_1^4\right)=n^2\left(1+\frac{2}{3}\nu\tau_1^3+\frac{1}{6}\nu^2\tau_1^4+\frac{1}{9}\nu^2\tau_1^6+\frac{1}{18}\nu^3\tau_1^7+\frac{1}{144}\nu^4\tau_1^8\right) \tag{6.33}$$

(6.33)式就是对于加速终了用近似积分求解出的方程。但在进一步计算之前,我们来研究一下 $\nu\tau_1$ 的实际意义,特别是它与质量比的关系。设 c 为有效喷气速度;M_0 为 $t=t_0$ 时的质量;M_1 为 $t=t_1$ 时的质量;则对于单位质量的推力有下列关系

$$-c\frac{dM}{dt}\cdot\frac{1}{M}=F_\theta$$

因 $F_\theta=\nu g^*$,所以

$$-\frac{c}{M}\cdot\frac{dM}{dt}=\nu g^*$$

进行无量纲化后为

$$-c\frac{dM}{M}=\nu g^*\sqrt{\frac{r^*}{g^*}}d\tau$$

在 τ 由 0 到 τ_1 及 M_0 到 M_1 之间进行积分,则得

$$c\ln\frac{M_0}{M_1}=\sqrt{r^*g^*}\,\tau_1\nu$$

所以

$$\frac{c}{\sqrt{g^*r^*}}\ln\frac{M_0}{M_1}=\tau_1\nu \tag{6.34}$$

这里对于一定的推进剂,$\frac{c}{\sqrt{g^*r^*}}$ 的值是一定的,而 $\sqrt{g^*r^*}$ 实际上是卫星在轨道上的速度。对于目前的化学火箭,$\frac{c}{\sqrt{g^*r^*}}$ 在 0.35 到 0.55 之间;对于我们在下一章要讲的原子火箭,

$\dfrac{c}{\sqrt{g^* r^*}}$ 在 1 到 1.25 之间；而对于所谓电火箭（见第 7 章），$\dfrac{c}{\sqrt{g^* r^*}}$ 可以达到 20。

令 $\dfrac{c}{\sqrt{g^* r^*}} \ln \dfrac{M_0}{M_1} = \eta$，则实际上代表了质量比的大小，可以作为衡量质量比大小的指标，所以 $\eta = \nu \tau_1$。将这个关系代入(6.33)式，即得

$$\frac{1}{\nu^2}\left[\eta^2 + \frac{1}{3}\eta^3 + \frac{1}{\nu^2}\left(\frac{1}{3}\eta^5 + \frac{7}{36}\eta^6 + \frac{1}{36}\eta^7\right)\right]^2 + \left[(1+\eta) + \frac{1}{\nu^2}\left(\frac{1}{12}\eta^4 + \frac{1}{60}\eta^5\right)\right]^2 - 2\left[1 + \frac{1}{\nu^2}\left(\frac{1}{3}\eta^3 + \frac{1}{12}\eta^4\right)\right]$$
$$= n^2\left[1 + \frac{1}{\nu^2}\left(\frac{2}{3}\eta^3 + \frac{1}{6}\eta^4\right) + \frac{1}{\nu^4}\left(\frac{1}{7}\eta^6 + \frac{1}{18}\eta^7 + \frac{1}{144}\eta^8\right)\right] \tag{6.35}$$

用(6.35)式在给定的 ν 及 n 值的情况下求 η 值。实际上由于我们在一开始时所引入的简化假设，$\rho \approx 1$，(6.35)式的精确度用不到以$\dfrac{1}{\nu^4}$为因子的项，只有以$\dfrac{1}{\nu^2}$为因子的项才是确实的。因此，η 作为 n 及 ν 的函数可以展开成下列形式，而只计算到$\dfrac{1}{\nu^2}$为因子的项，即

$$\eta = \eta^{(0)}(n) + \frac{\eta^{(1)}(n)}{\nu^2} + \cdots \tag{6.36}$$

把$\dfrac{1}{(\nu^2)^0}$项集合可得

$$(1 + \eta^{(0)})^2 - 2 = n^2,$$

即

$$\eta^{(0)} = \sqrt{2 + n^2} - 1 \tag{6.37}$$

把$\dfrac{1}{(\nu^2)^1}$项集合，得

$$\left\{\eta^{(0)^2} + \frac{1}{3}\eta^{(0)^3}\right\}^2 + 2(1+\eta^{(0)})\left\{\frac{1}{12}\eta^{(0)^4} + \frac{1}{60}\eta^{(0)^5}\right\} + 2(1+\eta^{(0)})\eta^{(1)} - 2\left\{\frac{1}{3}\eta^{(0)^3} + \frac{1}{12}\eta^{(0)^4}\right\} = n^2\left\{\frac{2}{3}\eta^{(0)^3} + \frac{1}{6}\eta^{(0)^4}\right\}$$

解出 $\eta^{(1)}$ 得

$$\eta^{(1)} = \frac{\eta^{(0)^3}}{2(1+\eta^{(0)})}\left[\frac{2}{3} - \eta^{(0)} - \frac{13}{15}\eta^{(0)^2} - \frac{13}{90}\eta^{(0)^3} + n^2\left\{\frac{2}{3} + \frac{1}{6}\eta^{(0)}\right\}\right] \tag{6.38}$$

我们先用(6.37)式算出 $\eta^{(0)}$，然后再用(6.38)式算 $\eta^{(1)}$；那么，(6.35)式最后得出 η。由(6.38)式可以看出：当 $n=0$，即只要求加速所需的能量能克服地球引力就够了，这时根据(6.37)式及(6.38)式可得

$$n = 0, \begin{cases} \eta^{(0)}(0) = \sqrt{2} - 1 = 0.414\,2 \\ \eta^{(1)}(0) = +0.002\,349 \end{cases}$$

当 $\nu > \sqrt{0.10}$的情况下，我们的计算是足够精确的，而且也显示出：当 ν 从很大（即 $\nu > 1$）到 $\nu = \sqrt{0.10}$，在 $n=0$ 时，η 的数值从 0.414 增加到 0.437。当 $n=0$，$\nu=0.10$ 时，以上的计算给出，$\eta \approx 0.649$，但这是不太准的。当 $\nu < \sqrt{0.10}$对于一定的 n 值，可以用数值积分的方法来得加速常数 ν 与质量比的一定变化关系。我们在这里只给出计算的结果如图 6.4 所示。从曲线可以

看出，当加速度降低为$\frac{1}{2}g$时，其相应的质量比并不要增加很多，也就是如前所说，当加速度大于$\frac{1}{2}g$，所付出的代价是不大的，而比$\frac{1}{2}g$再继续下降时，其质量比的增加就很快。例如：当$n=0$，$\nu=10^{-3}$时，η值就几乎是大推力时的两倍，也就是说，如果喷气速度不变，质量比的对数是大推力时的两倍；而对数的两倍就是说$\nu=10^{-3}$时的质量比将为大推力时质量比的平方。这也就是说用小推力时，我们必须付出代价；如果我们不能增加喷气速度，那么我们不应使ν小于0.10。

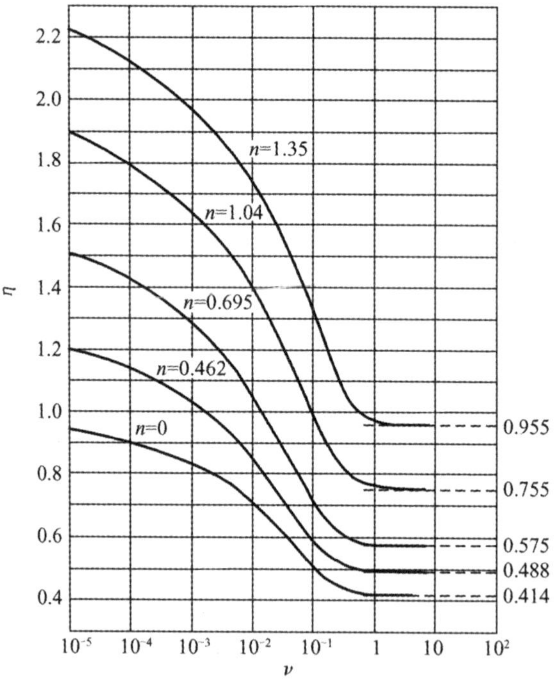

图 6.4　η、ν、n之间的关系

如果我们可以在降低推力的同时，大大提高喷气速度，像第7章所将要讲的电火箭发动机，譬如当$\nu=10^{-3}$时，喷气速度c的数值比大推力的化学推进剂火箭发动机或原子火箭发动机要大两倍以上，那么η的增加将被c的增加所超过，质量比反而可以降低，这情况就不同了，用低推力的电火箭发动机就有真实的好处，这我们将在第7章中作更多的说明。

6.5 低推力星际轨道

现在我们回到真实时间t，计算一下用小推力从低的地球卫星轨道起飞所要的时间。如果$\nu=10^{-4}$，$n=0.462$，即脱离地球引力场之后还有3.66公里/秒的速度，以便进入到其他行星上的轨道；那么依照图6.4，$\eta=1.14$，这也就是

$$\tau_1=\frac{\eta}{\nu}=\frac{1.14}{10^{-4}}=1.14\times10^4$$

但是依照(6.15)式有

$$
\begin{aligned}
t_1 &= \sqrt{\frac{r^*}{g^*}}\tau_1 \\
&= \sqrt{\frac{6\,371\,000}{9.81}} \times 1.14 \times 10^4 \\
&\approx 9.19 \times 10^6 (\text{秒}) \\
&\approx 106(\text{天})
\end{aligned}
$$

由此可见用这样小的推力，加速段的时间大大地延长了，成为整个星际航行的一个不能忽略的部分；而轨道也成为一条旋得很紧的螺旋线，如图 6.5 所示。

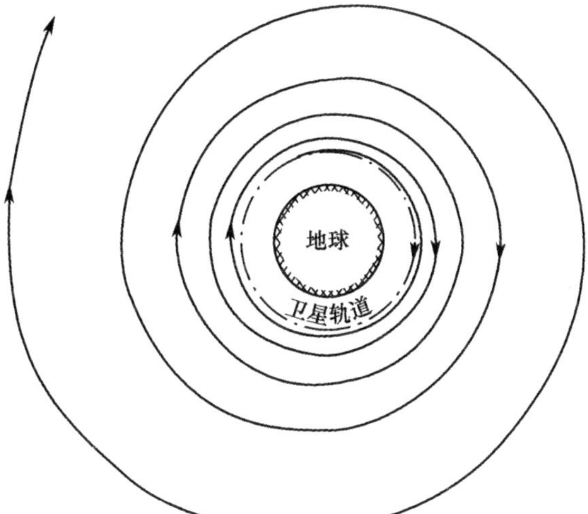

图 6.5　低推力火箭的起飞轨道

我们也可以用 6.4 节的结果来计算当星际飞船在航行的终端，要降落到一个星球的卫星轨道上去的情况。这不过把加速度变成减速，图 6.4 仍然可以用，只是在从无量纲参数转换到真实参数时，必须用星球的 g^* 和 r^*。

从上面的实例可以看出来，用低推力时，我们难于分清脱离地球卫星轨道的加速段，行星际飞行段以及到达星球附近的飞行段，三段都相互连接起来了。整个轨道的计算比较大推力的轨道的计算要复杂，它本身还是一个在研究中的问题。

6.6　光帆

从小推力轨道得到启发，有人建议可以利用光压来产生很小的加速度。这也可以推动星际飞船，这就是用“光帆”的星际帆船。光帆是没有质量消耗的，它是靠光压来产生推力，光压的大小我们可以对地球附近的情况作如下简略的计算来说明。

由于在地球附近正照的太阳光的强度为 1.3 千瓦/米^2，若 $\dot{m}$ 为每平方米面积上每秒光子质量流量，c 为光速(3×10^{10} 厘米/秒)，则

$$1.3\times 1\,000\times 10^{7}(\text{尔格}/(\text{米}^{2}\cdot\text{秒}))=\dot{m}c^{2}$$

在正照时，光压最大，因为有入射和反射，故光压是 $2\dot{m}c$，所以

$$2\dot{m}c=\frac{2\times 1.3\times 10^{10}}{3\times 10^{10}}=0.866(\text{达因}/\text{米}^{2})$$

即做大小为 1 000 米^2 的帆可产生约$\frac{1}{1\,000}$公斤的推力；如果飞行器是 100 公斤，则其加速度为 $\frac{1}{100\,000}g$，约相当于 $\nu=10^{-5}$。有人仔细地计算过，这样的帆船，如果首先用大推力火箭送出地球重力场，那么大约要 1 年时间就能到达火星地区。因此，如果不考虑结构上的问题，单纯从轨道问题上来考虑，光帆是可以行得通的。但是这只是一个理论的想法，还有很多东西不清楚，例如要把帆做得很薄、很轻，其结构强度就很低，容易被太空里存在的流星、陨石等击穿而被破坏，故对利用光帆的现实性还得进一步研究。

第 7 章　原子能火箭发动机

7.1　原子能

我们知道,使用化学能的推进剂最大可能达到的喷气速度在 4 公里/秒左右,这与星际航行所要求的速度相比是小了些,因此人们总是想办法来加大喷气速度。由于原子能的发现及其利用,很早就提出在火箭发动机上利用原子能,以取得更高的喷气速度。但实际上要等到原子反应堆和原子能工业的实现和发展,才有条件来讨论在星际航行中利用核能燃料这个极重要的问题。在火箭技术中利用原子能的一个办法就是原子火箭发动机。虽然目前原子火箭发动机并没有实际应用,还只是在不能飞行的模型试车阶段,其实现还有待于解决一系列的技术问题。但是,由于原子火箭发动机能创造更高的飞行速度,与目前的化学推进剂火箭发动机相比具有独特的优点,所以原子火箭发动机肯定是火箭发动机继续发展的方向。

我们知道,在核的转变过程中要放出巨大的能量,而核的转变包括有重核的裂变及轻核的聚变。裂变是指重原子核在具有一定速度的中子冲击下,被分裂为具有中等原子量的新元素,并产生一定数量的自由中子,它可以继续去冲击未分裂的重原子核。伴随裂变的过程产生大量的能量,即放出核的结合能,这种核分裂现象称为核裂变。核裂变可以根据引起裂变的中子速度的不同而分为慢中子(或称热中子,其能量小于 0.1 电子伏[①])、快中子(其能量大于 0.1 兆电子伏)以及高能粒子所引起的核裂变。另一种类型的核反应是核的聚变,也就是两个轻原子核在被加速使之具有一定的能量之后相撞击可以合成一个较重的原子核,同样可以放出大量的能量,以及产生一定数量的中子。如果将轻原子量的反应物质加热到极高的温度(约 1 亿度)使核具有很大的热动能,这时核之间彼此碰撞就可以发生核聚变,这就叫做热核反应。看来要广泛利用热核反应,必须要获得可控制的高温才行,而目前还没有找出很好实现可控热核反应的办法,故今后仍将是继续努力创造条件来利用热核反应的能量。现在人们已经能够控制核分裂反应的过程,所以下面我们将介绍利用核裂变能量的原子火箭发动机。

目前使用的基本裂变物质是铀 235(U^{235})和利用反应堆产生出来的铀 233(U^{233})及钚 239(Pu^{239})。铀 235 是从天然铀中分离出来的,而天然铀是从矿石里取得的。天然铀是铀的三种同位素的混合物,其中含 U^{238} 99.282%,U^{235} 0.712%,U^{234} 0.006%。只有 U^{235} 才能满足动力技术要求的裂变物质,能进行自行保持的链式分裂反应;也就是能在不断放出能量的同时,产生一定数量的中子,继续去冲击未分裂的原子核。但是由于 U^{235} 的含量较少,天然铀不能直接用于动力装置中,必须把 U^{235} 提出,而这是一个相当复杂和昂贵的工艺过程。原子能工业的发展开辟了广泛使用核裂变能量的原料来源,故目前可以提供大规模使用的核裂变原料,除了从天

① 电子伏为核子物理学中最广泛采用的单位,即 1 个电子伏等于电子通过 1 伏电位差的电场后所得到的能量,即电子电荷。

然铀分离出 U^{235} 以外，还有 U^{233} 和 Pu^{239}。Pu^{239} 是从在反应堆中用 U^{235} 裂变产生的中子，被 U^{238} 吸收后经过二次 β 蜕变而得到；而 U^{233} 是从在反应堆中的中子被钍（Th^{232}）吸收经二次 β 蜕变而得。在自然界里钍的贮量比铀还多。

原子火箭发动机之所以能创造出比普通的化学推进剂火箭发动机更高的喷气速度，主要是在核变化的过程中放出的能量远远超过化学推进剂燃烧过程中所放出的能量。因一般的燃烧反应无非是元素结合中的变化，所以只是在原子的电子层里有变化，而原子核内部的结构没有任何变化。但在核裂变里，原子核本身结构发生了变化，使一个重原子核形成两个中等原子的新原子核，同时放出大量能量及一定数量的中子。这种结构上的变化必然引起相应的电子层或原子核结构上的变化，但电子与原子核的结合能的数量级是 1 电子伏，而原子核中的质子及中子结合能的数量级为 1 兆电子伏，差 100 万倍，所以一般单位质量化学推进剂的燃烧反应放出的能量如果为 1 个单位，那么单位质量核裂变物质能放出的能量为 100 万个单位，也即单位质量核裂变的能量等于单位质量化学变化放出能量的 10^6 倍。因此这样高的能量被放出来，可以使火箭发动机的性能有飞跃的提高。

7.2 原子火箭发动机

关于原子火箭发动机如何来利用核裂变的能量，可以采用不同的方案，现在的科学技术还不能实现直接利用核裂变的方案，这里只介绍一个较成熟的工作过程，在不久的将来就能实现的方案。即在反应堆进行可调节的核子链式分裂反应，放出大量的能量，并随之将原子能变成了热能，产生很高的温度，而用惰性的工作介质通过反应堆，吸收和带走反应堆的热量，然后工质进入喷管，将热能变成喷气的动能，以高速喷出。

图 7.1 是一个原子火箭发动机的简图，它用液氢作为工作介质，其流程是用液氢泵“7”将贮箱的液氢经管“9”打入冷却夹套“3”，其流向如图所示，与 3.3 节所述 LR－115 液氢液氧火箭发动机燃烧室相同。然后气氢从管“4”进入氢涡轮。在氢涡轮里进行局部膨胀，压力有下降后，进入反应堆“1”。氢吸收了反应堆的热量温度大大升高，然后进入喷管进行膨胀，将热能转变成动能以高速度喷出。其氢涡轮所发出的功率是作为液氢泵的能源。

原子火箭发动机的主要部分为原子反应堆，为了对原子反应堆有粗略的了解，这里对反应堆的一般工作情况仅作简略的介绍：反应堆主要由发生裂变反应的活性区组成，而活性区由含有释热元件的大量工艺管道所构成，它们按一定的方式配置。一般释热元件有芯及包壳，芯由核子燃料组成，用包壳来保护芯（壳可以用吸收中子弱的金属如铝、镁、锆等做，绝不能用吸收中子强的硼做成），使其不被流经释热元件的工作介质所腐蚀，并防止芯中的放射性分裂碎片进入工作介质里。在释热元件与工艺管道之间形成一个工作介质的通道，以便导出热量。当然，释热元件可以做成圆柱形、棒形、弧板形及管形。为了提高 U^{235} 和 Pu^{239} 等核裂变物质的原子核俘获中子的几率，故可以在各工艺管道之间放入分子量小、中子散射力强而中子吸收率弱的减速剂，来减低核裂变过程中产生的中子速度，如石墨或铍（实际上是使用氧化铍）。对于快速中子的反应堆就不用减速剂，其尺寸也可以减小。这种反应堆的结构及操纵比较复杂，需要更高的技术水平。

反应堆中还设有补偿棒，它由吸收中子性能很强的材料做成，作用是吸收裂变所放出的中

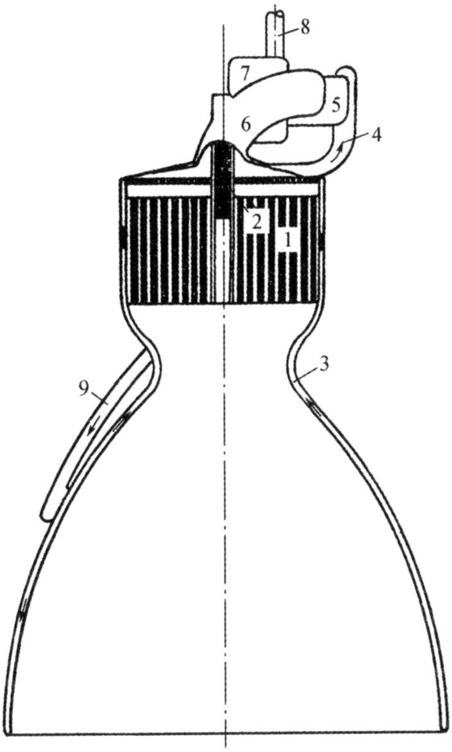

图 7.1　原子火箭发动机

1—反应堆；2—控制棒；3—氢冷却套；4—来自冷却套的气氢；5—氢涡轮；
6—氢涡轮排气入反应堆；7—液氢泵；8—来自液氢贮箱的导管；9—高压液氢导管至冷却套

子，以降低反应的强度。当补偿棒全部插入反应堆时，吸收中子很多，裂变连锁反应不能进行，反应堆就停止工作。把棒抽出到一定程度，反应堆就起动了。随着反应堆工作的进行补偿棒就从活性区内逐渐地提出。反应堆的调节在于保持所给定的功率或按需要改变这功率的大小，故一般设有可改变反应堆反应率的调节棒，多做成圆形，可以用吸收中子强的镉、硼、碳化硼或硼钢做成。此外，也在反应堆中设有当发生事故时能迅速停止原子核反应的安全棒。总之，设计反应堆最主要的要求是尽可能选择应用吸收中子能力较弱的材料，这样可以减少中子的无故损失。

发动机工作介质选择的依据是使其喷气速度达到最大值，也就是工作介质的温度或反应堆的温度要高，工作介质的分子量要小。虽然理论上核裂变反应可以获得非常高的温度，但实际上能承受的温度是受反应堆结构材料及核裂变燃料本身强度所限制。因此，除了尽可能高的温度外，选择低分子量的工作介质就具有重要的意义。而普通氢的分子量最低，它可以获得最大的喷气速度，而且价廉易得。可是氢用作工质最大的缺点是比重很小，必须用较大的推进剂贮箱，但这不是不可克服的困难。

对于用氢作为工作介质的原子火箭发动机性能的理论计算结果见表 7.1。计算的条件如下：

1）刚经过反应堆时的压力 $p_c=100$ 大气压，而喷管出口压力等于大气压力，都等于零，即

$$p_e = p_a = 0$$

2）由于氢在高温下的分离和复合反应进行非常迅速，故可以近似地认为在喷管内是平衡流动，用平衡法计算；

3）其推进剂的消耗主要是指氢的消耗，因为核燃料的单位质量的能量很高，其质量的消耗与工质消耗相比是相当小的，以至可以忽略。

表 7.1 用氢作工质的原子火箭发动机性能

T_c/开	T_c/℃	w_e/(米/秒)	I_s/秒
3 886	3 613	12 100	1 233
3 330	3 057	10 860	1 107
2 780	2 507	9 600	979
2 220	1 947	8 380	855
1 667	1 394	7 000	714

当然，实际上 $p_e \neq 0$，此外还有 2.9 节中所说的理论计算与真实情况的差别，故可能平均比冲约为表 7.1 上所列出的数据的 85%；所以要取得 800 秒以上的比冲，反应堆加热后的氢气温度要高于 2 500℃。能不能达到这样高的温度？铀或钚金属本身是不行的，它们的熔点太低，约为 1 000℃，只能用它们的化合物。熔点在 2 000℃ 以上的铀及钚化合物的性质列在表 7.2中。从表中的数据可以看出，要使反应堆的固体材料温度大大超过 2 500℃ 是有困难的；因而用这种形式的反应堆，要把比冲提高到 800 秒以上是颇不容易的。即便是要取得 800 秒的比冲，那也得大大地改进反应堆释热元件的设计，使热量很有效地从固体的物质传到气体的工质。这样，也许我们将不得不放弃上面所说的释热元件的包壳，而释热元件本身也将由多孔介质所做成；让氢气从细孔中通过，增加固气的接触面积，降低固体到气体的温差，以尽量提高工质的温度。这样做的缺点是，部分裂变后的放射性物质将由喷气散发在空中。

表 7.2 铀及钚化合物的熔点及密度

化合物	熔点/℃	密度/(克/厘米³)	其他性质
UO_2	2 750	10.96	一直到熔点在氢中是稳定的
UN	2 650	14.32	
UC_2	2 470	11.68	UC_2 没有 UC 稳定；两者导热系数都比较高
UC	2 370	13.63	
US	>2 000		
UBe_{13}	2 000	4.37	在 500℃ 以上对氮起反应
PuO_2	约 2 240	11.46	
PuN		14.2	
PuC		13.6	
Pu_2C_3	约 2 200	12.7	

为了我们对原子火箭发动机所能达到的性能有所了解，因而举出下列两个计算例子（见表 7.3）：其计算条件为慢中子反应堆（即热中子反应堆），比冲 $I_s = 746$ 秒，发射低轨道卫星，以氢作工作介质，用石墨作减速剂。从表 7.3 可以看出下列几点：

首先是原子能燃料中的 U^{235} 含量愈高，火箭愈轻。实际上含 U^{235} 的浓度是相当小的，大部分为减速剂及其他物质的重量。

其次是反应堆的工作必须在临界尺寸下进行。临界尺寸是指在一定的形状和尺寸下进行连锁裂变反应，其中子的泄漏减少到使裂变后产生的中子数量与裂变前所具有的中子数量相等，这样才能使核分裂反应成为自动保持的反应。但在临界尺寸的反应堆中，所含的裂变燃料较多，并不会在一次使用中就"烧"完。可从表 7.3 所举两个运载火箭的例子上看出，这一次卫星只用掉 1.21%或 0.368%，是原有核燃料的很少一部分。故原子火箭发动机必须考虑为能回收的系统，即应设有回地时所用的翅膀，这样使其结构重量比化学推进剂火箭发动机就有所增加。一般化学推进剂火箭的结构重量为起飞重量的 5%，而原子火箭发动机取为 12%或 15%。

表 7.3　原子运载火箭

铀的浓缩度	例一	例二
	$U^{235}/U^{238}=1/10$	$U^{235}/U^{238}=1$
反应堆的直径/米	4.86	3.82
反应堆的长度/米	2.43	1.91
反应堆活性物质的重量/吨	30.5	14.85
所含 U^{235} 的重量/公斤	54.5	86.5
液氢的流量/(吨/秒)	3.172	1.528
推力/吨	2 364	1 138
反应堆的热功率/亿千瓦	1.59	0.765
火箭的起飞重量(其重量为推力的 60%)/吨	1 420	683
所携带的液氢重量(其重量为推力的 48%)/吨	1 134	546
液氢圆筒贮箱尺寸(其长度为直径的 6 倍)(直径×长度)/米	15.10×90.7	11.83×71
推力作用时间/秒	358	358
每次发射"烧"掉的 U^{235} 重量/公斤	0.661	0.318
结构及有效负载重/吨	286	137
结构重/吨	170*	102.5**
其中除反应堆以外的发动机结构重量/吨***	23.6	11.38
不带发动机的结构重量/吨	115.9	76.27
卫星重量/吨	116	34.5

*　其结构比按 12%计算而得。

**　其结构比按 15%计算而得。

***　除反应堆以外的发动机结构重量与化学火箭应该相当，故采用了化学火箭的结构重：推力=1：100 的比例来计算。

另外，原子火箭发动机的有效负载是比较大的，从表 7.3 上看约占起飞重量的 8%或 5%，而一般化学推进剂火箭的有效负载是起飞重量的 1%，就是以 4.3 节的例子来看，用了液氧和液氢发动机的巨型运载火箭，也只有 2.44%。

原子运载火箭发动机比较庞大，如何发射是将来要考虑的问题，但估计可以放在海面上来发射。因为工作介质为氢，其比重比水的小很多，这样内装大量液氢的整个火箭发动机易竖立在水中。

当然以上考虑的方案并不一定是最好的。因为是用的慢中子裂变，反应堆的尺寸比用快中子裂变所需反应堆的尺寸要大。关于如何使反应堆在大功率的情况下，使反应堆外形尺寸尽量小，反应堆重量尽可能轻，在使用上具有很高的可靠性等一系列的技术问题有待于进一步研究和解决。但总的看起来，原子火箭发动机由于应用了高能的核子燃料，可以获得很高的比冲，比化学火箭有一个飞跃的提高，也因为比冲的成倍增长，原子运载火箭的级数可以少，放卫星只要单级，并且可以多次使用。此外其结构较简单，有效负载也较大，这些特点都对星际航行是有利的。自然原子火箭发动机是受反应堆的温度限制，如果反应堆的温度能进一步的提高时，就可以更有效地来利用核能量，提高喷气速度。此外，如果把燃烧室的压力 p_c 降低，即把通过反应堆后的压力降低，那就能在同一温度下增加氢的离解度，使工质的分子量降低，也可以提高喷气速度。因此也有人提出，原子运载火箭在飞行了一段之后，本身重量因推进剂的消耗而降低了，推力降低一些也是可以的；也就是如果把氢的流量降低一些，而使用同一个喷管，就会使通过反应堆后的压力 p_c 也跟随降低，从而可使比冲提高，这是会有好处的。此外也有人想到原子火箭比冲之所以不能再提高，是由于受反应堆固体物质熔点的限制，因而工质温度不能再提高。所以如果我们采用气态反应堆，也就是把气态裂变物质混入工质，使裂变反应在气态中进行，那就能大大提高温度而不产生反应堆熔化的困难。但是用气态反应堆的问题是如何防止尚未裂变的原子随工质喷出发动机而散失，不能做到这点将消耗过多的高价裂变物质而使发动机很不经济。这些有关原子火箭发动机的具体设计问题都有待于今后进一步研究。

有了原子火箭发动机，我们就能制造具有更高飞行速度的星际飞行器，就可以更广泛地来选择星际航行的轨道，让消耗的动能增加一些，而飞行的时间可相应地减少，这对于星际航行来说是有利的，这是原子火箭发动机给星际航行带来的前景。

7.3 电火箭的设计原理

电火箭发动机与原子火箭发动机在形式上及性能上几乎完全不同，但是都是以原子能作为发动机的能源。电火箭不是像原子火箭那样，直接利用核裂变产生的热量来加热推进工质，而是利用这个热能加热气涡轮的工质，产生的高温、高压气体去吹动涡轮；涡轮再带动发电机，把机械能变为电能，然后利用电能来加速少量的推进剂，使能量集中在这少量的工质上喷出，产生推力；工质以每秒几十公里至100公里或更高的速度喷出(一般化学火箭的排气速度只有3～4公里/秒，原子火箭的排气速度也只能达到8～10公里/秒)，其比冲可以达到几千以至上万秒。看来这种发动机具有很高的喷气速度和比冲，用来作为火箭动力是比较理想的。但是，问题并不就这么简单，因为这种发动机实际上等于把一个原子发电站和离子加速器搬到火箭上。因此，整套设备的重量是比较大的，当我们要增加发动机的推力时，整个动力机械的结构重量也要随着大大增加。这样就限制了电火箭的推力只能在很低的水平上，这也正是与原子火箭及化学火箭性能的最大不同点。电火箭具有很高的比冲和喷气速度，但推力却很小；结构重量中相当大的一部分是动力机械的重量，而推进剂却占重量的较小部分。化学火箭、原子火箭的比冲及喷气速度受到限制，但是推力却可以很大；因此，它们的推进剂重量在火箭中则占有很重要的部分，结构重量却很小。这样一来，可以看出要想利用这三类火箭的任何一种，而想兼得高比冲和大推力是不可能的。

这里具体讨论电火箭发动机的几个主要问题。设 M_F 为火箭推进剂的质量；t 为发动机工作时间。如果以发动机推力不变计，则每秒推进剂的流量 $\dot{m}$ 为

$$\dot{m}=\frac{M_F}{t}$$

如 c 为喷气速度，则电火箭发动机的排气功率①为

$$L=\frac{\dot{m}\,c^2}{2}=\frac{M_F\,c^2}{2t} \tag{7.1}$$

同时可以得出推力 T 为

$$T=\dot{m}\,c=\frac{M_F}{t}c \tag{7.2}$$

排气功率与推力之比为

$$\frac{L}{T}=\frac{c}{2} \tag{7.3}$$

可以看出，当推力保持不变，增加排气速度时，发动机的排气功率必然随之增加。实际上也就是要求发电站相应地增大，这样对我们来说是不利的。因此，当我们设计电火箭时必须把对排气速度的选择和发电站的重量结合起来考虑，以求得最优设计。

如果我们将火箭的总质量 M_0 分成为推进剂质量 M_F、动力机械质量 M_P 和结构及有效负载质量 M_L，即

$$M_0=M_F+M_P+M_L \tag{7.4}$$

因此，加速终了的质量

$$M_1=M_0-M_F=M_P+M_L \tag{7.5}$$

那么，用齐奥尔科夫斯基公式得出火箭加速终了的速度为

$$V=c\ln\frac{M_0}{M_1}=c\ln\frac{M_F+M_P+M_L}{M_P+M_L} \tag{7.6}$$

现将动力机械质量 M_P 看做与排气功率成正比关系，其比例系数为 $\frac{1}{\alpha}$，α 是单位动力机械质量的排气功率（尔格/（秒·克））；那么，由(7.1)式得出

$$M_P=\frac{M_F\,c^2}{2\alpha t} \tag{7.7}$$

代入(7.6)式得

$$e^{V/c}=\frac{M_0}{M_P+M_L}=\frac{M_0}{M_L+\frac{M_F c^2}{2\alpha t}}=\frac{1}{\frac{M_L}{M_0}+\frac{M_F}{M_0}\,\frac{c^2}{2\alpha t}} \tag{7.8}$$

而另一方面

---

① 排气功率 L 是排出气体动能所关联的功率。因为不是所有电能都能变成排气的动能，发电机的电功率也就比排气功率还大些。

$$e^{V/c} = \frac{M_0}{M_P + M_L} = \frac{M_0}{M_0 - M_F} = \frac{1}{1 - \frac{M_F}{M_0}}$$

所以

$$\frac{M_F}{M_0} = 1 - e^{-V/c}$$

代入(7.8)式

$$e^{V/c} = \frac{1}{\frac{M_L}{M_0} + \frac{c^2}{2\alpha t}(1 - e^{-V/c})}$$

因此得出

$$\frac{M_L}{M_0} = e^{-V/c} - \frac{c^2}{2\alpha t}(1 - e^{V/c})$$

即

$$\frac{M_0}{M_L} = \frac{e^{-V/c}}{1 - \frac{c^2}{2\alpha t}(e^{-V/c} - 1)} \tag{7.9}$$

这里我们可以看出：当 αt 一定时，如果排气速度很小，自然$\frac{M_0}{M_L}$就变得很大，即是说有效负载相应地变小了。因此，太小不好。反之，如果很大，此时(7.9)式的分子趋近于定值，而分母在一定 c 值时却变得很小，实际上还是使得$\frac{M_0}{M_L}$增大，对我们也不利。可见，排气速度 c 在各种一定的值时都有一最优值，即是说此时既保证有效负载最大，而又具有较高的排气速度。如果我们用现在看来最有希望的原子能发电站，其每公斤发动机产生的功率 $\alpha \approx 0.318$ 千瓦/公斤 $=0.318 \times 10^7$ 尔格/(秒·克)。当 $\alpha t = 10^{15}$ 尔格/克(见图 7.2(a))，则加速时间 $t = 3.15 \times 10^8$ 秒，即约为 10 年；$\alpha t = 10^{14}$ 尔格/克(见图 7.2(b))，则加速时间 $t \approx 1$ 年 $= 3.15 \times 10^7$ 秒；$\alpha t = 10^{13}$ 尔格/克(见图 7.2(c))，则加速时间 t 约 1 个月。从这些图中可以看出，一定的 αt 值及一定的齐奥尔科夫斯基速度(理论上火箭加速终了达到的速度)，可以得出一条曲线。这些曲线表明了排气速度与质量比$\left(\frac{M_0}{M_L}\right)$之间的关系。而且也正和前面根据公式讨论得出的结果一样，各曲线在排气速度较大或较小时质量比$\left(\frac{M_0}{M_L}\right)$都是增大的。显然我们可以找出每条曲线的最低点。这一点的质量比就是最优质量比$\left(\frac{M_0}{M_L}\right)^*$，而排气速度也就是此条件下的最优排气速度。也可以从图中看出，如果 V 比较小，那么，可以在很宽的范围内选择而不会有很大的影响。而当 V 增大时，则 c 的选择就必须很准确。

有人设想：既然发动机的功率在设计时已经确定了，当发动机工作时它的排气功率 L 也就保持恒定，又由(7.3)式得知发动机推力与排气速度成反比，那么是否可以利用火箭飞行时变化推力来提高排气速度 c 呢？这就是下面要讨论的等加速度问题。

什么是火箭的等加速度飞行？我们知道当火箭发动机工作时要不断把推进剂变成高速气流喷出来产生推力。因此，火箭中贮备的推进剂量随发动机不断工作而耗费，从而使得火箭的质量也就相应地减少。如果，发动机的推力始终保持不变，则火箭推力与质量的比就会逐渐增加，也就是火箭的加速度不断增加，此为等推力的情况。反之，如果随着火箭质量的降低，相应地降低发动机的推力，使推力与火箭质量比保持不变，也就是所谓“等加速过程”。当然，实际上真的加速度还不一定是等加速的，还得看作用在火箭上的重力等有没有变化。

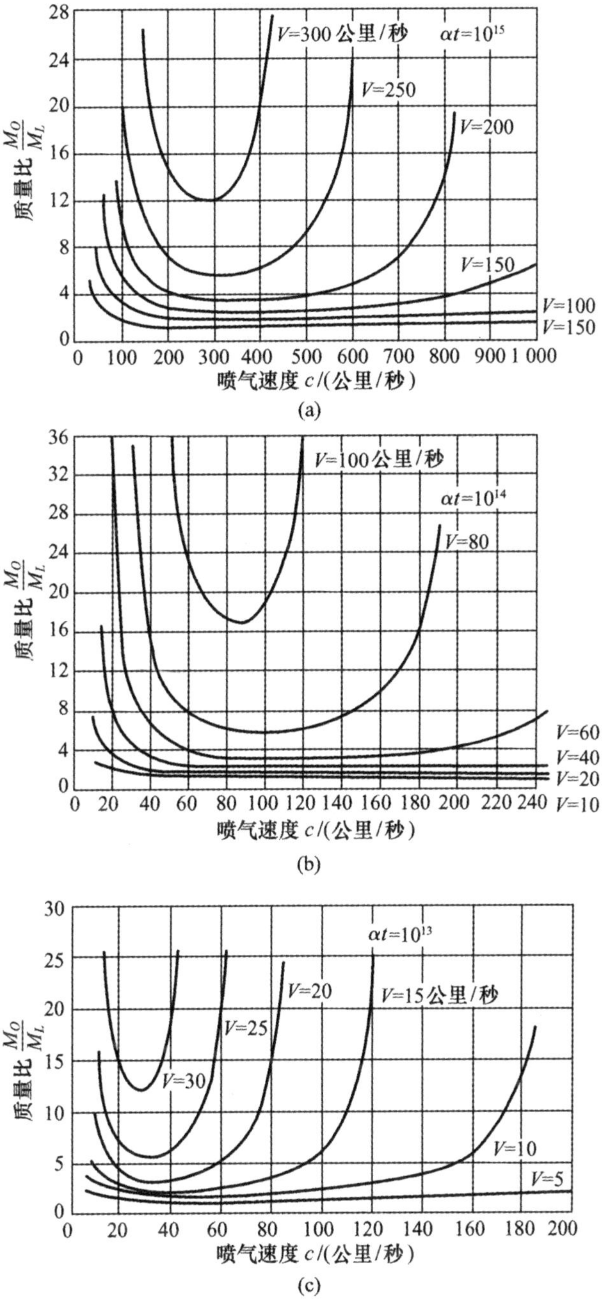

图 7.2　电火箭的负载与喷气速度的关系

设 T_0 和 M_0 分别为开始时火箭的推力和质量；T_t 和 M_t 分别为 t 时刻火箭的推力和质量。因此，对于等加速度过程，火箭的加速度为

$$a = \frac{T}{M} = \frac{T_0}{M_0} = \frac{T_t}{M_t}$$

而由(7.1)式及(7.2)式我们有

$$T^2 = \dot{m}^2 c^2 = 2\left(\frac{1}{2}\dot{m}c^2\right)\dot{m} = 2L\dot{m} = a^2 M^2$$

所以

$$a^2 = \frac{T^2}{M^2} = \frac{2L\dot{m}}{M^2} = \frac{2L\left(-\frac{dM}{dt}\right)}{M^2}$$

$$\frac{a^2}{2L} = \frac{-\frac{dM}{dt}}{M^2} = \frac{d}{dt}\left(\frac{1}{M}\right)$$

上式积分得

$$\frac{1}{M_t} - \frac{1}{M_0} = \frac{a^2}{2L}t_1 \tag{7.10}$$

式中 t_1 为推力作用时间。

由于是等加速度运动过程，我们可以求得"速度增量"①为

$$V = a\, t_1$$

又知

$$L = \alpha M_P$$

$$M_t = M_L + M_P$$

故(7.10)式可改写成

$$\frac{1}{M_L + M_P} - \frac{1}{M_0} = \frac{1}{2} \cdot \frac{V^2}{t_1 \alpha} \cdot \frac{1}{M_P}$$

也就是

$$\frac{\frac{M_P}{M_0}}{\frac{M_L}{M_0} + \frac{M_P}{M_0}} - \frac{M_P}{M_0} = \frac{1}{2} \cdot \frac{V^2}{t_1 \alpha}$$

求解得

$$\frac{M_L}{M_0} = \frac{M_P}{M_0}\left(\frac{1}{\frac{V^2}{2t_1\alpha} + \frac{M_P}{M_0}} - 1\right) \tag{7.11}$$

因此，要想增大火箭的有效负载，就必须增大质量比$\frac{M_L}{M_0}$。当$\frac{V^2}{2t_1\alpha}$为一定时，为了保证$\frac{M_L}{M_0}$为最大，就必须求出$\frac{M_P}{M_0}$的最优比值$\left(\frac{M_P}{M_0}\right)^*$。我们将上式微分并令其等于零，即可求得

① "速度增量"：没有考虑重力场作用，空气阻力作用对速度的损耗的齐奥尔科夫斯基速度，即推力作用终了火箭所具有的无损耗的速度增量。实际上它就是每单位质量的推力 a 乘以发动机作用总时间 t_1。

$$\frac{\partial\left(\frac{M_L}{M_0}\right)}{\partial\left(\frac{M_P}{M_0}\right)}=-1+\frac{\frac{V^2}{2t_1\alpha}+\left(\frac{M_P}{M_0}\right)^*-\left(\frac{M_P}{M_0}\right)^*}{\left[\frac{V^2}{2t_1\alpha}+\left(\frac{M_P}{M_0}\right)^*\right]^2}=0$$

求解得最优质量比

$$\left(\frac{M_P}{M_0}\right)^*=\frac{V}{\sqrt{2t_1\alpha}}\left(1-\frac{V}{\sqrt{2t_1\alpha}}\right) \tag{7.12}$$

将上式代入(7.11)式得($\frac{M_L}{M_0}$)的最优比值

$$\left(\frac{M_L}{M_0}\right)^*=\left(1-\frac{V}{\sqrt{2t_1\alpha}}\right)^2 \tag{7.13}$$

因为

$$M_F=M_0-(M_P+M_L)$$

所以

$$\frac{M_F}{M_0}=\frac{M_0-M_P-M_L}{M_0}$$
$$=1-\frac{M_P}{M_0}-\frac{M_L}{M_0}$$

将(7.12)式及(7.13)式代入上式即得最优比值

$$\left(\frac{M_F}{M_0}\right)^*=\frac{V}{\sqrt{2t_1\alpha}} \tag{7.14}$$

显然,当轨道确定之后,我们就可以根据轨道的要求定出参数$\frac{V^2}{2t_1\alpha}$,从而选择设计的最优值。

例如从卫星轨道上起飞的问题,我们可以利用6.4节的结果:令 g^* 为所选轨道上的重力常数;r^* 为所选轨道的半径。同时我们有 $\alpha=\nu g^*$;$t_1=\sqrt{\frac{r^*}{g^*}}\tau_1$,所以我们求得

$$\frac{V^2}{2t_1\alpha}=\frac{\alpha^2t_1^2}{2t_1\alpha}=\frac{\alpha^2t_1}{2\alpha}=\frac{g^{*2}\sqrt{\frac{r^*}{g^*}}}{2\alpha}\nu^2\tau_1=\frac{g^*\sqrt{r^*g^*}}{2\alpha}\nu\eta \tag{7.15}$$

因 $g^*\approx g=981$ 厘米/秒^2,$r^*\approx R=637\ 100\ 000$ 厘米,并取 $\alpha=0.381$ 千瓦/公斤$=0.318\times10^7$ 尔格/(秒·克),故由(7.15)式得

$$\frac{V^2}{2t_1\alpha}=\frac{981\sqrt{981\times637\ 100\ 000}}{2\times0.318\times10^7}\nu\eta$$
$$=122\nu\eta$$

也就是

$$\frac{V}{\sqrt{2t_1\alpha}}=11.04\sqrt{\nu\eta} \tag{7.16}$$

这里如果取 $n=0.462$,$\nu=\frac{1}{1\ 000}$,那么从图6.4中查得 $\eta=1.04$,所以得出

$$\left(\frac{M_L}{M_0}\right)^*=\left(1-\frac{V}{\sqrt{2t_1\alpha}}\right)^2$$

$$= \left(1 - 11.04\sqrt{\frac{1.04}{1\,000}}\right)^2$$
$$= 0.419$$

因此,说明了电火箭的结构及有效负载重量可以占整个火箭重量的很大一部分,也就是说,等加速度的电火箭的有效负载重量可以高于一般的火箭发动机。

下面我们再作一个电火箭的实例计算来说明这一问题。

设:$\alpha=0.318\times10^7$ 尔格/(秒·克),$t_1=3.15\times10^7$ 秒(即 1 年),则 $t_1\alpha=10^{14}$ 尔格/克,$\sqrt{2t_1\alpha}=141.4$ 公里/秒。现以"速度增量"V=10 公里/秒及 V=100 公里/秒的两种电火箭分别以等推力及等加速过程计算,结果列于表 7.4 中。

表 7.4 等推力及等加速度星际飞船的比较(都用"最优"设计)

项 目	V=10 公里/秒		V=100 公里/秒	
	等推力	等加速度	等推力	等加速度
M_0/吨	100	100	100	100
M_L/吨	86.5	86.5	5.8	8.6
M_Γ/吨	6.5	6.5	23.6	20.7
M_F/吨	7.0	7.0	70.6	70.7
M_t/吨	93.0	93.0	29.4	29.3
a_0/g	3.00×10^{-5}	3.18×10^{-5}	1.8×10^{-4}	3.18×10^{-4}
a_τ/g	3.24×10^{-5}	3.18×10^{-5}	6.4×10^{-4}	3.18×10^{-4}
c_0/(公里/秒)	135	131	82	41
c_t/(公里/秒)	135	141	82	141
$\dot{m}_0$/(克/秒)	0.22	0.25	2.25	7.63
$\dot{m}_t$/(克/秒)	0.22	0.21	2.25	0.67
T_0/公斤	3.00	3.24	18.7	32.4
T_{t_1}/公斤	3.00	2.94	18.7	9.3
L/兆瓦	2.06	2.06	7.6	6.55

这里我们可以看出,推力诚然是很小,100 吨的飞船其推力才几公斤至几十公斤。当"速度增量"较低(V=10 公里/秒)时,等推力与等加速度的情况基本上没有区别,也就是说,还表现不出等加速火箭在承载有效负载方面的优越性。其原因在于火箭的初始质量与最终质量之间相差不大,因而推力变化不大,排气速度增加得也很小,故两种情况之间的差异很小,还不足以表现出等加速度火箭的优越性。而当"速度增量"较高(V=100 公里/秒)时,即可看出等加速度火箭的结构和有效负载比等推力火箭要多 2.8 吨。这个数目已经相当大了,依照 4.3 节中所给的结构比,那也可能等推力火箭就不可能有真的有效负载,全部 5.8 吨都将是结构重量,而等加速火箭就可能有近 3 吨的有效负载。因此,对于"速度增量"大,也就是说质量变化大的火箭,在飞行时间不受限制时等加速火箭比等推力火箭的效果要好。但是应当指出,表 7.4 中的数字只是理论上的计算;实际上等加速度的星际飞行并不一定有这样优越,因为要随火箭的质量变化来改变推力,而增加排气速度还不是件容易事。

7.4 电火箭发动机的类型

7.4.1 直流电弧加热式发动机

这是电火箭中最简单、近期最易实现的一种发动机（见图7.3）。它的工作原理是将原子能发电站发出的电能通入电弧室中放电，从而使少量的工质（如氢、氦等轻元素）的分子加热，在高温电弧作用下离解变成包括正、负离子的高温等离子体，以很高的速度喷出而产生推力。这种方法目前还存在着几个主要问题：首先，这种方法的加热效率很低，因此，能量的利用效率不高；其次，由于用高温电弧来加热工质，因而电弧室温度很高，即便是采取冷却措施还不能不受到材料强度的限制，加热温度不能提得太高，故这种发动机的排气速度限制在15公里/秒以下。

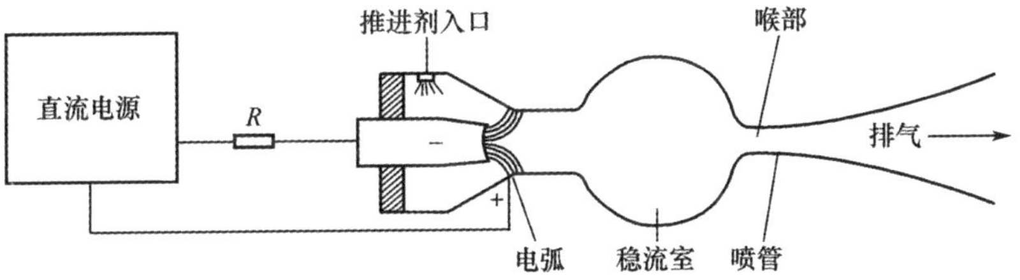

图7.3 电弧火箭发动机

7.4.2 静电加速式发动机（即所谓离子火箭发动机）

这种发动机（见图7.4）的工作原理是仿效了物理学家们所用的静电加速器来加速离子的办法。这种办法的最大特点是它可以把离子加速到接近光的速度。也就是说，我们有可能通过这种办法得到非常高的喷气速度。静电加速式发动机是利用一种易于离解的元素如铯或钾，在一小电弧上加热离解，或使它加热成蒸气，再通过炽热的钨丝而离解变成离子。其中所产生的正离子则在静电场（离子枪）的作用下，加速到极高的速度向外喷出。这里应当指出，只把正离子喷出是行不通的；因为原始工质是中性的，如果我们只将正离子喷出，那么，发动机内必然产生负离子或电子积存的现象，负电与正电的吸引力作用，就会降低喷气推力的作用。因此，正离子被加速后刚要离开火箭喷口时，就要把恰好等量的电子加入喷出的正离子流中，使其成为一个电量相等的等离子体喷出。这样就保证了发动机继续正常进行工作。既然静电加速的办法能使离子加速到近于光速，而发动机中又不存在高温问题，因此发动机的排气速度也可以无限制地提高，以至接近于光速。但是，问题的困难在于现代物理学家所能达到的离子源的强度很有限。如果要达到表7.4中的质量流率（0.22克/秒）的话，已经比他们现在所能达到的水平要大1 000倍以上。因此，解决离子源的强度问题是实现离子火箭的极其重要的关键。此外对于如何使电子适量地、顺利地加入到喷出的离子流中的问题也还未完全解决。

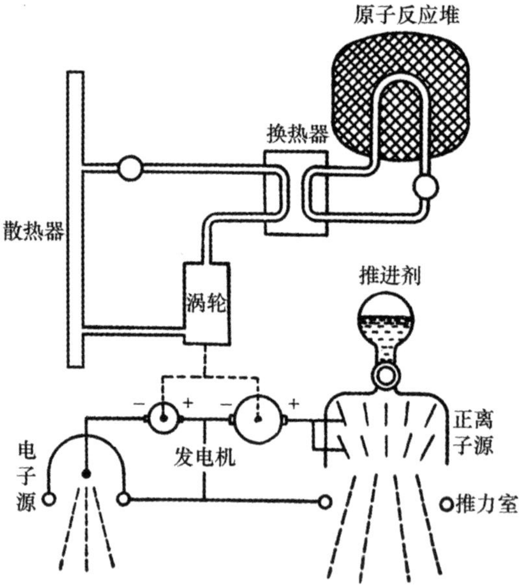

图 7.4　离子火箭发动机

7.4.3　电磁流体式发动机

由于取得电磁流体的方法不同,因而这种发动机又分为低温电弧及直流电磁流体加速器发动机和电磁流体激波管(即脉冲式电磁流体加速器)发动机。前者(见图 7.5)是利用低温电弧使气体电离,然后通过加速导管,垂直于流向的磁场及垂直于流向的直流电相互作用,而产生加速力,使介质变成具有很高速度的电离气体喷出发动机。这种方法所存在的问题是直流加速场的电极及管道的热损耗很大。因此使排气速度受到限制,只能在 40 公里/秒以下。后者原是利用强电源产生的每秒数千次的脉冲,在介质中产生激波,从而使介质的分子电离和加速(见图 7.6)。这种办法很特殊,它要求排气速度必须在 20 公里/秒以上才能用。这种发动机在发展过程中将要遇到的主要困难是强脉冲电源的获得及电极问题。

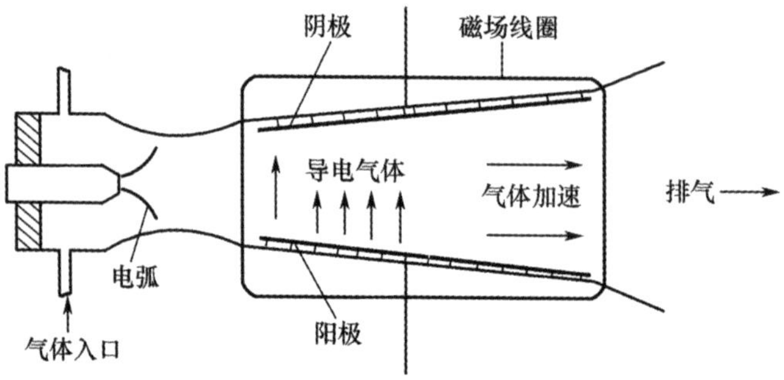

图 7.5　直流电磁流体火箭发动机

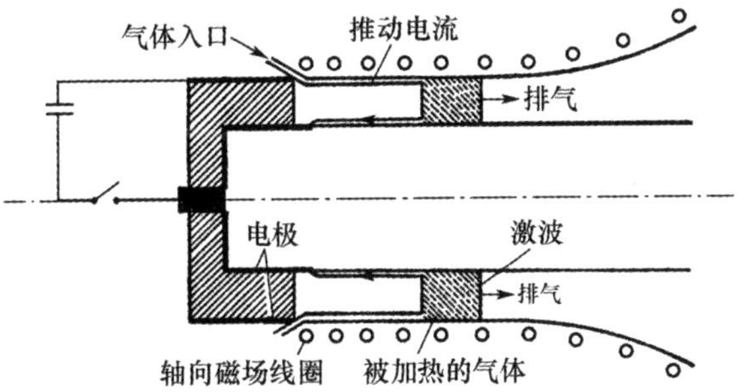

图 7.6　脉冲电磁流体火箭发动机

7.5　原子火箭与电火箭的比较

电火箭发动机是一种高比冲的火箭发动机。但是由于它的动力机械所占的重量很大，推力受到限制，因此它适合于作小推力的发动机。由于它可能承载比其他火箭更多的有效负载，所以电火箭发动机的实现，对于星际航行有很大的作用。但是我们也应看到电火箭发动机不管从基本理论上，或是试验技术上，都不及原子发动机成熟，因而还需要等这些基本问题得到解决后，电火箭才能全面地实现。实际上这里也不单是理论问题，就其实验设备而言，也是庞大而复杂的：因为除了它需要有一个几千以至上万千瓦的原子能发电站及其相应的附属和保护设备外，还需要有一套规模巨大而真空度又很高的真空系统，来创造模拟真实情况和电火箭所需要的特殊条件。因此，在基本实验设备没有解决以前，也难于对它展开系统而全面的研究。

电火箭及原子火箭发动机无论是在比冲、排气速度和有效负载上都比化学火箭优越得多，这里就不再去进行比较，而单比较电火箭和原子火箭发动机之不同点。

从以上各节给予了我们一个很重要的概念，那就是原子火箭发动机是一高推力类型的发动机，而电火箭发动机则是一低推力类型的发动机。前者虽然具有比化学火箭更高的比冲，但却远不及电火箭所能达到的比冲。很显然，这两种类型完全不同的发动机，各自具有特独的优点。因此，当我们在星际航行中要求飞行时间短时，可以选择高推力的原子火箭；而飞行时间较长或不受限制时，可以利用电火箭，因为在这种情况下电火箭可以承载更多的有效负载。

现在我们来看一看，电火箭与原子火箭分别由地球卫星轨道起飞到火星卫星轨道，然后再由火星卫星轨道返回地球卫星轨道的情形。由图 7.7 可以看出不管是高推力火箭(原子火箭，图中为实线)或是低推力火箭(电火箭，图中为虚线)，当总推进速度增量增加时航行时间都相应地缩短。对原子火箭而言，以沿 Hohmann 式轨道的航行时间最长(约 520 天)，而要求的推进速度增量也最小。对电火箭，当加速度 a 越小航行时间也就越长。同时我们可以从两条曲线对比看出电火箭所需达到的总速度增量要比原子火箭高得多，这正是由于电火箭的加速度比原子火箭小得多，而加速时间又比原子火箭长得多的缘故。一般原子火箭的加速过程占整个飞行过程中的很小一部分，因此它很快就加到预定的速度后按预定的轨道一直保持比较高的速度飞行。而电火箭则因为加速慢，前一段飞行速度比较小，必须一直加速，达到较高的最大速度以争取时间；然后在另一半航程中又必须减速以免飞过火星而不与火星同步。因此，它的飞行速度并不是一直保持在较高的速度下飞行，而是在加速之后紧跟着又减速。正由于如此，动力耗费自然比较大。电火箭的飞行轨道不是沿 Hohmann 式轨道或其他更近的轨道飞行，而是绕对数螺旋线轨道飞行，故它的轨道也是十分长的。

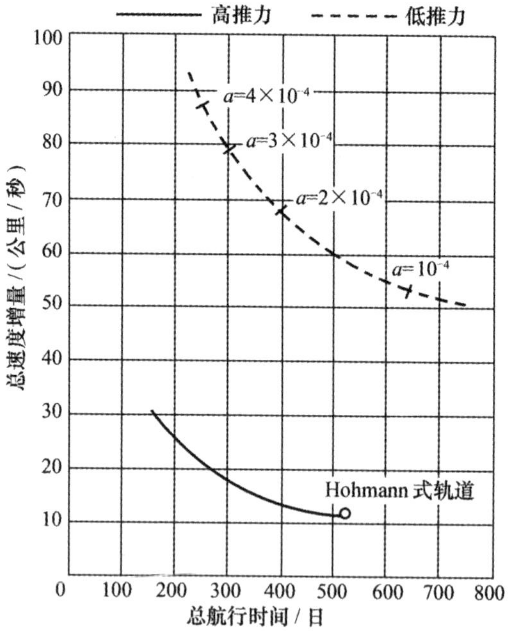

图 7.7 从地球卫星轨道到火星卫星轨道的双程航行所需总速度增量

我们再看图 7.8，它表示了同样重量的火箭所承受的有效负载不同而引起航期的差别。可以看出，对于同一火箭在相同的航行时间里，比冲(原子火箭)或单位动力机械发出的功率(电火箭)越高，则火箭所能承载的有效负载也就越大；反之，负载相同时航行时间就可缩短。对原子火箭而言，沿 Hohmann 式轨道航行时其承载的有效负载最重，而航期也最长。另外，我们拿目前认为较有希望实现的原子火箭，其比冲为 1 000 秒的曲线(实线)和电火箭的单位动力机械质量发出的功率为 0.220 4 千瓦/公斤的曲线(虚线)来比较。当航期约为 390 天以下，如果两种火箭都采取相同的航行时间时，那么原子火箭所能承载的有效负载比电火箭要大；而当航期超过 390 天以上时，电火箭就显得愈来愈比原子火箭有利了。

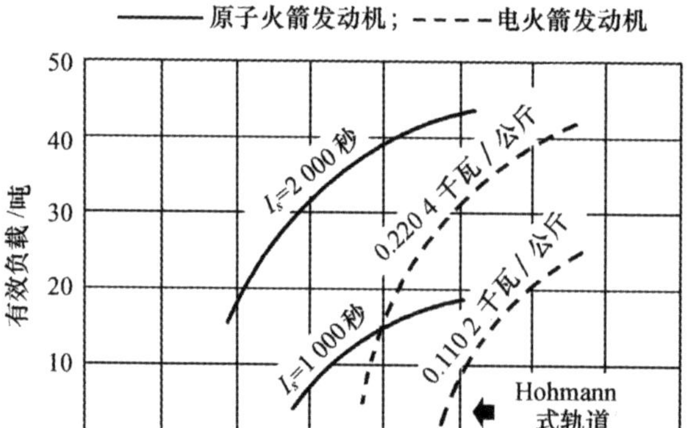

图 7.8 从地球卫星轨道到火星卫星轨道的双程航行，用原子火箭发动机

及用电火箭发动机的比较(飞船从地球卫星轨道起飞的重量为 100 吨)

此外，在表 7.5 中列举了电火箭的几种其他方面的用途，其突出的特点为有效负载比较大，像从地球卫星轨道上起飞的 136 吨月球货船，就能运 100 吨货，这使我们更进一步理解到电火箭在某些实际运用中具有它独特的优点。所以在将来的星际航行事业中，原子火箭发动机和电火箭发动机各有用处：原子火箭以快见长，而电火箭以载重见长。

表 7.5　电火箭在其他方面的用途及数据

用　途	有效负载/吨	起飞重量/吨	齐奥尔科夫斯基速度/(公里/秒)	功率/千瓦	推力和重量比	时间/日
卫星轨道校正	4.9	5.0	0.4	5	5.4×10^{-6}	
由 400 公里高的轨道升到 24 小时卫星轨道	50	72	6.0	4 600	2.3×10^{-4}	6
月球货船	100	136	10.5	5 700	1.5×10^{-4}	去月球 52；返回 8（重 36 吨）
木星探测器	1	5.5	90	450	1.4×10^{-4}	
太阳系外围探测器	1	16	160	2 000	1.2×10^{-4}	

7.6　氚火箭发动机

氚火箭发动机的能源问题已经在第 1 章里作了概述。它是利用氢的同位素——氚进行聚变而生成氦、质子和中子，从而产生大量的能，推动火箭。估计氚聚变的比冲可达 1 500 000 秒，排气速度为 15 000 公里/秒。氚进行聚变反应所产生的氦和质子就是温度达 1 亿℃的等离子体，喷出发动机就产生大推力；从直接产生推力这一点来看，它又像原子火箭发动机，也容易产生大推力。所以如果我们能够有效地控制这个热核反应的话，那么我们就可以设计出推力大、比冲高的氚火箭发动机。所以氚火箭发动机是最有希望的发动机，为电火箭、原子火箭发动机所不及。可以断言，氚火箭发动机的实现将使人类的星际航行进入一个新的时代。但是这种火箭发动机的基本问题——受控热核反应可能还不会在短期内得到解决。因此，今天的火箭技术研究工作者仍然应该集中一定力量，去研究已经有些基础的原子火箭发动机和电火箭发动机。至于探清通向解决氚火箭发动机的道路，目前还是物理工作者的任务。但我们深信，随着科学技术的不断发展，这些目前看来还只是一个设想的问题，终究会提到工程技术的研究日程上来。

第 8 章　制导问题

8.1　制导

对于任何的机械设备，为了保证可靠而有效地工作，都需要根据实际工作的要求以及机械的特性进行控制；只是对于各种不同性质和要求的机械，其控制的方法及精确度的要求有所不同。控制系统有自动化的和非自动化的，即是依靠人来进行控制的系统。显然，对于星际航行，控制也是不可缺少的一部分，而且它是一个非常复杂而困难的问题。因此，星际航行中的控制技术也就发展成一门重要的科学领域。在星际航行里，控制就是制导，也就是控制加导航。这是要通过制导系统的工作来实现预定的飞行目的，同时要保证在飞行的过程中按预定的对航道所要求的精确度进行工作。在星际航行里的制导与普通的航空航海的导航又有所不同。一般的飞机及轮船的控制，是使用了依靠人来进行操作的非自动化的系统。它是由导航员根据地图、观测及仪器，如罗盘等的测量来制定出航向和方位，然后由导航员告诉驾驶员进行控制。但是，在星际航行里应用这样一个工作系统是行不通的；因为星际航行的特点是在发射起飞加速过程中其所需的时间非常短，不可能让导航员有一定的时间去进行观察、测量和计算。另一方面对飞行精确度的要求比一般的飞机、轮船要高得多，如果超出其所允许的精确度，就可能引起整个飞行计划的失败。因此用普通人工操纵的非自动化系统进行控制就不够快，也不够精密，所以必须使用完全自动化的高精度的把导航和控制结合起来的系统才行。这就是在本章所要讲到的制导问题。

制导问题包括了两个方面的内容：一方面是控制精确度的问题，也就是总体设计师根据总体设计向制导系统的设计者提出对控制的要求，对于不同的飞行目的、发射方式及飞行轨道其控制的要求都是不同的；另一方面是根据已提出的要求如何来达到的问题，也就是进行具体的制导系统的设计问题。下面我们将分别对以上两方面的问题进行分析和讨论。

8.2　发射人造地球卫星的轨道所要求的精确度

当我们提出对发射人造地球卫星轨道精确度要求的时候，可以应用在第 5 章里所讲到的关于计算飞行轨道的概念和公式，来对飞行轨道进行分析。我们知道，发射卫星的轨道可分为第一加速段、自由飞行段、第二加速段及最后在所要求的轨道上进行自由飞行（参见图 8.1）。根据以前有关中心力场运动的计算，最后的卫星轨道公式为

$$r = \frac{p}{1 + \varepsilon\cos(\theta - \theta_0)} \tag{8.1}$$

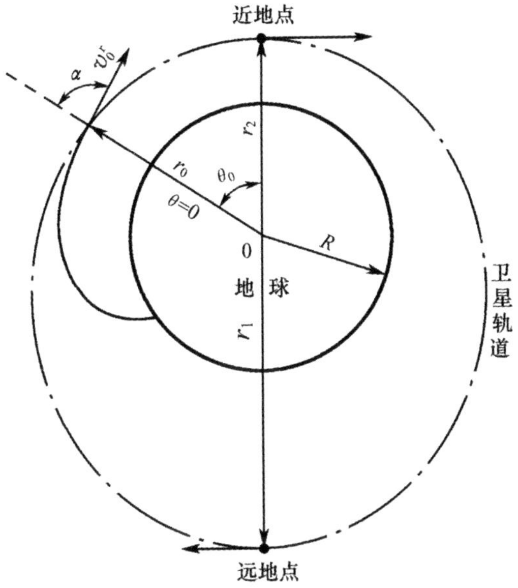

图 8.1 卫星轨道

其中 $\theta=\theta_0$ 为近地点；而 $\theta=\theta_0+\pi$ 为远地点。在这里，如果 v_0 为发射人造卫星时的第二加速段终了，即推力作用终了时的速度，其数值必然小于第二宇宙速度 $v_0<V_2$。让 V 是半径为 r_0 的圆形轨道上卫星的运转速度，或者是 r_0 为半径的卫星运转速度，即

$$V=\sqrt{\frac{\mu^2}{r_0}} \tag{8.2}$$

所以

$$2>\left(\frac{v_0}{V}\right)^2 \tag{8.3}$$

当 $\theta=0, t=0, v=v_0, r=r_0$ 时把(8.2)式及(8.3)式的关系代入(8.1)式中去，则得

$$p=\frac{v_0^2 r_0^2 \sin^2\alpha}{\mu^2}=r_0\sin^2\alpha\left(\frac{v_0}{V}\right)^2 \tag{8.4}$$

$$\begin{aligned}\varepsilon&=\sqrt{1-\frac{v_0^2 r_0^2\sin^2\alpha}{\mu^4}\left(\frac{2\mu^2}{r_0}-v_0^2\right)}\\&=\sqrt{1-\frac{v_0^2\sin^2\alpha}{V^4}\left(\frac{2\mu^2}{r_0}-v_0^2\right)}\\&=\sqrt{1-\sin^2\alpha\left(\frac{v_0}{V}\right)^2\left[2-\left(\frac{v_0}{V}\right)^2\right]}\end{aligned} \tag{8.5}$$

因此把初始条件代入(8.1)式，就得

$$r_0=\frac{r_0\sin^2\alpha\left(\frac{v_0}{V}\right)^2}{1+\cos\theta_0\sqrt{1-\left(\frac{v_0}{V}\right)^2\sin^2\alpha\left[2-\left(\frac{v_0}{V}\right)^2\right]}} \tag{8.6}$$

所以求得 $\cos\theta_0$ 为

$$\cos\theta_0=\frac{\left(\frac{v_0}{V}\right)^2\sin^2\alpha-1}{\sqrt{1-\left(\frac{v_0}{V}\right)^2\sin^2\alpha\left[2-\left(\frac{v_0}{V}\right)^2\right]}} \tag{8.7}$$

其椭圆轨道的半长径 a,引用(8.2)式后变成为

$$a=\frac{\mu^2}{\frac{2\mu^2}{r_0}-v_0^2}=\frac{\mu^2}{2V^2-v_0^2}=\frac{\frac{\mu^2}{V^2}}{2-\left(\frac{v_0}{V}\right)^2}$$

也就是

$$a=\frac{r_0}{2-\left(\frac{v_0}{V}\right)^2} \tag{8.8}$$

正如我们已经在 5.3 节中所指出的一样,也可以从(8.8)式看出:半长径 a 只与椭圆轨道的起始点与地心的距离 r_0 和起始速度 v_0 有关,而与 r_0 与 v_0 之间的夹角 α 无关。也就是当 α 变化了而椭圆轨道的长半径不变,只是短半径随 α 的变化而变,即椭圆轨道的形状是变化了。从(8.1)式我们可以得出远地点离地心的距离为

$$r_1=\frac{p}{1-\varepsilon}=\frac{\left(\frac{v_0}{V}\right)^2 r_0\sin^2\alpha}{1-\sqrt{1-\left(\frac{v_0}{V}\right)^2\sin^2\alpha\left[2-\left(\frac{v_0}{V}\right)^2\right]}} \tag{8.9}$$

而近地点离地心的距离为

$$r_2=\frac{p}{1+\varepsilon}=\frac{\left(\frac{v_0}{V}\right)^2 r_0\sin^2\alpha}{1+\sqrt{1-\left(\frac{v_0}{V}\right)^2\sin^2\alpha\left[2-\left(\frac{v_0}{V}\right)^2\right]}} \tag{8.10}$$

现在我们来研究发射一个圆形轨道卫星的条件。显然在这种轨道上远地点 r_1 与近地点 r_2 应该相等,也就是必须使第二加速段终了时的速度 v_0 与以 r_0 为半径的卫星圆形轨道上的卫星运行的速度 V 相等,即 $\frac{v_0}{V}=1$,以及使 r_0 与 v_0 之间的夹角 $\alpha=\frac{\pi}{2}$,从而 $r_1=r_2=r_0$。但是实际上发射制导系统不可能百分之百地准确,会有误差,即 $\alpha\neq\frac{\pi}{2}$,而 $\alpha=\frac{\pi}{2}-\delta\alpha$,和 $\frac{v_0}{V}\neq1$,而 $\frac{v_0}{V}=1+\frac{\delta v_0}{V}$,$\delta\alpha$ 及 δv_0 为一很小的误差量。这就引起了轨道的变化,轨道不成为圆形,也就使远地点与近地点产生了差别和偏离,其变化的关系可以从下面的计算看出。这里由于 α 角对椭圆轨道的半长径 a 没有影响,故只考虑因第二加速段终了时的速度变化对半长径的影响。根据(8.8)式得

$$\frac{\delta a}{r_0}=\frac{\partial}{\partial\left(\frac{v_0}{V}\right)}\left\{\frac{1}{\left[2-\left(\frac{v_0}{V}\right)^2\right]}\right\}=\frac{2\left(\frac{v_0}{V}\right)\delta\left(\frac{v_0}{V}\right)}{\left[2-\left(\frac{v_0}{V}\right)^2\right]^2}$$

当$\frac{v_0}{V}=1$①时上式则变成为

$$\frac{\delta a}{r_0}=2\,\frac{\delta v_0}{V} \tag{8.11}$$

对于因 α 及 v_0 的变化而引起远地点的变化为下列两部分组成，一部分是当 $\alpha=\frac{\pi}{2}$时单纯考虑 v_0 的变化而引起的 r_1 变化。这可以根据(8.9)式而得

$$r_1=\frac{r_0\left(\frac{v_0}{V}\right)^2}{1-\sqrt{\left[1-\left(\frac{v_0}{V}\right)^2\right]^2}} \tag{8.12}$$

由于 $2>\left(\frac{v_0}{V}\right)^2>1$，而且在公式中的平方根是取正的，所以可以把 $\sqrt{\left[1-\left(\frac{v_0}{V}\right)^2\right]^2}$ 改写成 $\sqrt{\left[\left(\frac{v_0}{V}\right)^2-1\right]^2}$，故(8.12)式变成

$$r_1=\frac{r_0\left(\frac{v_0}{V}\right)^2}{1-\sqrt{\left[\left(\frac{v_0}{V}\right)^2-1\right]^2}}=\frac{r_0\left(\frac{v_0}{V}\right)^2}{2-\left(\frac{v_0}{V}\right)^2}$$

则

$$(\delta r_1)'=r_0\delta\left[\frac{\left(\frac{v_0}{V}\right)^2}{2-\left(\frac{v_0}{V}\right)^2}\right] \tag{8.13}$$

另一部分是当$\frac{v_0}{V}=1$时，从 $\alpha=\frac{\pi}{2}$变化到 $\alpha=\frac{\pi}{2}-\delta\alpha$ 所引起 r_1 的变化可从(8.9)式得出

$$r_1=\frac{r_0\sin^2\alpha}{1-\sqrt{1-\sin^2\alpha}}=\frac{r_0(1-\cos^2\alpha)}{1-\cos\alpha}=r_0(1+\cos\alpha)$$

所以

$$(\delta r_1)''=r_0\delta(1+\cos\alpha) \tag{8.14}$$

因此，由 α 及 v_0 的变化所引起 r_1 的总变化为

$$\delta r_1=(\delta r_1)'+(\delta r_1)''=r_0\delta\left\{\frac{\left(\frac{v_0}{V}\right)^2}{\left[2-\left(\frac{v_0}{V}\right)^2\right]}\right\}+r_0\delta(1+\cos\alpha)$$

---

① 本应以 $v_0/V=1+\delta v_0/V$ 代入，因其差别只是增加了一些二次微分项，而这些项的数值很小可以忽略，故这里只用 $v_0/V=1$ 代入仍是正确的。

$$= r_0 \frac{2\left(\frac{v_0}{V}\right)\left[2-\left(\frac{v_0}{V}\right)^2\right]\frac{\delta v_0}{V}+\left(\frac{v_0}{V}\right)^2\cdot 2\left(\frac{v_0}{V}\right)\frac{\delta v_0}{V}}{\left[2-\left(\frac{v_0}{V}\right)^2\right]^2}+$$

$$r_0\left[1+\cos\left(\frac{\pi}{2}-\delta\alpha\right)-\left(1+\cos\frac{\pi}{2}\right)\right]$$

$$= r_0 4\left(\frac{\delta v_0}{V}\right)+r_0\sin\delta\alpha$$

所以

$$\delta r_1 = r_0\left[4\left(\frac{\delta v_0}{V}\right)+\delta\alpha\right] \tag{8.15}$$

(8.15)式表达了速度有所增加及 α 角有所减小时的情况。其中我们要注意 α 是用弧度来表示的。

从(8.15)式就可以计算在第二段加速终了时,因速度及 α 有所变化而引起的轨道变化。为了使我们能具体地了解和应用起见,以下我们对于一高为 250 公里的人造地球卫星轨道所允许的精确度进行计算。地球的半径为 6 371 公里,则 $r_0=250+6\ 371=6\ 621$ 公里。对于 250 公里高的轨道,根据实际的需要可以提出一个最大的远地点变化范围 δr_1。如果是一般载人的卫星式飞船,则最大允许的高度不能超过 300 公里,因为 300 公里以上为内辐射带区域,这个区域对于人有较大的危险性,必须要加以特殊的防护才能接近或进入这一区域(见第 11 章)。另一方面轨道也不能太低,因离地球表面越近,空气的密度越大,其空气阻力也就越大。同时因摩擦生热使飞船易掉入大气层而被烧毁。所以对 250 公里高的卫星轨道,其上下限最大误差范围应该是±50 公里,即 $\delta r_1\leqslant\pm50$。这也说明了误差可以有正负两方向的限制。

为了计算简单,我们设变化为正误差即 $\delta r_1\leqslant 50$ 公里,代入(8.15)式就变成

$$50\geqslant\delta r_1 = r_0\left[4\left(\frac{\delta v_0}{V}\right)+\delta\alpha\right]$$

$$= 6\ 621\left[4\left(\frac{\delta v_0}{V}\right)+\delta\alpha\right]$$

$$\frac{50}{4\times 6\ 621}\geqslant\frac{\delta v_0}{V}+\frac{1}{57.3\times 4}\delta\alpha$$

$$0.001\ 886\geqslant\frac{\delta v_0}{V}+\frac{1}{57.3\times 4}\delta\alpha \tag{8.16}$$

根据(8.16)式就可以求出 250 公里高的卫星轨道的最大误差变化的范围,即当 $\delta\alpha=0$,(8.16)式变成

$$0.001\ 886\geqslant\frac{\delta v_0}{V}$$

即速度的最大误差变化为

$$\frac{\delta v_0}{V}\times 100\% = 0.188\ 6\%$$

同时当 $\frac{\delta v_0}{V}=0$ 时,(8.16)式变成

$$0.001\ 886\times 57.3\times 4\geqslant\delta\alpha$$

即

$$\delta\alpha \leqslant 0.433°$$

也就是当 $\frac{v_0}{V}=1$ 时最大允许的角度误差范围为 0.433°。

由于 δr_1、$\delta\alpha$、$\frac{\delta v_0}{V}$都有正负变化，即有增加和减少的变化，故由(8.15)式，应该把误差公式写为

$$50 \geqslant 6\,621\left|\pm 4\left(\frac{\delta v_0}{V}\right)\pm\delta\alpha\right|$$

或把(8.16)式写为

$$0.001\,886 \geqslant \left|\pm\frac{\delta v_0}{V}\pm\frac{\delta\alpha}{57.3\times 4}\right| \tag{8.17}$$

那么允许的误差范围就形成了一个平面区域，如图 8.2 所表示的范围。如果发射卫星的制导系统能使在加速终了的时候，速度误差和角度误差落在菱形区域之内，那么轨道的偏差不超出 ±50 公里，发射是成功的；如果速度误差和角度误差落在菱形区域以外，那么轨道偏差将超出 ±50 公里的范围，发射就不成功。所以我们的计算为制导系统规定了明确的控制范围。

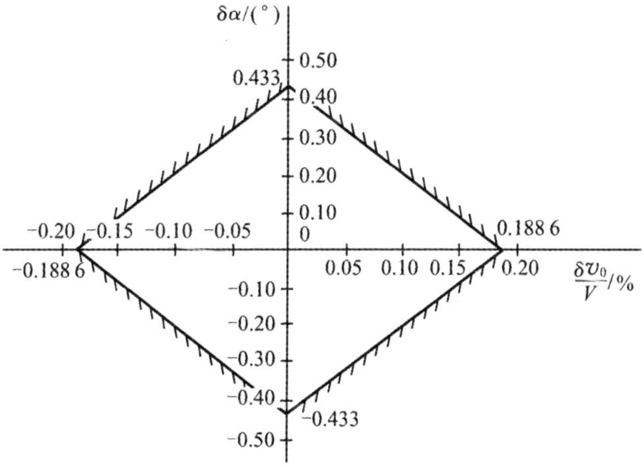

图 8.2　发射卫星的允许误差范围

如果要求圆形轨道的误差比以上还要小时，即使 δr_1 的最大变化范围比 ±50 公里更小，就对速度和角度精确度的要求会更高。

8.3　星际飞行轨道所需要的精确度

在星际飞行中如果我们采用了 Hohmann 式轨道，而且只考虑速度误差的影响，其所需要的精确度可作如下的计算。

从第 6 章中我们可以知道，当脱离了地球引力场以后在地球轨道附近的加速段的速度增量为

$$\Delta v_2 = v_2^*\left(\sqrt{\frac{2r_1}{r_1+r_2}}-1\right) \tag{8.18}$$

其中 v_2^* 为地球在轨道上运转的速度；r_2 为地球到太阳的距离；r_1 为所要到达的行星到太阳的距离。当速度增量 Δv_2 有一个 $\delta(\Delta v_2)$ 变化时，则就引起了 r_1 变化 δr_1。其变化关系从(8.18)式可求得(即将(8.18)式微分)

$$\delta(\Delta v_2) = v_2^* \frac{1}{2} \cdot \frac{\dfrac{2\delta r_1(r_1+r_2) - 2r_1\delta r_1}{(r_1+r_2)^2}}{\sqrt{\dfrac{2r_1}{r_1+r_2}}}$$

$$= v_2^* \frac{\dfrac{r_2\delta r_1}{(r_1+r_2)^2}}{\sqrt{\dfrac{2r_1}{r_1+r_2}}}$$

所以

$$\delta(\Delta v_2) = v_2^* \frac{1}{\sqrt{\dfrac{2r_1}{r_1+r_2}}} \cdot \frac{r_2}{r_1+r_2} \cdot \frac{\delta r_1}{r_1+r_2} \tag{8.19}$$

这是在地球轨道上起飞的情况，由于速度误差 $\delta(\Delta v_2)$ 所引起的所要到达区域的误差，这作为第一种情况。

如果飞船在地球的低卫星轨道上起飞，即第二种情况，所需的能量不同，因而控制的精确度也不同。这时所需的加速段的速度增量为

$$(\Delta V)_1 = \sqrt{(V_2^2 - V_1^2) + (\Delta v_2)^2}$$

其中 V_1 为第一宇宙速度；V_2 为第二宇宙速度。因 $V_2^2 = 2V_1^2$，则

$$(\Delta V)_1 = \sqrt{V_1^2 + (\Delta v_2)^2} \tag{8.20}$$

当 Δv_2 有一个变化 $\delta(\Delta v_2)$ 时，则就会使 $(\Delta V)_1$ 也有一个变化 $\delta(\Delta V)_1$，即

$$\delta(\Delta V)_1 = \sqrt{V_1^2 + [\Delta v_2 + \delta(\Delta v_2)]^2} - \sqrt{V_1^2 + (\Delta v_2)^2}$$

将上式平方得

$$\left[\delta(\Delta V)_1 + \sqrt{V_1^2 + (\Delta v_2)^2}\right]^2 = \left(\sqrt{V_1^2 + [\Delta v_2 + \delta(\Delta v_2)]^2}\right)^2$$

$$[\delta(\Delta V_1)]^2 + V_1^2 + (\Delta v_2)^2 + 2\delta(\Delta V)_1 \sqrt{V_1^2 + (\Delta v_2)^2}$$
$$= V_1^2 + (\Delta v_2)^2 + 2\Delta v_2 \delta(\Delta v_2) + [\delta(\Delta v_2)]^2$$

略去微分平方项 $[\delta(\Delta v_2)]^2$ 和 $[\delta(\Delta V)_1]^2$，则方程变成

$$\delta(\Delta V)_1 = \frac{(\Delta v_2)\delta(\Delta v_2)}{\sqrt{V_1^2 + (\Delta v_2)^2}}$$

也可以改写成

$$\frac{\delta(\Delta V)_1}{\delta(\Delta v_2)} = \frac{(\Delta v_2)}{\sqrt{V_1^2 + (\Delta v_2)^2}} \tag{8.21}$$

(8.21)式说明了从地球运转的轨道上起飞其速度增量的变化 $\delta(\Delta v_2)$ 与从地球的低卫星轨道上起飞的速度增量变化 $\delta(\Delta V)_1$ 的关系。显然 $\delta(\Delta V)_1$ 比 $\delta(\Delta v_2)$ 小，即对应于一定的 $\delta(\Delta V)_1$ 速度误差，其效果是等于一个更大的 $\delta(\Delta v_2)$ 的误差，也就是相应于一个更大的 $\delta(\Delta v_2)$ 的 δr_1 误差。

现在再来研究第三种情况。当飞船从地球表面上起飞时其加速段所需的速度增量为

$$(\Delta V)_2=\sqrt{V_2^2+(\Delta v_2)^2}$$

当 Δv_2 有一变化 $\delta(\Delta v_2)$ 时，则引起 $(\Delta V)_2$ 的变化 $\delta(\Delta V)_2$ 为

$$\delta(\Delta V)_2=\sqrt{V_2^2+[(\Delta v_2)+\delta(\Delta v_2)]^2}-\sqrt{V_2^2+(\Delta v_2)^2}$$

和第二种起飞情况一样处理，我们得到如下的相似结果

$$\frac{\delta(\Delta V)_2}{\delta(\Delta v_2)}=\frac{(\Delta v_2)}{\sqrt{V_2^2+(\Delta v_2)^2}} \tag{8.22}$$

(8.22)式表示出飞船从地球轨道上起飞的速度增量的变化与从地球表面上起飞的速度增量变化的相互关系。因为 $V_2>V_1$，所以一定速度误差 $\delta(\Delta V)_2$ 所引起的到达区域误差 δr_1，比同量的 $\delta(\Delta V)_1$ 误差所引起的到达区域的误差还要大。

根据以上三种不同的起飞情况，如果我们要发射一个星际飞船到火星的轨道上去，采用 Hohmann 式轨道，计算它所需要的精确度是多少？

r_2 为地球到太阳的距离，等于 1.494 57 亿公里；r_1 为火星到太阳的距离，即 $r_1=1.524r_2$；v_2^* 为地球在轨道上运行的速度 29.8 公里/秒。如果 $\delta(\Delta v_1)=1$ 米/秒，当从地球轨道上起飞时，即第一种情况，则可以用公式(8.19)作如下计算

$$1=29\ 800\times\frac{1}{\sqrt{\dfrac{2\times1.524r_2}{r_2+1.524r_2}}}\times\frac{r_2}{r_2+1.524r_1}\times\frac{\delta r_1}{r_2+1.524r_2}$$

$$1=29\ 800\times\frac{1}{1.098}\times\frac{1}{2.524}\times\frac{\delta r_1}{2.524\times1.494\ 57\times10^8}$$

所以

$$\begin{aligned}\delta r_1&=\frac{1.098\times2.524\times2.524\times1.494\ 57\times10^8}{29\ 800}\\&=35\ 120(\text{公里})\end{aligned}$$

如果从地球的低卫星轨道上起飞到火星，即第二种情况，当速度误差 $\delta(\Delta V)_1=1$ 米/秒时，可以用公式(8.18)及公式(8.21)进行如下计算

$$\begin{aligned}(\Delta v_2)&=v_2^*\left(\sqrt{\frac{2r_1}{r_1+r_2}}-1\right)\\&=29.8\left(\sqrt{\frac{2\times1.524}{2.524}}-1\right)\\&=2.95(\text{公里}/\text{秒})\end{aligned}$$

$$\begin{aligned}\frac{\delta(\Delta V)_1}{\delta(\Delta v_2)}&=\frac{\Delta v_2}{\sqrt{V_1^2+(\Delta v_2)^2}}\\&=\frac{2.95}{\sqrt{7.91^2+2.95^2}}\\&=\frac{1}{2.86}\end{aligned}$$

所以

$$\delta(\Delta v_2)=2.86\delta(\Delta V)_1=2.86(\text{米/秒})$$

则引起的误差为

$$\delta r_1=2.86\times35\ 120=100\ 500(\text{公里})$$

这个数值相当于火星直径的 15.1 倍。

如果飞船从地球表面上起飞到火星，即第三种情况，当速度误差为 $\delta(\Delta V)_2=1$ 米/秒时，可用(8.22)式计算得

$$\frac{\delta(\Delta V)_2}{\delta(\Delta v_2)}=\frac{\Delta v_2}{\sqrt{V_2^2+(\Delta v_2)^2}}=\frac{2.95}{\sqrt{2\times 7.91^2+2.95^2}}=\frac{1}{3.72}$$

则

$$\Delta v_2=3.72\delta(\Delta V)_2=3.72(\text{米/秒})$$

$$\delta r_1=3.72\times 35\ 120=130\ 800(\text{公里})$$

这个数值相当于火星直径的 19.35 倍。

从以上的计算中我们作进一步分析可以看到：如果飞船是从地球的低卫星轨道上起飞，所允许的速度误差比飞船从地球轨道上起飞所允许的速度误差要小，即要求的精确度要高；当飞船从地球表面上起飞时所允许的速度误差，又比从地球低卫星轨道上起飞所允许的速度误差小，即精确度要求更高。如以发射到火星上去的轨道要求为例，当到达火星的误差不允许超过 10 万公里时，如果飞船从地球轨道上起飞，则速度的精确度要求是 2.85 米/秒；如果飞船是从地球的低卫星轨道上起飞时，则速度的精确度要求是 1 米/秒；如果飞船从地球表面上起飞，则速度精确度的要求为 0.765 米/秒。这就说明了所采用的起飞位置不同，所需要的能量不同，其精确度的要求也就不同。而且随着起飞位置离地面的距离增加对其精确度的要求反而下降。反过来说要使控制精确度的要求低一些，则可使加速段推迟一些，即离地表面远一些，也就是在地球引力场以外还要加速。这与第 5 章、第 6 章所讲的就发生了矛盾，即从飞船动力系统及结构来看，希望加速段离地表面越近越好，尽可能使喷气排在势能低的地方，这样能量的消耗就较经济；故最好是一次加足能量就飞出，但是这样来安排使其控制的精确度就相当高。因此，从动力及结构上考虑来选择轨道和从控制的精确度来选择轨道是存在矛盾的。在实际的工作中，必须从总体的概念出发，考虑到各方面能做到的最大可能性，来综合平衡各种因素，最后决定出所采用的方案，也就是总效果较好的方案。

最后我们再举一个例子，即发射各种月球火箭所要求的精确度。如火箭加速终了时的速度约为 11 公里/秒，对于不同发射目的控制精确度的要求，可参看表 8.1。

表 8.1

发射目的	允许的速度误差/(米/秒)	速度向量误差	备　注
打中月球、误差小于月球的半径	±25	30′	要求可以实现
打中月球的中心、误差不超过 400 公里	±3	1.5′	要求可以实现
绕过月球而且回到地球附近指定的地区、误差不超过 1 600 公里	±0.076	1.8′	精确度要求太高，根据目前的技术水平还不可能达到

8.4　控制的概率

实际上误差的问题还不单是速度误差和角度误差问题，在一般情况下，把轨道可看做有三个自由度的质点运动，整个飞行轨道被加速段终了时的位置和速度所决定。对于直角坐标，加速段终了时的位置用(x_1，y_1，z_1)表示；加速段终了时的速度用($\dot{x}_1$，$\dot{y}_1$，$\dot{z}_1$)表示。而 δx_1 为停机(即加速终了)时 x_1 坐标的误差；δy_1 为停机时 y_1 坐标的误差；δz_1 为停机时 z_1 坐标的误差。$\delta\dot{x}_1$ 为停机时 x 向分速度的误差；$\delta\dot{y}_1$ 为停机时 y 向分速度的误差；$\delta\dot{z}_1$ 为停机时 z 向分速度的误差。如果到达目的地时的最大容许误差是 M，那么对一个不动的目的，可以把误差极限写作

$$M \geqslant |\pm A\delta x_1 \pm B\delta y_1 \pm C\delta z_1 \pm D\delta\dot{x}_1 \pm E\delta\dot{y}_1 \pm F\delta\dot{z}_1| \tag{8.23}$$

对于一个动的目标，我们还得把由于发射时间的误差 δt 考虑进去。因此可以把误差极限写作

$$M \geqslant |\pm A\delta x_1 \pm B\delta y_1 \pm C\delta z_1 \pm D\delta\dot{x}_1 \pm E\delta\dot{y}_1 \pm F\delta\dot{z}_1 + G\delta t_1| \tag{8.24}$$

这两个公式中的 A、B、C、D、E、F、G 都是常数，它们是从自由飞行的动力学计算中得到的。公式(8.23)或公式(8.24)就形成了对不动目标的六度空间坐标系统(δx_1，δy_1，δz_1，$\delta\dot{x}_1$，$\delta\dot{y}_1$，$\delta\dot{z}_1$)中的多面体，或者对动目标的七度空间坐标系统(δx_1，δy_1，δz_1，$\delta\dot{x}_1$，$\delta\dot{y}_1$，$\delta\dot{z}_1$，δt_1)中的多面体。这些多面体都是以坐标的原点为中心的，而且也对原点形成对称。这些空间中任何一个点都代表加速段终了时的误差情况。我们的目的是使设计的制导系统，当控制到停机点时，代表误差的点不超出以上所形成的多面体的范围。

但是加速段终了时的误差情况是具有统计性质的，我们不能说误差一定是多大，我们只能说误差具有某种概率分布，以不动目标为例，其分布函数是 $P[\delta x_1,\delta y_1,\delta z_1,\delta\dot{x}_1,\delta\dot{y}_1,\delta\dot{z}_1]$。$P$ 分布函数的意义是

$$P(\delta x_1,\delta y_1,\delta z_1,\delta\dot{x}_1,\delta\dot{y}_1,\delta\dot{z}_1)\mathrm{d}(\delta x_1)\mathrm{d}(\delta y_1)\mathrm{d}(\delta z_1)\mathrm{d}(\delta\dot{x}_1)\mathrm{d}(\delta\dot{y}_1)\mathrm{d}(\delta\dot{z}_1)$$

使误差落在 δx_1 到 $\delta x_1+\mathrm{d}(\delta x_1)$、$\delta y_1$ 到 $\delta y_1+\mathrm{d}(\delta y_1)$、$\delta z_1$ 到 $\delta z_1+\mathrm{d}(\delta z_1)$、$\delta\dot{x}_1$ 到 $\delta\dot{x}_1+\mathrm{d}(\delta\dot{x}_1)$、$\delta\dot{y}_1$ 到 $\delta\dot{y}_1+\mathrm{d}(\delta\dot{y}_1)$、$\delta\dot{z}_1$ 到 $\delta\dot{z}_1+\mathrm{d}(\delta\dot{z}_1)$范围内的概率。由此也就知道，如果把一切情况都包括在内，概率是 1，即

$$\int_{-\infty}^{\infty}\mathrm{d}(\delta x_1)\int_{-\infty}^{\infty}\mathrm{d}(\delta y_1)\int_{-\infty}^{\infty}\mathrm{d}(\delta z_1)\int_{-\infty}^{\infty}\mathrm{d}(\delta\dot{x}_1)\int_{-\infty}^{\infty}\mathrm{d}(\delta\dot{y}_1)\int_{-\infty}^{\infty}\mathrm{d}(\delta\dot{z}_1) = 1 \tag{8.25}$$

这样我们就能把制导系统的精度问题更具体化。我们可以把概率分布函数 P 在上述多面体范围内进行积分，所得到的积分值一定比 1 小，因为这只代表误差落在多面体范围内的情况，不是全部情况。但也就是这样分布函数在多面体内的积分值代表误差落在多面体内的概率，也就是发射成功的概率。具体来说，如果总的积分值为0.9时，即有 90％的可能性这控制系统不超出允许的误差范围，也就是说完成任务的概率为 90％。另外，概率值是针对很多个现象的客观性质而言，不是针对某些少数和个别的现象而论。若概率为 90％其含义是指重复地发射很多很多个飞船，有 90％的成功可能性，而不是发射 10 次飞船准有 9 次会成功。但概率越高其成功的可能性就越大。故我们要从各方面想办法来使控制系统的概率提高，这是我们工作的原则。

一般的情况是空间位置的影响较小，A、B、C 的数值也较小，甚至空间位置所引起的误差小到可以被忽略。主要是速度误差的影响。这可以使处理问题较简化。

至于概率分布函数本身的性质，我们可以说在一般情况下，概率分布是正则分布，即如果光考虑 $\delta\dot{x}_1$ 的效果，不考虑同时有其他误差存在，那么

$$P=\frac{1}{\sigma_1\sqrt{2\pi}}e^{-\frac{1}{2}\left(\frac{\delta\dot{x}_1}{\sigma_1}\right)^2}$$

但是问题的复杂性在于我们必须同时考虑多种误差；而一般来说，误差都是由于一个制导系统所造成的，也就是由于制导系统中元件及部件本身性能上的限制所造成的，因此几种误差之间有关联。例如 $\delta\dot{x}_1$ 及 $\delta\dot{y}_1$ 误差之中的一部分都由于某一个加速度表的误差所造成的，那么 $\delta\dot{x}_1$ 和 $\delta\dot{y}_1$ 之间就有关联。但在这里，我们为了说明原理，可以暂时不管这个关联，我们认为每一个误差的发生是独立的，不互相牵制，那么概率分布函数 P 为（对于不动目标）

$$P=\frac{e^{-\frac{1}{2}\left[\left(\frac{\delta x_1}{\sigma_1}\right)^2+\left(\frac{\delta y_1}{\sigma_2}\right)^2+\left(\frac{\delta z_1}{\sigma_3}\right)^2+\left(\frac{\delta\dot{x}_1}{\sigma_4}\right)^2+\left(\frac{\delta\dot{y}_1}{\sigma_5}\right)^2+\left(\frac{\delta\dot{z}_1}{\sigma_6}\right)^2\right]}}{(\sqrt{2\pi})^6\sigma_1\sigma_2\sigma_3\sigma_4\sigma_5\sigma_6} \tag{8.26}$$

其中 $\sigma_1\sim\sigma_6$ 为常数，是制导系统的各项误差的均方误差。均方误差是制导系统精确度的表现。精度越高，均方误差的数值就越小；精度越低，均方误差的数值就越大。把公式(8.26)在公式(8.23)所规定的区域内进行积分，我们将得到发射成功的概率 P 为

$$P(M)=\frac{1}{\sigma\sqrt{2\pi}}\int_{-M}^{M}e^{-\frac{1}{2}\left(\frac{\eta}{\sigma}\right)^2}d\eta \tag{8.27}$$

其中 σ 为发射总系统的均方误差，其计算公式为

$$\sigma=\sqrt{A^2\sigma_1^2+B^2\sigma_2^2+C^2\sigma_3^2+D^2\sigma_4^2+E^2\sigma_5^2+F^2\sigma_6^2} \tag{8.28}$$

(8.27)式的积分数值可以在一般的数学表册中查到。如果所得到的概率 P 值小，不能达到控制的要求，这时可以减小均方误差 $\sigma_1,\sigma_2,\cdots,\sigma_6$ 的数值，使 σ 减小，来达到较高的概率值。故总的说来，从轨道的分析可以得到轨道误差的范围，供给制导系统的设计者作为一个基本资料；根据这个基本资料和制导系统的误差概率，可以算出航行成功的概率。如果航行成功的概率太低，那就要求制导系统设计者改进设计，提高制导系统的精度。

8.5 星际航行的制导问题

大家知道，在星际航行中，初发射时如果产生了无论是速度或是方向上微小的误差，那么，经过长距离的航行之后，所引起的不良后果却是十分巨大的。因此，单靠提高发射时的精确度来达到目的是十分困难的，这个情况在 8.3 节中已经看得很明白。所以对真正到其他行星去旅行来说，更实际而可靠的方法是采用多段控制的导航办法，使在整个飞行过程的各阶段中，能相应不断地对飞船所产生的轨道飞行误差进行修正，以提高航行的准确度。

一般星际航行可以分为三个飞行阶段：发射阶段，是指飞船从地面发射起到进入星际航行轨道为止的过程；接着就是第二阶段——自由飞行阶段，这时飞船进入星际航道靠惯性作用沿

预定航道飞向目标(行星);当飞船进入行星区域时则为第三阶段,这就是飞船要在这个阶段里完成使自己成为行星的卫星或在行星上降落的任务。因此,人们针对这三个不同的阶段,把整个飞行过程的制导也相应地分成了初制导(发射控制)、中制导(中途控制)和末制导(终点控制)三个部分。

8.5.1 初制导

发射控制的目的在于把星际飞船准确地送上星际航行轨道。由于所采取的发射方法不同,因而控制过程及精度的要求也有所不同。

首先,我们讨论运载火箭从地面起飞进入卫星轨道,或由地面起飞直接到月球或进入人造行星轨道。这种发射过程的精度要求一般不很高,约万分之一即可满足。因为这种人造卫星和月球火箭离地球较近,故最终所产生的误差不会太大。对人造行星而言,虽然离地球较远,但由于只需要将它发射出地球引力场绕太阳转,而没有达到具体目标的要求,所以精度要求也不太高。这类火箭的发射控制需要最后一级具有制导系统,以准确地控制火箭在进入轨道时的速度和方向。这里应当指出,这种发射过程一般采用无线电系统控制。但是如果当最后一级飞行距离已经超出本国领土的无线电控制范围时,则需要在最后一级上使用惯性或半自动程序机构作为制导系统,使火箭自动地正确地进入轨道。

其次,采取从地面先发射一人造卫星,然后再从卫星上发射运载火箭把飞船送入星际航道或其他轨道。采用这种发射方法实际上提高了初制导过程的精确度。因为采用前一方法直接发射时,火箭的整个初制导过程(即发射过程)比较短,只有几分钟,而参数变化又很快。因此,对一些参数来不及测定,产生的微小误差也无法修正。而后一种办法,当发射的卫星在轨道上运行时,我们就有时间将卫星的轨道参数测得很准,而且这些参数变化得十分慢,可以给予充分的时间(几小时以上)来进行精确计算和分析。因此,能够精确地定出从卫星上发射运载火箭的时间和方位。这样就修正了从地面发射到卫星轨道一个阶段所产生的偏差,从而提高了发射精确度。从卫星上发射出的运载火箭,在飞船进入星际航行轨道前,自然还需要进行精确控制。这阶段的控制实际上和从地面发射卫星的控制相同。

从卫星轨道上发射星际飞船或行星火箭的办法在第 7 章中已经提到了,它比直接从地面发射要多耗费能量。但是,这种办法可以提高发射精确度,故在所用能源可能达到这样大动力的情况下,往往采取多费些能量来满足精确度的要求。苏联 1961 年 2 月 12 日所发射的考察金星的宇宙火箭就是从重型人造卫星上发射的。

8.5.2 中制导

火箭或星际飞船的自由飞行段比起飞或最终阶段都要漫长得多。因此,在这一阶段中可以有足够的时间来测定、计算和调整飞船的速度及方位,从而修正飞行轨道。这种航行与航海和航空有所类似,可以采取类似的导航原理和过程。这种导航对于载人的行星际飞船比较适合,精度要求也可低些,因为有时间来对轨道进行多次修正。这种制导系统即所谓天文导航,以星象位置来确定飞船的方位(如用太阳和另外一个或多个星作为基准)。当测出飞船的方位偏离轨道时,就可以用低推力火箭来调整轨道。对于无人驾驶的飞船则必须采取完全自动的机上制导和地面无线电制导系统来控制航行。在中制导过程中也可以用雷达、太阳及星光的多普勒(Doppler)效应来测定飞船的速度,特别是利用太阳光的多普勒效应是比较现实可行的。有人分析过,用现有的光学设备,如果测量时间为 100 秒,则精度可达 1 米/秒。多普勒效应实际上就是物体相对于太阳运动过程中,所测出的太阳光的频率与静止时所测出的频率不同,从而可测得物体相对于太阳的运动速度。其原理如下。

设 λ_1 为无相对运动时的频率,λ_2 为相对光源运动时所测出的频率(当远离光源时测出频率是降低的,反之是增高的),v 为光源相对运动的速度,c 为光速;那么两频率之差,即所谓多普勒频移为

$$\Delta\lambda=\lambda_1-\lambda_2=\frac{v\lambda_1}{c} \tag{8.29}$$

当我们测出飞船相对于太阳运动的 $\Delta\lambda$ 时,即太阳光的某一谱线对其本来标准位置的移动,我们就可以计算出飞船的飞行速度 v,即

$$v=c\frac{\Delta\lambda}{\lambda_1} \tag{8.30}$$

8.5.3 末制导

当飞船到行星引力场附近时,即进入了行星地区。从这时起对飞船的控制要求与中制导过程又有很大区别了。首先,从进入行星区域到在行星或行星的卫星上降落,其整个过程和发射阶段一样,是十分短促的。因而不可能有很多的时间来进行测量和修正轨道。其次,这时要求控制的准确度必须很高,否则飞船就飞过了行星而成太阳行星,或者因控制不好,而以过大的速度坠落到行星上去,使整个飞船损毁。显然,如没有精确、及时的测量,控制系统是不可能完成这项复杂而精确的任务的。同时,大家都知道,从地球到行星的距离是相当远的。就拿从地球向最近的行星发射飞船来说,当飞船到达行星地区时,它与地球的距离就可以有 1.5 亿公里左右,如果我们仍采用地面的无线电控制来导航是行不通的。因为距离这样远,即是以光速前进的无线电讯号,往返飞船与地球之间也得 1 000 秒之久,这当然就不可能及时地修正飞船所产生的偏差。其次,离这样远对行星及飞船和太阳系的一些其他参数,如行星直径等,也还不能测得很准。因此,以不准的数据来在地面上计算修正量,也是靠不住的。目前看来还只能采用有人驾驶的星际飞船或采用在飞行器上直接测量的完全自动化操纵,才能解决末制导的问题,才有可能到达行星地区。显然,末制导过程在星际航行中是一个十分重要的过程,人们要想去其他行星旅行,这是一个必须突破的关键。

末制导过程就是对飞船接近行星时的轨道进行测定和控制。一般提出了下列几种办法。设 r 为飞船与星心的距离;$\dot{r}$ 为 r 对时间的微分,也就是距离速度;$\dot{\theta}$ 为飞船对星心极坐标的角速度;φ 为飞船绕星的角度;$\Delta\tau$ 为两次轨道参数测定的准确时间间隔(见图 8.3)。

1) 测定飞船相对于星心的距离 r,飞行速度 $\dot{r}$ 和角速度 $\dot{\theta}$。对 r 一般采用雷达测得;$\dot{r}$ 用无线电波的多普勒频移测定;$\dot{\theta}$ 则用平台(陀螺仪)测定,以确定飞船飞行的方向。当这些参数确定后就可以定出飞行的轨道,与预定轨道进行比较即可对飞船进行轨道修正。这种方法的主要问题是 $\dot{\theta}$ 不能测得十分准确,因为陀螺仪本身在目前的技术条件下还不可能达到更高的精度。因此,要求整个制导系统达到很高的精度还有困难。

2) 测定 r_1,$\dot{r}_1$ 及 r_2,$\dot{r}_2$。当飞船接近行星时,它的飞行速度是很高的,因此飞船飞向行星

的轨道是双曲线轨道。如果我们测得飞船的速度和与星面的距离，那么，就可以确定飞船的轨道，从而断定飞船的位置和运行方向。r 和 $\dot{r}$ 同样是利用雷达与无线电测得。这个方法的缺点是不能直接定轨道在空间的方位。

3）测定 r_1，φ_1；r_2，φ_2；r_3，φ_3。对于距离可用雷达测定，绕行星的角度可利用观星的办法测得。当我们测得三组数据后，通过电子计算机计算即可得出飞船的速度和方位。

4）测定 r_1，r_2；φ_1，φ_2；Δt，即是测定 t_1 及 t_2 两个准确时刻飞船与星面的距离和绕过行星的角度。这样即可准确地算出飞船的速度和方位。r 和 φ 的测定用雷达和观星法，时间则用飞船上的精密计时系统记录测得。

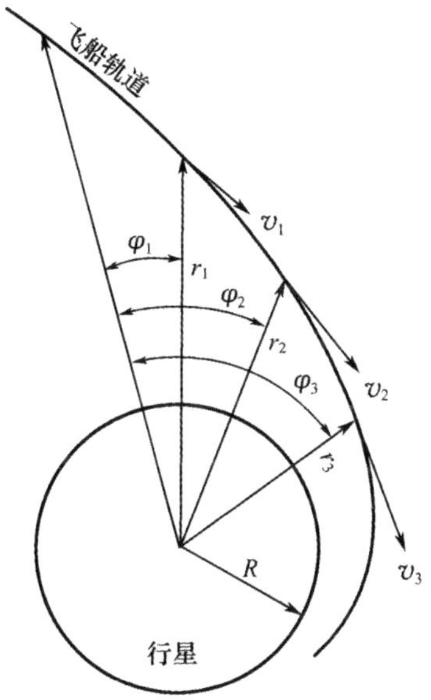

图 8.3 飞船接近行星区

目前看来，具体采用哪一种测量和导航方案还需要进一步研究。要根据飞船任务的要求、精确度、雷达功率、无线电电源和重量等要求而定。但一般认为第三种方法的精确度较差，因为测得的三组数据在计算过程中出现一次差分及二次差分，其中由于二次差分的误差累积较大，因此影响了制导精确度。

有人建议，把第四种方案的雷达测定改为光学测定，即测定由飞船上所看到的行星的大小，来确定飞船所处的 r，用行星附近背景星象上的两个星与行星位置来确定 φ。这种测定和导航方法可以使最后引起的误差在几十公里以下。因此，这个办法看来是比较准确而又较现实的。

8.6 运载火箭的制导系统——初制导系统

初制导系统，也就是发射中的运载火箭制导系统，现在发展得比较完善，我们将在这一节及下一节中讨论这个问题。

运载火箭的制导工作可以由它内部的设备和机外的地面基地设备来执行。两者之间的联系用无线电，即用无线电把修正飞行误差的指令发送到飞船上去。图 8.4 是一个典型的无线电制导系统原理示意图。当飞船飞行受到干扰时，地面的无线电设备即可测得飞船轨道参数（速度、方位）的变化，无线电制导系统通过计算、比较，再向飞船发出控制和调整的指令。调整无线电制导系统可以分为三个主要部分。

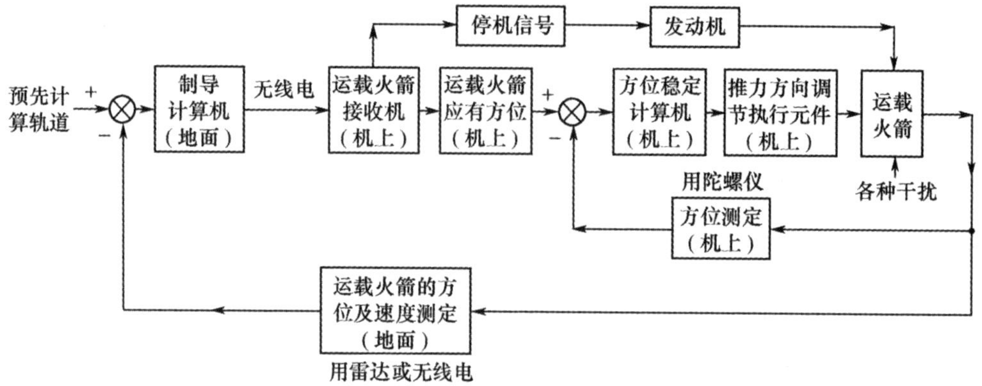

图 8.4 无线电制导系统原理示意图

8.6.1 测量系统（地面）

这种系统必须能精确测量坐标系统中飞船的位置与速度（用雷达和用多普勒原理的无线电测定系统），测量系统将测得的数据通过讯号线路输送给计算机。

8.6.2 计算系统

计算系统的主要部分是电子计算机，它将来自测量系统的数据进行迅速而准确的计算，并且及时地与预先计算的轨道进行比较，确定送向机上控制系统的无线电讯号，以便机上系统去对飞船的轨道进行修正。而它也负有在适当时候通过计算，确定发出推力终止的讯号使机上发动机熄火的任务。由于要求整个过程进行得十分快而准确可靠，因此对于电子计算机的要求也是很高的。首先是要求它有足够的计算速度（一般要求每秒计算几十万次）。其次是要求具有高度的可靠性，这样才能保证在发射运载火箭的控制期间，计算不致发生错误。不然，即便是测量和控制系统十分良好，也会因计算错误而造成整个发射工作的失败。现在发射用的计算机大约要平均正常运转 1 000 小时不出差错，也就是两次差错之间的正常运转时间为 1 000小时。

8.6.3 控制系统（或自动驾驶仪）

控制系统先接收地面计算机发出的无线电讯号，然后与机上方位测定仪测得的数据进行比较，通知执行机构对火箭推力方向进行控制，使火箭的飞行轨道得到修正。

无线电制导系统的主要问题是设计并制造出火箭位置及速度的精确测量系统。我们可以只测位置，然后在计算机中进行对时间的微分，得到速度；也可以只测速度，在计算机中对时间积分，得到位置；也可以同时测位置，测速度。一般地说前两种方法容易引入误差，没有第三种方法准。测速度一般用多普勒频移。测位置可以用雷达，也可以用测电磁波的相位。

除了上述的无线电制导系统外，还有惯性系统，它是利用测量加速度及其积分的方法来判定飞船的速度和方位。这种惯性系统本身包括几个加速度表，它们分别恒定地保持预先选定的方位，不受飞船运动的影响。用来保持加速度表以恒定方位的是陀螺平台。陀螺平台是由高速旋转的陀螺转子固定在万向架上组成，架上的加速度表测出的加速度，经过反馈系统回过来修正平台的偏移，从而保持恒定方位。惯性系统的测定原理是利用加速度表测得该方向上飞船加速度进行积分，一次积分得出飞船的飞行速度，二次积分则得出方位，这样就可以定出飞行轨道。如果测得和计算的结果与正确的轨道发生偏差时，惯性系统即可发出指令，通知执行机构进行控制和调节。惯性制导系统的主要特点是它的整个制导系统是在机体上，除惯性测量系统外还包括有计算系统和控制系统执行机构(而对无线电制导系统则最复杂部分在地面上)，因此这是一套完全自备式的导航控制系统。惯性系统的加速度表及陀螺仪的精度由于现代技术的限制还不可能达到十分高的水平，所以这个系统的测量控制精度都较无线电制导系统差些。

8.7　制导系统的设计

制导系统的设计也是有阶段性的，我们在这里介绍每个阶段中的主要内容和工作方法。

8.7.1　方案比较

制导系统的设计是根据结构总体设计所确定的方案，对控制和导航部分提出的要求进行具体工作。这项设计工作首先也必须进行多方案比较；然后依据整个运载火箭及飞船的任务要求、所需达到的精确度、控制内容，以及现有设备、经验和科学研究的新成就，而提出若干种可能的方案，由制导系统总体设计单位来选择；最后提出两三个比较好又较现实的方案，以供下一步定案作依据。

8.7.2　定案及初步设计

上面所得出的几个比较好的方案，还只是一个初步的原则性的方案，并没有进行很详细的研究、分析和计算，定案和初步设计工作就是要来具体解决这一问题。这项工作是要将各方案中的各部件、元件进行精确度的计算。经过反复计算、比较和平衡，就可确定这几个方案所能达到的精确度。当计算出方案的精确度之后，就可以开始考虑各个系统、部件、元件的精度分布问题。这一步工作也是要进行多方案比较的，因为总的精度要求已经确定了，不能降低，只能采取改进部件和零件的设计精度，并使它们之间的精度分布得更合理，从而使整个方案最后达到总的精度要求。这一步工作需要利用电子计算机进行多次计算和比较，才能最终提出一个可以满足制导要求的制导系统。当这步工作完成时，制导系统总体设计部门也就可以提出各部分、各部件的精度要求。但这时还必须再与各个部件系统设计部门共同磋商，以最后求得既保证总的精度要求，而各个设计部分只要通过一定努力也能完成总体设计部门所提出来的设计任务。这时整个初步设计就完成了，而设计的方案也就最后确定了。

8.7.3 技术设计

各个部分、部件设计部门，从制导系统总体设计部门接受了具体任务和设计要求之后，即可展开具体的部件、元件和线路系统的设计和试验工作，这就是所谓技术设计阶段。各部分进行计算和设计后就可进行元件制造、试验和部件或部分系统的安装工作。其后对这些部分进行各种试验，以检查和鉴定元件、部件和分系统的性能、精确度等是否合乎要求，工作是否可靠。这也是一次反复设计、安装、试验和修改的过程，而试验设备及试验过程也都是十分复杂而精细的。经过这一阶段的细心工作之后，各部门就可以拿出一套成功的精确度达到总体设计要求的部件或分系统。

与此同时，制导系统总体设计部门的主要工作是根据整个方案所确定的设备、部件、流程的要求，建立一套总体试验设备。这套设备包括整个系统要求的线路、电源和辅助设备等。在各部门的成品还没完工之前，总体设计部门就开始利用适当的电子计算机来代替系统上将要用的新设计的电子计算机。其他部分则采用模拟机来代替组成整套制导系统的各个系统、部件，利用模拟讯号和条件进行系统的调整和试验，并对不合理的地方加以修改。当真实部件或电子计算机生产出来，并可提供使用时，则用这些部件或分系统逐步代替相应的模拟机，再反复进行试验调整和修改。最后一直到所有能用实物的地方的模拟机都逐渐被真正的相应的部分替换后，整个系统就变成和真正飞行时的系统（应指出的是运载火箭本身还只能是模拟的）一样。这样再继续进行整个制导系统的地面试验，修改不合理的地方，排除故障，提高精确度和可靠程度。当经过若干次试验后，证明制导精度完全满足了整个运载火箭所提出的要求，工作可靠性也达到了应有的程度，则技术设计工作就全部完成了。

8.7.4 环境试验

整个技术设计工作的完成，也只是说整个系统在静止的稳定的环境条件下能正常工作，初步满足了总体设计的要求。但是，在不同的环境条件下是否也能正确、精密地完成它的制导任务还是一个问题。因此，环境试验是对整个制导系统的一次十分必要的考验。试验是模拟了不同的环境温度、湿度和振动等条件，鉴定整个系统在这些条件下是否还能保证总体设计的要求。由于有了以前的精细的设计和试验过程，这一阶段试验所出现的问题不会太大，一般作一些局部设计的修改就行了。

经过适当的修改和调整之后即可得出一套可供运载火箭使用的制导系统，送交运载火箭的总装车间，在总体结构设计师的领导下和其他部门的配合下进行运载火箭的总装。总装完成之后，即可按照第 4 章所讲的火箭总装后的各个试验步骤进行工作。

最后，值得指出的是制导系统的设计不同于结构和发动机设计。对后两种设计除了要相应地进行一系列试验外，相当大一部分工作是要靠理论计算和理论设计来解决；因为这些设计可以利用现有的理论来解决。而对制导系统则不然，它的很多问题还不能利用理论计算和设计来解决，因目前已有的计算和设计理论还不成熟，故这部分设计工作实际上大部分是具体试验工作，在模拟计算机同电子计算机上作试验，通过实践来反复修正设计。因此，只有经过若干次试验才能得出一套真正的部件或系统。对于运载火箭的制导系统在没有正式飞行以前，在地面已经进行了数以千计的“试射”工作。同时也可以看出制导系统的计算工作是十分繁多而要求也很高的，不但需要各种各样的模拟计算机。而且还需要同一台大型电子数值计算机联合起来形成一个庞大的复杂的计算机系统。因此，要进行这套系统的设计没有近代的计算技术是不能设想的。所以，近代计算技术是设计星际航行制导系统的先决条件。

第 9 章 星际航行中的通讯问题

9.1 星际航行中通讯工作的重要意义

大家知道，星际飞船即便是在太阳系的各行星之间飞行，也比在地面上的任何航行的距离都远得多，因而通讯问题也就更加困难、复杂而重要。因为飞船在航行过程中要不断地与地球上的基地联系，以便确定自己的方位和速度，听取地面基地的指令和把测得的数据和收集到的资料及时而准确地送回基地。同时飞船在太空航道中有时也会出现各种故障，这时也需要及时地与地球取得联系，以便校正、检查和排除故障，地面上也可根据具体情况采取有效措施。星际航行中一旦发生问题，其后果要比地球上任何航行时严重得多；如果不能与地面保持可靠的联系，采取有效措施，那么，就有可能永远回不了地球。因此，星际航行中的通讯工作显得特别重要。

出了地球大气层后，太空中就变得近乎于绝对真空了，以一般速度飞行的星际飞船在飞行中不会受到什么阻力。但是，在这浩茫无际的太空中却充满着各种频率和强度的电磁波。这些无规则的电磁波形成噪声，对通讯用的电磁波有干扰，影响星际航行的通讯工作。目前一般地面上的无线电通讯已经发展到很高的水平，其通讯量是很巨大的；自然也有各种各样的干扰，但是通讯距离很短，更重要的是无论发送或接收设备都在地面上，不受设备重量、能源以及其他一些问题的限制，而且可以适当地解决。然而这些问题却正是星际航行通讯的大问题。随着星际航行的要求和通讯内容的要求不同，因而对通讯能力、准确程度、能源及设备的尺寸和重量的要求也不同。显然通讯距离越远，内容越复杂，则要求越高，其设备的重量也越大，而设备的重量还必须受到飞船重量的限制。因此，这套通讯设备要比一般地面通讯设备要求高。表 9.1 列举了苏联发射的人造卫星和宇宙火箭所采用的一些通讯设备，以使我们更清楚地看到，随着星际航行的发展，其通讯设备也相应地更加复杂而重要。可以看出，金星火箭的通讯系统要比表中其他各个通讯系统复杂，因为飞行的距离远，要求也高；计划要在离开地球 7 000 万公里远还可以接收到讯号。因此，火箭上带有相当重的通讯电子设备、电源、抛物面定向天线和鞭状天线，以供接收和发送无线电波。不仅如此，地面上也相应地配备有庞大而复杂的发送和接收天线及无线电设备和辅助设备，来与飞船取得密切联系，共同完成通讯任务。

除了无线电通讯系统的天线及电子设备外，系统所用的能源也是一个十分重要的问题。当然，地面设备所用的电源，无论是在功率上或是在种类上都容易解决，而在飞船上通讯用的电源则不但要考虑到电源供给能量的大小和种类，而且还必须考虑到电源本身的重量。根据这些要求来看，目前飞船上常用的电源是化学能电源和太阳能电源，将来也可以采取很有希望的核裂变，即原子能源来供给电能。从表 9.1 可知，凡是要求无线电通讯系统工作时间短（两日以下）的情况下多采用化学电池作为电源，因为化学电池所能贮备的能量受电池重量限制，工作时间过长则重量就会变得很大。因为太阳光的能量可以不断地通过太阳能电池转换而得，所以工作时间较长时则采用太阳能电池。只要有相应于通讯系统所需电能大小的设备，就可以长期取得能量。因此，太阳能电池的重量只与功率大小有关而与工作时间长短无关。如果将来要远离太阳到太阳系的外圈行星去作星际航行，由于那里的阳光太弱，那么，太阳能电池也将为别的形式的能源所代替。关于电源问题将在第 13 章中再详细地阐述。

表 9.1　苏联在星际航行中所用的通讯设备

	发射频率/兆赫	发射功率/瓦	天　线	电　源	科学仪器及能源重量/公斤
第一个人造卫星	1)40.002 2)20.005 } 交替 0.3 秒	1	1)2.4 米鞭状天线 4 根 2)2.9 米鞭状天线 4 根	化学电池	
第二个人造卫星	1)40.002 2)20.005 } 交替 0.3 秒	1	1)2.4 米鞭状天线 4 根 2)2.9 米鞭状天线 4 根	化学电池	
第三个人造卫星	20.005 (两套，一套备用)	$\frac{1}{4}$	1)鞭状天线 2)管状天线	1)化学电池 2)太阳能电池	968
第一宇宙火箭	1)19.997 2)19.995 } 最后一级 3)19.993；容器 4)183.6；轨道测量		1) — 2) — 3) 4 根天线	1)银锌电池 2)氧汞电池	361.3
第二宇宙火箭	1)20.003；19.997 交替 0.8～1.5 秒；最后一级无线电观测 2)19.993；39.986 交替 0.2～0.8秒脉冲，脉冲频率(1±0.15)赫；在容器中，发送科学资料 3)183.6；轨道测量			化学电池	392
第三宇宙火箭	1)39.986；交替 0.2～0.8 秒脉冲，脉冲频率(1±0.15)赫 2)183.6；轨道测量		4 根天线	1)化学电池 2)太阳能电池，每天发报 2～4 小时	最后一级仪器及能源重 156.5，行星际站重278.5，总重 435
卫星式太空飞船“东方号”	1)15.765 2)20.006 } 电话 3)143.625		天线同时能收发		
金星火箭	992.8		1)直径为 2 米抛物面天线(在接近金星时才张开) 2)2.4 米鞭状天线		火箭重 643.2

9.2 星际航行中通讯系统的有效功率

星际航行的通讯系统是由飞船上的无线电接收和发送系统与地面上的发送和接收系统组成的(参见图9.1)。要想在离地球很远的地方和地球取得可靠的联系,最重要的就是无线电系统要具有足够的发送能力和接收能力。这不单是要求有足够大的能源,而且也要求无线电设备具有高的电磁波的发送和接收效率。这里所指的发送能力就是指设备的发送功率。不难理解,在一定条件下增加发送功率就可以增加通讯量和通讯距离,也就意味着要用较大的能源,更大、更重的设备,以及更重、更复杂的温度控制设备。这一切都导致飞船的负载重量大大地增加。因此,当设计无线电通讯系统时,就必须在保证不超出允许运载重量的情况下,去选取高效率能源,改进设备的效率,从而减轻每发送单位功率所需的设备重量,增大总的发送功率和有效功率。

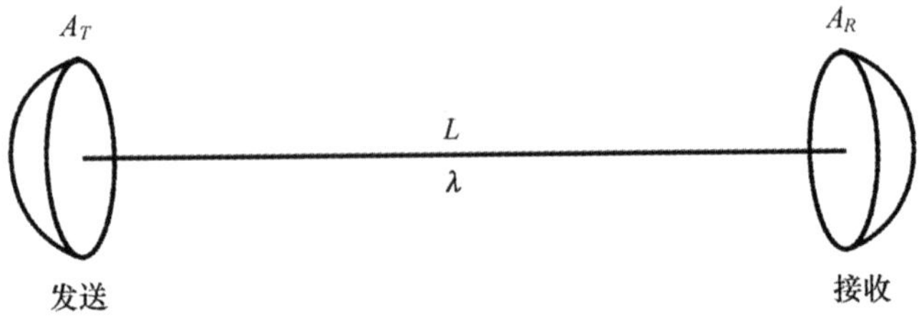

图9.1 通讯系统

如果 P_R 是接收机从天线所接收到的功率,η_R 是天线接收后把它变成电讯号的效率,P_T 是发送的讯号功率,η_T 是天线把讯号变为电磁波的发出效率;那么,可以得出天线发送出的有效功率为 $P_T\eta_T$,而天线接收到的有效功率为$\frac{P_R}{\eta_R}$。又令,发送与接收天线间的距离为 L,采用电磁波波长为

$$\lambda=\frac{光速}{电磁波频率}=\frac{3\times10^{10}}{f}$$

其中 λ 的单位为厘米,频率 f 的单位为赫;如果 $f=1\ 000$ 兆赫,则 $\lambda=30$ 厘米;A_T 为发送天线面积;A_R 为接收天线面积。那么,依照电磁波传播的理论,接收到的天线功率与发送出的天线功率之比,即$\frac{P_R/\eta_R}{P_T\eta_T}$应是$\frac{A_RA_T}{\lambda^2L^2}$,故得出接收功率与发送功率之比为

$$\frac{P_R}{P_T}=\frac{\eta_R A_R \eta_T A_T}{\lambda^2 L^2} \tag{9.1}$$

就现代的设计水平、制造工艺水平和材料而论,所制造出的天线一般 $0.6<\eta<0.8$。(9.1)式只是对发送和接收天线都是定向抛物面天线而言。如果其中一个,例如发送天线采用无方向性的偶极子天线(鞭状天线),那么,接收功率与发送功率之比变为

$$\frac{P_R}{P_T}=\frac{3\eta_R A_R}{8\pi L^2} \tag{9.2}$$

由式中可以看出,比较简单的偶极子天线,其接收和发送功率之比与所用电磁波的发送频率无关。同时由(9.1)式和(9.2)式相比较得知,(9.1)式比(9.2)式多一个$\frac{8\pi}{3}\cdot\frac{\eta_TA_T}{\lambda^2}$的因子,而且

我们知道，抛物面天线的面积以平方米计，而在高频率区波长 λ 为几厘米，故$\frac{8\pi}{3}\cdot\frac{\eta_T A_T}{\lambda^2}\gg 1$，所以(9.1)式的功率比值比(9.2)式的功率比值大得多，说明了有方向性天线的效率高于无定向天线的效率，因此，采用定向天线比无定向天线要好。

由上面所述，说明了有效发送功率决定于天线的方向性。因此，就必须注意两个问题：一方面，虽然可以用星际飞船定向天线来大量增加有效功率，这种天线是控制星际飞船飞行方位和通讯的先决条件，用以作为正常信息的传递；但另一方面，一般希望能在飞船上同时设有用以检查飞船中的故障和定向天线失灵时而作为辅助通讯系统，来与地面基地取得联系的无定向天线，以保证人员及飞船的安全。

星际飞船上的通讯设备只能在飞船重量上占一个适当部分。因此，无线电电子器件、发送和接收天线的重量也只能在一已定的范围互相变动。我们把通讯系统的总重量 W 分为两个部分：一定功率的发送能力 P_T 所需要的电子设备及电源重量 W_A 和一定尺寸天线所具有的重量 W_T，即

$$W=W_A+W_T \tag{9.3}$$

一般说设备的重量越大，其功率也应当越大。但是在这里由于波长与效率成正比，当波长越短时，电子发送设备的转换效率就越低。这就是说不能将所有的能量都变为电磁振荡发送出去，还要剩下一部分能量，这部分能量变成了热能，使设备温度升高。为了使设备的温度保持正常就必须进行冷却，所以需要增加冷却设备的重量(星际飞船是采用辐射冷却器)。当然就会使整个设备的重量增加。这样一些原因使得发送功率 P_T 不与 W_A 成正比例，而与 $W_A\lambda$ 乘积成正比例；说明波长越短，则同一发送机及电源重量能送到天线的功率越小。但是从接收信号的效果来看，不光是靠送到天线的功率 P_T，也要考虑这个功率是集中到多宽的发送波束；波束越窄，功率就越集中，收到的讯号也就越强。如果发送波束宽度 θ 以弧度表示(见图9.2)，天线直径为 D，则从天线理论及实践知道

$$\theta=\frac{0.87}{\sqrt{\eta_T}}\cdot\frac{\lambda}{D}\text{(弧度)} \tag{9.4}$$

当$\frac{\lambda}{D}$很小时，θ 很小，这就相当于能量越加集中。波束中功率密度与波束断面或 θ^2 成反比，即天线的效果，或一般所谓天线的增益与$\frac{D^2}{\lambda^2}$成正比；但 D^2 与天线的面积成正比。又知天线的面积与其重量成正比，故可得出天线的增益与天线重量 W_T 成正比，而与 λ^2 成反比，即天线增益与$\frac{W_T}{\lambda^2}$成正比。

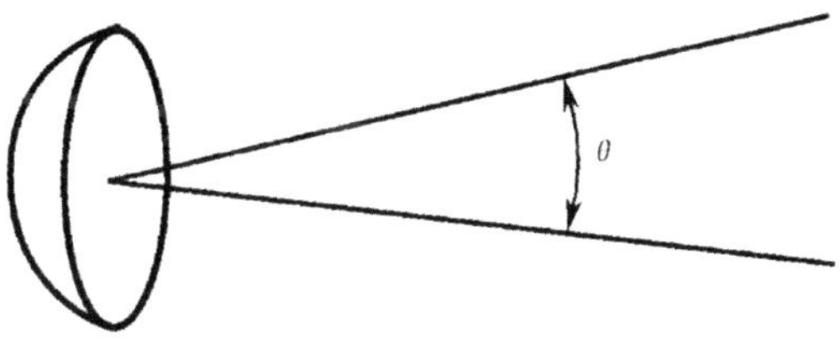

图 9.2　波束角

发送的总效果，是送到天线的功率 P_T 与天线增益之乘积，所以总效果与 $W_A\lambda\cdot\frac{W_T}{\lambda^2}=\frac{W_AW_T}{\lambda}$ 成比例。依据实际经验得出比例常数，结果为

$$发送效果=\frac{P_RL^2}{\eta_RA_R}=45\times\frac{W_AW_T}{\lambda}\ (瓦) \tag{9.5}$$

其中 W_A 和 W_T 的单位为公斤；λ的单位为厘米。可以看出，当 λ 一定时 W_A 与 W_T 的乘积为最大值时，发送效果为最大，这时候通讯系统的设计最适合。由(9.3)式可知，当通讯系统总重量一定时，W＝常数；故求得，只有当 $W_A=W_T$ 时，它们之乘积为最大值，此时的发送效果就最好。这一概念对于飞行器的设计是十分重要的，要求我们把总重量均等地分配于发射机设备及天线之间，取得平衡而达到最佳效果。

从(9.5)式还可以看出，当发送频率越大(即 λ 越小)，那么，发送效果可以越好，但是实际上(9.5)式一般只能用到 10 000 兆赫(即 λ＝3 厘米)左右。其原因有二：一方面由(9.4)式可知 λ 与 θ 成正比，故 λ 变小，θ 角也随之变小。如果 θ 角太小时，则波束太狭，不易对准接收天线，而影响通讯效果；如果要瞄准，那又必须增加飞船上天线的定位装置，会加大重量。另一方面，因电源功率转换为高频讯号后功率的效率将急剧下降，所以 $P_T\sim W_A\lambda^n$ 中的 n，当 λ 小于 3 厘米时就要从以上所说的 $n=1$ 增大，那么情况就发生变化，(9.5)式不能代表事实了。

9.3 星际航行通讯中的噪声

一般对噪声的概念是各种频率掺杂的声音，但更科学地分析噪声会发现它不光是频率杂，有各种频率的振荡相混合，而且每一个频率振荡的相位也是不同的，无规则的。我们这里所指的噪声与此同类，只不过日常生活中指的噪声是声波噪声，而这儿的噪声是指人们听不见的电磁波噪声和接收机内部由热运动所产生的噪声。在日常生活中，我们从经验知道，要克服噪声的干扰，就必须拉开嗓子，即加大发送功率。要想使代表一定讯号的电磁波，在存在着噪声电磁波的空间传向接收天线，就必须和规则声波在有噪声的空间中传播一样，提高讯号的发送能量来克服噪声的干扰。自然，人们也在不断地研究和创造新的接收设备来降低噪声，以达到正确地完成通讯任务而又可节省能量和设备、减轻设备的重量、提高星际航行的效果。

具体要知道通讯所需要的功率，首先就要解决通讯受噪声的干扰问题。那么，我们来研究一下噪声的来源及其强度。下面就分别对几种噪声的影响进行阐述。

9.3.1 银河系背景噪声

可见光波、热辐射波以及其他不可见无线电波等实际上都是不同频率和强度的电磁波。这些电磁波没有单一的频率，对于我们通常通讯用的电磁波来说，就是噪声，它干扰着通讯过程。对任何物体而言，只要它有温度，那么，它就会同时发射各种频率的热辐射电磁波，这都是噪声。很明显，当我们将天线对向天空时，就会收到各种频率、不同强度的杂乱的电磁波。这是因为天体背景上有许多星，它们都在不断地向外发射热辐射电磁波。这种电磁波不单来源于发光的星，也还有许多不发光的星。它们发射的无线电磁波，就是所谓银河系背景噪声，它

是影响星际航行通讯的一个主要因素。

如果接收天线向着一个黑体，黑体温度为 T(开)，那么，在 B 赫频宽中噪声能量为

$$N=kTB=1.380\times10^{-23}TB(\text{瓦})\tag{9.6}$$

其中 k 为玻耳兹曼(Boltzmann)常量，$k=1.380\times10^{-23}$焦/开。黑体温度 T 是指：如果天线波束角 θ 正好对着一个物体，而且所包括的范围正好是物体的大小，此时如物体温度为 T_b，则这时噪声温度 $T=T_b$，T_b 亦称等价黑体温度或有效黑体温度。当天线对准地球时，有效黑体温度即为地球表面温度，约 293°开；在厘米波区域，太阳的 $T_b=6\,000$ 开；在米波区域(100 兆赫)，太阳的 $T_b=10^6$ 开。因此，可以说在一般情况下有效温度 T_b 是随电磁波的频率而变的。如果天线"看到"的目标直径为 d，波束夹角仍为 θ(见图 9.3)，θ 用(9.4)式计算，天线与目标的距离为 L；目标有效温度为 T_b；如果从目标外缘到 θ 波束所看到的范围的环形面积内没有噪声，那么，天线所"看到"的范围内的有效黑体温度可用下式估计

$$T=T_b\left(\frac{d}{\theta L}\right)^2\tag{9.7}$$

实际情况要比这复杂得多，因为天空的任何一个方向都有噪声存在，所以接收天线不管对准任何方向都必然会有背景噪声。宇宙干扰的噪声源在天空分布是不均匀的，最强的非热噪声源分布在靠近银河系中心的天蝎星座与半人马星座方向上。

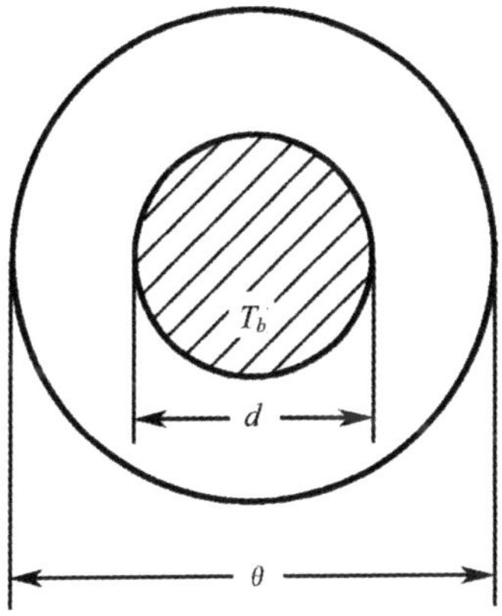

图 9.3　单个物体的噪声

9.3.2　地面大气散射及天线环境噪声

地球是被一层很厚的大气层所包围着的。太阳或银河背景射向地球的光和其他电磁波，首先要经过大气层才能到达地面。当这些电磁波通过大气时，一部分射到大气的分子或原子上，就产生散射作用而形成许多噪声源，因而影响天线的接收。不仅如此，由于天线建立在地面上，而地球表面及表面的气体介质具有一定的温度(约 300 开)，也不断地辐射电磁波，这些电磁波也会对接收讯号电磁波产生干扰。特别是飞船方位接近地平线时定向天线也要指向水平，此时地球表面的辐射电磁波的影响就更大。由图 9.4 可以看出，当包含银河背景，大气散射及天线受地面辐射的影响对于接收频率高于 1 000 兆赫时，垂直指向天线的有效温度约为 70 开，而水平指向天线的有效温度则为 200 开，即说明水平指向受地面噪声影响大。

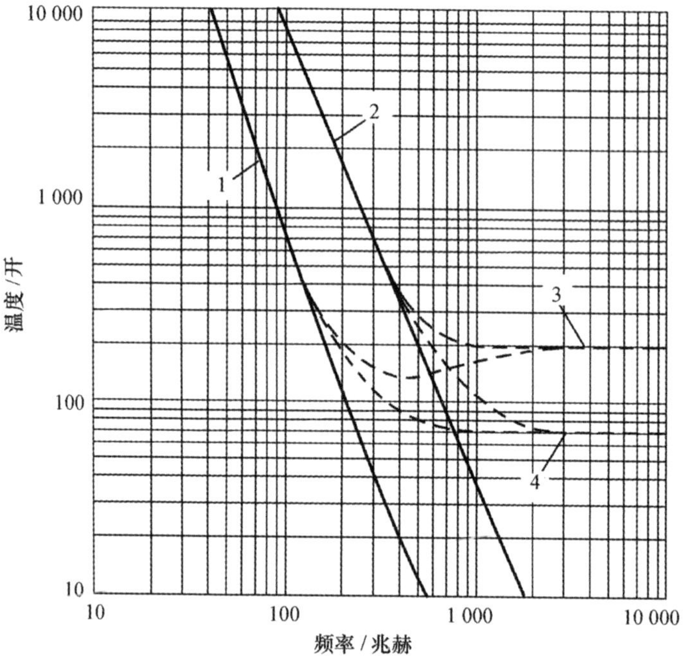

图 9.4 噪声温度(包括银河背景、大气衰减和天线边翅)

1— 根据"热点"温度计算的银河温度；2—根据最低银河背景温度计算的银河温度；

3—天线水平指向时的噪声温度；4—天线垂直指向时的噪声温度

9.3.3 接收机内部的热运动噪声

上面已经阐述和基本解决了外界噪声对天线接收的影响。但是对整个接收系统来说还没有完全解决问题。根据近代物理的观点来看，所有的物质的原子，包括荷电的离子，都处在热运动状态中。自由电子的运动速度，由于电子间及电子与原子、离子间的碰撞，其大小和方向都在不断地无规则地变化着。这些不规则热运动都不断改变着接收机的工作状态，从而使接收机在放大微小的电讯号过程中受到干扰，这种干扰就是接收机本身的噪声。由于科学的发展和科学家、设计师们的努力，对于接收及讯号放大设备都有了很大的改进，使系统的有效噪声温度不断下降，使得放大器系统几乎在绝对零度的条件下工作(见表 9.2)。所以为了降低接收系统本身的噪声，我们可采用参量放大器、量子放大器等，以降低接收机内部的噪声温度(可减到 30 开以下)。但是，由于接收天线在地面上受地面及大气散射噪声的影响，本身已有相当高的噪声温度，故效果不大(目前还不能降到 50 开以下)。为了克服地面辐射及大气散射的影响，有人建议把接收天线送出大气层外到高卫星轨道上去，这样就可以避免地面环境噪声的影响，其效果十分明显。如果在高空我们采用 1 000～10 000 兆赫的微波，则可使天线的有效温度降低到 1 开。这时采用参量放大器或量子放大器就可大大地改善接收效果。所以这种做法对星际航行的通讯工作是很有利的。从上所述的情况看来，接收系统的效果好坏不但与天线所处的环境、位置有关，而且与系统本身的性能有关，也就是与它们的噪声温度有关。由于接收系统是一个整体，要提高设备的效果，即降低其噪声功率就必须将各个部分结合起来考虑。也就是要求在设计时要把天线、放大器和环境的噪声影响配合得很适当，才能提高整个设备的总效果。如果天线由于受环境的影响而使其噪声温度较高，那么，我们单方面去追求降低接收机本身的噪声温度，收效是不大的。反之，我们不考虑设备本身的噪声影响，单纯降低环境对接收的影响也是不必要的。在目前还不能将较大的天线送到高卫星轨道的情况下，对于采用地面的定向天线水平指向时产生的噪声影响，可以用一个简便的办法来减少这一影响。这个办法是在天线场的周围围上铁丝网来消除水平方向上产生的噪声影响。在这样的措施下利用目前的接收设备可以使噪声温度降到 50 开左右，因而这时采用量子放大器可以保证整个系统有良好的接收效果。

表 9.2　各种微波接收机的噪声温度

微波接收机类型(厘米接收区)	噪声温度 T/开
晶体混频器，　$\lambda<1$ 厘米	10 000
晶体混频器，　$\lambda>5$ 厘米	1 500
行波管放大器，　$\lambda>5$ 厘米	750
参量放大器，　$\lambda>5$ 厘米	100
量子放大器，　$\lambda>5$ 厘米	10
将来改进量子放大器	3

9.4　信息率

信息率是信息论的基本概念之一。所谓信息论就是消息传递的理论，它是近代通讯技术的理论基础，也是研究消息在干扰存在时的传递规律。对于科学技术的各个领域，如无线电通讯、有线电通讯、雷达、自动控制及遥测控制、计算机技术等都具有很重要的意义。我们在这里将应用信息论的结果来研究星际航行中的通讯问题。

信息是通讯系统传递的对象。通常是发送机把信息变成为相应的讯号，然后沿通讯线路送至接收机。这种变换过程在一定程度上由所使用的通讯线路的特性来决定。通常可分为三个步骤，第一步是将原始信息变换为电的量，第二步就进行编码，最后进行调制，由专门的调制系统来完成，其调制的方法是通讯系统最显著的特征之一。经过以上三个步骤之后，从发送机发送至通讯线路的是一种反映信息的讯号，而在通讯线路的另一端由接收机将讯号还原为信息。这样就完成了一次发送。其过程可参看图 9.5。

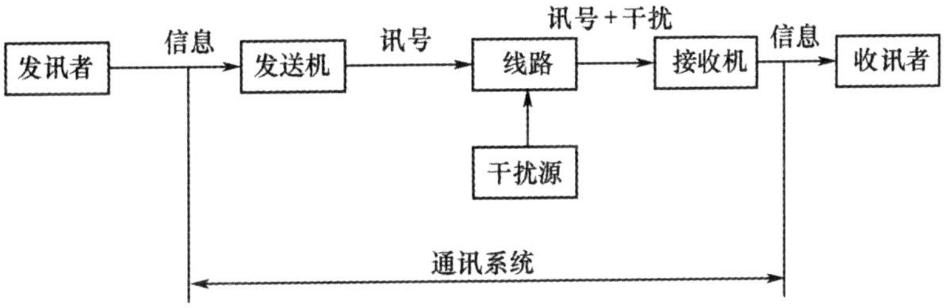

图 9.5　通讯系统方框图

由此看到，同一个信息用各种不同的通讯系统都可以传递。而只是在所要传递的信息量与通讯系统的通路容量相适应的情况下，传递效率才高。所以说通讯系统最主要的特征是信息的通过能力；也就是该系统在保证必需的传递精确度的条件下，单位时间所能发送的信息数量，即我们所要研究的信息率。

那么到底用什么单位来计算信息量呢？要解决这个问题我们必须说明：信息是一种选择，是这样不是那样，是白不是黑，是上不是下，是开不是关，等等。在一个接一个的选择之后，事物就确定了，也就是信息被表达出来了。每一个选择可以用一个二进位数字表示，每一个二进位数字名为比特(bit 即 binary digit)，所以信息量是以比特计的，而信息率为每秒的比特数，即比特/秒。

我们的问题是：需要多大的功率来传递出一定的信息率？在前面我们说过，生活经验告诉我们，在噪声大的地方说话必须多用气力，所以我们的感性知识是传递信息的功率与噪声功率有某种关系，也可以说传递信息是与噪声斗争的过程。在十几年前建立的信息论把人们长期以来的生活实践经验和电讯工程师的经验总结成为一种理论，得出信息通道频宽 B(赫)、接收到的功率 P_R、噪声功率 N 与信息率之间的量的关系。理论给出的是理想信息率 I_0 即最大可能的信息率，也就是当信息通道用得最好时的信息率。它可作为标准来比较各种不同的通讯系统实得信息率的大小，也可以比较各种实际通讯系统的好坏，并指出我们离理想还有多远，将来还可以提高多少。

根据信息论的分析，理想信息率 I_0 应是

$$I_0 = B\log_2\left(1+\frac{P_R}{N}\right) \tag{9.8}$$

其中 I_0 的单位为比特/秒；因为比特是二进位数字，所以其对数是以 2 为底数；B 为信息通路中的频带宽(赫)；N 为在频宽 B 中的噪声功率(瓦)；P_R 为有用讯号的平均功率，即接收到的功率(瓦)。公式(9.8)指出信息率是讯号功率 P_R 及噪声功率 N 之比的函数，即传递一定信息率就要求当 N 大 P_R 也得随着大，这完全符合我们的感性认识。公式(9.8)也表明信息率 I_0 与通讯用的频带宽度 B 成正比例，这就是说如果我们的通讯只用一个绝对单一的频率，那么频带宽度将等于零，而信息率 I_0 也将等于零，即无法传递信息。这是怎么一回事呢？我们想一想就会明白：如果光有一个单一的频率，那么讯号将是单调的连续不断的振动，而且也没有振幅的变化，如图 9.6(a)所示。我们从日常的感性认识就知道，这种单一音调，强弱不变的声音是没有内容的，是枯燥的，即是无信息的。如果要振幅有变化，像图 9.6(b)那样，那么振动实际就不是绝对单一的频率，还有振幅起落的变化频率。如果频带宽度 B 越大，那么变化的可能性就越大，传递信息的能力也就越大。这就是对公式(9.8)的浅略解释。从公式(9.8)可以看到，当增加频宽 B，及讯号与噪声功率之比就可以提高信息通路的信息率。如果 $\frac{P_R}{N}<1$，那么对数部分

$$\log_2\left(1+\frac{P_R}{N}\right) = 1.442\ln\left(1+\frac{P_R}{N}\right)$$

可以展开，这时公式(9.8)就变成为

$$I_0 \approx 1.442B\frac{P_R}{N}\ (\text{比特/秒})$$

由公式(9.6)，$N=1.380\times10^{-23}TB$ (瓦)，则上式为

$$I_0 \approx 1.04 \times 10^{23} \frac{P_R}{T} \text{（比特/秒）} \tag{9.9}$$

其中 P_R 为接受功率，以瓦为单位；T 为有效温度，以开为单位。

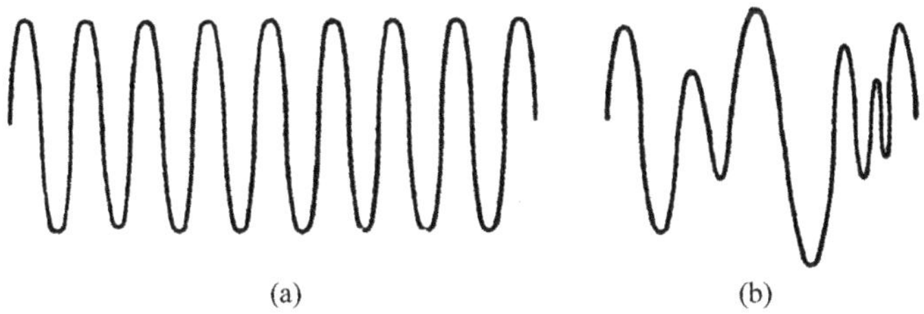

图 9.6　无振幅变化和有振幅变化的电磁波

公式(9.8)只给出了一个理想情况下的最大信息率，而实际的通讯系统的通讯量是低于最大信息率的。其值取决于下面两个因素：一个是要传递的讯号是怎样放入信息通路中去的，也就是采用了什么样的调制系统，如对无线电通讯可以采用调幅、调频及调相的系统，也可以采用其他更复杂的系统；而不同的调制系统，加入讯号其传递效率是不同的，也就是说调制的方法决定了通讯系统的效率。另一个因素为讯号是如何进行编码的，所谓编码就是组合的选择，而组合由不同的讯号单元构成；实际上编码的问题是如何利用原来信息的特性，尽量压缩要传递的信息量而又不失真。这个可能性是存在的，因为自然的信息有或多或少的“废话”，即不必要的信息。所以实得信息量除了公式里已表示出的基本限制因素以外，同时还受调制方式和编码方法的限制。

我们用最老式的调制方法即调幅法时，其真正的信息通路的信息率为理想情况下的最大信息率的千分之一。当采用调频系统时，其真正的信息率为理想情况下的最大信息率的几十分之一。当采用新的反馈调频系统时其真正的信息率为最大信息率的 1/2～1/4。所以当我们用现有最佳的调制系统，真正通讯道的信息率约为最大信息率 I_0 的 1/3.5。对于星际航行中的通讯系统还可以进一步研究，提高其信息率，使它更加接近于理想情况下的最大信息率。

为了使我们明了各种不同的编码方法对通讯量的影响，我们在表 9.3 中列举出三种编码方法下的各种通讯工作所需的信息量。

表 9.3　各种通讯中所需要的典型信息率(比特/秒)

	直接传递	“线性预卜”	复杂编码
有色电视	7×10^7	约 4×10^7	约 10^6
黑白电视	4×10^7	约 2×10^7	约 $10^5\sim10^6$
传递言语	7×10^4	约 4×10^3	约 10^3
电传真	2.4×10^3	约 10^3	约 10^2
英语电报编码(每分钟 20 个字，每字 27.5 比特)	10	约 8	约 2
气象资料(温度在 100℃范围内，精确到 1℃)	0.1	约 0.01	约 0.001

所谓直接传递就是不经过编码把讯号送入调制系统中去。“线性预卜”是利用信息中各单元之间存在的内部联系；当掌握了信息传递有连续性的规律时，就有可能预先估计信息中的下一单元是什么，也就降低了真正新的信息量，从而压缩了信息量。第三种编码方法是复杂的编

码系统，是指预知信息的统计性质，不光是像“线性预卜”那样估计信息的下一单元，而是统观上下文，根据上几个单元来估计下几个单元的情况，这样如表 9.3 所示，其信息量可以更进一步压缩。

9.5 量子效应

在无线电通讯中的基本物理过程是一个电磁波的传播过程，而电磁波的传播是电磁波量子以光速的运动过程。量子是一个很微小的能量粒子，它本身是具有统计性质的。当讯号很弱而噪声很大时，就应特别注意量子效应对通讯的影响。量子效应与一个单位频宽里所接收到的量子数有关。当讯号很弱时量子数较少，那么量子运动的统计性质就显示出来了，发生实际接收量子数的不规则涨落(就如当一个容器里的气体非常稀薄时，每单位容积中的分子数不多，那么由于分子热运动的统计性质，瞬间单位容积中分子数有不规则涨落)，这样就会造成混乱，其讯号的传递受到干扰，即所谓量子效应的噪声或“量子噪声”。为了不发生量子噪声，每赫频宽的量子数必须大于 10。

设 f 为以赫为单位的电磁波的频率。而每一个频率为 f 的量子所具有的能量为 hf，h 为普朗克量子常数。如果 M 为每秒的量子数，则接收到的功率应是每秒量子数乘以每个量子的能量，即

$$P_R = Mhf = 6.62\times10^{-34}Mf\ (\text{瓦}) \tag{9.10}$$

对于通讯所要求的是每赫频宽里的量子数为 $m=\dfrac{M}{B}>10$，则由(9.10)式得

$$M=\frac{10^{34}}{6.62}\times\frac{P_R}{f}=\frac{10^{34}}{6.62}\times\frac{P_R}{\frac{c}{\lambda}}=\frac{\lambda P_R\times10^{34}}{6.62\times3\times10^{10}}$$

由公式(9.6)

$$B=\frac{N\times10^{23}}{1.380}\times\frac{1}{T_e}$$

所以

$$m=\frac{M}{B}=0.695\lambda T_e\left(\frac{P_R}{N}\right)>10$$

其中 T_e 为有效温度，以开为单位；λ 为波长，以厘米为单位。

当有效温度低和波长很短时，就有产生量子效应的危险，故要在以上的限制条件下来选择 λ 和 T_e 的数值，以避免“量子噪声”的产生。

9.6 星际通讯的设备要求

为了使我们对以上公式的应用有进一步的了解，举出下例进行具体的计算。当接收和发送效率的乘积为 $\eta_T\,\eta_R=0.5$，在星际飞船上的发送天线的直径为 2 米(这与苏联发射的金星火

箭上的天线相同)，接收天线的直径为 100 米，波长 $\lambda=10$ 厘米，频率 $f\approx3\ 000$ 兆赫，发送与接收之间的距离 $L=4$ 亿公里，发送功率 $P_T=\frac{1}{4}$ 瓦时，则

$$\begin{aligned}P_R&=\frac{P_T\,\eta_R\,\eta_T\,A_R\,A_T}{L^2\lambda^2}\\&=\frac{\frac{1}{4}\times0.5\times\frac{\pi}{4}\times10\ 000^2\times\frac{\pi}{4}\times200^2}{10^2\times4^2\times10^{16}\times10^{10}}\\&=1.93\times10^{-18}(\text{瓦})\end{aligned}$$

如果 $B=20$ 赫，而 $T_e\approx200$ 开，那么

$$\begin{aligned}N&=1.380\times10^{-23}\,T_eB\\&=1.380\times10^{-23}\times200\times20\\&=5.520\times10^{-20}(\text{瓦})\end{aligned}$$

因此

$$\frac{P_R}{N}=\frac{1.93\times10^{-18}}{5.520\times10^{-20}}=35$$

则

$$\begin{aligned}I_0&=B\log_2\left(1+\frac{P_R}{N}\right)\\&=1.442\times20\ln(1+35)\\&=28.84\times3.58\\&=103.2\ (\text{比特}/\text{秒})\end{aligned}$$

如果采用了现时最好的调制系统，其实际的信息率为

$$I=\frac{I_0}{3.5}=\frac{103.2}{3.5}=29.5\ (\text{比特}/\text{秒})$$

根据表 9.3 这样大小的信息率是足够用来发电报的。我们也可以用具体数字验证公式(9.10)的条件是被满足的，不会产生量子噪声。

由前知道，发送机、接收机及调制系统是星际通讯系统的构成部分。这些设备的作用效果可以归纳在图 9.7 里。图 9.7 中表示出目前的星际通讯系统所能取得的，或者至少可以预见到的信息率作为至星际飞船的距离的函数绘出。图 9.7 中的曲线是假定相应于飞船天线和飞船发送机之间最合理的重量分配，以及假定在接收机中使用了最好的参量放大器，还假定了接收机天线面积和发射系统重量之间的几种组合方法。这几种组合方法代表了用于几种星际航行中的情形。图中的信息率为理想信息率 I_0。从这些曲线中可以明显地看出，对低空飞行卫星和卫星式飞船来说，可以传递大量的信息。例如，在重量为 4.54 公斤的发送机和天线系统中，就有可能从 805 公里高空轨道上的卫星上把电视照片传送到地面直径为 18.3 米的天线上。又如，以 90.8 公斤重的发送机、电源和天线，在 24 小时的卫星轨道上对地面上一个直径为 18.3 米的天线，每秒钟能够传递 10^9 比特信息。这是在近 100 路电视中所包含的信息。

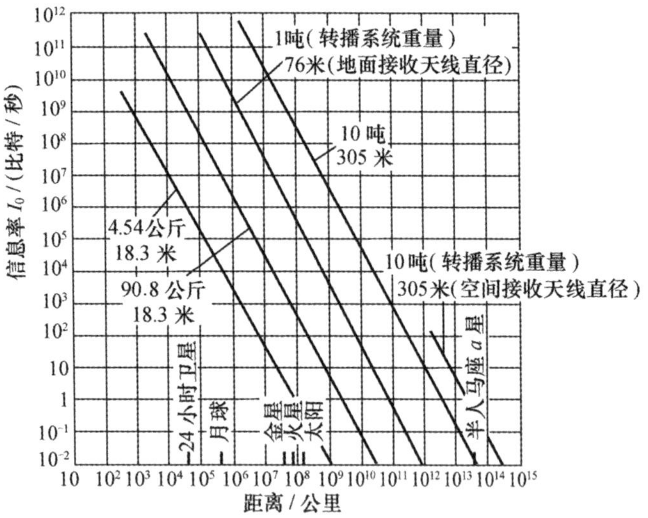

图 9.7 星际航行通讯系统的性能

另一类问题是星际飞行及对月球的探测。以一个 90.8 公斤的系统，可以从月球把电视照片或 10^7 比特/秒的信息发送到地面。如果发送机-天线系统只能有 4.54 公斤，则最大传递率降低到 10^4 比特/秒。如果用一个无方向性的天线，则一个4.54公斤的系统所能传递的最大信息率就下降为 100 比特/秒。

第三类星际飞行是对金星和火星的探测。在这种飞行中，一个 4.54 公斤重的系统，以最佳的发送机和天线，每秒只能传递 1 比特的信息；然而用一个 90.8 公斤重的系统，在地球与金星或火星之间最短的距离内，其信息率达到 1 000～1 500 比特/秒的数量级。如果信息是从一个围绕着金星或火星运转的卫星上发出的，用一个 90.8 公斤的发送机，只要地面上应用直径为 76 米的天线，在火星整个轨道上每秒都可以传递 100 比特的信息。要在任何位置上，从金星或火星的卫星上传递更多的信息，就必须有一个比这更好的通讯系统。例如，在金星的最远位置上，以一个 10 吨重的最佳发送系统，对地面一个直径为 304.8 米的接收天线，每秒可传递 5×10^8 比特的信息。

最困难的通讯要算是对恒星际探测体的通讯。即使以一个 10 吨的传递系统和一个直径为 304.8 米的地面接收天线，也刚刚能对距离最近的星，半人马座的 α 星进行跟踪探测。在这样大的距离上信息率是很低的，只有 0.01 比特/秒，而对振荡器稳定性的要求又很高，约为 10^{-12}。因此，严格地说，在目前的技术水平下，还不能进行这种飞行。但有人这样设想，把接收天线安置在一个围绕地球运转的卫星上，此卫星的高度须使地球表面产生的热量对天线中所接收到的能量影响很小，其量子放大器固有的低噪声性能就可充分发挥出来。如果这是可能的话，则可以在飞船上用 10 吨重的最佳发送系统，并在离地很高的卫星上设一个直径为 304.8 米的接收大天线，这样就可以以约为 1 比特/秒的信息率给半人马座的 α 星提供信息。从这里可以看出，在恒星际距离中进行通讯还存在着大量的问题，有待于今后继续研究来解决。

9.7　地面接收天线

从上一节我们看到星际航行所需要的地面天线是十分庞大的，建立这种大天线也就成为无线电技术中的一个新而困难的问题。要决定地面接收天线的类型，首先应决定工作的频率，同时必须使用能在较宽的频率范围内工作的天线。由于具有广大有效收集面积的多元的天线阵，其频率是固定的，所以不好用，不如用对频率不敏感的抛物面天线。而且，由于要在很大的角度里跟踪星际飞船，而天线阵方向性是固定不变的，只有选择可以转动的抛物面天线才能满足各方面的要求。在适合于进行星际通讯的天线中，已知可以提供使用的最大的天线是在英国 Jodrell Bank 地方，直径为 76 米的天线。设备相当大，其重量约几千吨。抛物面是支在一个有两个垂直支柱及一水平轴所构成的支架上（见图 9.8），而支架可以沿地面的圆形轨道绕垂直轴旋转，同时抛物面还可以绕水平轴摆动，以便能对准发送的方向，而且保持高度的准确性。实际上这样一个接收天线的设备就是一个射电天文望远镜，其精确度的要求也是同样的，它也可以作星际飞船跟踪雷达的天线。

图 9.8　英国 Jodrell Bank 天线

这种抛物面天线一方面要大，而另一方面还要保证抛物面有很高的准确度，在任何情况下变形小，这才能把电磁波收集起来，集中到焦点，送入馈电器（馈电器是连接天线与发送机或接收机之间的电能传输设备），不然增加天线尺寸也不能收到应有的效果；这就必须使结构的实际变形保持在波长的十六分之一以下。如果波长为 30 厘米，天线直径为 200 米时，最大允许变形为直径的 1/10 000，即抛物面的精度为万分之一。而且这种几何形状的精度，即便在各种温度变化及风力作用下也得保持。对不太大的天线，如英国的 76 米直径的天线还可以用加强结构的办法来做到，但如果直径超出 100 米，估计光是加强结构就会使整个天线更加笨重，从而带来了转向的困难。所以 100 米直径以上的天线，必须用自动作用的活动支撑，来对抛物面的形状作必要的补偿及修正。这样一来，天线本身就是一个非常复杂的巨型装置。这就好像盖一座 40 层的大楼，而又要大楼能自由上下左右地转动，并且在运动中及大气中自动地调整其外形，最大变形不超过 2 厘米，它简直是一座庞大的精密机械。美国在西弗吉尼亚州山区中建的天线即属这种类型，其天线直径为 180 米，所使用的材料就有约 2 万吨钢和铝，计划在 1962 年建成。

从以上可以看出星际航行中的通讯技术是一门复杂的科学领域，它包括了无线电电子技术中最尖端的部门，需要很复杂的高精度而且很庞大的设备；同时也是星际航行中不可缺少的一部分，它必将随着星际航行的发展而发展，为星际航行提供更良好的条件。

9.8 卫星式通讯中继站系统

有人也想到利用人造卫星作为无线电通讯的中继站，因为现代的火箭技术有可能把一个足以作为反射器的结构送入卫星轨道，也就是用人造卫星作为无线电讯号的反射器，那么就可以用很短的波长如 10 厘米的电磁波在更广大的地面内进行通讯(见图 9.9)。由于在接近地平线附近，地球大气引起的传播异常现象对通讯有影响，故采用高轨道卫星较为好。另一个原因是因卫星在不断地运动，这样要提供几乎不中断的传递讯号就成为不可能，要得到连续传递，必须使用多个卫星作为中继站。所以最理想的是采用一个不动的卫星作为中继站，因此也促使我们不采用低轨道卫星，而采用高轨道卫星作为中继站。如果有了足够准确的导向设备以及调整轨道高低和位置的长寿命的方法，就有可能使用在周期为 24 小时的轨道上的“固定”中继站。这对于通讯是很有利的。就目前而论，认为卫星式无线电通讯的中继站可能有四种类型，其特点可参看表 9.4 。

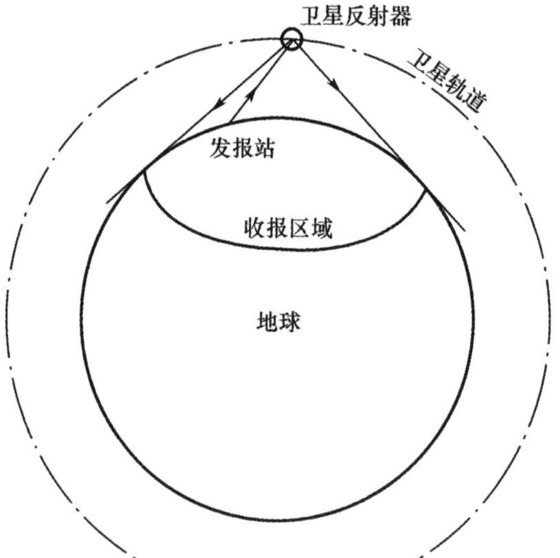

图 9.9 利用人造卫星作无线电通讯的中继站

所谓被动式中继站，实际上就是一个电磁波的反射器，把地面发送站的电磁波反射到地面接收站上。而主动式中继站才是真正的中继站，先接收从地面发送站来的讯号，然后发射到地面的接收站上去。可以看出，主动式中继站收发机有限定的作用范围和限定的频带宽度。因此，只能同时用于有限数量的独立讯号。但主动式中继站能量较集中，只要较小的地面天线。另一方面对于宽频带的使用而言，大型天线和大发送机功率是有一定优点的。当用被动式中继站时，只能反射电磁波，可用的带宽几乎是无限的；它实际上为一线性装置，即能使用许多频率和不同功率，在许多不同收发点进行多路通讯而不发生串话；但它所需的地面天线较大。对于高轨道卫星中继站其天线是固定的，因为方位要稳定，故其上面的设备是相当复杂的。总的来看，卫星式的无线电中继站具有一定的优点，但目前还有许多问题尚待研究，故还没能建成一个卫星式无线电通讯中继站；但它的可能性是存在的，实现它只是一个时间早晚的问题。

表 9.4

轨　道	中继站的形式	
	被动式(反射器)	主动式(接收后，再发送)
低轨道(周期为1～3小时)	最简单的是一个表面喷有金属的塑料气球，直径约为30米。(地面有大型可转向的天线)	载有轻型微波发送设备和电源及低定向性的天线。(地面有中型可转向的天线)
高轨道(周期为24小时)	方位稳定的反射器(平面反射器)。(地面有特大的固定天线)	载有重型微波发送设备及电源和高度定向性的天线，方位稳定。(地面有固定中型或小型的天线)

9.9 电磁波传播问题

我们在以上各节里还没有谈到通讯用电磁波在空间的传播问题。传播问题有几个方面，如波的多普勒频移，波由于传播中受介质的吸收而衰减，波的极化或极化角受传播介质的作用而偏转，电磁波与地球磁场的作用，以及波在传播介质中的折射。在这里我们只阐述电磁波的折射问题，因为这将影响通讯的可能与否，是个比较重要的问题。电磁波的折射主要是由于地球上层大气中的电离层(见1.4节)，在那里存在着电子。所谓不同的电离层就是在每一层的中间出现一个电子浓度的峰；E层的峰值不太大，约为5×10^5个电子/厘米^3；F_1层的大些，约为1.0×10^6个电子/厘米^3；F_2层的峰值最大，约为1.8×10^6个电子/厘米^3。因此为了把问题简化些，也可以略去细节，把电离层看做是一层，从约100公里高度开始，电子浓度逐渐上升，到300公里高度左右达到最高值，再高电子浓度又下降。我们就来研究这样一个电离层模型对电磁波的折射。我们也将忽略一切偏离球形的影响，把地球看做是一个圆球，简化了的电离层是一个球形壳，这样整个问题就有了球对称性。我们可以把问题限制在包含发报点、收报点及地心的平面中，在这个平面中分析问题(见图9.10)。

令r为电磁波传播线上任意一点到地心的距离，α为传播线与当地垂直方向的夹角，那么电磁波折射定律为

$$r\mu\sin\alpha=r_0\mu_0\sin\alpha_0 \tag{9.11}$$

其中下标0代表发报点的数值，而μ为折射指数。如果电磁波频率在20兆赫以上，则

$$\mu^2=1-\left(\frac{f_0}{f}\right)^2 \tag{9.12}$$

其中 f 为电磁波的频率，而 f_0 为由电子浓度 N（电子/厘米^3）所计算出来的等离子体的频率，即

$$f_0^2=\frac{1}{4\pi^2}\cdot\frac{Ne^2}{\varepsilon_0 m}=0.806\times10^8\,\mathrm{N} \tag{9.13}$$

其中 e 为电子电荷，m 为电子质量，ε_0 为真空介电常数。如果电子浓度为零，那么 $f_0=0$，$\mu=1$，这样我们可以从公式(9.11)中推出 $r\sin\alpha=r_0\sin\alpha_0$，那么如图 9.10 所示，传播是沿着直线进行的。但在电离层中，电子浓度不等于零，因此就有折射。

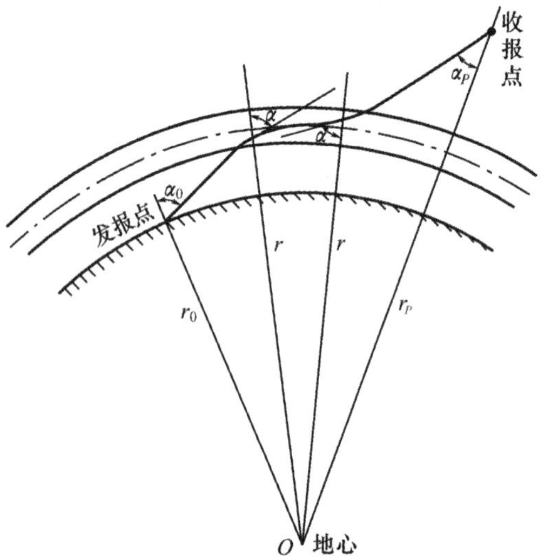

图 9.10 地球电离层的折射

我们首先来看一下从地面发报的情况。总的情况可以用图 9.11 来表达。图中 1 线代表垂直发送，$\alpha_0=0$，那么公式(9.11)得出 $\alpha=0$，即无折射问题。2、3、4 线代表倾角逐渐减小时的情况，折射的影响也就逐渐明显。如果发送方向的倾角再减小，那就发生像 5、6 两线的情况，电磁波束一出电离层，就很快地发散；这就是说即便在地面发送站的波束很窄，出了电离层也会变宽，这就使讯号减弱。这种减弱讯号的机制是由于电离层的折射，是我们在以前各节中所没有讲到的。但如果不出电离层，5、6、7 三线表示波束还是压窄的趋势，讯号还可以加强，这也是电离层折角的效果。如果发送方向的倾角再减小，那就产生 7、8 两线的情况，讯号不能透过电离层；所以对在电离层以上的人造卫星或卫星式飞船来讲，有一个与地面站通讯的最大距离，大于这个距离就接不到讯号，不能通讯。值得注意的是：8 线联系到地面收报的最近点 A，如果我们再压低发报方向，地面收报点反而离发报点更远！如 9 线。这也就指出在一点 B，同时有三条线通到发报点 O，两条直接线 7 和 9，一条反射线 8。O 到 A 之间为地面无讯号区。如果电磁波的频率比较高，那么从公式(9.12)可以看出 μ 接近于 1，即折射作用弱，波不容易反射，在倾角还没能小到招致反射以前就可能先已经发生传播线切于地球表面的情况，如图9.12 所示。这也就限制了发报点与收报点之间的距离。

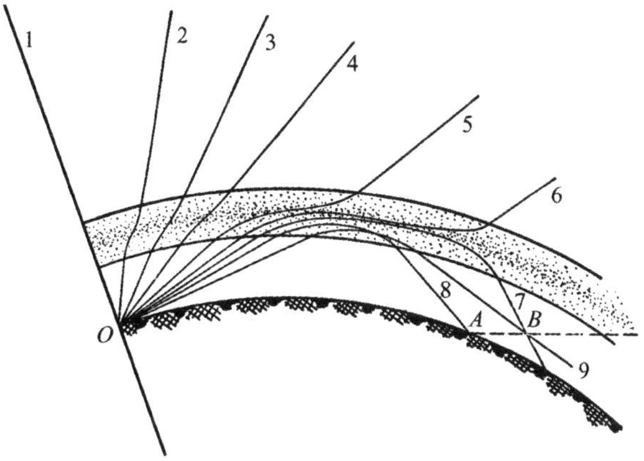

图 9.11　地面发报点，发出电磁波（比较低频）被地球电离层折射的情况

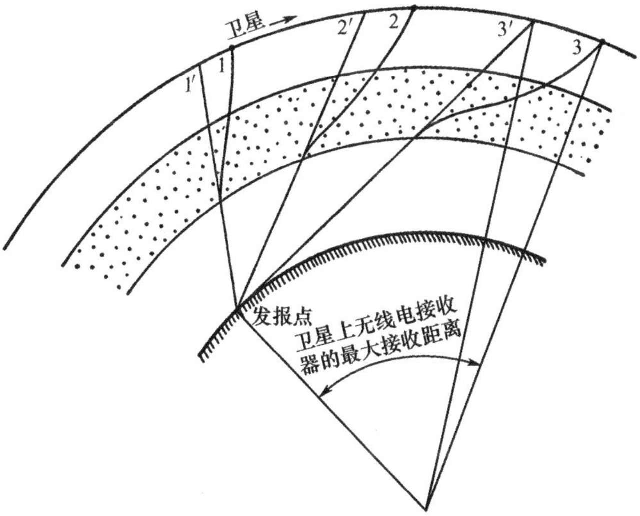

图 9.12　地面发报点，发出电磁波（比较高频）被地球电离层折射的情况

如果发报点在电离层之上，那么情况就如图 9.13 所示。这里也有一些能比较直接穿透电离层的线，如 1、2、3、4 线；但到了 5、6、7 等线就受到更强的折射影响而散布到地球表面广大区域，讯号强度也就大大削弱了。所以虽说在发报点的地球阴影地区也能收到讯号，但是讯号很弱。8、9、10 线代表跳出电离层的传播线；而 11 线为外切电离层的方向，发报方向倾角再减小就不再与电离层起作用了。B 点代表一个值得注意的情况：在那儿可以有三条线通向发报点 O，两条线是由电离层反射来的，而另一线是直接通向发报点 O 的。如果我们使用的频率较高，折射的作用就比较弱，那么就可以出现如图 9.14 所示的情况，即出现 ABA′的无讯号区。

从以上的介绍可以看出电磁波传播是一个复杂的问题。就以折射而论，一方面它使得讯号强度的计算复杂化，但另一面它也指出，如果我们使用不太高的频率，那么就可以利用电离层折射来扩大通讯区域，从而减少地面站的数目。后一点对地面与人造地球卫星及卫星式飞船之间的通讯来说，尤其显得重要；这也说明为什么如表 9.1 所示，苏联在这类星际飞行器上用的频率不高。总之，电磁波传播问题是星际航行技术中的又一个要深入研究的问题，我们在上面所说的还是用了简化的球对称假设，实际上地球上各地的电离层不是均匀的，这又引入了新的因素；但是另一面也要看到解决问题的理论和资料是具备的，我们所要做的是利用近代计算技术进行大量的具体计算和分析。

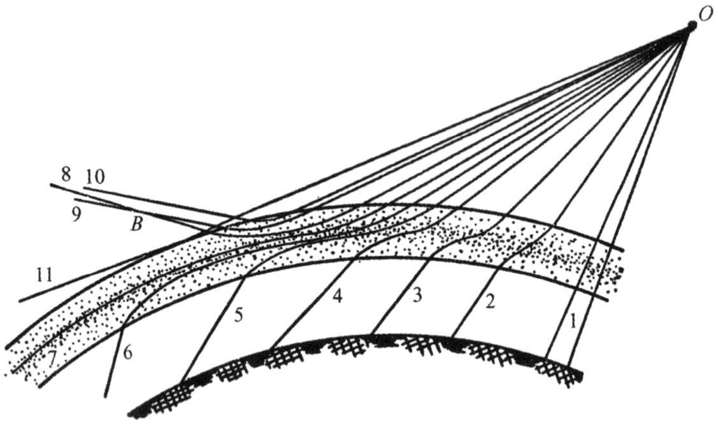

图 9.13 电离层上发报点，发出电磁波(比较低频)被地球电离层折射的情况

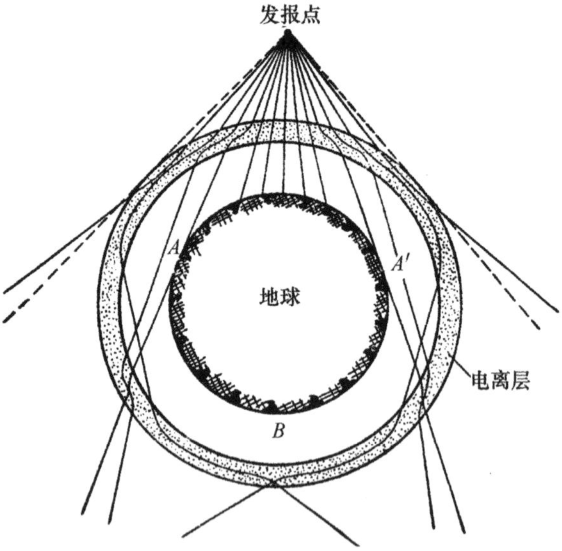

图 9.14 电离层上发报点，发出电磁波(比较高频)被地球电离层折射的情况

9.10 光波通讯

从一般通讯公式(9.1)中可以看出：如果我们缩短波长 λ，就可以提高接收功率与发送功率之比，这就提高了通讯的效率。从另外一个角度看，保持$\frac{A_T}{\lambda^2}$的比率，那么缩短波长 λ 就能减小抛物面发送天线的尺寸，也就是在保持通讯效率的前提下减轻重量。因此缩短波长对星际

通讯来讲总是有利的,问题在于能不能产生波长很短的而相位又有规律的电磁波,然后再通过调制这种电磁波而把信息加上去。一般的单色光源,从波长来说是很短的,不到 1 微米,也就是不到 3 000 兆赫无线电波波长的十万分之一;但是它的相位是杂乱无章的,可以说完全是一种噪声,而且即便名义上是单色的,实际上它的频率范围还是太宽。因此一般的光源虽说是一种波长很短的电磁波,但并不适用于远距离通讯。

这种情况在近几年已有了变化,物理学家创制了光量子放大器,它能把一般光源的那种杂乱无章、频带很宽的光浓集到一个很窄的频带内,而且产生出来的光束具有相位一致、方向一致、偏振一致的特点,也就是我们得到真正像无线电波那样的光波束。例如用一类萤光晶体(如红宝石)为工质,就能制成这种光量子放大器,它能把本来波长分布在 800 埃(1 埃$=10^{-8}$厘米$=10^{-4}$微米)区域内的光能浓集到波长分布在 0.1 埃以内,而波束宽度只有 0.1°。有了这样的光束就给星际通讯带来了全新的可能,开辟了高信息量、远距离通讯的光辉前景。在这种通讯系统中,我们可以直接利用太阳光作能源来激发光量子放大器。根据这些设想来计算系统的性能,发现我们将不但能实现高信息量的太阳系中的星际航行通讯,而且也有可能实现将来的恒星际的宇宙航行通讯。自然,真正实现这种使用光量子放大器的通讯系统,还需要进行大量的研究工作,要更进一步压缩光束的宽度,要解决调制频率的问题,要解决加载信息即调制的问题。有人估计,这些问题都将在近 10 年中得到解决;那将是星际航行通讯技术的一个大发展。

第10章 再入大气层

10.1 人造卫星或星际飞船的降落问题

在前面的章节中，主要是解决人造卫星或星际飞船的发射和运行问题。但是随着星际航行技术的发展，进一步的问题就是载人飞船飞出地球大气层或到太阳系的其他行星去。这样一来就给人们提出一个新问题，就是飞船如何在地球或其他星面上降落的问题。而也只有当降落问题从理论和实际上得到解决之后，人们才能够乘坐飞船到地球之外去旅行。显然，等到将来星际航行事业高度发展的时代，这些问题将会变成和现代航空一样寻常的事。

我们知道，不论是卫星或星际飞船，都是以相当高的速度（大约等于第一宇宙速度）绕地球运动或以更高的速度（达到第二宇宙速度以上）接近地球或星球。为了使飞船降落在地面上，必须减低它的运行速度；因为当它以等于或大于第一宇宙速度飞行的时候，它是永远不会落到地面上来的。在发射飞船时是一个加速过程，即是要让飞船在运载火箭的推动下，由静止到运动，由低速到高速，最后达到飞行的目的。而降落过程实际上是发射的逆过程，即是要使高速飞行的飞船减速，最后降落在地面上。很显然，我们完全可以利用与飞船飞行方向相反的火箭沿着发射轨道及过程进行减速，沿发射轨道逆向降落到地面上。图10.1即表明了起飞与回地的两个方向相反的轨道。这里应当指出，如果飞船是在没有大气包围（或大气非常稀薄）的星面上降落，如在月球上降落，这也许是一个唯一可行的办法。但是对于在有大气层的星球（如地球、火星等）上降落，这却是一个原始的而且十分不经济的办法。因为，要把1吨重的卫星从地面加速到8公里/秒的速度，则运载火箭的起飞重量约需100吨。所以要使卫星沿与起飞路线相反的方向，由卫星轨道降落到地面，卫星本身重量与要求的减速运载火箭重量之比为1∶100。因此，很容易看出，当要发射一地球卫星并降落到地球上，那么，降落到地面上的有效负载将为起飞时运载火箭总重量的1/10 000。显然，这种办法是十分不经济的。

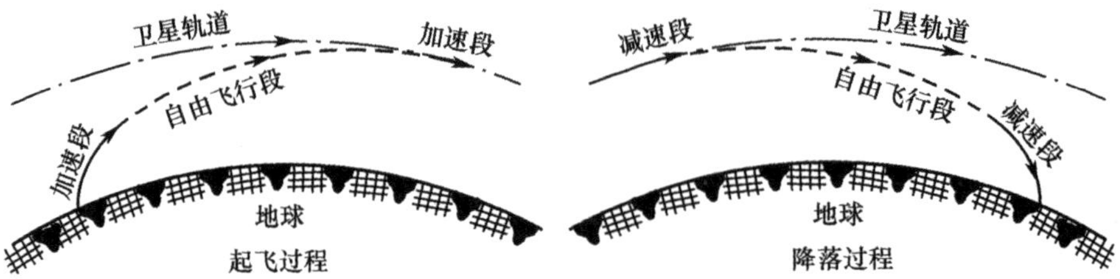

图10.1 用火箭推力制动的轨道

更好的办法则是利用地球表面大气层的空气阻力来使飞船减速，这种办法确实是比前面的办法经济得多。它的减速过程是这样的：首先，让卫星或接近地球的星际飞船，用一小段推力，使它的轨道朝向大气层，这以后不再用火箭来减速，由于飞船以一定速度在空气中飞行，而受到大气的阻力作用，使飞船逐渐减速，最后降落到地面上。这样就可以节省大量的推进剂并大大地减轻发动机的重量，从而使降落单位质量所需的运载重量大大降低，提高了星际航行的飞行效果，使得星际航行和返回地面变得更加现实。然而，大气层对飞船的着陆还存在着不利的一面，那就是：由于卫星或星际飞船进入大气层时速度很高，为大气中声速的 25 倍以上。因此，空气对飞船的头部形成激波和摩擦，产生高热，如果没有采取特殊的措施，将使飞船烧毁。但对于这个问题，现在已经有办法解决，我们将在 10.4 节中阐述。所以利用空气阻力来降落是完全可能的，这就是所谓再入大气层问题。

10.2 再入大气层的轨道分析

无论按照什么方式使卫星或飞船降落到地面上，它们都是遵循质点在中心力场中运动的原理，沿一定的轨道运动。在第 6 章里我们讨论过了质点的运动，因此我们有质点在极坐标中向原点力场的运动方程，径向及周向运动方程为

$$\frac{\mathrm{d}}{\mathrm{d}t}\left(\frac{\mathrm{d}r}{\mathrm{d}t}\right)=r\left(\frac{\mathrm{d}\theta}{\mathrm{d}t}\right)^2-g+F_r \tag{10.1}$$

$$\frac{\mathrm{d}}{\mathrm{d}t}\left(r^2\frac{\mathrm{d}\theta}{\mathrm{d}t}\right)=rF_\theta \tag{10.2}$$

这里可认为 g(重力加速度)是不变的，因为再入时受到大气阻力作用一段的轨道高度变化只有 100 多公里，比起地球半径来说太小了。此外，我们以 v 为飞船在轨道上的速度；φ 为飞行轨道与当地水平方向的夹角(如果对再入飞行，则 φ 为负值)；M 为飞船的质量；D 为飞船受到的空气阻力；L 为升力(见图 10.2)。故得出单位质量飞船所受的径向力为

$$F_r=\frac{1}{M}(L\cos\varphi-D\sin\varphi) \tag{10.3}$$

周向力为

$$F_\theta=\frac{1}{M}(-L\sin\varphi-D\cos\varphi) \tag{10.4}$$

同时，我们有飞船的径向飞行速度及周向飞行速度

$$\frac{\mathrm{d}r}{\mathrm{d}t}=v\sin\varphi \tag{10.5}$$

$$r\frac{\mathrm{d}\theta}{\mathrm{d}t}=v\cos\varphi \tag{10.6}$$

因此，(10.1)式及(10.2)式可写成

$$\frac{\mathrm{d}}{\mathrm{d}t}(v\sin\varphi)=\frac{v^2\cos^2\varphi}{r}-g+\frac{D}{M}\left(\frac{L}{D}\cos\varphi-\sin\varphi\right) \tag{10.7}$$

$$\frac{\mathrm{d}}{\mathrm{d}t}(rv\sin\varphi)=-r\frac{D}{M}\left(\frac{L}{D}\sin\varphi+\cos\varphi\right) \tag{10.8}$$

由空气动力学得知常用的阻力与升力关系为

$$D=\frac{1}{2}\rho_\infty v^2AC_D=\frac{1}{2}\rho^*\mathrm{e}^{-\beta h}v^2AC_D \tag{10.9}$$

$$L=\frac{1}{2}\rho_{\infty}v^{2}AC_{D}\left(\frac{L}{D}\right)=\frac{1}{2}\rho^{*}e^{-\beta h}v^{2}AC_{D}\left(\frac{L}{D}\right) \tag{10.10}$$

其中 ρ_{∞} 为在高度为 h(米)处的空气密度，而 ρ_{∞} 可以足够准确地表达为 $\rho_{\infty}=\rho^{*}e^{-\beta h}$，$\rho^{*}$ 为地面的大气密度；β 为常数(量纲为[长度$^{-1}$])，$\beta=\frac{1}{7\ 000}$；A 为参考面积(一般用飞船在飞行方向的横截面积)；C_D 为无量纲阻力系数(一般 $C_D\approx1$)。

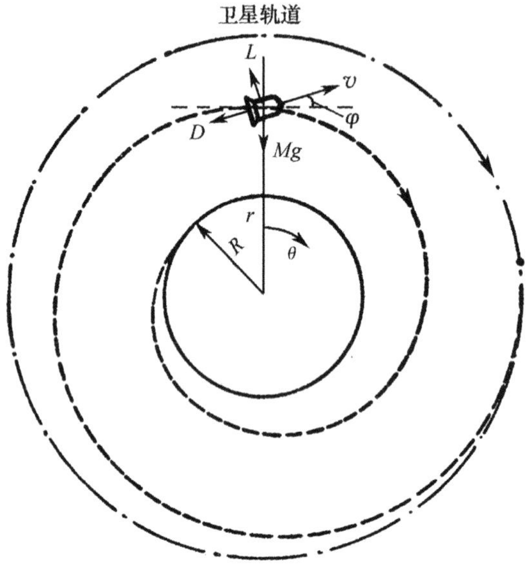

图 10.2 用大气制动的轨道

用飞船质量除(10.9)式得

$$\frac{D}{M}=\frac{\rho^{*}e^{-\beta h}v^{2}}{\dfrac{2M}{C_D A}} \tag{10.11}$$

代入无量纲速度

$$\bar{v}=\frac{v}{\sqrt{gr}}$$

其中 r 为飞船距地球中心的距离，当 $r=R$ 时，则 $\sqrt{gr}=V_1$(第一宇宙速度)；同时当升阻比 $\left(\frac{L}{D}\right)$ 为常数，而 L 和 D 的变化主要是依于 $e^{-\beta h}$ 及 v 的变化，则(10.11)式可改写成

$$\frac{D}{M}=\frac{\left(\dfrac{\beta}{r}\right)^{\frac{1}{2}}\left(\dfrac{r}{\beta}\right)^{\frac{1}{2}}(gr)\,\bar{v}^{2}\rho^{*}e^{-\beta h}}{\dfrac{2M}{C_D A}}=gr\left(\frac{\beta}{r}\right)^{\frac{1}{2}}\bar{v}Z$$

即

$$\frac{D}{M}=g(\beta r)^{\frac{1}{2}}\bar{v}Z \tag{10.12}$$

在式中引入一个新的变数

$$Z=\frac{\rho^{*}\left(\frac{r}{\beta}\right)^{\frac{1}{2}}\bar{v}\,\mathrm{e}^{-\beta h}}{\frac{2M}{C_D A}} \tag{10.13}$$

从(10.12)式可以看出，$\frac{D}{M}$是质量除阻力，其量纲与重力加速度 g 相同；βr 是无量纲的，$\bar{v}$ 也是无量纲的，所以 Z 是无量纲的。这样一来(10.7)式及(10.8)式可以写成如下形式

$$\frac{1}{g}\cdot\frac{\mathrm{d}}{\mathrm{d}t}(\sqrt{gr}\,\bar{v}\sin\varphi)=\bar{v}^2\cos^2\varphi-1+(\beta r)^{\frac{1}{2}}\bar{v}Z\left(\frac{L}{D}\cos\varphi-\sin\varphi\right)$$

$$\frac{1}{gr}\cdot\frac{\mathrm{d}}{\mathrm{d}t}(\sqrt{gr^3}\,\bar{v}\cos\varphi)=-(\beta r)^{\frac{1}{2}}\bar{v}Z\left(\frac{L}{D}\cos\varphi+\sin\varphi\right)$$

把这两个微分式展开，并代入$\frac{\mathrm{d}r}{\mathrm{d}t}=v\sin\varphi=\sqrt{gr}\,\bar{v}\sin\varphi$得

$$\begin{aligned}\frac{1}{g}\cdot\frac{\mathrm{d}}{\mathrm{d}t}(v\sin\varphi)&=\frac{1}{g}\cdot\frac{\mathrm{d}}{\mathrm{d}t}(\sqrt{gr}\,\bar{v}\sin\varphi)\\&=\frac{1}{2}\bar{v}\sin\varphi\frac{1}{g}\sqrt{gr}\frac{1}{r}\sqrt{gr}\,\bar{v}\sin\varphi+\\&\quad\frac{1}{g}\sqrt{gr}\sin\varphi\frac{\mathrm{d}\bar{v}}{\mathrm{d}t}+\frac{1}{g}\sqrt{gr}\,\bar{v}\cos\varphi\frac{\mathrm{d}\varphi}{\mathrm{d}t}\\&=\frac{1}{2}\bar{v}^2\sin^2\varphi+\frac{\sqrt{gr}}{g}\sin\varphi\frac{\mathrm{d}\bar{v}}{\mathrm{d}t}+\frac{\sqrt{gr}}{g}\bar{v}\cos\varphi\frac{\mathrm{d}\varphi}{\mathrm{d}t}\end{aligned}$$

$$\begin{aligned}\frac{1}{gr}\cdot\frac{\mathrm{d}}{\mathrm{d}t}(rv\cos\varphi)&=\frac{1}{gr}\cdot\frac{\mathrm{d}}{\mathrm{d}t}(\sqrt{g\,r^3}\,\bar{v}\cos\varphi)\\&=\frac{3}{2}\cdot\frac{1}{gr}\bar{v}\sqrt{gr}\,\bar{v}\sqrt{gr}\sin\varphi\cos\varphi+\frac{\sqrt{gr}}{g}\cos\varphi\frac{\mathrm{d}\bar{v}}{\mathrm{d}t}-\frac{\sqrt{gr}}{g}\bar{v}\sin\varphi\frac{\mathrm{d}\varphi}{\mathrm{d}t}\\&=\frac{3}{2}\bar{v}^2\sin\varphi\cos\varphi+\frac{\sqrt{gr}}{g}\cos\varphi\frac{\mathrm{d}\bar{v}}{\mathrm{d}t}-\frac{\sqrt{gr}}{g}\bar{v}\sin\varphi\frac{\mathrm{d}\varphi}{\mathrm{d}t}\end{aligned}$$

所以(10.7)式及(10.8)式最终成为

$$\begin{aligned}&\frac{1}{2}\bar{v}^2\sin^2\varphi+\sqrt{\frac{gr}{g}}\sin\varphi\frac{\mathrm{d}\bar{v}}{\mathrm{d}t}+\frac{\sqrt{gr}}{g}\bar{v}\cos\varphi\frac{\mathrm{d}\varphi}{\mathrm{d}t}\\&=\bar{v}^2\cos^2\varphi-1+(\beta r)^{\frac{1}{2}}\bar{v}Z\left(\frac{L}{D}\cos\varphi-\sin\varphi\right)\end{aligned} \tag{10.14}$$

及

$$\begin{aligned}&\frac{3}{2}\bar{v}^2\sin\varphi\cos\varphi+\frac{\sqrt{g\,r}}{g}\cos\varphi\frac{\mathrm{d}\bar{v}}{\mathrm{d}t}-\frac{\sqrt{gr}}{g}\bar{v}\sin\varphi\frac{\mathrm{d}\varphi}{\mathrm{d}t}\\&=-(\beta r)^{\frac{1}{2}}\bar{v}Z\left(\frac{L}{D}\sin\varphi+\cos\varphi\right)\end{aligned} \tag{10.15}$$

将(10.14)式乘以 $\sin\varphi$，(10.15)式乘以 $\cos\varphi$，并把乘积相加，得

$$\bar{v}^2\left(\frac{1}{2}\sin^3\varphi+\frac{3}{2}\sin\varphi\cos^2\varphi\right)+\frac{\sqrt{gr}}{g}\frac{\mathrm{d}\,\bar{v}}{\mathrm{d}t}$$
$$=\bar{v}^2\sin\varphi\cos^2\varphi-\sin\varphi-(\beta r)^{\frac{1}{2}}\bar{v}Z$$

所以

$$\frac{\sqrt{gr}}{g}\cdot\frac{\mathrm{d}\,\bar{v}}{\mathrm{d}t}=-\sin\varphi\left(\frac{1}{2}\bar{v}^2+1\right)-(\beta r)^{\frac{1}{2}}\bar{v}Z \tag{10.16}$$

将(10.14)式乘以 $\cos\varphi$,(10.15)式乘以 $\sin\varphi$,并把乘积相减,得

$$\bar{v}^2\left(\frac{1}{2}\sin^2\varphi\cos\varphi-\frac{3}{2}\sin^2\varphi\cos\varphi\right)+\frac{\sqrt{gr}}{g}\bar{v}\frac{\mathrm{d}\varphi}{\mathrm{d}t}$$
$$=\bar{v}^2\cos^3\varphi-\cos\varphi+(\beta r)^{\frac{1}{2}}\bar{v}Z\frac{L}{D}$$

所以

$$\frac{\sqrt{gr}}{g}\bar{v}\frac{\mathrm{d}\varphi}{\mathrm{d}t}=\cos\varphi(\bar{v}^2-1)+(\beta r)^{\frac{1}{2}}\bar{v}Z\frac{L}{D} \tag{10.17}$$

针对实际情况可以对(10.16)式进行适当简化。由于再入空气轨道与当地水平面的交角 φ 一般很小($\varphi<5°$),因此,$\sin\varphi\approx0$;又知 $\bar{v}$ 之数值为 1.0 的数量级,所以(10.16)式中 $\sin\varphi(\frac{1}{2}\bar{v}^2+1)$ 很小,可以忽略;同时在一般情况下 $(\beta r)^{\frac{1}{2}}$ 中的 r 近于地球半径 R,故 $(\beta r)^{\frac{1}{2}}=30$,所以(10.16)式简化为

$$\frac{\sqrt{gr}}{r}\cdot\frac{\mathrm{d}\,\bar{v}}{\mathrm{d}t}=-(\beta r)^{\frac{1}{2}}\bar{v}Z=-30\bar{v}Z \tag{10.18}$$

这里所得出的(10.17)式及(10.18)式即为我们的基本公式。但是,为了计算方便起见,我们将以 $\bar{v}$ 为自变数,Z 及 φ 为未知数,来求得一普遍而简便的关系式。由前面得出的

$$Z=\frac{\rho^*}{\frac{2M}{C_D A}}\left(\frac{r}{\beta}\right)^{\frac{1}{2}}\bar{v}\,\mathrm{e}^{-\beta h}$$

可知,其中 A、C_D 和 ρ^* 是常数;M 为飞船的质量。我们在 10.4 节中将会看到,为了防热,飞船的质量会有些变化,但变化量比起飞船的原始质量来说,是很小的,因此可将飞船的质量看做不变;同时前面已经提到 $(\beta r)^{\frac{1}{2}}$ 在一般情况下变化亦不大,而式中 $\bar{v}$ 及 $\mathrm{e}^{-\beta h}$ 则由于飞船的速度及高度(即大气密度)改变,而变化很大;那么,令

$$C=\frac{\rho^*}{\frac{2M}{C_D A}}\left(\frac{r}{\beta}\right)^{\frac{1}{2}}=\text{常数}$$

故得出

$$Z=C\bar{v}\mathrm{e}^{-\beta h} \tag{10.19}$$

同时,飞船离地面的高度 $h=r-R$,而 R 为地球半径,是一个常数,所以

$$\frac{\mathrm{d}h}{\mathrm{d}\,\bar{v}}=\frac{\mathrm{d}r}{\mathrm{d}\,\bar{v}}=\frac{\frac{\mathrm{d}r}{\mathrm{d}t}}{\frac{\mathrm{d}\,\bar{v}}{\mathrm{d}t}}$$

所以，将(10.19)式对 $\overline{v}$ 求一阶微商，再用(10.18)式，得

$$
\begin{aligned}
Z' &= \frac{\mathrm{d}Z}{\mathrm{d}\,\overline{v}} \\
&= C\mathrm{e}^{-\beta h} + C\,\overline{v}\,\mathrm{e}^{-\beta h}(-\beta)\frac{\mathrm{d}h}{\mathrm{d}\,\overline{v}} \\
&= \frac{Z}{\overline{v}} - Z\beta\frac{\mathrm{d}r}{\mathrm{d}\,\overline{v}} \\
&= \frac{Z}{\overline{v}} - Z\beta\frac{\dfrac{\mathrm{d}r}{\mathrm{d}t}}{\dfrac{\mathrm{d}\,\overline{v}}{\mathrm{d}t}} \\
&= \frac{Z}{\overline{v}} - Z\beta\frac{v\sin\varphi}{\dfrac{\mathrm{d}\,\overline{v}}{\mathrm{d}t}} \\
&= \frac{Z}{\overline{v}} - Z\beta\frac{\sqrt{gr}\,\overline{v}\sin\varphi}{\dfrac{-(\beta r)^{\frac{1}{2}}\overline{v}Z}{\dfrac{\sqrt{gr}}{g}}}
\end{aligned}
$$

即

$$
Z' = \frac{Z}{\overline{v}} + (\beta r)^{\frac{1}{2}}\sin\varphi \tag{10.20}
$$

为了消去 $\sin\varphi$，以(10.20)式再对 $\overline{v}$ 取二阶微商，再用(10.17)式和(10.18)式，得

$$
\begin{aligned}
Z'' = \frac{\mathrm{d}^2 Z}{\mathrm{d}\,\overline{v}^2} &= \frac{Z'}{\overline{v}} - \frac{Z}{\overline{v}^2} + \frac{1}{2}\cdot\frac{(\beta r)^{\frac{1}{2}}}{r}\sin\varphi\frac{\mathrm{d}r}{\mathrm{d}\,\overline{v}} + (\beta r)^{\frac{1}{2}}\cos\varphi\frac{\mathrm{d}\varphi}{\mathrm{d}\,\overline{v}} \\
&= \frac{Z'}{\overline{v}} - \frac{Z}{\overline{v}^2} + \frac{1}{2}\cdot\frac{(\beta r)^{\frac{1}{2}}}{r}\sin\varphi\frac{\dfrac{\mathrm{d}r}{\mathrm{d}t}}{\dfrac{\mathrm{d}\,\overline{v}}{\mathrm{d}t}} + (\beta r)^{\frac{1}{2}}\cos\varphi\frac{\dfrac{\mathrm{d}\varphi}{\mathrm{d}t}}{\dfrac{\mathrm{d}\,\overline{v}}{\mathrm{d}t}} \\
&= \frac{Z'}{\overline{v}} - \frac{Z}{\overline{v}^2} + \frac{1}{2}\cdot\frac{(\beta r)^{\frac{1}{2}}}{r}\cdot\frac{\sqrt{gr}\,\overline{v}\sin^2\varphi\,\sqrt{gr}}{-(\beta r)^{\frac{1}{2}}\,\overline{v}Zg} + \\
&\quad (\beta r)^{\frac{1}{2}}\cos\varphi\frac{\cos\varphi(\overline{v}^2-1) + (\beta r)^{\frac{1}{2}}\overline{v}Z\dfrac{L}{D}}{-(\beta r)^{\frac{1}{2}}\overline{v}^2 Z}
\end{aligned}
$$

所以

$$
Z'' = \frac{Z'}{\overline{v}} - \frac{Z}{\overline{v}^2} - \frac{1}{2}\cdot\frac{\sin\varphi}{Z} - \frac{\cos^2\varphi\,(\overline{v}^2-1) + (\beta r)^{\frac{1}{2}}\,\overline{v}Z\dfrac{L}{D}\cos\varphi}{\overline{v}^2 Z}
$$

由于 φ 角很小，故 $\frac{1}{2}\cdot\frac{\sin\varphi}{Z}$ 很小，可以忽略不计，则上式变为

$$
Z'' = \frac{Z'}{\overline{v}} - \frac{Z}{\overline{v}^2} - \frac{\cos^2\varphi\,(\overline{v}^2-1) + (\beta r)^{\frac{1}{2}}\overline{v}Z\dfrac{L}{D}\cos\varphi}{\overline{v}^2 Z}
$$

即

$$\bar{v}Z''-\left(Z'-\frac{Z}{\bar{v}}\right)=\frac{\cos^2\varphi(1-\bar{v}^2)}{\bar{v}Z}-(\beta r)^{\frac{1}{2}}\frac{L}{D}\cos\varphi \tag{10.21}$$

这里得出了 Z 对 $\bar{v}$ 的二阶微分方程，要解这个方程，就必须具有两个初始条件，由飞船的初始状态即可得出两个初始条件为：当 $t=0$ 时，才开始进入大气层，速度为初速 v_i，而空气阻力还很小，所以，$\bar{v}=\bar{v}_i$ 时，$Z=Z_i\approx 0$；一般情况下，飞船从卫星轨道开始进入大气层的速度 $\bar{v}_i=0.995$。因此由(10.20)式得

$$Z'=Z'_i=\frac{Z_i}{\bar{v}_i}+(\beta r)^{\frac{1}{2}}\sin\varphi_i=(\beta r)^{\frac{1}{2}}\sin\varphi_i=30\varphi_i$$

其中 φ_i 的单位为弧度。有了初始条件，就可以解此微分方程，求出 Z；再通过 Z 用(10.20)式确定再入轨道与当地水平面的交角 φ，从而确定了再入轨道的参数。

由于通过解方程(10.21)就确定了 $Z(\bar{v})$ 的关系，其他的参数也可以计算，如减速度的大小可按(10.18)式得出

$$-a=-\frac{1}{g}\cdot\frac{dv}{dt}=(\beta r)^{\frac{1}{2}}\bar{v}Z=30\bar{v}Z \tag{10.22}$$

同样(10.18)式也给出了飞船减速的时间

$$dt=-\frac{1}{\sqrt{\beta g}}(\bar{v}Z)^{-1}d\bar{v}$$

所以

$$t=\frac{1}{\sqrt{\beta g}}\int_{\bar{v}_2}^{\bar{v}_1}\frac{d\bar{v}}{\bar{v}Z}=\sqrt{\frac{r}{g}}\cdot\frac{1}{\sqrt{\beta r}}\int_{\bar{v}_2}^{\bar{v}_1}\frac{d\bar{v}}{\bar{v}Z}=27\int_{\bar{v}_2}^{\bar{v}_1}\frac{d\bar{v}}{\bar{v}Z} \tag{10.23}$$

以上推演的结果，充分地显示了我们所用的变数不仅是无量纲的，便于运算，而更重要的是在于利用一个 $Z(\bar{v})$ 的关系，就概括了所有的再入轨道，代表了再入轨道问题的正确相似律。即是说，在方程中并不出现具体的质量、阻力系数和面积，而只与飞船的飞行速度、离地面的高度、轨道的角度有关；这样一来求出 Z 及 $\bar{v}$ 的解，对于任何飞船都是适用的。因此，前面所作的一系列推演和无量纲化是十分有意义的。具体来说，(10.22)式及(10.23)式表明：对某一类轨道来说，例如没有升力($\frac{L}{D}=0$)，初始轨道倾角 φ_i 为一定值的轨道，最大减速度及总的阻力飞行段时间都与卫星或飞船的尺寸及重量无关，这是很有意义的结果。当然，尽管最大减速度对每一类轨道都是一样的，都出现在一定的 Z 及 $\bar{v}$ 值，但从(10.13)式看出，$\frac{M}{C_D A}$ 参数越小时，相应的 $e^{-\beta h}$ 也越小，即 h 越大。这就是说，质量越是小，阻力系数或截面越大，最大减速度出现的高度也就越高。实际上这就是说，由于阻力相对地大，减速度自然也大；但也就是因为减速度大，飞行速度比较快地变小了，这又使阻力变小，减速度也变小。这两个相反作用的因素使最大减速度保持不变，只改变最大减速度出现的高度。

10.3 两种再入轨道

目前，以空气的阻力来减速的卫星或飞船可以采用两种轨道：最简单的办法是不用升力的轨道，其次是用升力的轨道。

10.3.1　不用升力的再入轨道

不用升力的再入轨道就是飞船在受大气阻力作用下不产生任何升力(即$\frac{L}{D}=0$)。这种办法中最简单的还是阻力系数 C_D 也不变,即在大气层的飞行过程中,飞船的形状、参考面积都不发生变化。这种办法虽然简单,但它所存在的问题也较大。首先,它在减速过程中的最大减速度大,而又无法进行调节。为了使最大减速度满足人体的要求(即超重的限制),需要将再入角限制到 5°以下;实际上一般为 $-\varphi_i=1°\sim3°$,这样可使最大减速度控制在 8～14 g 之间。这样把再入角的幅度限制在很小的范围也可使飞船不致过度受热。但是,由于角度很小,如果控制得不当,φ_i 成为一正角,轨道不是倾入大气层,而是倾向大气层外,那么,飞船就很容易跳出大气层。因此,对于制导的要求比较高。

如果仍然不利用升力的话,可以用变阻力系数 C_D 的办法。也就是当再入开始时,由于空气很稀薄,我们可以在一定的减速度下加大 φ 角,来保证飞船不跳出大气层。同时当飞船继续进入大气层时,则可以调节它的阻力系数来改变受热状况。阻力系数的调节主要是采用调节飞船尾部的裙翅(见图 10.3),即是增大受阻力面积和改变形状。由于阻力系数的调节,因而可以避免减速度太大,一般可比上述办法的最大减速度小 50%,显然这种办法较为优越。

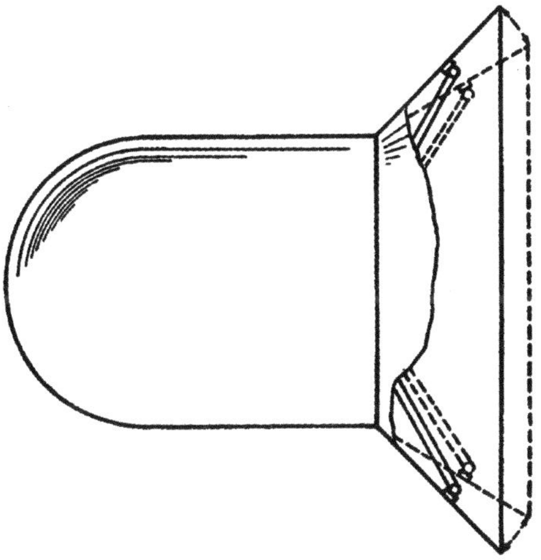

图 10.3　变阻力系数的设计

由于$\frac{L}{D}=0$,即升力为零,所以(10.21)式可以简化为

$$\bar{v}Z''-\left(Z'-\frac{Z}{\bar{v}}\right)=\frac{\cos^2\varphi(1-\bar{v}^2)}{\bar{v}Z} \tag{10.24}$$

方程虽被简化了,但是仍然是个非线性方程,要解这简化后的方程(10.24)还是比较困难的,必须采用数值积分的方法来求解,表 10.1 即是用数值积分法求解得出的具体数值。根据(10.22)式 $\bar{v}Z$ 代表减速度的大小,表 10.1 里带黑线的 $\bar{v}Z$ 是其最大值,也就是最大减速度的代表值。我们从表中可以看出最大减速度随着初始倾角 $-\varphi_i$ 的增加而加大,但总的减速时间却因 $-\varphi_i$ 的加大而变短。

表 10.1 在$\frac{L}{D}=0$和$0\leqslant-\varphi_i\leqslant5°$条件下，$Z$和有关量的数值表

$\bar{v}$	$-\varphi_i=0°$			$-\varphi_i=0.5°$			$-\varphi_i=1°$			$-\varphi_i=2°$			$-\varphi_i=3°$			$-\varphi_i=4°$		
	Z	$\bar{v}Z$	t/秒	Z	$\bar{v}Z$	t/秒	Z	$\bar{v}Z$	t/秒	Z	$\bar{v}Z$	t/秒	Z	$\bar{v}Z$	t/秒	Z	$\bar{v}Z$	t/秒
0.995	0.000 58	0.000 577	0	0.001 31	0.001 30	0	0.002 6	0.002 59	0	0.005 2	0.005 17	0	0.007 8	0.007 76	0	0.010 5	0.010 45	0
0.99	0.001 65	0.001 635	140	0.002 70	0.002 67	72	0.005 3	0.005 25	37	0.010 5	0.010 4	18	0.015 7	0.015 54	12	0.020 9	0.020 7	9
0.98	0.004 67	0.004 58	238	0.006 03	0.005 91	140	0.010 8	0.010 59	73	0.021 0	0.020 6	37	0.031 3	0.030 7	24	0.041 6	0.040 8	18
0.96	0.013 15	0.012 62	309	0.014 57	0.013 99	199	0.022 9	0.022 0	108	0.042 2	0.040 5	55	0.062 4	0.060 0	37	0.082 7	0.079 5	28
0.94	0.024 1	0.022 66	341	0.025 3	0.023 8	229	0.036 1	0.033 96	128	0.063 8	0.060 0	66	0.093 4	0.087 8	44	0.123 3	0.116 0	33
0.92	0.036 9	0.033 92	360	0.037 8	0.034 78	248	0.050 5	0.046 40	141	0.085 8	0.078 9	74	0.124 3	0.114 4	50	0.163 3	0.150 2	38
0.90	0.051 5	0.046 4	374	0.051 9	0.046 7	262	0.066 0	0.059 4	152	0.108 0	0.097 2	80	0.155 0	0.139 5	54	0.203	0.182 8	41
0.85	0.093 9	0.079 8	396	0.093 4	0.079 4	284	0.109 2	0.092 8	170	0.165 1	0.140 3	92	0.231	0.196 3	62	0.300	0.255	47
0.80	0.143 5	0.114 8	411	0.142 1	0.113 8	298	0.158 0	0.126 4	183	0.224	0.179 3	100	0.306	0.244 8	68	0.393	0.314 4	52
0.75	0.199 1	0.149 4	421	0.197 0	0.147 8	309	0.212	0.159 0	192	0.284	0.213 0	107	0.380	0.285 0	74	0.482	0.361 8	56
0.70	0.260	0.182 0	429	0.257	0.180 0	317	0.270	0.189 0	200	0.346	0.242 2	113	0.452	0.316 0	78	0.568	0.398 0	59
0.65	0.324	0.210 8	436	0.321	0.208 6	324	0.333	0.216 4	207	0.409	0.266 0	119	0.523	0.340 0	82	0.649	0.422 0	63
0.60	0.392	0.235 2	442	0.389	0.233 2	330	0.398	0.238 8	213	0.474	0.284 2	124	0.591	0.354 2	86	0.726	0.436 0	66
0.55	0.463	0.254 6	448	0.460	0.253 0	336	0.466	0.256 4	218	0.538	0.296 0	128	0.657	0.362 0	90	0.797	0.438 0	69
0.50	0.536	0.268 0	453	0.533	0.266 6	341	0.537	0.268 4	223	0.603	0.302 0	133	0.721	0.360 2	94	0.863	0.431 5	72
0.45	0.610	0.274 2	458	0.607	0.273 6	346	0.608	0.274 0	228	0.668	0.300 8	137	0.781	0.352 0	98	0.922	0.415 0	75
0.40	0.684	0.273 6	463	0.681	0.272 4	351	0.680	0.272 0	233	0.732	0.292 3	142	0.838	0.335 4	102	0.974	0.389 8	79
0.35	0.757	0.264 8	468	0.754	0.264 0	356	0.752	0.263 0	238	0.794	0.278 0	147	0.890	0.311 4	106	1.018	0.356 2	82
0.30	0.827	0.248 0	473	0.824	0.247 0	361	0.821	0.246 0	244	0.853	0.256 0	152	0.936	0.281 0	110	1.052	0.315 8	86
0.25	0.892	0.222 8	479	0.890	0.222 6	367	0.885	0.177 0	249	0.907	0.226 8	157	0.975	0.243 8	115	1.076	0.269 0	91
0.20	0.949	0.189 8	486	0.947	0.189 5	374	0.942	0.188 3	256	0.954	0.190 9	164	1.005	0.201 0	121	1.086	0.217 0	97
0.15	0.992	0.148 7	493	0.991	0.148 7	382	0.986	0.147 9	264	0.989	0.148 4	172	1.021	0.153 2	129	1.079	0.161 9	104
0.10	1.009	0.100 9	504	1.009	0.100 9	392	1.005	0.100 5	275	1.002	0.100 2	182	1.016	0.101 6	139	1.048	0.104 8	114
0.05	0.958	0.047 9	521	0.958	0.047 9	409	0.956	0.047 8	292	0.952	0.047 6	200	0.952	0.047 6	157	0.960	0.048 0	131
0.025	0.825	0.020 62	537	0.825	0.020 62	425	0.824	0.020 6	307	0.822	0.020 52	215	0.820	0.020 5	172	0.821	0.020 52	146

10.3.2　用升力的再入轨道

利用变阻力系数的方法虽比较好，但仍不及利用升力的办法。用升力的再入轨道可使飞船在大气层中飞行受到阻力的同时，相应地也产生一定比例的升力，从而可以降低最大减速度（即可以使 $-\varphi_i$ 角小），飞船在大气中沿着一定轨道滑翔到地面。这种轨道，如果 $\frac{L}{D}=$ 常数，$-\varphi_i$ 很小时，$\cos\varphi=1$，那么，可以找到下面的解

$$Z=\frac{1-\overline{v}^2}{(\beta r)^{\frac{1}{2}}\ \frac{L}{D}\overline{v}} \tag{10.25}$$

满足于方程(10.21)。这种轨道虽然可以利用简便办法求解，其减速度也较小，完全能适应载人飞船的需要。但是，对于实际应用上却并不适合；原因在于它所需要的滑行时间很长，从而延长了防热的时间，也增加了设计的困难。目前看来较现实的办法是用变升力的办法，这样既可缩短飞船的减速时间，减轻防热问题，又可保证减速度在适当的范围。这就是按照飞行的具体状况调节升力，如在开始进入大气层时，可以使 φ 角大些，少用或不用升力，即减速快些，而当大气密度增大，飞船速度又较高，加热太剧烈，或者减速度超过要求时，则可增加升力，从而使飞船的轨道上升一些，降低加热量及减速度，来适应飞船和人的要求。这样既可保证使加热量保持较低的水平，而减速度不超过人生理条件的要求，提高了飞船的飞行效果，又可使人和飞船安全地滑翔到地面。

10.4　防热设计

飞船再入大气层的问题，一方面是要考虑采用再入大气层的轨道类型并进行计算，另一方面还要考虑飞船再入大气层时其表面产生了很高的温度（大约为 10 000 开）。因此，如何才能使飞船再入大气层时，在这样高的温度下不被烧掉，而能完整地降落到地面，就是一个相当重要而必须解决的问题。所以当我们讨论了再入大气层的轨道计算以后，必须对再入大气层时气流向飞船所传递的热流量，以及在这样高的热流量下，对飞船的烧蚀防护要求进行分析和计算，从而寻找出解决飞船在高温下不被烧掉的方法。

首先我们对再入大气层时的热流量进行讨论。根据流体力学里的能量关系，即 2.5 节中的公式(2.7)和公式(2.11)，我们就可以得到下列关系

$$c_{p,2}T_e=c_{p,2}T_\infty+\frac{1}{2}\cdot\frac{v^2}{Jg} \tag{10.26}$$

其中 T_e(开)为飞船头部的气流温度，即气流的驻点温度；T_∞(开)为外层空气的温度，即在距离地面 100 公里高的大气温度，其数值约为 440 开；J 为热功当量，其数值为 426.85 公斤・米/大卡；$c_{p,2}$为空气的定压比热，即每公斤空气温度升高 1 开所吸收的热量(大卡/(公斤・开))。计算的结果表明驻点温度高达 8 000～10 000 开。由于外层空气的温度 T_∞相对于驻点温度而言是相当小的，可以忽略，这也就说明了气流的驻点温度主要是由动能产生的。为了简化计算可将(10.26)式改写成

$$T_e \approx \frac{1}{2} \cdot \frac{v^2}{Jgc_{p,2}} \tag{10.27}$$

代入速度的无量纲形式，并取 r 相当于飞船平均高度，即约 $r=6.45\times10^6$ 米，则

$$T_e \approx \frac{1}{2} \cdot \frac{gr}{Jgc_{p,2}} \bar{v}^2 = \frac{7\ 550}{c_{p,2}} \bar{v}^2 \tag{10.28}$$

由于头部气流的温度近于 10 000 开，而飞船本身的温度比气流温度低很多，相当于外层大气的温度 T_∞，这样就产生了气流向飞船传递的热流量。在具体说明计算热流量之前，我们必须首先指出，由于一般飞船设计将采用较小的 $\frac{M}{C_D A}$ 这个参数，那么按照 10.2 节的分析，轨道上出现大热流量的地方与出现大减速度的地方一样是在高空。高空的大气密度比较小，气动力参数之一的雷诺数，即 $\frac{\rho_\infty vl}{\mu}$ 较小(其中 l 为参考长度，如飞船长；μ 为空气黏度)。在雷诺数小的情况下，围绕飞船表面的气流是平稳的，叫做层流。因此我们在以下的热流量计算中，流动假设为层流。如果设 $q_{0,s}$ 为最大的热流量，即在头部驻点温度处的热流量，其单位为大卡/(米^2·秒)；ρ_∞ 为外层大气的密度，单位为公斤/米^3；$\mathscr{R}$ 为飞船头部表面的曲率半径，单位为米。根据气动力学计算，在头部的热流量 q_0 与 $\sqrt{\frac{\rho_\infty T_e}{\mathscr{R}}}T_e$ 成正比例。其根号内的温度表示了温度对黏性系数的影响。这是由于对于气体而言，当温度升高时其黏度上升，而导热系数也相应地增加。这时其最大热流量可以代入(10.27)式，则得

$$q_{0,s} \propto \sqrt{\frac{\rho_\infty v^2}{\mathscr{R}}} v^2 \tag{10.29}$$

利用了大气密度随距离地表面的高度而变化的关系，并代入速度的无量纲形式，就可以进行下列的变换，则

$$\frac{\rho_\infty v^2}{\mathscr{R}} = \frac{\rho^* e^{-\beta h}}{\frac{2M}{C_D A}} \cdot \frac{2M}{C_D A\mathscr{R}} \left(\frac{r}{\beta}\right)^{\frac{1}{2}} \left(\frac{\beta}{r}\right)^{\frac{1}{2}} (gr)\bar{v}^2$$

所以

$$\frac{\rho_\infty v^2}{R} \propto \frac{M}{C_D A\mathscr{R}} \bar{v} Z \tag{10.30}$$

将(10.30)式代入(10.29)式里，并代入速度的无量纲形式，因其中 $(\beta r)^{\frac{1}{2}} g$ 为常数，所以就得到下列比例关系

$$q_{0,s} \propto \sqrt{\frac{M}{C_D A\mathscr{R}}} (\bar{v} Z)^{\frac{1}{2}} \bar{v}^2 \tag{10.31}$$

其中 M 为飞船的质量，换算成重量的关系，即(10.31)式变成

$$q_{0,s} \propto \sqrt{\frac{W}{C_D A\mathscr{R}}} (\bar{v} Z)^{\frac{1}{2}} \bar{v}^2 \tag{10.32}$$

其中 A 为气动力系数的参考飞船截面面积(米^2)。在我们所讨论的层流情况下，其热流量的具体关系为

$$q_{0,s} = 70.5 \left(\frac{W}{C_D A\mathscr{R}}\right)^{\frac{1}{2}} (\bar{v} Z)^{\frac{1}{2}} \bar{v}^2 \tag{10.33}$$

由于飞船的其他部分因温度及曲率半径不同，故其热流量也不同，因此对于飞船其他部分的热

流量为

$$q_0 = 70.5 k_1 \left(\frac{W}{C_D A\mathscr{R}}\right)^{\frac{1}{2}} (\overline{\upsilon} Z)^{\frac{1}{2}} \overline{\upsilon}^2 \tag{10.34}$$

而

$$k_1 = \frac{q_0}{q_{0,s}} \tag{10.35}$$

是一个修正系数，它表示了局部热流量与最大热流量的比值。

由以上计算可以看出，气流温度高达 10 000 开，因此就要求飞船所使用的材料能够承受这样高的温度。目前看来，还没有任何材料的熔点超过 4 000℃，因此不能承受这样高的温度。为了解决高温带来的困难，曾经有人提出了一些办法，其中最原始的想法是在飞船的表面有一层很厚的金属，如铜，这一层金属在高温下允许它被熔化，因为熔化会吸收热量，从而吸走了传至飞船的热量，使飞船的本体不被烧掉，这就叫热沉式的设计。但热沉式的方法，由于被热熔的金属易被气流吹掉，其吸收的热量不多，金属的消耗却很大，所以是不经济的。因此又有人提出烧蚀式的方法，也就是飞船的表面层是用含有大量高分子物质的烧蚀材料构成，如含大量塑料的玻璃钢，其高分子物质在高温下吸收热量，温度上升达到它的分解温度 T_a，就开始分解，同时在分解的过程中吸收很多热。分解温度相对于飞船头部外层气流的温度是低得多，所以分解气体继续被加热，一直到使温度达到外层气流的温度为止。这些高分子物质的分解气体，在飞船的表面就形成了一层气膜保护层，它吸收热量，保护了飞船不会因高温而被烧掉，参见图 10.4。这种方法随着高分子物质的分解逸出，使飞船的外形尺寸发生了变化，它对于在不用升力，并且在允许飞船外形变化的情况下，是一种较实际可行的办法。当进入大气层的速度更高，要控制加速度就要采用升力，不控制外形就不行了，那么还可以用一种较好的办法，即发散式的冷却方法。它是用有多孔的材料作为飞船的外层表面，而冷却液体就从这些孔被挤出，参见图 10.5。在这个过程中，液体吸热达到蒸发温度，继续吸热并蒸发变成蒸气，蒸气的温度继续上升，一直达到外层气体温度，最后进入外部气流。这种办法的主要好处是在吸走了传向飞船的热量的同时还保持了飞船表面的形状和尺寸。因此它是一种今后可以考虑的较好的方案，但目前讨论最多而较成熟的还是烧蚀式的方法。由于从我们对烧蚀量或者冷却剂流量的计算观点来看，烧蚀式和发散冷却式没有区别，因此可以一起来考虑，得出共同使用的计算公式。

当对再入飞行器的防热设计要求进行分析和计算的时候作了如下的简化：

1）烧蚀物质及发散冷却剂的密度、热传导系数、比热以及烧蚀材料的分解热或者冷却剂的汽化潜热保持为常数；

2）气流中混合气体的普朗特数 Pr 和施密特数 Sc、烧蚀材料或冷却剂汽化后的比热 $c_{p,1}$ 和在激波后面的空气比热 $c_{p,2}$ 保持为常数（实际上是温度的函数）；

3）烧蚀材料分解温度或冷却剂的汽化温度 T_a 保持不变；

4）由烧蚀材料的烧蚀所引起的外形变化，相对于传热计算是可以忽略的。

另外，由于热的传导方向主要是在垂直于表面的方向，沿着表面的传热量很小，可以忽略。这一些简化假设虽然会引入一些误差，但其量不大，我们由此得到的公式仍然可以用于进行设计中的计算。

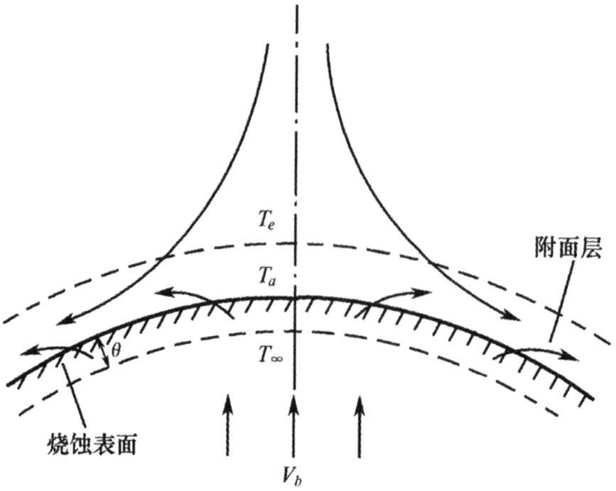

图 10.4 正常烧蚀的流动状态图

θ—加热厚度；V_b—飞船飞行速度

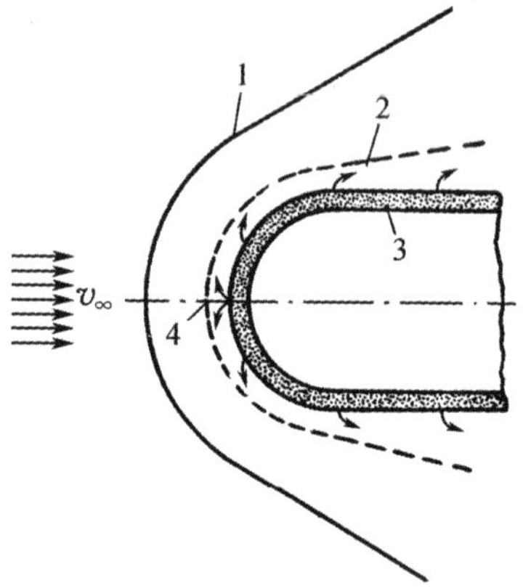

图 10.5 发散式冷却流动状态图

1—激波；2—附面层；3—飞船外层的多孔壁；4—通过多孔壁冷却流体

如果$\frac{dm}{dt}$为单位时间单位面积的烧蚀量或冷却剂流量(公斤/(米^2·秒))；c_b 为烧蚀材料在固态时的比热或液体发散冷却剂的比热(大卡/(公斤·开))；L 为烧蚀材料分解时的吸热量或液体冷却剂的汽化潜热；$\tilde{c}_p$ 为烧蚀材料分解气体或冷却剂汽化后气体与外界空气混合后的比热(大卡/(米^2·开))；T_∞是高空大气的温度，也就是烧蚀材料或冷却剂原来的温度；T_a 为烧蚀材料的分解温度或发散冷却剂的汽化温度；$\alpha(T_e-T_a)$为保护层气体的有效温升。那么每公斤烧蚀材料或冷却剂首先在分解前或汽化前吸收 $c_b(T_a-T_\infty)$大卡的热；然后汽化或分解吸收 L 大卡的热；最后温度升到炽热，再吸收 $\alpha\tilde{c}_p(T_e-T_a)$大卡，一共吸收$[c_b(T_a-T_\infty)+L+\alpha\tilde{c}_p(T_e-T_a)]$大卡/公斤。而每平方米每秒吸收的热量为$\frac{dm}{dt}[c_b(T_a-T_\infty)+L+\alpha\tilde{c}_p(T_e-T_a)]$，这个热量就等于空气传给的热 q_0，参看图 10.6。也可以说，我们是用一股从表面向外喷的气流，把强大的热流量顶住，所以

$$\frac{dm}{dt}=\frac{q_0}{c_b(T_a-T_\infty)+L+\alpha\tilde{c}_p(T_e-T_a)} \tag{10.36}$$

q_0 已经由(10.34)式给出，那么(10.36)式就是计算防热材料消耗量的公式。

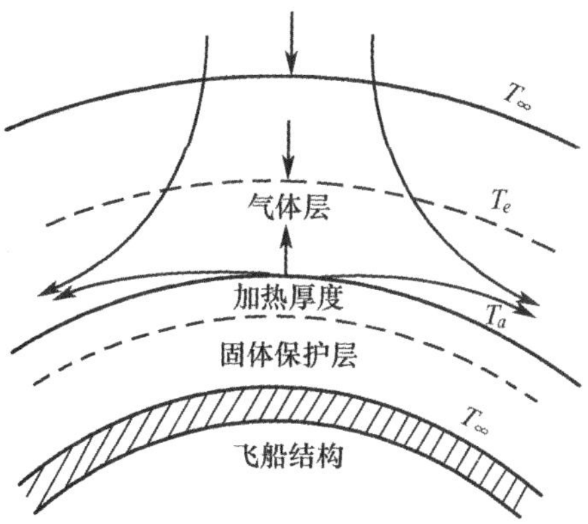

图 10.6　驻点附近的气流

公式(10.36)中的 α 是取决于表面气流性质的一个数值，根据前面所说的飞船再入大气层时气流是层流，其 α 值可照下列关系计算，即

$$\alpha=1-\frac{1}{3}Pr_w^{-0.6} \tag{10.37}$$

以上关系为一近似的不变值，其中 Pr 为普朗特数，即 $Pr_w=\frac{\mu_w c_{p,2}}{k_w}$；$k_w$ 为表面气体的导热系数；μ_w 为表面气体的黏度系数；而 $c_{p,2}$ 和以前一样为空气的定压比热。对一般的气体来说，$Pr=0.7$。因此我们可以认为

$$\alpha=1-\frac{1}{3}\times\frac{1}{0.7^{0.6}}=1-\frac{1}{3\times0.8075}=0.587$$

而公式(10.36)中的平均比热 $\tilde{c}_p$ 为

$$\tilde{c}_p=c_{p,1}\tilde{w}+c_{p,2}(1-\tilde{w}) \tag{10.38}$$

其中 $\tilde{w}$ 是表面保护层气流中烧蚀物质分解气体，或发散冷却剂汽化后气体的有效浓度。我们很容易想到，浓度问题必然与气体间的相互扩散有关，也就是外部空气扩散到表面气流中来，表面的烧蚀材料分解出来的气体或发散冷却剂汽化后的气体，扩散到空气流中去。如果扩散系数是 D_{12}，而表面气体的密度是 ρ_w，那么代表扩散的无量纲数是施密特数 Sc，即 $Sc=\frac{\mu_w}{\rho_w D_{12}}$。由上述的推论可以看到，$\tilde{w}$ 一定是 Sc 的函数，而这个关系确实是对的，如图 10.7 所示。

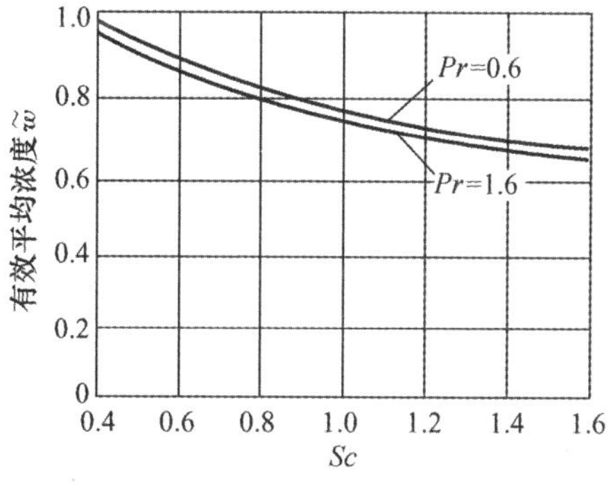

图 10.7　有效平均浓度 $\tilde{w}$ 与 Sc 的变化关系图

为了计算更方便起见，我们将把(10.36)式作一些变换，因为

$$\frac{\mathrm{d}m}{\mathrm{d}t}=\frac{\mathrm{d}m}{\mathrm{d}\bar{v}}\cdot\frac{\mathrm{d}\bar{v}}{\mathrm{d}t} \tag{10.39}$$

代入(10.17)式得

$$\frac{\mathrm{d}m}{\mathrm{d}t}=-\frac{g}{\sqrt{gr}}(\beta r)^{\frac{1}{2}}\bar{v}Z\frac{\mathrm{d}m}{\mathrm{d}\bar{v}}=-\sqrt{g\beta}\,\bar{v}Z\frac{\mathrm{d}m}{\mathrm{d}\bar{v}}$$

所以

$$\frac{\mathrm{d}m}{\mathrm{d}t}=-\frac{1}{27}(\bar{v}Z)\frac{\mathrm{d}m}{\mathrm{d}\bar{v}} \tag{10.40}$$

将(10.40)式代入(10.36)式，则得

$$\begin{aligned}\frac{\mathrm{d}m}{\mathrm{d}t}&=\frac{q_0}{c_b(T_a-T_\infty)+L+\alpha\tilde{c}_p(T_e-T_a)}\\&=-\frac{1}{27}(\bar{v}Z)\frac{\mathrm{d}m}{\mathrm{d}\bar{v}}\end{aligned}$$

由于烧蚀物质的分解温度 T_a 相对于飞船头部气流温度是相当小，所以 $\alpha\tilde{c}_p(T_e-T_a)$中的 T_a 可以忽略，同时代入公式(10.28)可得

$$-\frac{1}{27}(\bar{v}Z)\frac{\mathrm{d}m}{\mathrm{d}\bar{v}}=\frac{q_0}{[c_b(T_a-T_\infty)+L]+\frac{\alpha\tilde{c}_p}{c_{p,2}}\cdot\frac{1}{2}\cdot\frac{gr}{Jg}\bar{v}^2} \tag{10.41}$$

其分子、分母同除以$\frac{1}{2}\cdot\frac{\alpha\tilde{c}_p}{c_{p,2}}\cdot\frac{gr}{Jg}$，则得

$$-\frac{1}{27}(\bar{v}Z)\frac{\mathrm{d}m}{\mathrm{d}\bar{v}}=\frac{\dfrac{q_0}{\frac{1}{2}\cdot\frac{\alpha\tilde{c}_p}{c_{p,2}}\cdot\frac{gr}{Jg}}}{\dfrac{c_b(T_a-T_\infty)+L}{\frac{1}{2}\cdot\frac{\alpha\tilde{c}_p}{c_{p,2}}\cdot\frac{gr}{Jg}}+\bar{v}^2} \tag{10.42}$$

如果我们引入一个新的参数 λ，即

$$\lambda=\frac{c_b(T_a-T_\infty)+L}{\frac{1}{2}\cdot\frac{\alpha\tilde{c}_p}{c_{p,2}}\cdot\frac{gr}{Jg}}=\frac{\frac{1}{7\,550}[L+c_b(T_a-T_\infty)]}{\frac{\alpha\tilde{c}_p}{c_{p,2}}} \tag{10.43}$$

则(10.42)式变成

$$\frac{\mathrm{d}m}{\mathrm{d}\bar{v}}=-\frac{27q_0}{\frac{1}{2}(\lambda+\bar{v}^2)(\bar{v}Z)\frac{\alpha\tilde{c}_p}{c_{p,2}}\cdot\frac{gr}{Jg}}$$

代入(10.34)式则得每平方米的烧蚀量或冷却剂用量为

$$\frac{\mathrm{d}m}{\mathrm{d}\bar{v}}=-\frac{27\times70.5k_{\mathrm{I}}}{7\,550}\times\frac{\left(\frac{W}{C_D A\mathscr{R}}\right)^{\frac{1}{2}}}{\frac{\alpha\tilde{c}_p}{c_{p,2}}}\left(\frac{\bar{v}^2}{\lambda+\bar{v}^2}\right)\frac{1}{\sqrt{\bar{v}Z}}$$

$$= 0.252k_{\mathrm{I}}\frac{\left(\dfrac{W}{C_D A\mathscr{R}}\right)^{\frac{1}{2}}}{\dfrac{\alpha\tilde{c}_p}{c_{p,2}}}\left[-\left(1-\frac{\lambda}{\lambda+\overline{v}^2}\right)\right]\frac{1}{\sqrt{\overline{v}}Z} \tag{10.44}$$

(10.44)式为计算单位时间单位面积上的烧蚀量或冷却剂量的公式。一方面总的烧蚀量或冷却剂量可以对(10.44)式在整个面积内进行积分，可得一个平均烧蚀量；另一方面也对速度从开始的 $\overline{v}_1$ 到终了的 $\overline{v}_2$ 范围内进行积分。平均每平方米飞船受热气冲刷的表面面积，在整个再入大气过程中的消耗量为 $\overline{m}$，即

$$\overline{m}=\frac{\int m\mathrm{d}S}{S}$$

$$=\left\{\frac{1}{S}\int k_{\mathrm{I}}\mathrm{d}S\right\}0.252\frac{\left(\dfrac{W}{C_D A\mathscr{R}}\right)^{\frac{1}{2}}}{\dfrac{\alpha\tilde{c}_p}{c_{p,2}}}\int_{\overline{v}_1}^{\overline{v}_2}\left[-\left(1-\frac{\lambda}{\lambda+\overline{v}^2}\right)\right]\frac{\mathrm{d}\overline{v}}{\sqrt{\overline{v}}Z}$$

$$=\left\{\frac{1}{S}\int\frac{q_0}{q_{0,s}}\mathrm{d}S\right\}0.252\frac{\left(\dfrac{W}{C_D A\mathscr{R}}\right)^{\frac{1}{2}}}{\dfrac{\alpha\tilde{c}_p}{c_{p,2}}}\int_{\overline{v}_2}^{\overline{v}_1}\left(1-\frac{\lambda}{\lambda+\overline{v}^2}\right)\frac{\mathrm{d}\overline{v}}{\sqrt{\overline{v}}Z}$$

$$=0.252k_{\mathrm{II}}\frac{\left(\dfrac{W}{C_D A\mathscr{R}}\right)^{\frac{1}{2}}}{\dfrac{\alpha\tilde{c}_p}{c_{p,2}}}\int_{\overline{v}_2}^{\overline{v}_1}\left(1-\frac{\lambda}{\lambda+\overline{v}^2}\right)\frac{\mathrm{d}\overline{v}}{\sqrt{\overline{v}}Z}$$

或写作

$$\overline{m}=0.252k_{\mathrm{II}}\frac{\left(\dfrac{W}{C_D A\mathscr{R}}\right)^{\frac{1}{2}}}{\dfrac{\alpha\tilde{c}_p}{c_{p,2}}}\overline{m}_{\lambda=0}(1-\eta) \tag{10.45}$$

其中

$$k_{\mathrm{II}}=\frac{1}{S}\int\frac{q_0}{q_{0,s}}\mathrm{d}S=\frac{1}{S}\int k_{\mathrm{I}}\,\mathrm{d}S \tag{10.46}$$

$$\overline{m}_{\lambda=0}=\int_{\overline{v}_2}^{\overline{v}_1}\frac{\mathrm{d}\overline{v}}{\sqrt{\overline{v}}Z} \tag{10.47}$$

而

$$\eta=\frac{\int_{\overline{v}_2}^{\overline{v}_1}\dfrac{\lambda}{\lambda+\overline{v}^2}\cdot\dfrac{\mathrm{d}\overline{v}}{\sqrt{\overline{v}}Z}}{\int_{\overline{v}_2}^{\overline{v}_1}\dfrac{\mathrm{d}\overline{v}}{\sqrt{\overline{v}}Z}} \tag{10.48}$$

k_{II} 是一个修正系数，如果 $k_{\mathrm{II}}=1$ 时，方程(10.45)就可以给出在飞船头部驻点处的烧蚀材料消耗量。而其他各部分消耗量的不同是根据防护层表面上各部分热流量的变化来修正的。故 k_{II} 是修正各部分烧蚀量或冷却剂流量的系数。另外(10.47)式指出，当 $\lambda=0$，即没有潜热 $L=0$ 时，公式就给出了最大消耗量的限制值，因此增加 λ 值是有利的。$\overline{m}_{\lambda=0}$ 及 η 是轨道的函数，由(10.48)式给出了一个随 λ 变化的函数 $\eta(\lambda)$，表示了由于 $L\neq0$ 潜热的存在使其总消耗量减少的分数。

如果代入 Z 函数时，(10.47)式及(10.48)式就可以积分。以上公式中 $\overline{v}_1$ 和 $\overline{v}_2$ 的变化范围，在最初的分析中没有应用 $\overline{v}=1$ 的条件，而这里假设 $\overline{v}<1$ 为 $\overline{v}$ 值的变化上限。其值为当开

始加热时 $\overline{v}_1=0.995$，其下限值与烧蚀物质的熔蚀温度或冷却剂在什么时候停止流出有关。因为气流的驻点温度下降到低于熔蚀温度时烧蚀将停止。我们所取的 $\overline{v}_2=0.05$，即最后的最小速度为轨道速度的 5%，这相应于气流的温度等于 93.4℃。烧蚀材料的分解点，一般总比这个温度高；而且在这个温度下，即使不用发散冷却剂，结构强度也是足够的。所以从 $\overline{v}=0.995$ 到 $\overline{v}=0.05$ 是防热段；在这范围以外，没有防热的必要。

根据以上分析计算，应用表 10.1 所给出的函数值，结合不同类型的再入轨道，用数值积分的方法计算出 $\overline{m}_{\lambda=0}$ 和 η 的数值，其计算结果列于表 10.2 中。

表 10.2 各种再入轨道的防热参数

轨道的类型	再入初角 $-\varphi_i/(°)$	最大减速度/g	减速时间/秒	$\overline{m}_{\lambda=0}$	η						
					$\lambda=0$	$\lambda=0.05$	$\lambda=0.10$	$\lambda=0.25$	$\lambda=0.50$	$\lambda=1.0$	$\lambda=\infty$
$L=0$	0	8.2	537	3.06	0	0.223	0.305	0.450	0.580	0.707	1
	$\frac{1}{2}$	8.2	425	2.95	0	0.234	0.319	0.463	0.589	0.715	1
	1	8.2	307	2.73	0	0.249	0.337	0.482	0.608	0.730	1
	2	9.1	215	2.40	0	0.273	0.364	0.511	0.633	0.750	1
	3	10.8	172	2.17	0	0.289	0.383	0.530	0.650	0.762	1
	4	13.1	146	1.99	0	0.302	0.397	0.542	0.660	0.770	1
$\frac{L}{D}>1$	0	$\frac{1}{\left(\frac{L}{D}\right)}$	$79.4\left(\frac{30L}{D}\right)$	$1.418\left(\frac{30L}{D}\right)^{\frac{1}{2}}$	0	0.218	0.302	0.447	0.577	0.707	1

10.5 防热设计的原则

从公式(10.44)和公式(10.46)，以及表 10.2 中可以看到，为了减少烧蚀量或冷却剂流量，必须力求 $\left(\frac{M}{C_D A\mathscr{R}}\right)^{\frac{1}{2}}\Big/\frac{\alpha\tilde{c}_p}{c_{p,2}}$ 减少。也就是在飞船重量一定的条件下，可以加大飞船的阻力系数或者是加大飞船头部的曲率半径 $\mathscr{R}$，即用钝头来减少比值 $\left(\frac{M}{C_D A\mathscr{R}}\right)$，从而降低消耗量，也就是要用增加阻力的方法来使消耗量降低。这与一般气动力的设计要求大不一样。一般是要求减少阻力，而在这里是要增加阻力。

另一方面也可以寻找一种高分子材料，使这种材料分解气体的比热尽可能地大，以便使混合气体的有效平均定压比热尽可能地提高，从而加大 $\frac{\alpha\tilde{c}_p}{c_{p,2}}$ 的比例，也就是应用分解后气体或发散冷却剂汽化后气体的分子量较小的材料。对高分子材料来说，就是增加分子中氢原子的比例。也就是因为这个缘故，有人建议用锂作发散冷却剂。但是烧蚀材料或发散冷却剂的选择还得同时考虑另一面的问题，即如何提高潜热参数 λ。λ 本身表示了最大内部保护层的热焓与最大外部保护层的热焓比值；当λ上升时，防热消耗量可以降低。从公式(10.43)来看，要提高λ，主要是提高烧蚀材料的分解热或发散冷却剂的汽化热 L。因为降低$\frac{\alpha\tilde{c}_p}{c_{p,2}}$和前面所说明的有矛盾；而提高分解温度或汽化温度 T_a，必然要提高表面温度，这对烧蚀设计来说是不利的，因为这使防热层下面的结构温度也会增加，又需要加一层厚的隔热材料，也会增加重量。为了减少流向结构本体的热量，使 T_a 较低为好，选用烧蚀物质时也要找导热系数低的为好。一般情况高分子材料热解时的吸热量为200～300大卡/公斤，估计最高可能达到1 000大卡/公斤。而水的汽化潜热是比较大的，也不过为500大卡/公斤。因此数值 $\frac{1}{7\ 550}[L+C_b(T_a-T_\infty)]$一般是小于0.1的，而经过努力也许可以达到0.15左右。所以减少烧蚀量起主导作用的因素还是采用增加阻力、采用钝头的方法最为有效。

现举一例应用以上公式进行具体卫星式飞船的降落防热要求的计算。如果飞船的重量 $W=4\ 500$ 公斤；飞船的阻力系数 $C_D=1$；飞船的气动力参考截面面积 $A=\frac{\pi}{4}\times 3^2$，即直径 $d=3$ 米；飞船头部的曲率半径 $\mathscr{R}=1.5$ 米；再入角 $-\varphi_i=1°$；升力 $L=0$，即不用升力；修正系数 $k_{\text{II}}=0.85$；$\lambda=0.1$；同时$\frac{\alpha\tilde{c}_p}{c_{p,2}}=1$；从表10.2中可以查得 $\overline{m}_{\lambda=0}=2.73$，$\eta=0.337$。将以上数据代入公式(10.45)可得

$$\overline{m}=0.252\times 0.85\times\left(\frac{4\ 500}{1\times\frac{\pi}{4}\times 9\times 1.5}\right)^{\frac{1}{2}}\times 2.73\times(1-0.337)$$

$$=7.99(\text{公斤}/\text{米}^2)$$

如果飞船的面积 $S=40$ 米^2，则总的烧蚀量为 $40\times 7.99=319$ 公斤。因此烧蚀物质的总重量仅为飞船重量的7.11%，其最大减速度为 $8g$。对于载人的飞船来说，这样的减速度是允许的，这个设计也是可行的。当利用了升力之后，最大减速度还可以大大降低，但其烧蚀量或冷却剂用量会大大增加，所以如在10.3节中所说的最好是用变升阻比$\frac{L}{D}$的方法。

10.6　星际飞行轨道中的应用

从以上分析来看，不管从质量比以及从制动效率方面来看，充分利用了大气阻力的方法，比用火箭来制动的方法优越得多。通过气动力学的分析，可以看出，主要是靠增加阻力，而不是减少阻力，来降低烧蚀量或发散冷却剂的消耗量；而这个消耗量并不太大，远远小于用火箭制动所需要的重量。这就说明了大气阻力这一个本来不利的因素，一旦为我们了解和掌握，就可以充分地利用它，把它变成一个有利因素。

因此，飞船回地控制高温的问题，目前已经被人们掌握，所以当我们掌握了火箭烧蚀和发散冷却的方法之后，就可以应用它去解决更加困难的问题，例如以双曲线轨道的再入问题。当我们从地球到火星利用 Hohmann 式轨道，把飞船发射到火星轨道附近，位置在火星运动的前

方，然后使飞船转向，船头朝着跟上来的火星。我们说火星在跟上来，因为星际飞船到达火星轨道时，如果不再用火箭推力加速，则速度将小于火星的速度，所以飞船是被火星追上的，也就是飞船冲向火星（见图 10.8）。由于火星周围也存在大气，其成分为氮（N_2）95.7%，氩（Ar）4.0%，二氧化碳（CO_2）0.3%，星面大气压力约等于 0.1 大气压，因此如用第 8 章所讲的来制导控制到使双曲线轨道的近“星”点接触到火星大气，那么就可以利用火星的大气来减速，使飞船降落到火星上去。这样就可以省去接近火星轨道时的第二加速段。当从火星回到地球上来时，也同样可以采用类似的办法。

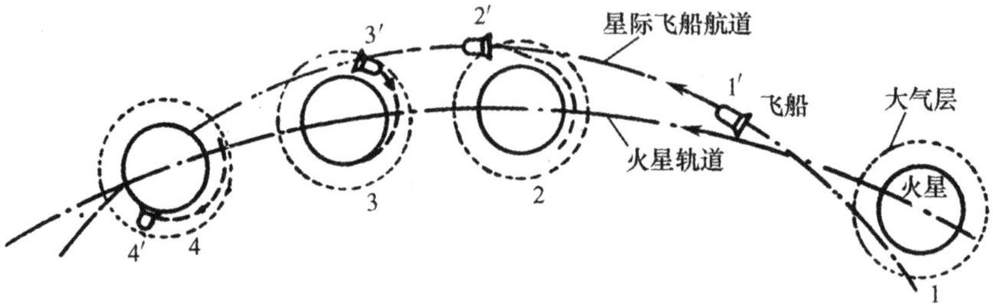

图 10.8 利用行星大气制动法（1、1′，2、2′，3、3′，4、4′表示同一瞬间行星和飞船的位置）

当然在这些更进一步的再入大气层问题中，大气在飞船头部的温度可能会更高，高于 10 000℃。在 10 000℃以下，地球大气的分子也只不过有分离，基本上没电离，因而气体还是不导电的。在 10 000℃以上大气分子中的氮和氧原子就开始电离，成为带正电的离子和带负电的电子，正负电相等，成为等离子体；这时介质也成为导电体。从 15 000℃到20 000℃，电离已基本上达到 100%，组分中基本上不再有中性的原子、分子。在这样情况下，我们就可以利用电磁流体力学的方法来控制热流量：我们在飞船头部里面用电磁线圈制造一个磁场（如图 10.9 所示的偶极子式磁场），那么，磁力线与导电气体的相互作用就会把等离子体的热气推离飞船头部，大大降低表面的气体密度，这也可以降低热流量。这就是电磁流体式的防热设计。我们相信，这种新的防热方法和我们在这章里已经详细介绍的烧蚀式及发散冷却式防热方法，将会使将来的星际飞船不但能安全地通过大气层，而且能利用大气层来达到减少推进动力的要求，提高星际航行的经济效果。

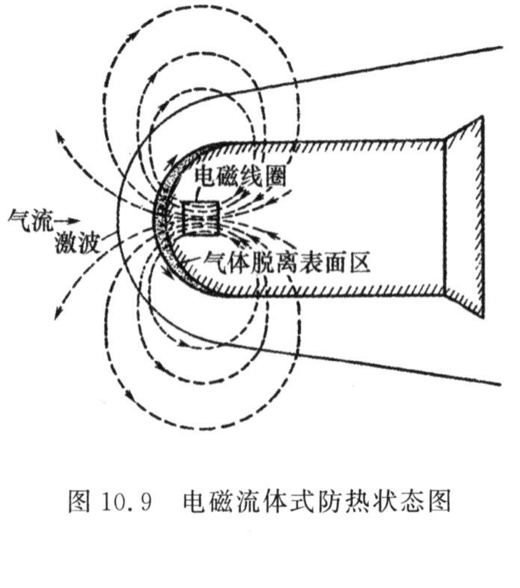

图 10.9 电磁流体式防热状态图

第 11 章　防辐射

11.1　防辐射问题

防辐射的问题就是研究各种射线，如 α、β、γ 射线等所引起的生理破坏作用，以及我们如何来防止这种破坏作用。它对实现星际航行是相当重要的，而且也是目前的技术和知识还不足以解决的问题。随着星际航行和火箭技术的发展，使我们更加认识到防辐射比起人在飞行过程中的超重和失重显得更加重要，更加迫切，需要进一步研究。苏联发射的人造地球卫星和宇宙火箭的经验也证实了这一点。由所得到的资料可以认为：虽然超重和失重的问题仍然需要更好地来解决，但对生物的主要危险是宇宙线和宇宙线与地球磁场相互作用而产生的地球周围的辐射带。这些辐射带伸展到离地球表面高度从 500 公里到几万公里，它的强度变化范围很大；其数值取决于地球纬度、离地面的距离、太阳活动期、太阳爆发以及其他一些尚未阐明的因素。因此，在我们讲飞船本身的问题以前，先来研究防辐射的问题。

这里所谈到的辐射是指放射性辐射，也就是包括所有的"基本粒子"的辐射。其中有一部分"基本粒子"，如 π 介子、超子等，由于它们存在的时间很短（最长的存在时间为 10^{-6} 秒，最短的存在时间为 10^{-11} 秒），从防辐射的角度来看，这些粒子对生物影响的问题其重要性不大；它们只是在研究物质结构时才是一个很重要的问题。因此，我们在这里主要是研究那些寿命长而且稳定的粒子及辐射对物质的作用。不同的辐射对物质的作用也有所不同，但总起来看，我们可以把这些寿命长而稳定的"基本粒子"对物质分子的作用，分成四类分别加以讨论。第一类是光子对物质的作用，包括了 X 射线和 γ 射线。第二类是电子对物质的作用，包括了正电子 e^+ 和负电子 e^- 对物质的作用。第三类是 α 粒子（即 $_2He^4$）、质子（用 p 来代表）以及一些重原子核，如碳、氮、氧等对物质的作用。第四类是中子（用 n 来代表）对物质的作用。下面我们将对每一种类型的作用进行具体的阐述。

11.2　光子对物质的作用

光子不仅是具有能量而且是具有动量的粒子。它是一种电磁波，波长较长的为 X 射线，较短的为 γ 射线。所以光子对物质的作用实际上就是电磁波对物质的作用。光子在与物质作用的过程中要损失能量，其能量损失的方式是在每次作用中有若干光子整个地丢失，而且射线中的光子数随着穿过物质的厚度而成指数式地减少，其变化的规律随着光子的能量和吸收物质的性质等的变化而变化。光子的能量大小用兆电子伏来计算。我们由第 7 章知道：1 电子伏等于电子通过电势差为 1 伏的电场后所获得的能量。因此，1 电子伏等于 $4.8022\times10^{-10}\times$

$\frac{1}{300}=1.6018\times10^{-12}$尔格；而 1 兆电子伏等于 10^6 电子伏 $=1.6018\times10^{-6}$ 尔格。当光子的能量小于 1 兆电子伏时就叫做低能光子；光子的能量在 1 兆电子伏左右时为中能光子，而光子能量在几十到几百兆电子伏时为高能光子。虽然从以上数值看起来光子的能量很小，但由于能量是集中在非常小的质量上，所以运动速度还是很大的。光子的运动速度就是电磁波在真空中传播的速度，即光速 $c\approx3\times10^{10}$ 厘米/秒。如果光子的能量在以上所说的范围内，那么它与原子核的作用不是主要的，可以忽略不计。这样，光子与物质的作用基本上可分为以下三种作用。

图 11.1　光电效应

第一种作用是光电吸收，即单个光子被吸收物质的原子吸收后，从原子里的电子特别是外层电子中，打出一个电子来。其能量转换是光子把它的全部能量交给一个原子中的电子，而电子把一部分能量用来克服它与原子核的结合能，剩下的能量就作为电子运动所具有的动能，这就是光电吸收，也叫光电效应（参看图 11.1）。

因为光子的能量与它辐射的频率成正比，其光子能量为 $h\nu$；h 为普朗克常量，其数值 $h=6.6\times10^{-27}$ 尔格 · 秒；而 I 为电子与原子核的结合能，也就是原子的电离能（对一个原子而言）；E 为被打出电子的动能；则能量关系为

$$E = h\nu - I \tag{11.1}$$

由上看出光电吸收的结果产生了一个电子 e^-，而原来的原子就变成带正电的离子，故这也是一个电离反应。这种形式的作用在光子能量低的时候是主导的。

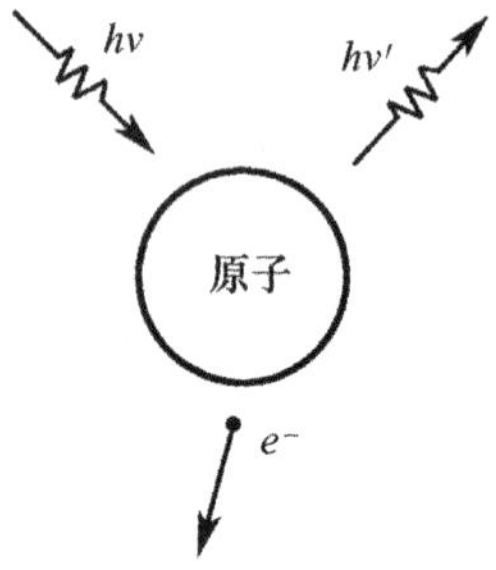

图 11.2　康普顿散射

第二种作用是康普顿散射。作用的实质是光子被原子的电子所散射，所谓散射就是改变了光子原来的运动方向。发生这种作用的光子其能量一般比发生光电吸收作用要大。当一个光子打到一个原子里，它除了交给原子里的一个电子克服结合能并具有一定的运动速度脱离原子核以外，还剩下来一部分能量形成一个比入射光子能量低、波长长而频率低的光子，同时改变了运动方向（参看图 11.2）。而光子散射的方向不定，可以是任意的，总的要求是保持能量和动量守恒。至于电子和散射光子之间的能量分配，不能提出一个具体的数值，它们之间存在着一个概率分布的函数关系，其散射的类型与光子能量的大小有关。当光子能量较低时，它的波长和原子大小差不多，其散射是相干的，能量不变，这就是所谓汤姆孙散射。当光子能量略大于电子在原子中的结合能时，其散射是非相干的。当光子能量比电子在原子中的结合能大很多时，可以把电子作为自由的和静止的，这时的散射就是康普顿散射。它在光子能量为 1 兆电子伏左右时，是起主导的效应。康普顿散射的实质是射线的散射是由于光子与散射物质中的自由电子或者与原子联系微弱的电子之间的弹性碰撞而产生的现象；只有在光子的能量大于电子的结合能好几千倍时，才能观察到这个现象。例如，在铝中发生散射的光子能量为 0.05～15 兆电子伏；在铅中发生散射的光子能量为 0.50～5 兆电子伏。由于散射是产生了一个电子 e^-，把受轰击的原子变成一个带正电的离子，故实

际上仍是一电离作用。每一个作用都是产生一离子、电子对，而新形式的光子，根据其能量的大小，还可能引起光电吸收或者各种散射。

第三种作用是：当光子通过物质时，它所具有的能量大于形成电子对的静止质量所关联的能量（$2m_ec^2=1.022$ 兆电子伏）时，光子在原子核或电子的库仑场中就能引起电子对的产生，而原子核在形成了电子对以后，又回复到没有光子作用的正常状态。所产生的正、负电子的总动能 E，等于光子能量减去与正负电子的静止质量相关的能量（参看图 11.3）。其动能为

$$E=h\nu-2m_ec^2 \tag{11.2}$$

其中 m_e 为电子的静质量；c 为光速。这个效应在光子能量为 1 兆电子伏左右就开始，当光子的能量愈大，这个效应就愈显著。当光子能量低于电子对的静质量相关的能量－1.022 兆电子伏时，就不能形成电子对。这个过程是在靠近原子核的场内发生。这种形式只能是在高能区里发生，并且是起主要的效应。虽然，这种作用产生出来的正电子 e^+ 和负电子 e^- 总的看不出有电离作用，但我们将在下一节中看到，实际上，电子下一阶段的作用还是电子与物质发生的电离作用。虽然，从光子形成电子对可以在原子核场，也可以在电子场中形成，但是必须遵守能量守恒和动量守恒定律。在没有媒介物（原子核或电子等）存在的空间，光子不能形成电子对，否则就不遵守动量守恒定律（这里我们不详细叙述）。所以实际上在原子核附近形成电子对的概率，比在电子附近形成电子对，以及当两个光子碰撞时形成电子对的概率都要大得多。

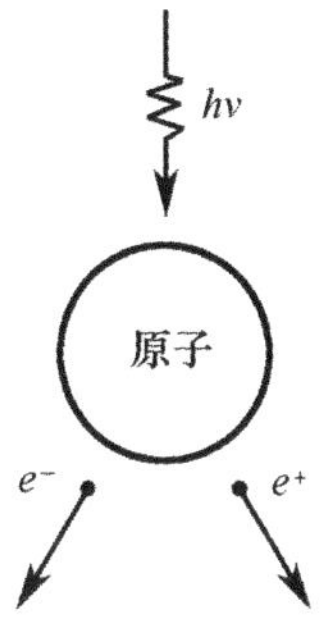

图 11.3　电子对的形成

以上所谈到的三种作用，就是光子射入物质里失掉光子本身的能量的三种形式。当计算光子被物质吸收的程度时，我们可以认为：光子为一束平行的且能量一致的射线；同时，射线所通过的物质是由同一类原子（例如金属）所组成。因为射线与物质的相互作用是按统计定律来计算的，当相互作用发生时，光子或全部被吸收，或者失去一部分能量，而且改变其传播的方向，即从原来的传播方向上离开。因此射线束在通过物质的过程中能量逐渐衰减，其衰减发生时的数量规律性是在某处射线束强度的减少与该点的强度 I 成正比，与所通过物质的厚度 x 成正比，因此当通过物质的厚度为 x 时，还留在原来的传播方向的射线束的强度为

$$I=I_0e^{-\mu x} \tag{11.3}$$

其中 I 为通过厚为 x 的物质以后的射线强度（尔格/（厘米^2·秒））；I_0 为原始射线束的强度（尔格/（厘米^2·秒））；μ 为吸收系数也叫衰减系数，其量纲为长度$^{-1}$。这是因为方次指数始终应该是没有量纲的值，而 x 为长度量纲，所以 μ 为长度$^{-1}$的量纲。

除了采用吸收系数以外，常常还采用光子的质量吸收系数，也叫质量衰减系数$\frac{\mu}{\rho}$（其中 ρ 是以克/厘米^3 为单位的物质密度），其关系为

$$I=I_0e^{-\frac{\mu}{\rho}m} \tag{11.4}$$

其中 m 为在射线道路上每平方厘米横截面上的吸收物质质量；$\frac{\mu}{\rho}$为吸收系数，其单位为厘米^2/克。

从(11.4)式看到，要把入射强度 I_0 减少到$\frac{I_0}{e}$时需要一层物质，这层物质的质量 $m=\frac{1}{\mu/\rho}=$

$\frac{\rho}{\mu}$，其单位为克/厘米^2，即是对于一单位截面面积，需要质量为$\frac{\mu}{\rho}$的物质厚度才能使射线强度降低$\frac{I_0}{e}$。对于各种物质的质量吸收系数的理论和实验数据可参看表 11.1。

表 11.1 不同吸收物质在不同光子能量时的质量吸收系数$\frac{\mu}{\rho}$/(厘米^2/克)

光子能量/兆电子伏	水	铝	铁	铅
0.1	0.167	0.160	0.342	5.29
0.15	0.149	0.133	0.182	1.84
0.2	0.136	0.120	0.138	0.895
0.3	0.118	0.103	0.106	0.335
0.4	0.106	0.092 2	0.091 8	0.208
0.5	0.096 7	0.084 0	0.082 8	0.145
0.6	0.089 4	0.077 7	0.076 1	0.114
0.8	0.078 6	0.068 2	0.066 8	0.083 7
1.0	0.070 6	0.061 4	0.059 5	0.068 3
1.5	0.057 6	0.050 0	0.048 4	0.051 4
2.0	0.049 3	0.043 1	0.042 2	0.045 1
3.0	0.039 6	0.035 3	0.035 9	0.041 0
4.0	0.033 9	0.031 0	0.033 0	0.041 6
5.0	0.030 2	0.028 4	0.031 4	0.043 0
6.0	0.027 7	0.026 6	0.030 5	0.045 5
8.0	0.024 2	0.024 3	0.029 8	0.047 1
10.0	0.022 1	0.023 2	0.030 0	0.050 3

从表 11.1 看出：当$\frac{\mu}{\rho}$值越大，所需要的吸收物质厚度越小，其吸收效果越大。例如铅虽然很重，但其吸收系数$\frac{\mu}{\rho}$很大，也就是降低射线强度所要的重量反而少，比铝要经济。另外，从表 11.1看到，吸收光子的能力随着原子的重量增加而加强，同时当光子能量增加时，吸收系数$\frac{\mu}{\rho}$减少，故物质的吸收能力就减弱。

11.3 电子对物质的作用

电子对物质的作用包括了正电子 e^+ 和负电子 e^- 对物质的作用。正电子与物质原子中的负电子起作用，变成一对能量约 0.5 兆电子伏的光子，而这一对光子再依照前节所述的各种形式与物质起作用。负电子或简称电子与物质的作用，基本上是电子与吸收物质中原子的电子云的散射作用。这种作用使运动着的带电粒子改变方向和损失能量。带电粒子能量损失的情况随着它本身速度的大小而有所不同。在速度不很大时，其损失的能量主要是用于激发物质中的电子。如果电子被激发到连续能级的区域就发生物质中分子或原子的电离。当电子速度很大，以致接近于光速时，经过一个具有一定电荷的原子核附近时，电子受到原子核库仑场的加速度后，就以放射出光子的方式丢失它的能量，改变其本身的速度，这就是所谓的轫致辐射。由于一般在星际空间没有高能量的电子，故这里我们只考虑电子能量在 1～10 兆电子伏左右的电子对物质的作用。在这个能量范围内，电子不能穿入原子核内与核起作用，故主要是与原子外层的电子云起散射作用。如果能量达到 10 亿到几十亿电子伏时就能穿入核内，发生高能的核反应。由于电子与原子的结合能不高，一般在几到几十电子伏，所以具有一定能量的电子易把原子中尤其是外层电子打掉，形成一对电子和正离子(参看图 11.4)，发生与原子外层电子的散射作用。这个散射作用还可以继续连锁地进行，能量逐渐被消耗掉，同时形成越来越多的电子和正离子。

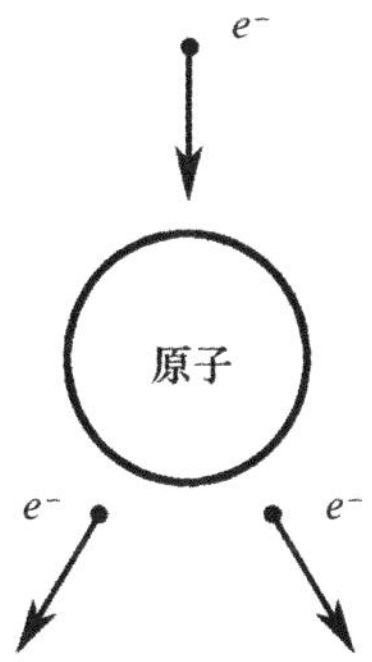

图 11.4　电子的散射

这里我们主要的目的是要计算电子 e^- 在吸收物质里要走多久其所具有的能量才被消耗掉。这时吸收物质所应有的厚度也叫射程，用 R 表示。由于是与电子的碰撞作用而发生散射，因此决定的因素是每单位吸收物质容积中的电子数。原子是由质子、中子和电子组成的，电子数等于质子数，而质子与中子也有一个大致的比例，故一个原子的电子数与原子量有一定的比例。因此，每单位容积中的电子数与每单位容积中的原子个数乘原子量成比例。但后者就是每单位容积中的物质质量，所以单位容积里的电子数大约与吸收物质的密度成正比例，故可以把射程与电子数的关系看成与物质密度的关系。实际上射程与单位平方厘米的质量毫克数成正比例。因此为了简便，我们把射程 R 作为吸收电子全部能量所需物质的毫克/厘米^2 数，也就是不论任何物质要有一定的质量才能阻挡住电子。所以当单位面积质量越大时，它所需要的防护层厚度就越薄。

对于带电粒子进入吸收物质后，由于散射使其能量损失，而速度逐渐减低，最后终于停止。其所通过的距离用下面的经验公式进行计算，可参看图 11.5。

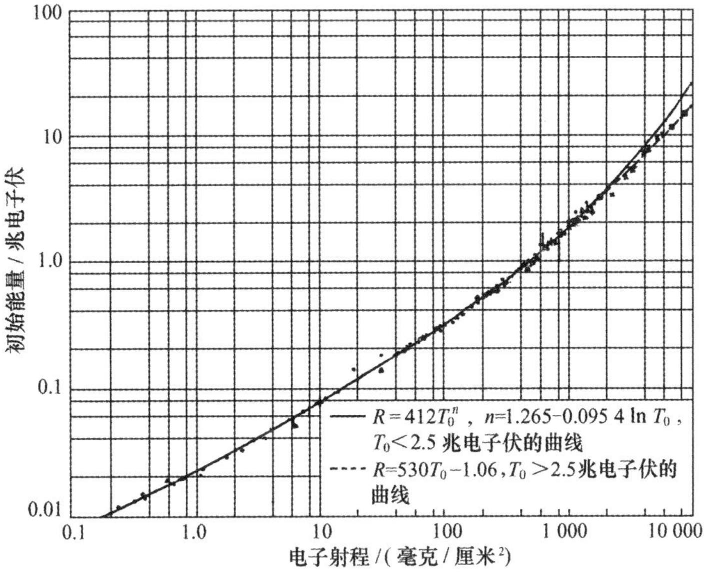

图 11.5　电子射程与初始能量的关系

当电子的能量 $T_0<2.5$ 兆电子伏时，其计算公式为

$$R=412T_0^{1.265-0.0954\ln T_0} \tag{11.5}$$

当电子的能量 $T_0>2.5$ 兆电子伏时，其计算公式为

$$R=530T_0-1.06 \tag{11.6}$$

公式(11.5)和公式(11.6)中的 T_0 以兆电子伏计。

11.4 α 粒子、质子以及重原子核碳、氮、氧对物质的作用

当 α 粒子、质子(用 p 来代表)以及重原子核，如碳、氮、氧等粒子所具有的能量足够大，能突破由于同性电荷相排斥的库仑势垒时，就可以引起各种原子核反应。如用质子从原子核打出一个中子，简单表示为(p,n)反应，或 α 粒子从原子核打出一个中子，简单表示为(α,n)反应。若能量再高时，可发生$(\alpha,2n)$，(α,pn)，$(p,2n)$，(p,pn)等核反应。但我们考虑得更多的情况是粒子的能量不够大，不能够打入原子核以及不能引起如上所说的核反应。这些粒子的作用只能是电离作用，是与原子的外层电子云起作用，即通过一连串的碰撞把吸收物质原子里的电子打出去，发生与电子的散射作用。其能量消失的主要特点是：从粒子走过的路程来看，刚开始因速度高，此时与吸收物质的作用反而很弱。随着所走过的路程增加，其速度逐渐下降。这时因为能量较小速度慢，运动着的正电粒子与物质中的电子吸引效果大，故与物质的作用反而强，这具体要用量子力学来计算。由于这里考虑的粒子速度不大，与光速还差很远，故其计算不考虑相对论的修正。计算的结果可以用物质的阻止本领来表达。如果每一个粒子在吸收物质中走过单位路程后所损失的能量为 $S=-\frac{dE}{dx}$，而 E 为粒子的动能，则

$$S=-\frac{dE}{dx}=\frac{4\pi z^2e^4N}{m_ev^2}Z\ln\left(\frac{2m_ev^2}{I}\right) \tag{11.7}$$

其中 z 和 e 为粒子的电荷；v 为粒子所具有的速度；m_e 为电子质量；Z 为吸收物质的原子序数；N 为吸收物质每立方厘米中的电子数；I 为吸收物质的平均电离能。因为不考虑相对论的修正，所以 $E=\frac{1}{2}mv^2$(m 为粒子的质量)，则 $v^2=\frac{2E}{m}$，以此代入(11.7)式得阻止本领 S 的计算公式为

$$S=2\pi\frac{z^2e^4Nm}{m_eE}Z\ln\left(4\frac{m_e}{m}\cdot\frac{E}{I}\right) \tag{11.8}$$

从公式(11.8)中可以看到，质量 m 越大，电荷 z 越大的粒子，其物质的阻止本领就越大。如果当粒子的动能相等时，则对 α 粒子的阻止本领比质子大，对碳、氮、氧的阻止本领将更大。实际上阻止本领中的能量消耗也主要是用来产生电离作用。阻止本领 S 越大，每厘米路程的电离也就越大。公式(11.8)也表示出，当粒子的动能越小，S 越大；也就是粒子越接近其路程的终点，电离能力就越强，造成的电子离子对也就越密。这是质子、α 粒子以及其他原子核粒子的共同特点，所产生的电离密集在粒子路程的终点附近，这对生物作用具有重要的意义，这在以后将详细叙述。

11.5　中子对物质的作用

中子是一个不带电荷的重基本粒子，其质量约等于质子，比电子要重得多。它和质子是组成原子核的基本粒子。根据中子所具有的能量不同分为慢中子，其能量 $E<1$ 千电子伏；中等速度的中子，其能量为 1 千电子伏$<E<$500 千电子伏；快中子，能量为 0.5 兆电子伏$<E<$10 兆电子伏；而能量$E>$10兆电子伏的中子为很快中子。其中慢中子与重原子核作用时有很敏锐的共振吸收，吸收截面积很大，其能量为 1～1 000 电子伏；而中等速度的中子主要是引起弹性散射，其能量$E<$1兆电子伏；快中子所引起的是原子核反应，其中最主要是非弹性散射；更快的中子还会引起中子的发射，如$(n,2n)$以及散裂反应。这里我们只讨论在一般的能量情况下，即小于 0.5 兆电子伏的中子。因为中子不带电，容易穿入原子核内，与电子的作用弱，主要是与质子及核发生作用。能量在 1 兆电子伏以下的中子，其主要作用类型有两种：一种是弹性散射（见图 11.6），即中子穿入物质的原子核后与核发生碰撞，中子又重新被弹射出来，而能量就有所损失；碰撞后的原子核保持其初始结构状态，但可以因此而取得一定的速度。这种作用一直进行到中子速度和物质中原子核因热激动所具有的速度相平衡为止。在一连串碰撞中，所打出来的原子核就成为带电重粒子，它在吸收物质中如上节所述，产生密集的电离作用。另一种中子与物质的作用是 γ 吸收，即中子打入原子核后与核结合形成一个新的原子（即原来原子的同位素），同时放射出 γ 射线，其作用可参看图 11.7；而 γ 射线根据它的能量大小，可对吸收物质继续引起相应的作用，即 11.2 节所述的光子作用。

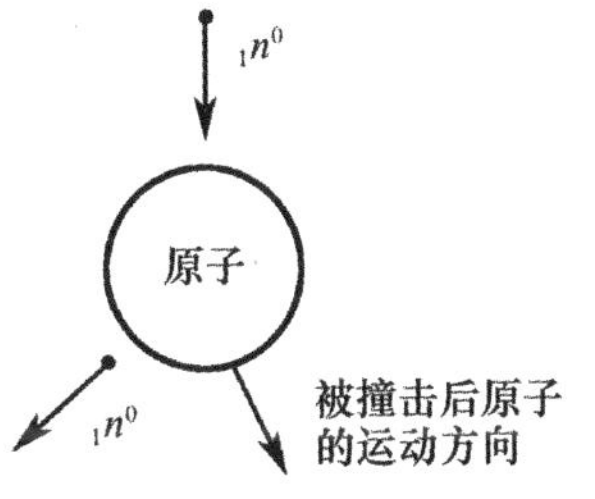

图 11.6　中子的散射

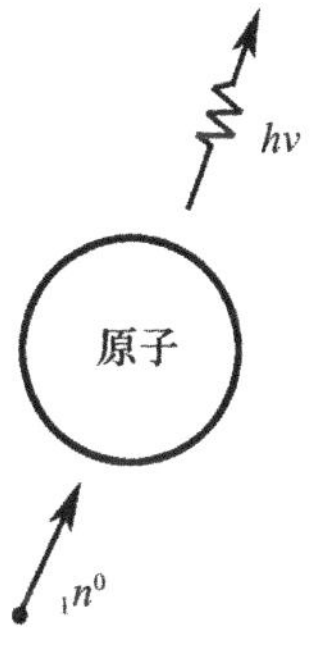

图 11.7　中子的 γ 吸收

由于原子核相对于原子而言是相当小（原子直径为 10^{-8} 厘米，而原子核直径为 10^{-13} 厘米，即原子直径为原子核的 10 万倍），所以中子不易击中原子核，从而中子的穿透力很强，不易阻挡。另一方面，不论哪一种中子对物质作用时，原子核都要受到反冲作用，吸收了一部分能量形成一个带着电子运动的原子核，即是一个带电的离子，本身又起比较密集的电离作用。当中子与原子核的作用为 γ 吸收时，γ 射线放射出来以后，也可能引起电离作用。因此，虽然中子本身不能产生电离，但其作用的最终效果还是电离作用。

γ 吸收有很大的选择性，一般作用的截面积小。但是，如果吸收了一个中子能使原子核形成一个更加稳定的原子核，那么，γ 吸收的截面积就大，作用容易发生，否则只能形成弹性散射。这在中子速度低的时候，即所谓热中子，运动速度等于分子运动的速度，在几百米/秒时选择性特别明显；例如在反应堆中用来吸收热中子的硼 10(B^{10})，它吸收热中子的能力特别强。

11.6 辐射对人体的作用

前面的叙述已经给了我们一个概念：这些射线实际上都是光子和粒子流，它们射入物体时是与物质的原子起不同的作用。但是，这些作用最终所产生的效果是使物质产生电离效应，原子产生了电离也就影响到物质原有的结构和性质。人体是由各个器官、肢体等组成的，其最基本的生命单位是细胞。就细胞而论，它也是各种元素的原子以不同的结构形式结合成的整体。因此辐射线对人体来说同样会产生作用；这些作用的结果也是使细胞中的原子产生电离效应，从而使原来的分子或细胞结构遭到破坏。显然，由于细胞的结构被破坏，细胞也就失去了原有的功能，也就是细胞死亡。所以当人体内某个器官或某个部分的细胞大量或全部被破坏，这时整个器官或部分就会失去其功能。当一些重要部分受到严重的破坏时，将会导致人的死亡。

此外，就是对细胞的各部分来说，破坏作用也不是不分轻重的。大家知道，细胞是由一层细胞膜包着的细胞核组成的，核内有染色体。生物学和细胞学研究告诉我们：染色体是细胞中最重要的部分，它是支配整个细胞的生长、发育和分裂繁殖的中枢。当细胞中的组成原子因受到辐射作用而电离时，原子间的结构，即分子也就改变了；那么分子的原来结构必然改变，细胞的组织也就遭到破坏。这个破坏作用对细胞活动的中枢染色体来说，尤其严重。

前面所提到的各种辐射粒子的能量并不大，对于物理学家用来研究基本粒子是不够的；但是，这个能量对于生物体中原子的电离作用却仍然是很强的，所起的作用足以破坏生物的细胞和机体，影响人们的健康。因此，研究这些辐射对人体各种组织、各种器官的损伤是十分必要的。

人体细胞的直径为 10～100 微米，而其中水分占了很大的比重。因此，对整个人体而言，其比重与水相近，只稍大于 1.0，所以可以算得每个细胞的重量为 10^{-9}～10^{-6}克。如果用以除体重，则可得出人体的细胞数大至为 10^{11}～10^{14}个。同时，大家都知道，人的整个躯体都是被一层皮肤包着的，而皮肤又分为外表皮和真皮。外表皮是最外层，实际上它是一层大约为 70～200 微米厚的大部分已经死亡的细胞构成。外表皮的厚度随人体各个部位不同而异；表 11.2 列出了人体各个部位外表皮的厚度。紧接外表皮的是真皮。在真皮层中才开始有血管、神经末梢等，再往里面才接触到肌肉、器官等。这样当人处在辐射区内，不同的辐射线就会穿入人体，而这些微粒在进入人体时，首先必须通过外表皮、真皮，最后到达人体内部。那么，我们不难理解表皮对人体也起着一定程度的防护辐射的作用；特别是外表皮，虽然大部分由死细胞组成，但它对于辐射粒子仍然起吸收作用。因为它是已死去的细胞，即便是原子因电离而破坏，对于人体却没有任何影响，实际上人的外表皮也就成了防止辐射线破坏的一个天然防护层。但是，值得指出的是，由于外表皮比较薄，因而它虽然能吸收掉一部分射线，但射线较强时还是会使人体内部受到破坏；其次是对一些强穿透力的射线(如中子等)其防护作用却不大，还需要研究专门的防护设备来阻挡这些射线。

表 11.2　人体的各部位外表皮的厚度

部　位	外表皮厚度/微米
手心	800
足跟	1 400
前额及耳朵上部	36～40

11.7　辐射剂量

首先，我们来看看辐射剂量的单位问题。最初对辐射剂量规定了一个基本单位，叫做“伦琴”(Roentgen)，一般简称为“伦”①。它的意义是对光子辐射而言，在每立方厘米的物质中通入的光子能量使物质产生 1.6×10^{12} 对离子、电子(即 1.6×10^{12} 对离子、电子/厘米^3，或相当于 1.6 对离子、电子/微米^3)。因此，给我们一个概念：在一个细胞中，1 伦的辐射线能产生几千到几万对离子、电子，即影响到细胞中的几千到几万个分子的性质和结构。然而由于这门新科学——辐射生物学还很不成熟，故这个单位也并不是十分准确的。因此，也有另外一个定义：1 伦相当于 83 尔格/克(即 1 克物质在射线照射下，吸收了 83 尔格的能量)，这个数也只是一个大概的数字。因为实际上产生 1 伦时，每克物质所吸收的能量，并不一定都为 83 尔格，也就是因吸收物质不同而异。表11.3中列出的一些数据足以说明这个问题，因而取 83 尔格/克只是一个代表性的数字，一般也有取 85 尔格/克的。为了使单位统一起见，1954 年国际辐射学单位委员会(International Commission on Radiological Units)确定以 100 尔格/克为 1 rad②。但对于 X 射线、γ 射线等以外的粒子也用 rad 表示是不适当的。因此就提出以相当于伦的物理当量伦(rep③)。所谓物理当量伦是任何一种电离辐射所产生的剂量，在这样的辐射作用下，1 克物质所吸收的能量等于剂量为 1 rad 的 X 射线或 γ 射线的剂量，不过这时用 rad 表示的物理剂量和用物理当量伦(rep)表示的剂量相等，对 X 射线及 γ 射线(约 3 兆电子伏)，其 rep 可以与伦等值看待，即

$$100\ \text{尔格/克相当于}\ 1\ \text{rad}=1\ \text{伦}=1\ \text{rep} \tag{11.9}$$

表 11.3　人体组织中在 1 伦光子照射中所吸收的能量

人体组织部分	光子初始能量/千电子伏		
	835	124	12
脂肪	89 尔格/克	84 尔格/克	42 尔格/克
肌肉	75 尔格/克	94 尔格/克	87 尔格/克
骨头	157 尔格/克	245 尔格/克	883 尔格/克

问题的复杂性还不仅在于各种物质产生 1 伦所吸收的能量不同(故单位只是一个代表性

---

① 1 伦 $=2.58\times10^{-4}$ 库/千克(准确值)。——编者注

② 拉德，1 拉德 $=10^{-2}$ 戈。——编者注

③ 雷普，1 雷普 $=8.38\times10^{-3}$ 戈。——编者注

的)，而且也在于生物体内具有一定的维修能力。因此当人体的细胞受到辐射线的作用而使原子发生电离，生物组织遭到破坏时，如果这种破坏程度不是太严重，那么细胞本身可以自行修补。其实对于人体的一些部分而言也是这样，当其中一部分细胞因电离效应而破坏，人体本身也有能力来修补，使之恢复常态。但是应当指出，这种修补须在不太严重的情况下才有可能。对于各种细胞或机体的修补能力也各有所异，目前还研究得不十分清楚。可是无论如何我们在考虑辐射对人体的危害时，不能简单地只考虑它破坏的一方面，而不顾及人体的维修能力的一方面。

一提到射线，有人就联想到射线对人的危害作用。似乎射线对人很陌生，也似乎射线就是和危害连在一起。其实不然，人们是经常处在射线的照射之下的。自然界存在着的碳(含有天然放射性同位素 C^{14})、钾(含有天然放射性同位素 K^{40})和天然放射性镭(Ra^{226})，实际上它们也以微量存在在人体内，并不断地放射出射线照射着人体。此外天然矿物也有放射性物质；宇宙射线的很少一部分也通过大气层照射着人体；在近代医学上常用各种射线来照射人体，检查疾病和治疗病症。但对于这些，健康的人都能自然地适应，而毫不影响健康，当然人们对它也就毫无感觉。这就说明了人体是可以经受一定量的射线的照射而能完全正常生活。表 11.4 列举了日常生活中人们所受到各种射线照射的剂量，一般总起来约为 400 微 rep/日。

表 11.4 人在日常生活中受各种射线的照射剂量

辐 射	来 源	照射剂量/(微 rep/日*)
人体的天然放射性	钾 40	50
	碳 14	4
	铀(平均分布)	20
地面及水中的 γ 辐射	在火成岩上	400
	在冲积层上	200
	海面上	150
宇宙	宇宙线	100
代表性的总和		400

* 微 rep/日 $=10^{-6}$ rep/日

既然人体可以承受一定量辐射剂量，那么到底能受住多少剂量、在多少时间内被照射是一个十分重要的问题。只有搞清楚了这个问题，才能决定要采取什么样的防护措施，来使人们能够长期正常地进行工作(当然这里是指宇宙飞行和从事原子能及其他放射性场合中的工作)，也就是说人体有一定的电离率的限制，在这个限制之下，我们可以不必担心它会对我们带来什么危害。国际辐射保护委员会(International Commission on Radiological Protection)建议用下列标准可以保证人体的安全(见表 11.5)；并规定，对于在辐射线照射下进行工作的人，每周总剂量不得超过0.3 rad，即每天不得超过 0.05 rad(以每周工作 6 天计算)。这个标准是根据原子能工业的实际经验得出的，并不十分准确；但就实际采用的结果看来还是保险的，也就是说在这样的剂量照射下，人体本身完全有能力来及时恢复被电离破坏的原子细胞或机体。

表 11.5　光子对人体器官照射的安全剂量标准

对造血器官、眼、生殖腺	0.3 rad/周	0.05 rad/日
对皮肤	0.6 rad/周	0.10 rad/日
局部： 对手、肩膀、足及足跟、头及颈	1.5 rad/周	0.25 rad/日

上面所谈到的只是指光子辐射对人体产生的破坏程度。然而由于各种辐射电离的集中程度不同，同样能量的不同辐射线对生物所产生的电离效应也就不同，也就是说产生的破坏作用的程度不同。辐射电离集中程度越高，破坏就越集中，破坏作用也越大，就越不容易修补。例如质子、α 粒子、原子核等重带电粒子，对物质的电离效应主要是发生在粒子射程的终了阶段，那么由于作用集中在一个很小的范围，在一个细胞或部分细胞上，使细胞强烈地破坏，而不易修复，重则影响到整个机体。因此对待物理当量剂量相同而最后对生物的破坏效果不同的粒子，我们给予这个物理当量剂量加上一个"相对生物效应系数"。表 11.6 即为苏联卫生部采用的标准，表中的新单位 rem① 是针对生物而言，谓之生物当量伦，即

$$\text{rem}=\text{相对生物效应系数}\times\text{rad} \tag{11.10}$$

可看出，对于光子（X 射线或 γ 射线）及电子，它们的生物当量伦与物理当量伦是等值的；而对质子、中子等，这个系数都大于 10，说明它们对生物的破坏作用要比光子及电子强得多。因此，在谈辐射剂量标准时不应当笼统地说多少伦，而应当采用生物当量伦（rem）。

表 11.6　各种射线的剂量标准

射线种类	每天的剂量			
	rad	相对生物效应系数	rep	rem
X 射线或 γ 射线	0.050	1	0.050	0.050
电子		1	0.050	0.050
α 粒子		20	0.002 5	0.050
热中子（约 0.025 电子伏）		5	0.010	0.050
快中子（约 20 兆电子伏）		10	0.005	0.050
慢中子（220 兆电子伏）		20	0.002 5	0.050
质子		10	0.005	0.050

这里应当指出，每日最大允许剂量 0.05 rem 应该是指各种类型射线剂量的总和，因为剂量是叠加的，所以一个人不能在一天中受了 0.05 rem 的 γ 射线剂量，而又去受 0.05 rem 的其他射线的剂量。

每天 0.05 rem 总剂量是长期连续受辐射的安全限度。这并不是说在某一时期一个人不能受超过这个安全剂量的辐射，过了就一定发生永久性的危害。因为即使一个人受了较大量的放射性辐射，生理器官的某一方面受到了较大的破坏，但是只要以后一个较长时期不再受同

① 雷姆，1 雷姆$=10^{-2}$希。——编者注

样或类似的辐射剂量,那么人的天然修复能力是可以把损害弥补起来恢复健康的。实际上在原子能工业的实践中,也有因事故而有人在短时间受到 100 rem 以上的总剂量而活下来。因此人的容许放射性辐射剂量问题是一个非常复杂的问题,决不是 0.05 rem/日这样一个简单数字所能概括的。何况我们也知道吃合适的药会有助于人把辐射病治好,这又加上一个药物的因素。因此我们所真想知道的是:在一定医疗措施下,人所能忍受的最大辐射剂量过程,即在时间的进程中受不同剂量率的可能性,像第 1 天受 50 rem,第 2 天、第 3 天以至第 30 天受 0.05 rem,而第 31 天又受 100 rem,第 32 天至第 73 天受 0.05 rem,等等。我们的问题就在于,目前放射医学的水平还不能给出这个规律。

11.8 宇宙射线

从表 11.4 可知,人们在地面上每天约接受 400 微 rep 的宇宙射线的照射。而实际上原始宇宙射线比这个要强得多,这是由于地球被一层很厚的大气层所包围着,因此当强烈的宇宙射线射向地球表面时,绝大部分被大气层所吸收,故到达地面上的宇宙射线已经十分微弱了,人们完全经受得住它的照射。由于对宇宙射线的研究,特别是近几年来火箭及星际航行技术的不断发展,要求科学家们很好地去了解它的来源、成分及强度等问题。宇宙射线是来自太空的高能粒子流,从各个方向射向地球;其中一部分来自太阳,特别是太阳耀斑爆发的各种粒子流尤为强烈,有时能使原始宇宙射线增强几千至几万倍以上。所谓原始宇宙射线就是没有进入大气层(即没有被大气层所吸收),而只受地球磁场作用而发生偏转的粒子流。对于原始宇宙射线的研究,还是在火箭技术得到迅速发展的今天,才有了实验的基础。因为人们过去一直生活在地球表面上,生活在大气层的保护下,无法接触到原始宇宙射线。要想得到它首先一步就是要飞出大气层。

通过对宇宙射线的研究得知,原始宇宙射线的分布是不均匀的。首先,是由于它来自宇宙的各个方向上本来就是不均匀的。而更主要的是原始宇宙射线虽然没受大气的作用,但是却因它本身大部分是由无数的带电的粒子流,在地球磁场的作用下而发生偏离现象,从而使得当纬度增高时,原始宇宙射线的强度也随之增强。一般在纬度 55°以上最强,这样使得在地球的赤道地区只有那些能量大于 140 亿电子伏的粒子才能到达地面上。通过测定得知在高纬度上的原始宇宙射线(即地球大气层外分布最强的宇宙射线)的成分、强度及剂量,列于表 11.7 中。表中所谓粒子强度是指每小时流过一个截面面积为 1 厘米^2 的圆球的粒子数;z 为粒子带电数量。

表 11.7 原始宇宙射线的成分、强度及剂量

粒 子	粒子带电数 z	粒子强度	rad/日
质子	1	4 460	4×10^{-3}
α粒子	2	633	2.3×10^{-3}
碳、氮、氧原子核	7	32	1.4×10^{-3}
镁原子核	12	8.4	1.1×10^{-3}
钙原子核	20	2.9	1.1×10^{-3}
铁原子核	26	1.4	0.9×10^{-3}

如果我们让表 11.7 中的质子的相对生物效应系数为 5，而其他各种粒子的相对生物效应系数为 10，则可以由表中数据算得地球大气层外的原始宇宙射线的剂量为 0.088 rem/日。看来这个数据比起规定的辐射剂量0.05 rem/日大得不多。因此，载人飞船只飞出地球大气层时，有飞船的外壳及防护服就完全可以使宇宙航行员不受到宇宙射线的危害。苏联不久前所发射的“东方一号”及“东方二号”载人飞船，就是利用飞船结构和宇宙航行服来防宇宙射线的。

但是，要作星际航行或长时间处于大气层保护之外，问题就变得复杂了。因为必须考虑到太阳耀斑爆发所产生的强大的射线的侵袭，这时的宇宙射线所达到的强度远不是一般飞船结构或宇宙航行服所能解决问题的。此外，地球的辐射带也是妨碍我们进行宇宙航行的因素。下面就专门讨论这个问题。

11.9　地球辐射带及太阳耀斑爆发的辐射

在地球外，离西半球地面高度约为 600 公里（有时降至 300 公里）高度上，平行于地球赤道平面有一个厚度约为 6 000 公里的环状辐射带，而在距地心为 20 000 公里处还有一个厚度为60 000公里的环状辐射带，环绕着地球。前者称为内辐射带，后者称为外辐射带。对内辐射带研究发现，它的最低高度在西半球，这是因为地球磁场轴与地球自转轴并不重合（成 11.5°交角），而使辐射带偏近西半球。

地球内外辐射带是来自宇宙的各种高能的带电微粒，为地球磁场磁力线所捕获而形成的，一个辐射带就是一个辐射粒子区，这些粒子在磁场的作用下来回绕着磁力线转（见图 11.8），而长期不能逃出。这些粒子带像一个环套在地球外面，环的轴是地球的磁轴（见图 1.7）。

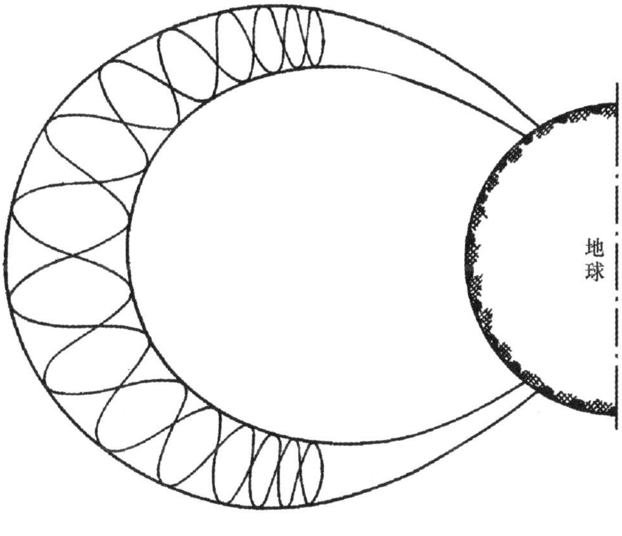

图 11.8　地球辐射带内粒子流

内外辐射带不但高度不同，而且它们的强度及包含的微粒也不同。内辐射带由大量的带正电的质子组成，它的粒子强度为45 200 000（单位同表 11.7），粒子的能量达 100 万兆电子伏。可以看出它所具有的辐射强度要比普通的原始宇宙射线高10 000倍。根据计算得出，要挡住这样大能量的质子的穿透力，需要铅板的厚度为 1 厘米；而 1 米^2 这样厚度的铅板重达 114 公斤。因此载人飞船要安全地通过这个区域，其防护设备的重量将会变得很大，目前看来要使人安全通过这个区域还有很大的困难。

外辐射带实际是由电子组成的，其强度比内辐射带小得多。这些电子所具有的能量不同，可以分为两类，一类能量为 2 万电子伏，另一类为 1 兆电子伏。对于具有前一种能量的电子，其射程为 0.7 毫克/厘米^2；对后者，其射程达 400 毫克/厘米^2。对于这两种强度的辐射，实际上利用飞船的结构就可以解决防护问题。

虽然，目前我们还不能直接通过地球辐射带进入太空，但是还可以从别的道路绕过辐射带进入太空。前面已经提出，内、外辐射带只不过是两个套在地球赤道上的环，因而完全可以从地球的两极方向上，没有被辐射带封住的“窗口”飞出去。这样就能避免受辐射带的强烈的影响，同样可以到达更高的卫星轨道或进行星际航行（见图 11.9）。

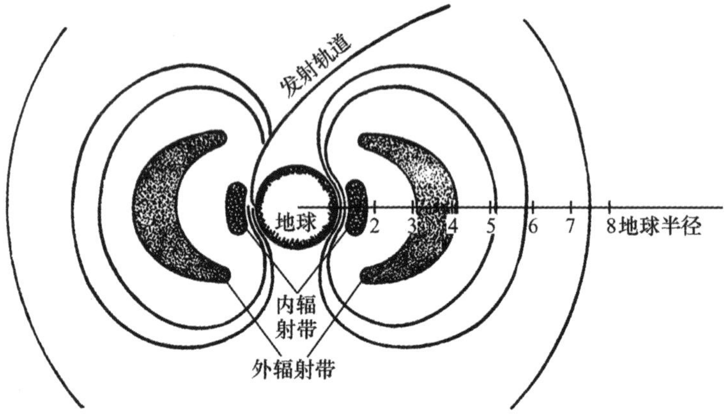

图 11.9　绕过内外辐射带的航行轨道

采用上述办法似乎只要飞船有了一般能抗宇宙射线的防护设备，人们就可以飞到其他行星或长期地在高轨道飞船上工作了。其实不然，在出了地球的大气层保护之后，除了有通常强度的宇宙射线的作用外，还有前面所提到过的太阳耀斑爆发时向地球辐射出的强烈的粒子流，这些粒子流将大大地增强宇宙射线的强度。当太阳耀斑发生大爆发时可以使宇宙射线增强 1 万倍，其时间可以延续好几小时（这种爆发发生时以致地球上的短波无线电通讯会中断），要想防护或避开都是很困难的。根据天文学上对太阳长期的观察和研究的结果，这种大爆发大约间隔 11 年发生 1 次，但这个规律只具有统计性，也就是说一般是 11 年左右发生 1 次，而有时也不一定，对大爆发的规律性目前还掌握得不够。当然如果人们是在地球卫星轨道的飞船上，当有发生大爆发现象时，可以立即通知飞船降落到地面上，以避开大爆发。但对于星际航行来说，要是碰上了，就是要避开也来不及。因此为了保证人的生命安全，需要进一步掌握耀斑大爆发的规律，也要创制轻质的防护设备。此外，耀斑的小爆发是经常有的，爆发时能使宇宙射线增强约 100 倍，时间长达几天之久。对这种爆发的规律性掌握得也还不够，而且由于是经常性的，要避开也不容易。为了避免遭到它的照射，应当加强防护，也要进一步掌握太阳耀斑爆发的规律，不断从耀斑的观测作出耀斑爆发的预报，使飞船上的航行员能及时采取有效措施进行防护。

11.10　中子的防护

我们知道中子的穿透能力是很强的，也就是它的射程远，而且中子与物质的原子起作用后还要放出 γ 射线，因而我们不但要防中子，也要防所产生的 γ 射线，问题也就复杂化了。防中子问题的重要性一方面在于它不容易防护，另一方面，只要有原子反应堆，如原子火箭发动机或电火箭发动机用原子发电设备，那么反应堆运转时就产生大量的中子。

原子发动机将用在空气层中一段高度上推动火箭，它产生的大量中子向外辐射，而同时又受到大气的散射。这时对飞船中的航行员来说，中子不单从发动机方面射来，而且从四面八方射来。为了防止发动机工作时宇宙航行员受中子辐射的侵害，有人建议在飞船船舱中建立一个防护室，发动机工作时航行员可以到里面去躲避中子流。防护室的最外层是一个通液氢的夹套，以减低中子的速度，使它变为热中子(液氢还可以用来冷却停止推力后的反应堆)，然后靠夹套内层衬上的硼 10(B^{10})来吸收中子，而在最里一层则用重物质，如汞或铅来吸收当 B^{10} 吸收中子后产生的 γ 射线。如果采用这个办法，在一个推力为 500 吨的原子火箭上，建立一个在发动机工作时可容三名航行员用的防护室，其尺寸为 1 米×2 米×2 米，那么，即使以短期受总的辐射剂量为 100 rem 来设计，其防护室的重量也得 10 吨。我们现在也没有把握人能短期内接受 100 rem 而无损伤；如果再降低一些辐射剂量，防护室的重量还得大大增加。当然，地面上的原子能工业要进行安全防护已经解决了，但是地面采用的办法不受重量的限制，如果要想飞上天去，那么，重量则是一个很重要的矛盾。目前看来，由于我们在这方面的知识还远远不够，要解决星际飞船上对强辐射线的防护还有困难。

总之，辐射是一个新问题，而辐射对人体影响的研究则是一门新兴的科学，要解决各种射线对人体的作用，就是这些新兴的辐射医学、辐射生物学和生物物理学的重要任务。

11.11　辐射对器材的破坏作用

放射性辐射对物质的作用已在 11.2 节～11.5 节中阐明，总的说来是电离作用，但电离了的原子与本来的原子在化学性质上有所不同，也就是说电离作用实质上也是对化学结构的破坏作用。物质的化学结构破坏了也就会改变物质的许多性质。这对人的生理来说是如此，对飞船的器材来说也是如此。因此除了我们在上面所说的放射生理及放射医学上的问题以外，也还有与星际飞船设计有关的放射材料学问题。表 11.8 是各种器材的辐射剂量极限。因为是一般物质，不是生物，所以剂量单位应当用物理当量伦(rep)；也就是器材能忍受的最大剂量，超过了这个限制器材就不能用了，完全失去了它们原有的功能。当然辐射对器材的影响也与射线或粒子的穿透能力有关，不能光用剂量作为指标；表 11.8 的数字只是一个概略的参考数字。为了验证一个元件或部件的可靠性，我们还必须对元件或部件进行真实的环境试验，也就是让它在真实的辐射条件及其他条件下进行运转，从实验中测定它们的使用寿命，并发现一个元件或部件的薄弱环节，从而改进设计或材料。这就是这门新学科——放射材料学的一个任务。

表 11.8 器材功能的辐射极限

	辐射剂量极限/rep
除聚氟塑料以外的电绝缘	10^9
一般电动机	10^8
硅整流器	10^7
电解电容器	10^6
晶体管	10^5
照相胶片	10

表 11.8 中还没有列出结构材料在放射性辐射作用下的影响，而实际上结构材料也会受辐射作用而变质。变质的机理是：辐射的电离作用使固体材料的晶体中原子排列受到破坏，在原子完整的晶格中产生空穴，产生缺陷。这与材料冷加工的情况相似，冷加工是通过机械作用来破坏晶体的。而辐射对材料也像冷加工一样，其效果为加大材料的断裂强度，但断裂时的延伸率降低了，也就是材料变脆了。结构材料变脆是不利的，在有振动的情况下，容易从局部的裂纹而引起破裂。此外，有些材料也会因受到辐射对晶体的破坏而膨胀起来，这就引起了外形的变化。如果在结构设计时没有考虑到这一点，那也会造成不同材料的结构各部分之间的失调；一部分要伸长，另一部分不能伸长，也会引起破裂。这些都是放射性辐射对飞船结构所带来的新的研究及设计课题。

第 12 章　飞船的设计问题

12.1　超重和失重

由于人的各种生理特性和要求，给星际飞船的设计提出来很多问题。其中防辐射的问题在第 11 章中已经讲了，而超重和失重的问题，虽然比起辐射问题要容易些，但它是存在的，还需要进一步来研究。所以，我们在讲飞船设计问题之前，首先来谈一下关于超重和失重的问题。

在研究超重和失重以前，首先要明确物体的重量概念。我们主观的重量概念，来自于人的肌肉的一种感觉，是外界作用于物体上力的综合的体现。例如，人在足够高的卫星式飞船上绕地心作圆周运动，当运动的加速度正好与地球对人身体作用的重力加速度相抵消时，尽管有重力的存在，并作用于运动的物体上，但实际上人感觉不到重力的存在，这是因外力作用互相抵消的结果，也就是人处于失重状态。由此看来，重量就是人运动的加速度与重力场所产生的重力加速度的矢量差。

超重是指人的肌肉感觉出的重量比正常状态感觉的重量大，其增加的倍数就是超重的倍数，而人在失重状态时，就感觉没有重量。对于超重和失重的状态，可以作如下的计算来判断。这里设 $\boldsymbol{a}$ 矢量为人体在空间运动的加速度；$\mathbf{g}$ 矢量是考虑到太阳和其他行星的总引力势的空间梯度。如果不考虑其他星球的作用，对于地球的引力势梯度其数值为

$$g_0\left(\frac{R}{r}\right)^2 \tag{12.1}$$

当考虑到地球引力势的方向是向心时，其矢量表示为

$$-g_0\left(\frac{R}{r}\right)^2\frac{\boldsymbol{r}}{r} \tag{12.2}$$

其中 g_0 为地球表面的引力常数；R 为地球的半径；r 为卫星式飞船绕地球中心旋转的半径。如果考虑到太阳和其他星球的作用，则引力势就为空间梯度。物体与飞船结构接触点的合力与地球表面的重力常数之比，就是超重倍数 n。

$$\frac{|\mathbf{g}-\boldsymbol{a}|}{g_0}=n \tag{12.3}$$

当 $n=0$ 时，物体处于失重状态。当 $n=0\sim1$ 之间时，物体处于部分失重状态。这也就是超重和失重状态的过渡阶段。当 $n=1$ 时，物体没有超重，也没有失重，而是处于正常状态。当 $n>1$ 时，物体就进入超重状态，而 n 的数值大小，就表示出超重程度的大小。当 n 越大时，其超重就越大。下面我们将举例说明公式(12.3)的应用。首先我们来看一下人造卫星的运动。这时，在卫星轨道上物体运动的加速度与地球引力势的方向相同，数值相等，其矢量之差为零，故 $n=0$。所以在卫星上的物体实际上是处于失重状态，可以参看图 12.1。其次看一下火箭在垂

直起飞瞬间的状态，可参看图 12.2，这时火箭运动的加速度为 $|\boldsymbol{a}| = -a\boldsymbol{g}_0$；而地球引力势由公式(12.1)可得到，其值为 $\boldsymbol{g}_0$。这时，物体的超重为

$$n = \frac{|\boldsymbol{g}_0 + a\boldsymbol{g}_0|}{g_0} = 1 + a$$

当火箭在倾斜飞行时，如图 12.3 所示，其计算可以应用矢量差的办法，即用矢量 CA 线段的数值除以 g_0 就可得到物体的超重。因此，公式(12.3)对于在任何飞行情况下，都可以用来对超重和失重状态进行计算。

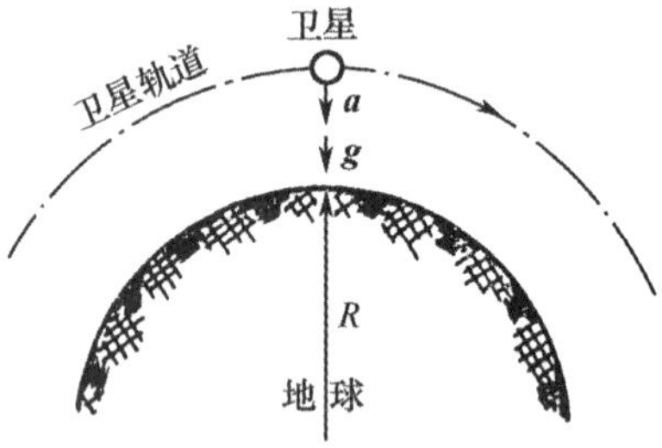

图 12.1 卫星的失重

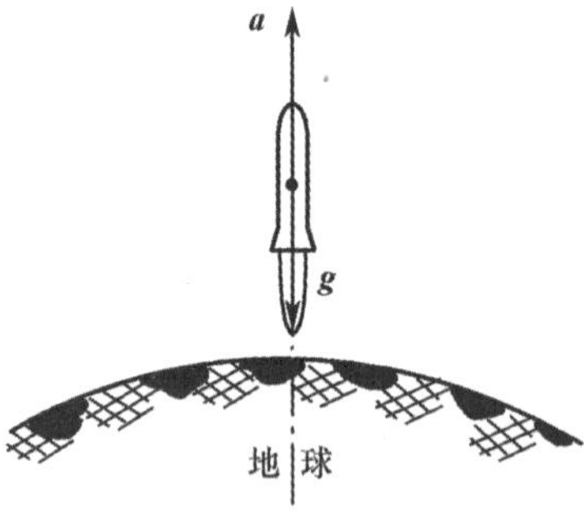

图 12.2 火箭起飞时的超重

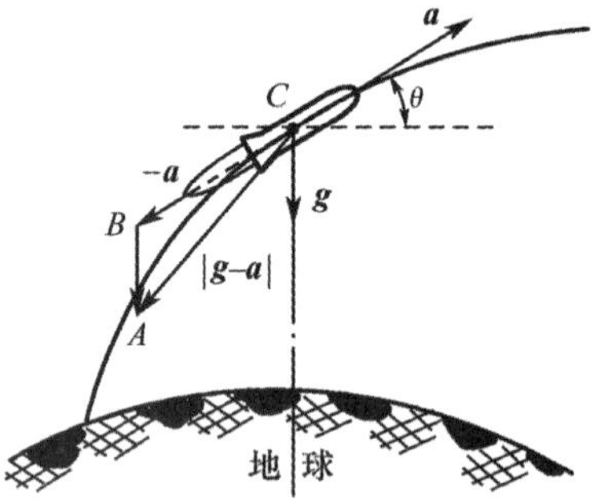

图 12.3 火箭斜飞时的超重

12.2 超重对人的影响

超重主要是对人的血液循环系统的正常工作有影响。心脏好像是一个泵，由它不断地供给身体各部分新鲜血液，形成整个身体的一个血液循环系统。当人处于超重状态时，在重力的作用下，就影响了血液的正常循环，使血液下坠，产生血液过于集中的现象。这样，身体的其他部分在得不到新鲜血液的情况下，就会出现不正常的生理现象，影响了人的生活和工作的能力。另一方面，人还具有在一定范围内的复原能力，也就是当超重的程度还不够大，同时其作用时间还不够长，没有超过人的复原能力时，人的各部分机能在超重作用结束后，还可以恢复正常。因此，人还是能承受一定程度的超重。然而，超重对人的影响跟一个人的身体特点有关，即每个人能承受超重的能力是有所不同的，但人对超重的适应能力是可以经过逐渐训练略为提高的。从苏联卫星发射的动物试验中还发现，在最大加速度作用期间，呼吸运动的频率超

过了原来的频率 2～3 倍。可以认为，加速度影响了血液到肺的流动，也阻碍了血液的换气，对呼吸的加快起了一定的作用。

人在超重状态下的反应，一般可以分为清醒、昏迷及损伤三个阶段。所谓清醒或者不清醒是指血液循环系统是否能不断地供给大脑适量的新鲜血液。而昏迷是超重的影响在人的复原能力以内，其极限是人的组织机能被破坏。当组织机能被破坏时，人就被损伤。这三个反应阶段的出现与加速度的大小和加速时间的长短有密切的关系。这可以让人坐在特制的离心机上进行测定，根据不同的旋转半径和旋转速度，可以得到不同的超重状态。在这些不同的状态下，可以用各种仪器来测量人的不同的生理反应。其三个不同的反应阶段与加速度的大小和加速时间的关系可以参看图 12.4（因各族人民的生理特点有所不同，其具体的关系也有所变化，故此图仅作参考）。

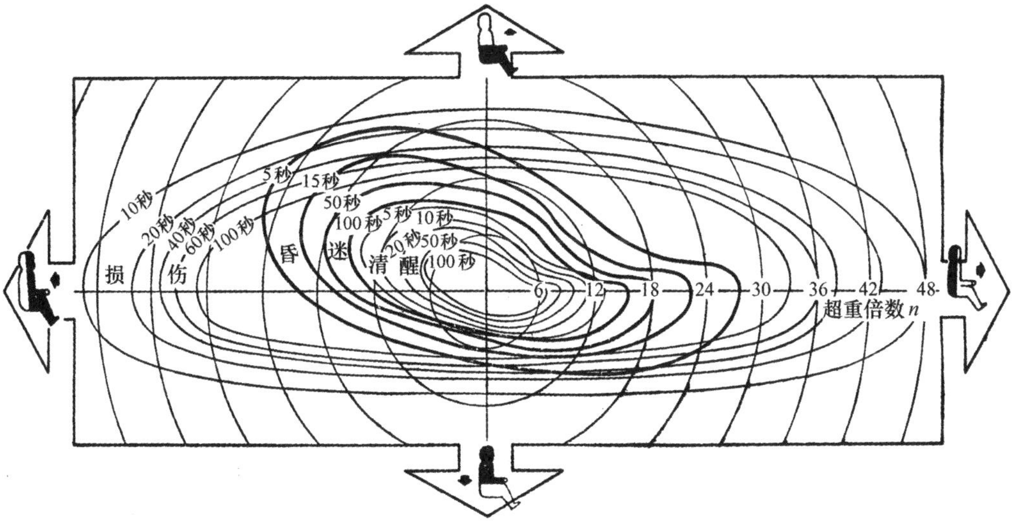

图 12.4　超重限制图

图 12.4 中的不同直径的正圆形代表了不同的超重倍数，即 $n=6,12,18,24,30,36,42,48$。其各种不同形状的图形，代表不同的超重时间和加速度，它们相应于超重对人的三种反应阶段。其中，肾形图形靠内的 5 圈，表示人处于清醒状态，当加速时间为 5 秒、10 秒、20 秒、50 秒、100 秒时与超重倍数的关系。而肾形图形靠外的 4 圈，表示人处于昏迷阶段，当加速时间为 5 秒、15 秒、50 秒、100 秒时与超重倍数的关系。而最外面的 5 圈曲线表示人处于损伤阶段，当超重时间为 10 秒、20 秒、40 秒、60 秒、100 秒时与超重倍数的关系。4 个正向的箭头表示超重的方向。人形的黑白表示血液的集中情况，而涂黑部分表示血液的集中部分。从图 12.4 可以看到一些变化趋势：当加速的时间越短时，则可允许的超重倍数就越大；另一方面可以看到，一个人承受超重的能力跟身体的位置有很大的关系。也就是说，一个人仰着或俯卧着，对超重的反应和坐着时是不一样的，即是超重对人的作用具有方向性。这是因为人本身不是一个结构均匀的圆球，心脏的位置是一定的，同时与身体其他各部分的距离都不同。但其血液循环作用的方向是一定的，因而对人的作用力方向不同所引起的内部变化也不同，所以超重作用具有方向性。图上指出人能承受最大加速度的方向是人半仰半卧的方向，即人在这个方向对于一定的加速时间所能承受的超重最大。因为人脑的位置是靠头的后部，故是半仰式的

姿势为好。这个结论可以从苏联的载人飞船中采用了半卧式的座椅得到证明。

总的看起来，超重对人的影响不是一个严重的问题。因为，在运载火箭起飞阶段，如果采用多级火箭，其产生的最大加速度不到 10g，而飞船再入大气层时当角度不大，不用升力的情况产生的加速度在 8～9g 的范围，而采用升力时还可以使加速度小于 8g，故一般情况超重倍数在 8～9 之间。如果我们选择最好的半仰卧式的方向时，人是完全能够承受 8～9 倍超重的，其可允许的加速时间不会小于 100 秒。而实际上加速度最大的持续时间，一般不会超过 100 秒。因此，超重对人的影响目前看来是不成问题的。当然，在加速度很大时人是会感到不很舒服的。苏联两次发射的载人飞船实践的结果，证明了人体能够忍受从胸到背、从背到胸、从左侧到右侧、从右侧到左侧的较长时间的超重。

12.3 失重对人的影响

失重是人在星际航行中所遇到的又一个影响因素。由于地球引力的作用总是存在的，在地球上不能创造出较长时间的失重条件。因此，关于失重对人的机体影响的性质一直到现在研究得不多；尤其是长时期的失重对于人在空间的定位能力，人的动作的协调，对血液循环系统以及生理机能、生理状态的影响等，知道得更少。这一切都需要进一步全面地来研究。

我们知道，人是依靠前庭器官、视觉器官以及皮肤、肌肉、腱、关节、韧带的感受器这三个系统来准确执行本身的机能，才能在空间中定向，使动作严格协调。而前庭器官是相当复杂的系统，它位于颞骨蜗轴的迷路中，由位于三个平面上的三个半规管和一个很敏感的耳石器官组成。借助于半规管，人感受到加速度，而耳石器官首先对重力变化发生反应。耳石器官位于几个半规管的连接处，它是一个腔，腔底布满敏感的神经细胞。神经细胞上长着极细的毫毛，上面有碳酸和磷酸钙盐的一些小结晶体——耳石，浸在胶冻物质中。当头的位置或重力改变时，支撑耳石的毫毛弯向一边，使耳石接触一边的神经细胞，有神经脉冲从耳石器官传到中枢神经系统，根据收到的信息，人体在空间的正确定向得以实现。因此，前庭器官是定方向和定加速度的系统。而皮肤、肌肉、关节等感受器是一个重量的感觉系统。当人处于失重状态时，这两个系统都失去了应有的作用，只能使用视觉器官。虽然，视觉器官还具有一定的定位能力，但总的定位系统效能是降低了。这里也说明了三个系统是互为补充的。这是问题的一方面，而更主要的困难是因前庭器官与人的植物神经系统是紧密相连的，人的植物神经系统是调节诸如消化、心脏活动、血管伸缩、排汗等之类的自动机能的。因此，前庭器官机能的变化可能引起上述各系统机能的重大变化，影响到人的整个生理活动。

为了研究失重对人的机体影响，最初使用的方法是使人坐在具有较强弹射力的椅子上，当人被弹出后就可以造成 1～2 秒的失重。又如，电梯突然下降时，也可以造成 1～2 秒的轻微失重状态。这种方法因失重作用持续的时间太短，不能提供有价值的结果。另外，有人还提出了给人穿上特殊的服装，把人放入比重等于人体比重的液体中。这种方法可以模拟人在失重状态下皮肤、肌肉、腱、关节、韧带的感觉，也是有意义的。这些实验，提供了在接近失重状态的条件下，一部分神经感受器的活动已经中断时机体机能的材料。目前，在飞机上作试验，使失重的研究工作向前迈进了一大步。可参考图 12.5，当快速飞机在一个快速俯冲之后立即上升，并沿抛物线路飞行，其抛物线的发射角为 40°～50°，如果角度再增加，那么当飞机到达抛物线顶部时，飞行速度太低，飞机将不易控制。在飞行时让发动机的推力刚好抵消空气阻力的作用，同时调节攻角，使飞机的升力也等于零而离心力会与重力平衡，所以飞行是在失重状态下进行的。在这种条件下，最大飞行速度的飞机可以造成 40～60 秒的失重。这也是目前在地球附近能模拟的最大限度的失重状态。

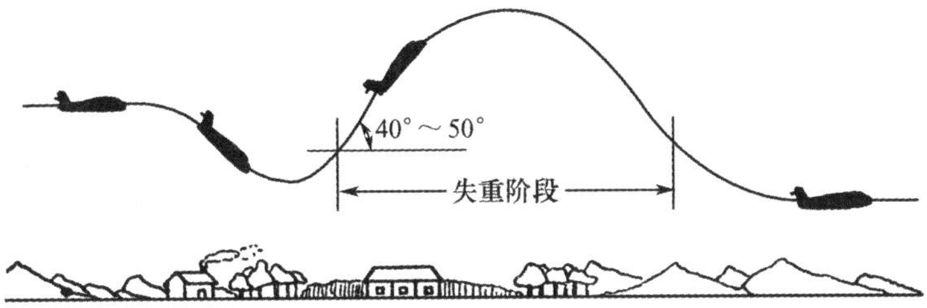

图 12.5　利用飞机制造失重

这一类实验的结果表明，循环系统和呼吸系统的机能方面没有发生重大的变化，脉搏和呼吸的频数和节律、动脉压力和心动电流图没有严重偏离标准状态。失重对视觉和听觉也没有显著的影响，睁着眼睛进行空间定向和动作协调的能力也没有发生很大的变化。这可以由受试验者能够完成相当细小的动作，如可在记事本上记录、使用电报键等得到证明。其主观的感觉与每个人的生理特点有密切的关系，如有的人会感到恶心、头晕，甚至失去定向能力，而有的人感觉自己很好。同时还看到了，当人们进行了多次失重试验之后，对失重的适应性有所提高，这证明了对失重适应性的锻炼是可能的。在飞机上所进行的实验观察，因为时间还是太短，只能证明短时间的失重对人是没有影响的。但是，星际航行可能持续的时间不是几十秒，而是几星期、几个月，甚至是几年。因此，必须对这个重要的课题继续进行研究。苏联两次发射的载人的卫星式飞船提供了有价值的研究结果。尤·阿·加加林在失重状态中停留了约 1 小时，在他身上没有发现任何特殊的不良后果。他进餐、写字、进行必要的观察都没有感到特殊的困难。这也就证明了：在失重状态时，虽然前庭器官和皮肤、关节等已失去作用，但人体对失重是可以适应的。人的视力可以帮助人对自己的动作进行必要的校正。格·斯·季托夫的飞行，研究了人在飞船条件下生活一昼夜的特点，以及宇宙航行员在长时期失重的条件下的工作能力。其结果证明了，失重并没有影响宇宙航行员实现一切必需的本能的要求，如进饮食、大小便以至睡觉。但是也不是完全没有问题，在进入轨道后特别是在刚入睡时，是不太安定的，而且感到轻微的头晕和恶心。这是由于前庭器官在失重的影响下，受到不平常的刺激而引起的。但是，当宇宙航行员采取的初始的预备姿态和使头部不作任何剧烈活动时，以上现象就几乎全部消失了，而且在睡眠之后有了相当程度的减轻，而在飞船返回地面，超重作用开始后就全部消失了，而且总的看起来，格·斯·季托夫在较长期处于失重状态下的情况良好，没有发生任何病理上的疾患。但是在前庭器官方面发现了某些变化，这些变化也没有影响到宇宙航行员的工作能力。

但在今后的考察中必须弄清楚，所发现的宇宙航行员在前庭器官方面的反应，究竟只是个人过于敏感的结果，还是宇宙航行员在失重的条件下都会产生这种现象。如果是一个普遍的现象，那么就有必要在飞船上制造人工重力。例如，把飞船作成环形，让它在失重中旋转，见图 12.6；如果每分钟转 N 次，环的直径为 D，那么在环中的超重系数 $n=\left(\frac{2\pi N}{60}\right)^2 \frac{D}{2g_0}$；如果 $D=$ 50 米，N＝6 转/分，那么 $n\approx 1$，人在环中就如在地面上一样。而每分钟环才转 6 圈，人的视觉也不会招致头晕。但这要使飞船的设计足够大才行,当然实现这种具体人造重力的飞船还存在很多技术上的困难。从目前所有的试验和考察证明了失重问题不是像以前想象的那样严重,但长时期的失重对人的影响结果如何,还有待于进一步研究。另外,在超重状态和失重状态相互转变方面,从苏联多次飞船发射的结果,已可以得出结论:人体忍受从超重到失重的变化过程,比忍受从失重到超重的转变过程要容易得多。

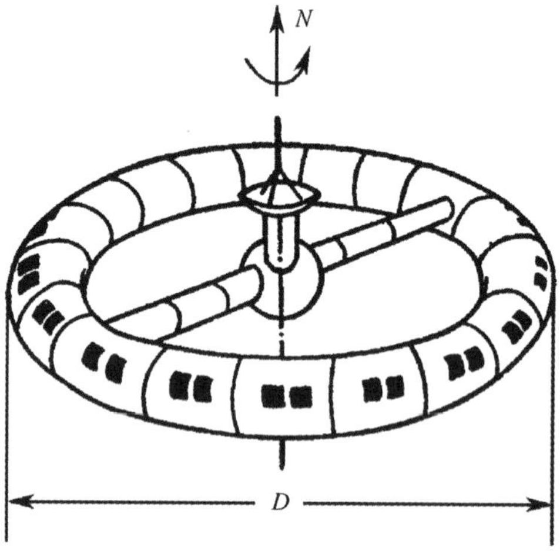

图 12.6 人工重力

12.4 飞船船舱的设计要求

由前知道:各种大气条件、物理因素(如辐射等)以及飞行的各种因素(包括噪声、振动、超重、失重等)对于仪器、设备以及人都有性质不同、程度不同的影响。由此也给飞船的设计提出了很多的要求,尤其是对载人的飞船设计要求更高。也就是说,人生存的因素是飞船密封舱设计时考虑的重要原则。密封舱不仅要保证人在飞行的条件下生存,同时还要维持较高的工作效能。这里对飞船船舱的设计及要求作一简略的概述。

首先,船舱(即驾驶员座舱)应该是一个绝对封闭的系统,即是一个密封舱。其外表覆有热保护层,可以防止它在稠密的大气层中下降时受到高温的影响。座舱壁上有用耐热玻璃保护的舷窗,使星际航行员在沿轨道飞行期间,以及在下降时都可以进行观测。为了防止航行员眼睛受到太阳光的伤害,在舷窗上设有在必要时关闭舷窗的装置。为了保证航行员舒适和安全地工作,在船舱壁设有两个快速开启的舱门,以便在必要时使用。在苏联"东方号"飞船中,航行员是坐在船舱的特制座椅中。座椅是一整套系统和装置,它保证星际航行员可以长期居留于飞船座舱中,可以保证航行员在必要时安全脱离飞船和降落到地球表面。座椅中有专门装置,来保证当飞船起飞和进入轨道期间发生事故时,使航行员能自动、安全地脱离飞船和着陆。座椅中还带有氧气储备和通风装置,保证穿着宇宙服的航行员的生活方便。此外,"东方号"的座椅中还有收发两用的无线电台,以及储备的食物和最必需的用品,供航行员在着陆后使用。在航行员离开座舱单独着陆时,座椅的降落伞系统,可以保证他稳定而平缓地降落到地面上或水面上。如果降落到水面上,他还可以利用橡皮艇,橡皮艇在落到水面的瞬间会自动展开。另外宇宙服本身可以使航行员在水中保持仰卧姿态。宇宙服的隔热和密封程度可以使航行员在冰水中呆上 12 小时而没有不舒服的感觉。同时,宇宙服的头盔有一个带玻璃的舷窗,当船舱里空气压力或气体成分超出容许的标准限度,它就会自动关上,也可以由人来开关。因此,宇宙服及其各种系统,使航行员甚至在船舱密封出事时也可以操纵飞船。

在"东方号"飞船船舱里,装有保证生命活动系统和操纵系统的设备、部分无线电装备、飞船航行记事簿、航行员通过舷窗进行肉眼观测的光学装置、在飞行时观察航行员用的电视摄像机。航行员可以利用送话器、喉头送话器、电话和电动式扬声机,按照自己的意愿打开任一元件,都可以同地面谈话,随时联系。

苏联"东方号"飞船的船舱里还设有空气调节和压力调整设备,自动地维持座舱内的正常的气体成分、温度、压力及空气的相对湿度。在必要时,航行员可以干预自动装置的工作,降低或提高空气的温度,改变湿度和气体成分。一般来说,星际飞船船舱空气的压力维持在 1 大气压为最好,最低的气压不能低于 0.583 大气压(这压力相当于离地面 4 570 米的高空压力)。空气的成分一般维持在:氮(N_2)75%,其变化范围为±5%;氧(O_2)25%,其变化范围为±5%;二氧化碳(CO_2)的浓度低于 0.5%;一氧化碳(CO)的浓度最大不能超过 0.005%。船舱内的温度控制为 20℃,其变化范围为±5.5℃;相对湿度为 35%,其变化范围为±10%。保证船舱内的环境条件是相当重要的,因为人的机体只能够在周围环境稍稍偏离正常的条件下保持正常的生命活动。当周围环境的要素有任何偏离正常参数的情况,都会在人的机体中造成额外的生理负荷,降低了人对超重、失重以及从超重到失重和从失重到超重的过渡状态等的经受能力。为了维持周围环境的基本参数接近于正常,故在飞船上设有空气还原系统。它一方面可以保证吸收人所排出的二氧化碳和水蒸气,另一方面可以释出呼吸所必需的足够量的氧气。在"东方号"飞船中,这系统所释出的氧的量由宇宙航行员本身的需要来调整,当飞船船舱内空气中的氧、二氧化碳和水蒸气含量偏离规定数值的情况时,用特制的敏感元件进行记录;自动调整器接收它们的讯号后,调整还原器中相应的反应进行速度来控制气体成分。空气还原装置除可自动操纵外,还有一套手操纵装置,同样可以在必要时用来建立理想的船舱内空气的成分、相对湿度和温度。温度的控制也同时设有一套自动以及航行员主动控制的设备。

由于飞船在飞行的主动段和在飞船再入大气层时都可能产生强烈的噪声,其噪声的强度超过了人能承受的范围。因此,在设计飞船时必须要考虑到噪声对人的影响以及如何降低所产生的噪声的强度。噪声的强度计量单位是分贝,其具体关系如下

$$T=20\lg\left(\frac{p_e}{0.000\ 2}\right) \tag{12.4}$$

其中 T 为噪声强度,以分贝为单位;p_e 为噪声的声压,单位为达因/厘米^2,0.000 2 达因/厘米^{2}为人的耳朵能听到的最弱的声音。实际上 $\left(\frac{p_e}{0.000\ 2}\right)^2$ 是功率比,而功率比的对数就为1 贝(1 贝等于 10 分贝),故有(12.4)式的关系。一般人的耳中噪声不应达到 135 分贝,而身体的其他部分所能承受的噪声也不应该超过 150 分贝。超过这范围人就会产生迷失方向、恶心、呕吐等现象。而在飞船及运载火箭起飞时,以及在再入大气层时的噪声往往达到甚至超过此数值范围,因此就必须用隔声及吸声的飞船壁。关于噪声对人体的影响,目前已经掌握了充分的资料,在飞船上只要设有严密的隔声装置,就能使噪声大大降低。一般要求噪声的强度为

40分贝以下，在实际过程中是可以达到这一要求的。因此，噪声对人们进行星际航行是没有带来任何严重的困难。

除了以上的要求而外，其他还要求：振动频率从100赫至500赫时，双振幅少于0.01毫米；当振动频率在1 000赫以上以及在60赫以下，其双振幅少于0.003 8毫米。总的看来，因飞船离发动机较远，故振动的影响估计问题是不大的。此外，船舱内应有适度的光亮，而光中不应含有危害人体生理的波长。另外，辐射强度应在0.05 rem/日以下。以上只是作了简略的叙述，当进行飞船的设计时，要考虑的具体问题会更多。

12.5 星际航行中人的生活条件

人们要想较长时间呆在飞船上(卫星轨道或星际航道上)，那么解决人在飞船中的生存条件问题就成了一个十分重要的问题了。大家知道，人之所以能够在地球上长期生存下去，是因为人们可以从自然界取得充足的阳光、空气(特别是氧气)、水分、食物以及其他东西。因此，也就不觉得这是一个十分严重的问题，然而对星际航行来说，问题就显得特别突出。因为1个人每天所需要的氧、水分、食物等总共也不过几公斤，对于时间较短(几天至1个月)的航行，目前看来完全可以采用从地球上起飞时就带上这些东西，但是对于时间更长(如1年或几年以上)的航行，要全部依靠起飞时所携带的物品来解决，那么飞船的重量将因带有这些生活品而大大加重，从而影响到飞船的航行效果。显然，采用这种办法来解决长期航行的问题是不行的，但也并不是说就没有办法了。关于这个问题将要在12.7节中详细讨论。

要解决人在星际航行中的生存问题，首先就应当了解人们生存的最基本、最必需的条件是什么？大家都有这样一个十分简单的概念：如果人不吃东西，不喝水，用不了多少天就会死去，而人不呼吸则几分钟就会窒息而死。因此说明空气、水和食物是维持人们生存、活动的最基本的最必需的条件。当然这些基本条件在地球上是如此，而在星际飞船上也同样是如此。我们在上节中已有所叙述，这里将计算得出的有关人们正常生活、活动及宇宙航行员在星际飞行时所需消耗的物品及排出废物的一般性结果，列于表12.1及表12.2中。从这两个表中我们可以看出，对于物质的消耗量，随人的年龄、性别的不同而异。其实也由于民族、体格等具体情况不同而异，表上没有能包括这一点。但是也可以看出一般情况下1个人在星际飞船上生活1天大概需要消耗4.4公斤物质，其中氧占0.91公斤，水占2.59公斤，干食物占0.91公斤。

但问题还在于单单是供给了足够的氧、水和食物还不行，因为人生活在飞船的密封舱中，容积是有限的，同时又由于人不断呼吸和出汗，而使空气中二氧化碳(CO_2)及水蒸气不断增加。如果不把这些东西除去，那么，同样是影响人的生活，影响人的新陈代谢。因此，必须不断地将人呼出和汗中蒸发的二氧化碳及水分从空气中吸收掉，以保持空气的正常成分。人们吸入空气时主要是取得氧气，然后由血液将氧分配到全身各部，用来与人体从食物中所取得的养分进行“燃烧”，产生能量供给全身各部分生活及活动的需要。人呼出时则是将废气排出，这里包括了吸入的氮气和由体内排出的二氧化碳及一部分水分，其中最主要的是呼出体内“燃烧”后产生的二氧化碳。从人们吃的东西来看，实际上很大一部分都是碳水化合物，如淀粉；而在

表 12.1　平均最低的代谢(基础新陈代谢)

年龄	大卡/日		消耗量/(公斤/日)								排出量/(公斤/日)													
			氧(O_2)		水(H_2O)		干食物		合　计		二氧化碳(CO_2)		总水量		排出水分的分布							
															呼　吸		汗		尿		粪	
	男	女	男	女	男	女	男	女	男	女	男	女	男	女	男	女	男	女	男	女	男	女
18	1 783	1 440	0.55	0.45	1.54	1.27	0.55	0.45	2.64	2.17	0.68	0.55	1.77	1.45	0.25	0.21	0.36	0.29	1.04	0.86	0.10	0.09
25	1 760	1 442	0.55	0.50	1.54	1.27	0.55	0.45	2.64	2.22	0.68	0.55	1.77	1.45	0.25	0.21	0.36	0.29	1.04	0.86	0.10	0.09
40	1 641	1 344	0.50	0.41	1.41	1.27	0.50	0.41	2.41	2.09	0.64	0.50	1.64	1.36	0.23	0.19	0.33	0.27	0.99	0.82	0.10	0.08

表 12.2　每天正常工作状况下的代谢*

年龄	大卡/日		消耗量/(公斤/日)								排出量/(公斤/日)													
			氧(O_2)		水(H_2O)		干食物		合　计		二氧化碳(CO_2)		总水量		排出水分的分布							
															呼　吸		汗		尿		粪	
	男	女	男	女	男	女	男	女	男	女	男	女	男	女	男	女	男	女	男	女	男	女
18	3 800	2 500	1.14	0.77	3.27	2.13	1.14	0.77	5.55	3.67	1.45	0.95	3.81	2.5	0.55	0.35	0.77	0.50	2.27	1.50	0.23	0.15
25	3 000	2 400	0.908	0.73	2.59	2.04	0.908	0.73	4.4	3.50	1.14	0.91	3.00	2.41	0.41	0.32	0.59	0.50	1.82	1.40	0.18	0.14
40	3 000	2 400	0.908	0.73	2.59	2.04	0.908	0.73	4.4	3.50	1.14	0.91	3.00	2.41	0.41	0.32	0.59	0.50	1.82	1.40	0.18	0.14

* 这个表是根据平均每人需要 3 000 大卡/日和呼吸系数=0.8 计算的，故得出每日总消耗量约 4.4 公斤，其中氧 0.91 公斤，水 2.59 公斤，干食物 0.91 公斤。同时维持平衡约排出 4.4 公斤；其中二氧化碳 1.14 公斤，水 3 公斤，水是通过呼吸、汗、尿及粪便排出的。

碳水化合物的“燃烧”中，消耗 1 克分子的氧气就产生 1 克分子的二氧化碳。如果“燃烧”的食物是脂肪或蛋白质，那么，消耗 1 克分子的氧气就产生少于 1 克分子的二氧化碳。因此，我们可以看出人吸入并消耗的氧气和呼出的二氧化碳是有一定关系的。从国外生理学上的研究得知，一般人的所谓呼吸系数为

$$\text{呼吸系数}=\frac{\text{呼出 } CO_2 \text{ 克分子数}}{\text{消耗 } O_2 \text{ 的克分子数}}\approx 0.8$$

由此可见，人吃的东西并不完全都是碳水化合物，还有其他如脂肪、油类等物质。一部分氧用来和这些非碳元素“燃烧”，这样一来用掉的氧就不是全部产生二氧化碳，这就是呼吸系数小于 1 的原因。人的呼吸系数实际上也是因民族习惯、吃的东西成分不同而异。

上述使我们知道了人的呼吸系数后，也就是知道了人每天所需要的氧量和呼出的二氧化碳的量。那么，可以采用一些办法来吸收掉所产生的二氧化碳及水分。对于较短期的航行来说采用化学吸收剂来吸收的办法较好。如果以每个人每天吸入氧气为 0.91 公斤，呼吸系数为 0.82 的话，就可以计算出他每天呼出二氧化碳为 1.135 公斤。因此，也就可以计算出每人每日通过呼吸及出汗，发散在空气中的二氧化碳及水分，以及吸收掉这些东西需要的吸收剂的克数。这些数据列于表 12.3 中。从表中的数据比较得出，应该倾向于采用 Li_2O 或 LiOH 做吸收剂，因为这两种吸收剂的效果较好（每吸收单位量的 CO_2 及 H_2O 用量较小），而也较容易取得。吸收二氧化碳和水蒸气的方法很简单，只要将座舱中的空气用通风机送到装有吸收剂的吸收器中，空气中的 CO_2 及 H_2O 就会自动地与吸收剂起作用，而从空气中清除。

表 12.3 吸收每人每日呼出及出汗散发在空气中的 CO_2 及 H_2O 所需的吸收剂克数

吸收剂	除 CO_2	除 CO_2 及水分
Li	325	400
Li_2O	700	840
MgO	920	1 030
$Mg(OH)_2$	1 335	—
Na，吸收后生成 Na_2CO_3	1 050	1 250
Na，吸收后生成 $NaHCO_3+Na_2CO_3$	750	900
CaO，吸收后生成 $CaCO_3$	1 290	1 450
CaO，吸收后生成 80%$Ca(HCO_3)_2$	775	970

飞船船舱中的压力和温度的控制也是一个十分重要的问题。首先是如前节所述，压力必须控制在 1 大气压左右。其次是舱内的温度，人们一般生活在 20℃左右觉得最舒服，但是我们知道飞船外部的温度变化是很大的，如在起飞时飞船通过不同的大气层高度，这时就会遇到 +80℃和 −80℃以下的气温。在太空中受太阳光照射的一面可以高达 100℃以上，而朝向黑暗的一面则可低到 −100℃以下。特别是在飞船再入大气层时，由于空气的阻力而产生的高热，即便是有冷却或防热的措施，也会达到好几百度以至 1 000℃以上的高温。因此，如我们不对飞船的座舱采取完善的隔热措施，人在里面是无法生存的。这些隔热问题当然可以采用绝热材料来解决。苏联已经解决了这方面的问题，“东方一号”及“东方二号”上天就是实际的例证。但是只隔绝了飞船外壁向内的传热还不行，因为人体由于活动以及体温高于环境温度即

要向外散发出热量。这些热量也会使气温逐渐升高，那么还必须对气温进行调节。其调节的办法是：如果座舱中温度低了就可用太阳光能量来升高空气温度；如果温度高了，则可以利用通风使空气经过冷却器的办法来解决。冷却剂的过多热量最后由飞船表面阴凉部分的辐射器散入太空。

12.6　氧气及水分的供应

解决星际航行中生活物质的供应问题是一个很关键的问题。在这一节里主要讲短期的，即一两个月以下航行的供应。对这类供应由于时间较短，故总合重量还并不太大，最简单的办法是全部都在起飞时带着。对食物来说，目前看来只有这种办法最适合，而对氧和水来说还可以采用一些更加节省重量的办法来解决。下面就分别叙述。

12.6.1　氧气的供应

首先，我们可以采用目前已经掌握了的成型的办法，就是利用现代航空所采用的液氧或气氧系统。液氧系统是将液态氧装在绝热的低温容器中带到飞船上，与液氧容器连接的有加热器，使液氧加热气化，逐渐地补给到空气中。这种办法很简单，但对整个飞船来说还得需要有单独的供应水和净水设备。

其次，结合供水给航行员的同时来供氧气。这种办法比较简单，一举两得。在起飞时携带适量的过氧化氢（90%H_2O_2），利用过氧化氢在催化剂的作用下分解为氧和水。用这种浓度的过氧化氢每生产 50 公斤氧气的同时可产生 68 公斤水。这个办法的优点是：人们已经很好地掌握了反应及整个工艺过程，并且知道如何来控制它，因而是一可行的办法。

第三，结合空气净化过程来供给氧气。前面已经提到过，用化学吸收剂来吸收人呼出的和散发出的二氧化碳和水蒸气，那么，我们也可以用一种吸收剂，使它吸收二氧化碳和水蒸气及产生出氧气来供给人使用。一种可能的化学药剂为超氧化钾（KO_2），它的反应过程为下列化学反应方程：

（1）$4KO_2+2H_2O \longrightarrow 4KOH+3O_2\uparrow$

（2）$4KOH+2CO_2 \longrightarrow 2K_2CO_3+2H_2O$

（3）$4KOH+4CO_2 \longrightarrow 4KHCO_3$

从反应方程看出，反应采取(1)及(2)过程时，每产生 3 克分子的氧可以吸收 2 克分子的二氧化碳，即相应的呼吸系数$=\dfrac{2}{3}=0.67$。比起前面提到的人的正常呼吸系数为 0.8 左右来看，生产的氧过剩了。但是，如果按照反应(1)及(3)的过程进行，那么，相应的呼吸系数$=\dfrac{4}{3}=1.333$，也就是说氧生产少了，也不能正常地保持与呼吸系数平衡。因而有可能实际的反应过程是介于两者之间，即经过第一步反应[(1)反应]后，一部分是按照(2)式反应，另一部分是按照(3)式进行，所以实际过程吸收 CO_2 后产生的氧量之间的关系，可以维持呼吸系数为 0.8 左右。这种办法把净化空气和供氧结合起来，因此可以省掉单一的供氧系统，从而可以减少设备的重量。

此外，还有人提议利用这样一个事实，即人可以在100～425毫米汞柱的氧气分压范围下生活，那么供氧的最简单办法，可在起飞时把密封舱中空气的氧分压提高到高限(425毫米汞柱)，在航行过程中就不再供给氧气，让航行员逐渐消耗这些氧气。根据计算，如果有6～7米^{3}的容积，氧分压从425毫米汞柱降到100毫米汞柱时的氧气量，就可以供一个人正常生存两个星期之久。看来这个办法十分简单，但问题在于人要较长期生活在高氧分压或低氧分压以及氧的分压变化又较大的情况下，又加上人在空中失重对生理的影响，是否能够经受得住或正常生活都值得进一步研究。

12.6.2 水的供给

人体对水分的需要也和需要空气和食物一样重要，而且每天每人所需要的水量也是很大的(约2.59公斤)。对于人们短期离开地球完全可以一次带足全部需要的水量，但是时间长了，总重量太大就会显著地影响飞船的航行效果。为了解决这个问题，可以利用人体排出的废水进行净化处理后循环使用，这样就可以大大地减轻携带重量。下面介绍五种办法可以用来作为解决星际飞行用水的途径。

第一种办法就是利用一般的蒸馏原理，将人体排出的废水(尿等)在蒸馏釜中用电来加热、蒸馏即可将水分和盐类的杂质分开，所得的蒸馏水就可以供给人使用。这种方法的主要缺点是用电量较大，因此需要带有沉重的化学电池或太阳能电池，从而增加了飞船的重量。

第二种办法的蒸馏部分完全和电能加热蒸馏一样，所不同的是直接利用太阳辐射热能。这种办法也有一个缺点，这就是水的沸点较低。如果在1大气压下蒸馏，那么必须将蒸出的温度较高的水蒸气冷却到100℃以下才能凝结成水。同时我们也知道，星际飞船中的冷却办法是向黑暗空间辐射散热。单位辐射散热面单位时间所能散出的热量与散热面绝对温度的四次方成正比，也就是温度越高，散热效果就越好。但是如果不用高压蒸汽，要凝结成水就需要降低温度才行，相应地就要求辐射面的温度也低，那么就必须大大地增加辐射散热面，这样就使得散热系统很大，而重量也相应地增加，对星际航行来说也是不利的。如果用高压蒸馏，那也会因整个系统的强度要高，重量也不会轻。

第三种办法是用离子交换。人体排出的废水中实际上除去大部分是水外剩下的是盐类，也就是阳离子及阴离子。当通过阳离子交换剂时，阳离子在交换剂作用下被吸收，而代之以氢离子，再一次经过阴离子交换剂，阴离子又被吸收，而代之以氢氧离子。这样，废水就成为可以再次饮用的清水了。

第四种办法是冰冻法。我们知道当含杂质的水溶液被冷冻时，首先析出的是冰，而溶液则逐渐浓缩。因此，可以利用这个办法将废水冰冻后把析出的冰取出，再经过适当处理就可以供人们使用。

第五种办法是电渗析法。这种办法实际上就是利用离子筛的膜，一种所谓阳膜只让阳离子通过，另一种所谓阴膜只让阴离子通过。因此，如果我们把两种膜交替安排(见图12.7)，对每个淡化槽来说，由于电极所造成的电势的作用，从一面的阴膜失去阴离子，从另一面的阳膜失去阳离子，水的盐分就减少了，依此连续作用就能把水中的一部分盐去掉，而盐就集中在其他剩下的一部分水中。废水也就因而脱盐成为可以再次饮用的清水。

从以上五种办法比较来看，前面两种不及后三种优越，因为它们的设备比后三种要重得多。因此后面三种办法加以具体化和完善化后，用在星际航行上来解决净水循环问题比较现实。

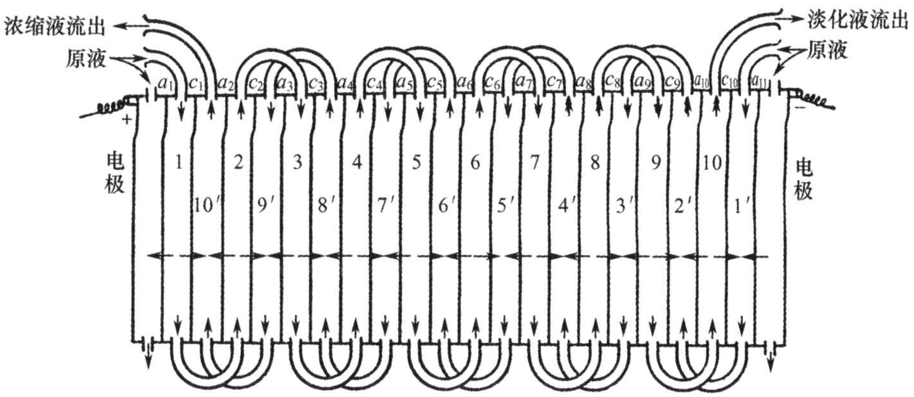

图 12.7　电渗析法流程示意图

1～10—淡化槽；1′～10′—浓缩槽；a_i—阴膜；c_i—阳膜

12.7　长旅程星际飞船中的生态学系统

前面所谈到的办法和采取的措施，已经基本上解决了短期离开地球的飞行。但是，要到其他行星去所需要的时间就长得多了，比如往返火星就得一年半左右，往返土星就得 5 年左右(都是沿 Hohmann 轨道飞行)。这样长的时间，如果完全靠起飞时全部带上这些生活用物质，那么重量就很大了。就单拿消耗的干食物、氧气和水来看，每人每年就得 1 600 公斤，再加上处理净化空气所需的吸收剂，以及其他的生活用品和贮存设备就更重了，必然严重地影响到飞船的飞行效果。上一节已经提到水可以再生循环使用，那么，其他东西当然也应当能够设法再生使用。由表 12.2 知道每人每天需要 4.4 公斤氧气、水和食物，而为了平衡起见，每人每天大约也排出体外 4.4 公斤废物。所以，只要找到一个办法能使这些东西都能再生，那么，人在星际飞船上的生活资料就可以解决了。下面就来谈这个方法。

大家都知道，地球上实际是一个使人类、动物、植物、微生物以及非生物等按照一定自然规律所组成的有机的整体，或称生态学系统。我们生活在地球上并没有靠另外的星球给我们送来食物、水分和氧气。但是自从地球上有生物以来就是正常地生活着，发展着。这正是由于植物在它的叶绿素的帮助下，把动物等呼出的二氧化碳与水分在太阳光的作用下进行光合作用，制造有机物，放出氧气，这样就供给了人类及动物以食物和氧气。而反过来人类和动物又给了植物以二氧化碳及肥料。当然这是一个十分复杂的有机配合和平衡。因此，地球可看做是一个孤立系统，它只是从阳光里取得高温热能(可见光及紫外线等)，而向外辐射出低温热能(波长较长的红外线)。在这个过程中地球上的各种生物之间，依照自己特有的自然规律相互依赖而生存，也就是形成一个复杂的生态学系统。

从这一概念出发，我们完全可以把星际飞船当成一个孤立的小世界来看待，使飞船中按照一定规律和一定的平衡条件来安排人与生物间的循环，也就是与外界的交换仅仅是太阳辐射来的能量和通过飞船向外辐射出的低温热能。我们在飞船中培育植物，它吸收人呼出的二氧化碳及人体排出的无机盐、粪便等，利用植物的叶绿素在日光照射下，为人制造食物和氧气。如果能使飞船中配合成一个恰当的平衡循环系统，那么，星际航行的生活资料就得以圆满解决，不再因时间长短而影响到飞船的运载重量。

要造成这样一个孤立系统还有很多困难。首先，在地球上人们可以利用大量的土地来种植农作物、林木以及养殖牲畜等。但是，在飞船上由于载重有限，不允许也不可能在上面开垦大片土地来种植农作物，所以必须找到一种适合于飞船上培育的"作物"，也就是要有极高的生产强度。经过研究和实验证明，采用在水中培育小球藻来生产食物，具有很高的生产强度。小球藻是一种低等水生植物，属于单细胞绿藻类，是直径约为 3～5 微米的绿色小球。由于它体内含有叶绿素，因而它们能够像其他各种植物的叶绿素一样，充分地吸收人呼出的二氧化碳和水，在日光作用下进行光合作用，生产食物和氧气。它对太阳光的利用率可达 10%，而人所排出的粪便等废物，则可作小球藻的肥料。有人发现一种高温品种的小球藻，在 40℃时繁殖生长得最快（一般的小球藻在 25℃生长繁殖能力最强），据计算每个人有 300 厘米^3 的容积来培育这种小球藻，就可以供给他正常生活所需的热量（3 000 大卡/日）。因此，能够成功地利用小球藻作为星际飞船上的食物，既是氧气的生产者，同时又是人体排出废物的处理者，那么，这将是一个十分理想的办法。如果小球藻利用太阳光能的综合效率为 10%，即太阳光能中 10% 变为食物的热量，那么，由于地球附近太阳光能密度约为 1 千瓦/米^2，每人每日需 3 000 大卡热量的粮食，可以利用的 1.45 米^2 面积的正照日光就够了。

其次，人对食物的需要不是单一的，小球藻虽然具有高度的生产效率，而也有较丰富的营养价值，但是人天天光吃小球藻行不行？是不是还要副食品？如果需要副食品，副食品又如何供给？这都是尚待解决的问题。

第三是小球藻所生产的食物中不单纯是糖类、蛋白质等人能吸收的东西，而也有像人不能吸收的纤维素等，必将成为废物排掉，因而在养殖小球藻时还必须严格地控制它产生的各种组分的比例。总之，人们如果单纯吃小球藻是否能长期在宇宙空间生存还是一个十分值得研究的问题。

第四是这个小的孤立世界的稳定性问题。就是在地球上有时也会碰到一些意外的情况（如天灾等），使某个地区的农作物受到损失而暂时地失去平衡，但是地球很大，受到影响而不平衡的地方可以自行调节或人为地调节，随后又可以稳定在一个正常生活的基础上。在飞船上也不免会碰到一些意外，那么，这时所产生的影响将会波及整个生态学系统，以致使整个系统失调，而造成某些东西供应不足，失去了应有的平衡。比如一旦因为某种原因小球藻的生产强度降低了，那么，人就不能得到充足的食物和氧气而难于生存。因此，要使整个飞船的生态学系统能保证稳定在一个固定的水平上，这是个十分关键的问题。有人也提出遗传变异对平衡的影响，即本来是平衡的系统，但由于生物（如小球藻）一代一代传下去，总免不了有些性质上的变异，它的生产力、生产效率或营养组成不同了，那就会引起整个系统的不平衡。是不是要考虑选种技术来控制这个系统？这也是要研究的问题。

最后还值得指出一点是小球藻本身在生长和繁殖的过程中要产生微量的一氧化碳（CO）。量虽然微小，但是在飞船这一小小的空间里，长时间逐渐积存也会变得多起来，而最主要的问题在于一氧化碳对人有毒害性。所以，从座舱中排除一氧化碳也是一个必须解决的问题。这样一来又需要设置清除一氧化碳的设备。由于一氧化碳的清除又使得循环系统中少掉了物质（碳和氧），那么，时间一长就会使循环系统的平衡遭到破坏。我们还得考虑如何把处理掉的东西变成有利于循环系统的物质，使之重新参加整个循环过程，从而使整个循环保持平衡状态。

当然为了使循环系统平衡，增强人们的营养，增加食物花色，还可以进一步研究寻找更好的办法，如可以考虑养动物或利用高生产强度的酵母来生产有营养的蛋白质等。但是，这些还只是根据现有的线索指出了一些小体积、孤立的生态学系统中的可能过程。要使这些过程变为现实，还有着许多工作要做。这样一个新的问题，要由生理学、生物学、医学、植物学、动物学以及其他有关科学来综合研究解决，是一项生产强度比地球上高得多的超级农业。如果按以上的计算，在地球附近星际飞船上的每个人可以靠 1.45 米^2 的太阳光过日子，而我们现在的农业是 16 亿亩地养 6.5 亿人，每人合 1 640 米^2；那就是说星际航行中的农业生产的强度要比我们现在的农业生产强度提高 1 000 多倍。因此，这是一门科学技术上的新领域，它提出了比现代农业更深、更广的问题，所以我们可以把这门新的科学称作“星际农业科学”。这也再次说明了星际航行事业大大地促进了各门科学的发展，向它们提出了远远超过一般常规的最艰巨的课题。

12.8　防微陨石及通过小行星带

穿过地球的大气层后，太空几乎变成了绝对真空，但是飞船还会不断地受到外来的袭击，这就是太空中存在的陨石和微陨石。在太空中的尘埃中大块的(陨石)虽然不多，但是小块(微陨石)却不少。大家不要以为它小就不害怕它，因为飞船在太空中是以很快的速度向前飞行的，迎面飞来的微陨石的相对速度就很大，撞到飞船的表面上，仍然会引起很大的破坏作用。据计算得出重量为 1 微克的微陨石，它的速度可达 30～70 公里/秒，这时它可以穿透 1 毫米厚的铝板。有人估计载人飞船壁为 10 毫米的铝板或镁板，每 3 周就可能被穿透 1 次。比 1 微克更小的微陨石并不能穿透这样的飞船壁，而只能打毛飞船的表面，使表面变成像经沙洗后一样。根据苏联发射的火箭了解到的情况来看，宇宙空间的微陨石的分布并不是很均匀的，是随时间和地区而变的。因此，要防止和它们撞击是不很容易的，但是可以通过对它运动的规律性的研究，还是有可能找到微陨石较少的区域和时刻的飞行轨道的。然而就是能做到这一步也不能完全避免陨石和微陨石的作用，还需要加强飞船的结构强度。为此可采取双层壁结构；对大型飞船可以采用船舱分室的办法，来避免微陨石撞击而造成的不良后果，以保证设备及人员的安全。

在第 1 章里已经介绍过了在火星与木星轨道之间有几层小行星带，它们大约有44 000个。如果我们要到火星以外的行星上去旅行，那么，必须通过这一小行星区域。这些小行星按着自己的轨道和速度绕着太阳运动，当然可以研究和掌握它们的规律，但是由于为数太多，要避开它们确实是一件困难的事情，不过这也并不是说就根本无法越出这个区域到外圈的行星上去旅行。当我们摸清了它们的运动规律，再加上对飞船高度自动控制系统的掌握，飞船仍然能够像在海洋中的轮船绕过海底的暗礁一样，绕过这些可能与飞船发生碰撞的小行星。

12.9　飞船的定向系统

飞船在太空中处于失重状态，因而确定它所处的位置和方向是一个很重要的问题。首先是无线电通讯必须定向，那就得知道飞船现有的方向。其次是确定飞船是否按照正确的轨道方向飞行。第三是人在失重的情况下要确定所处的方位只能用眼睛看时，也只能在知道飞船的方向后才能确定自己的正确位置。例如苏联的第一、第二、第三颗人造卫星上就没有定向系统，而在向月球发射的火箭上就有定向系统。这是因为此时要求准确度高，如果不能随时确定方向就不能沿要去的目标准确飞去，完成预定的任务。

要控制和调整飞船的方位，首先一步就是方位的测定。飞船方位的测定，目前看来比较准确而可靠的方法是采用观星或者观太阳的办法，测定太阳或事先选定的星座所在的方位，即可确定出飞船本身所处的方位，从而计算出飞船现有方位与正确航道的偏差，然后再用方位控制、调节系统进行调节。这种测定必须是很精确的。因此，不宜采用惯性定位系统陀螺仪来测定。因为飞船的航行时间一般都很长，这种测量仪在长时间运转时就会产生漂移现象，就会影响到测量的准确度。此外，对于人造卫星来说完全可以采用测地平线的办法(参见图 12.8)。当卫星绕地球一圈到明亮区后测其切线方位角的平均值即确定了卫星的方位。这种办法可以用自动瞄准地平线；太空是冷的，热辐射的强度低，而地球的绝对温度约为 300 开，有热辐射；冷热的交界线就是地平线。

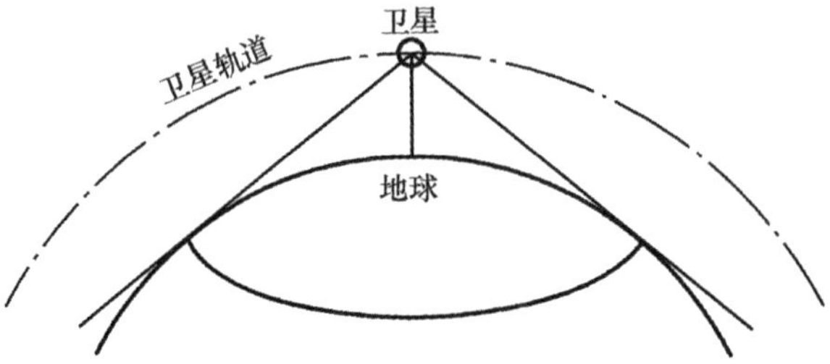

图 12.8 测地平线及垂直线法

飞船的定向系统是一个新的控制问题，它有别于运载火箭的制导，它们不是一个类型的问题。大家知道，运载火箭是在推力、重力和空气阻力作用下飞行的。因此，对它的控制力矩的大小与运载火箭本身重量、推力的大小相差不太多，也就是说它的控制力矩通常是以吨·米来计算的。对在太空中自由飞行的飞船(在卫星轨道或飞向行星的轨道上)而言，则由于它们完全处于失重状态，能产生使飞船方向偏差和旋转的决不是什么作用更大的力，而是极微小的作用力(这种力在运载火箭中也存在，但是由于它们比起其他的力来说太微小了，故看不出它们的作用)，这种力通常只能用克力或达因来度量。

假设地球(或星)是圆球形的，那么，它对卫星轨道上飞船的引力应对称于地心，并指向地心。这时如果飞船轴线和它与地心的连线完全重合(见图 12.9 中的 A)，此时作用在飞船上的引力力矩也是对称的，飞船受力平衡不会发生转动。但是当飞船的轴线不和它与地心连线重合，有一微小的偏角(见图 12.9 中的 B)，这时作用在飞船上的引力力矩就不对称于飞船的重心了，那么，飞船就会绕重心向箭头所示方向旋转。当然这个力矩是十分微小的，但已足以使飞船产生旋转，因为它是处在自由飞行状态，没有什么别的更大的外力对它起作用。有人计算出飞船在这种情况下由于引力的微小差异而产生的力矩为 30 达因·厘米/(10^{-3}弧度)。由于在高空仍然有一些空气而产生气动力的作用，在 80 公里高空时气动力矩为 10 达因·厘米，200 公里高空时为 10 000 达因·厘米。此外，由于地球磁场的作用，也因地球本身实际上是椭圆球形而产生的引力不对称，而使飞船受到微小的力矩的作用；人在飞船中走动或东西的摆动也使得飞船的重心发生极微小的变化。这些作用都会导致飞船的方位发生变化。

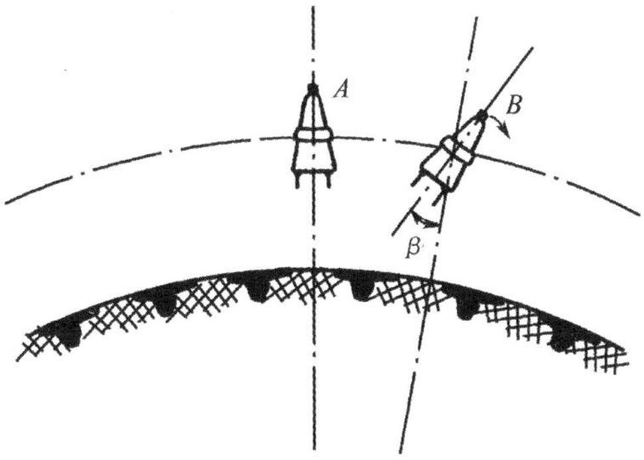

图 12.9　引力场梯度所引起的力矩

使飞船产生偏移或旋转的力矩是非常微小的，那么，要控制和调整飞船的方位同样也只需要一个很微小的力矩就行了。由于要求的作用力不到 1 克力，而这个力却经常要用，看来采用第 10 章里所讲的低推力、高比冲的电火箭发动机来产生控制力很适合。如果用一个功率为 300 瓦的电源的离子火箭发动机，它可以给出 500 达因的推力（1 克力＝980 达因），这就足够用来调节飞船的方位了。

另一个办法是使用电动机带动一个装在飞船上的飞轮（参见图 12.10）。当飞轮向某一方向转动时，整个飞船的动量发生变化，但是飞船是一保守系统，动量是守恒的。因此必须使整个飞船产生相应的偏转才能保持整个飞船的动量不变，因而使飞船的方位得到调整。由于飞船在三个方向上可以变动，所以用三个互相垂直的飞轮组装在飞船上即可调节飞船在任何方向上产生的偏差。飞船中用来调节方位的飞轮一般是采用高转速的小飞轮，因为它的重量小，便于启动和调节。

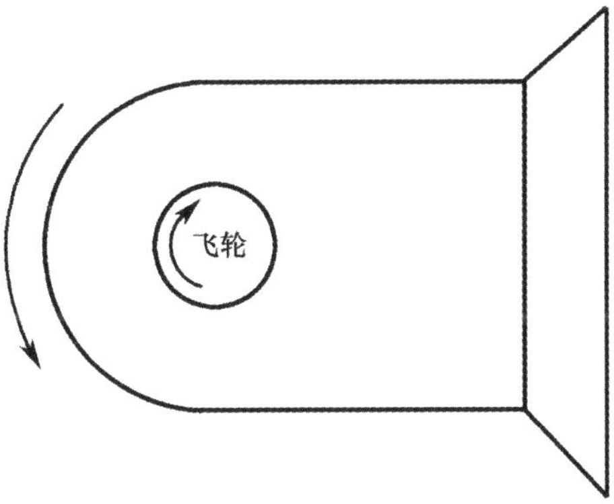

图 12.10　用飞轮来调节飞船的方位

目前看来，最适合的办法是将小火箭和飞轮的控制方法联合使用。前者由于作用力矩较大，调节速度快，可以用作粗调；而后者则作用力矩较小，便于用作精调。

方位控制和调节的对象是比较庞大的飞船（至少有好几吨重），但方位控制和调节系统又是十分精细的系统。进行地面试验时需要在一个专门的密闭房间里，试验时不得有任何空气流动，因为即便是一很微小的空气流动所产生的力比起试验的控制力来说就相当大了。这个房间里有一个由滚珠轴承支承着的完全平衡的试验台，控制和调节设备就放在这个台上。房间的内壁必须不反光，像黑暗的太空一样；而在房顶及四壁又安上大小不同的光源，模拟太阳光和星光。飞船的定向系统就在这种特设条件下进行试验，测定其性能。由此可见，飞船的方位控制是一门新东西，与运载火箭的控制很不相同，它是自动控制技术中的又一个新的部门。

第 13 章　飞船中的电源

13.1　星际飞船中的能源

前面的章节里所讲的人造卫星、行星际站和星际飞船，都要与地面保持一定的通讯联系，用雷达、无线电等测定自己的方位和速度，不断地进行方位和速度的调节。这些都要求供给足够的能量来维持它们的正常工作。特别是对载人的飞船来说，还要为人在飞船中制造适当的生活条件，这也需要能量。这些能量以采用电能最适合、最方便。因此，星际航行中能源的问题是一个如何获得能源，以及将能量变成电能的问题。有人估计在各种类型的飞船上所需电能的情况列于表 13.1 中。目前看来电源的能源可以有下列几种。

表 13.1　各种飞行器对电能的需要量

飞行器类型	所需消耗的电功率/瓦
无人的地球卫星	$10^{-2}\sim5$
无人的行星际站	$5\times10^{-1}\sim2\times10^{3}$
有人的飞船	$10^{2}\sim10^{6}$
有人的电发动机飞船	大于 3×10^{5}

13.1.1　化学能

化学能源是我们日常最熟悉、最常用的能源。它是利用物质在化学变化过程(即“燃烧”过程)中产生出的能量，比如火力发电厂就是利用燃料(煤或油料等)燃烧产生热能，水吸收热变成水蒸气(或直接利用燃气)，以推动涡轮带动发电机发电。但是，在飞船上所用的化学能的强度(即单位化学物质所产生的能量)要高得多，而且使化学能变成电能的方式也与一般地面上的情况大有不同。这是由于飞船的运载重量的限制，能源及其设备都应十分轻小，因而采用的“燃料”是能量比较高的，如氢-氧，其能量可达 1.3×10^{11} 尔格/克。

13.1.2　太阳光

在星际航行中，飞船是在太空中航行，总是受太阳光的照射，而太阳光是一个取之不尽的能源。就是在地球表面上，天气晴朗时正射在 1 米^2 的平面上的太阳光有 1 千瓦的能量。如果到了太空中，没有大气层的反射和散射作用，单位面积上直射太阳光的能量就更多了，达 1.38 千瓦/米^2。因此，在星际航行中把太阳光的能量转变成电能，供给飞船，将是一个好办法，在取得能源的过程中不消耗其他任何物质，只要有足够的设备来把太阳光变成所需的电能就行了，因而整个能源的重量不会随使用时间的增长而增加。但是，值得指出的是太阳光不是在任何地方，在单位面积上都能产生同样多的能量。因为太阳光的强度是与太阳的距离的平方成反比，所以，当我们设计太阳能的转换设备时，设备能力的大小必须顾及这一点，即使飞船在距太阳最远的位置上，设备所转换的太阳光能量也能满足飞船的需要。

13.1.3 裂变能(原子能)

这种能源的主要特点是可以产生较大功率，而且使用时间也较长。因为它实际上就是一套原子能发电站设备，每单位“燃料”所放出的能量很大，比如铀 235、钚 239 能放出的能量约为 7.1×10^{17} 尔格/克(这是指“燃烧效率”为 100%时)，也就是当其他条件都相同时，它的“燃料”消耗量只及化学能源的几百万分之一。实际上裂变燃料的“燃烧效率”有时只有 1%，就是这样，它所产生的能量也有 7.1×10^{15} 尔格/克，其质量消耗量也只有化学能源的几万分之一。因而从质量消耗的角度上来看大大优于化学能源，但又不及太阳能。它具有能产生大功率、能较长时期地供应能量而重量又不会增加太多的优点，所以有利于用在星际飞船，特别是用电量大的飞船上。

13.1.4 放射性物质

上面所讲的裂变能源用来作为飞船能源还存在一个缺点，就是用在需要能量较小的飞船上不一定适合。大家知道，裂变链锁反应的形成首先必须要求裂变堆具有一定的体积尺寸及重量，必须达到所谓临界尺寸(见第 7 章)，也就是说用它作为飞船的能源时，无论飞船需要能量大小都至少要有一定重量及尺寸的反应堆以及相应的设备，这对要求能源较小的飞船来说就可能太重。因此，对于消耗能量较小的飞船来说，除了利用化学能及太阳能外还可以利用这样一种能源，就是利用裂变过程所产生的副产物放射性元素，如氧化钷($Pm_2^{147}O_3$)。它的半寿命①为 2.6 年，放射出能量为 0.23 兆电子伏的 β 射线(电子流)。氧化钷在初始纯净时的放射强度折合成为功率是 0.053 瓦/克。又如放射性元素钋 210，它是通过下面的过程在反应堆中从铋制得的

$$Bi^{209} + {}_0n^1 \longrightarrow Bi^{210}$$

$$Bi^{210} \longrightarrow Po^{210} + {}_{-1}e^0$$

即用自然矿物冶炼得铋金属，把它放入原子反应堆中吸收中子，然后经过 β 蜕变即得钋 210。钋 210 放射出的 α 射线是具有两种能量的粒子，即 5.30 兆电子伏和 4.5 兆电子伏，以及放射出能量为 0.8 兆电子伏的 γ 射线(光子)。它的半寿命为 138 天，也就是说对同样质量的钷 147 和钋 210 来说，单位时间里钋 210 放射出的能量多。钋 210 在纯净的初始状态时，放射强度所相应的功率为 141 瓦/克。这些放射元素放射出的射线(能量)可以通过适当的方式使之变成电能来使用。实际上这种能源适用于用电量较小而使用时间又较长的飞船上。

这种能源除了上述特点外，还有两个值得注意的问题：

一是放射性元素一开始就在不断地向外放射出能量，而无法控制，即是说不像其他的能源那样，需要能量时它可供给，不需要时反应过程就可以停止，而不供给能量。而且这种能源的

---

① 半寿命是指一定量的放射性元素，当它的放射强度降低到初始强度一半时所需的时间，强度是随时间增长成指数函数下降的。

射线强度是随时间成指数函数下降的，所以在设计能源时，必须考虑到在飞船最后完成任务时，放射性元素所产生能量的强度也能满足飞船所需能量的要求。

二是要考虑到能源所放射出的射线的防护问题，特别是在飞船起飞时能源的射线最强，而这时发动机在工作，振动也最强烈，所以对于射线防护设备的强度更需要很好考虑，以免防护设备受振破裂发生危险。

13.2　化学电池

人造地球卫星或星际飞船上利用化学能来供给电源，通常是采用化学电池的方式。化学电池是大家所熟悉的东西，它因所采用作为原料的物质不同而产生的功率也有差异。表 13.2 中列出了目前已经应用或将来有希望利用的各种化学电池，给出了它们所能产生能量大小的数据。

表 13.2　各种化学电池性能的比较

电池种类	理论最大容量/（瓦・时/公斤）	现实容量	
		瓦・时/公斤	瓦・时/米^3
铅-硫酸	165	22	61×10^3
镍-镉	198	33	61×10^3
汞-锌	220	88	244×10^3
锌-氧化银	396	176	244×10^3
氢-氧	3 740	660（包括气瓶）	306×10^3（包括气瓶）
锂-氧	5 280	—	—

表 13.2 中的理论最大容量是指电池物质进行完全化学变化，利用电化学理论计算，得出消耗单位物质所能产生的最大能量，即是每公斤物质反应后所产生的自由能的变化。而现实容量则是指在实际条件下，即温度为 20℃，在 24 小时放电后，电池的电压比初始电压降低 20％时，实际得到的能量。因为在实际放电过程中电极上的粉末掉到电解液中，就失去了这部分物质产生电能的作用；其次还需要把电解液、电解槽、隔板、导线和支架等重量考虑进去，因而现实容量大大降低了。其实化学电池的实际容量也还与电池温度及放电的时间即放电的快慢有关。如图 13.1 是银-锌电池的性能，其中横坐标为放电到电压下降 20％的时间。可见放电愈快，容量愈小；温度愈低，容量也愈小。图 13.2 是完全密封的镍-镉电池的性能，也表示出同一情况。

还可以看出，银-锌电池是比较好的电池，而且已被实际应用。氢-氧电池更好些，但目前还处于试验阶段。锂-氧电池和氢-氧电池属于同一类，称为“燃料”电池；它们同样是利用氧与氢和锂“燃烧”而产生能量。锂-氧电池具有的理论最大容量很高，但是目前还未研究成功，是否现实容量也很高，还有待进一步证明。

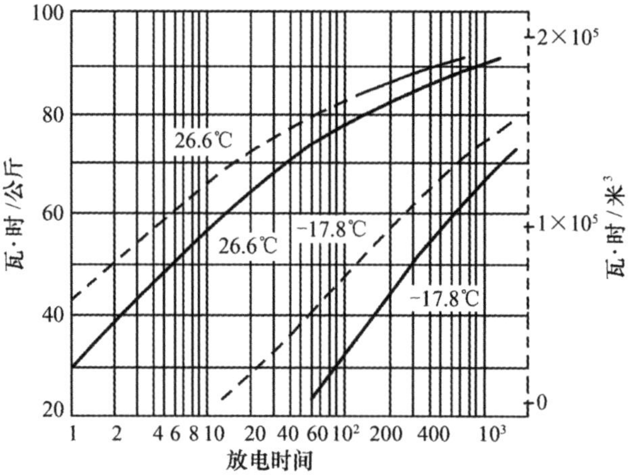

图 13.1 银-锌电池的性能

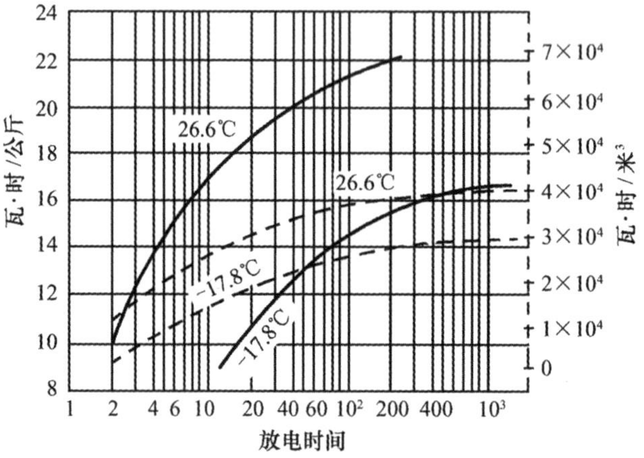

图 13.2 镍-镉电池的性能

为了更清楚起见,我们把有发展前途的氢-氧电池作一简单概述。图 13.3 为氢-氧电池的示意图。正、负电极均采用活性炭或烧结镍制成的多孔套,浸在氢氧化钾电解液中。在多孔套中分别通入氢气和氧气。通入氢气的成为阳极,通入氧气的则成为阴极。氢和氧均透过多孔套在电解液的作用下进行相应的化学反应,即分别在阳极和阴极上(实际上电极本身对反应还起着催化作用)进行如下反应:

在阴极上 $2O_2+2H_2O+4e\longrightarrow 2HO_2^-+2OH^-$

在阳极上 $H_2+2OH^-\longrightarrow 2H_2O+2e$

$3H_2+2HO_2^-\longrightarrow 4H_2O+2e$

电池的总反应 $4H_2+2O_2\longrightarrow 4H_2O$

反应过程中产生的水蒸气混在剩余的氢气和氧气中进入凝结器中,水被冷凝而收集于下部的容器中,剩余的氢气或氧气则在新补充进来的氢和氧的引射作用下,带入多孔套中重新利用。氢和氧在电池中进行“燃烧”,其产生的能量变成了电能,而从电池的阴极和阳极引出导线接上负载就可作功了。

氢-氧“燃料”电池的概念,过去已有人想在地面上实现它,但是在地面上采用它的经济性不好,因而就没有人继续去研究它。今天看来用在星际航行上却具有现实意义,特别是能进一步减轻它的重量和缩小其体积之后，将是目前所用的化学电池中最好的电池。为了减轻氢-氧电池的重量，有人采用提高压力和反应温度来提高单位体积和重量所产生的功率。因为压力提高就加大了气体的密度，也就增加了反应的强度。提高压力的同时也可以相应提高反应温度，因而加快了反应速度。目前已试验过压力为 30 大气压，温度为 200℃的条件。据估计压力还可以增加到 60 大气压，温度升高到 240℃，这时电池重量可以大大减轻。当不计气瓶重量，但包括必要的控制设备时，如果电池为能产生 0.5 千瓦的系统，则每产生 1 千瓦功率只需要 10 公斤重量(即 100 瓦/公斤)；如果系统为产生 50 千瓦功率时，则为 250 瓦/公斤。这样一来就比目前认为最好的银-锌电池重量要轻好几倍。即便是算上气瓶的重量也要比银-锌电池好。应当指出的是氢-氧电池在工作过程中要产生热量，因而必须考虑到对电池的温度加以调节和控制，以保持电池中反应稳定。

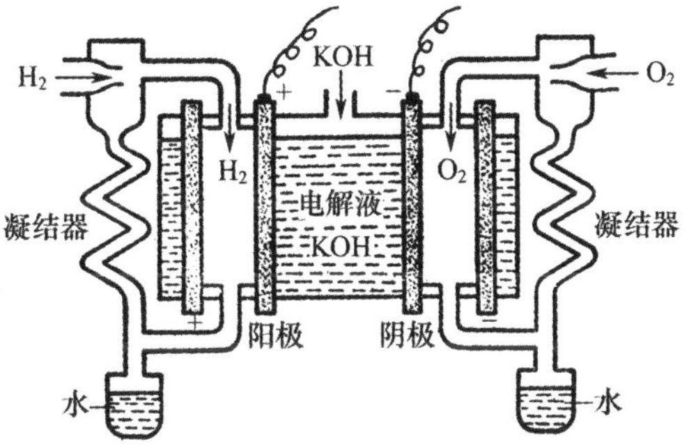

图 13.3　氢-氧电池

对于星际飞船上用的化学电池而言，还需要再讲讲蓄电池(又称二次电池)。飞船上用蓄电池的主要作用是可以充电，当需用时它又可以把所贮蓄的电能放出来。星际飞船上，特别是人造卫星上就利用它的这一特点，来将飞船中当时用不了的电能充入蓄电池存起来，当原有电源停止工作或电量不足时就可以利用它所贮蓄的电能。前面表 13.2 中所列举的铅-酸电池、镍-镉电池、银-锌电池都可作为蓄电池。但是在失重的情况下物质之间失去了重量比较，蓄电池在充电时所产生的气体如何从电解液中排除还是一个问题。人们发现，镍-镉电池有这样一个特点：当充电不太快时，产生的气泡可以逐渐地溶解在电解液中。因此，可以把电池封闭起来，不必把气体排掉。然而当充电慢时会降低蓄电池的容量，此时可能只达到 2 瓦·时/公斤。

从上看出，化学电池还不能称为是一个很轻的电源，特别是不适于长期供电。从苏联发射的卫星、行星际站等可以看出：当电池工作时间在两天(50 小时)以下，就采用了化学电池(银-锌电池)，而时间更长的则采用了太阳光电池①。在下节我们将阐述太阳光电池。

13.3　太阳光电池

太阳光电池实际上是利用半导体把入射的太阳光的能量直接变成为电能的设备。因此，我们首先应当知道半导体是什么样的物质，然后再看看它如何将太阳光的能量转变为电能。

① 即太阳能电池。——编者注

平常用以导电的金属和不导电的绝缘体的两者的导电能力相差极大,而导电的能力介乎于这两者之间的很广泛的材料都属于半导体范围。最常用的半导体有硅(Si)、锗(Ge)、硒(Se)这几种元素,以及许多硫化物和其他化合物。

大家知道,金属之所以能导电是因为它具有许多自由电子,即这些电子不被束缚于固定的原子,而在金属体内作无章的运动。当接上电源时这些电子在电场的作用下形成电流而导电。绝缘体与半导体则不同,它们当中的电子绝大多数都和一定的原子联系着,即形成价键,当温度很低而又无外来的激发作用时,就几乎没有自由电子存在了。但半导体又与绝缘体不同,它的电子在一定条件下容易脱离原子的束缚,而成为自由电子,所以在一定条件下,半导体能导电。既然导体、半导体和绝缘体之间的导电与否决定于自由电子的多少和产生自由电子所需的条件,那么我们应从它们电子能级分布里去寻找原因:原子之间的距离对电子能级的影响(见图 13.4),把它们区别开来。对于单个原子或者原子之间距离较远的原子,每个原子是独立的,每个原子的电子也有一定层次分明的能级。按照量子力学,从一个能级到另一个较高的

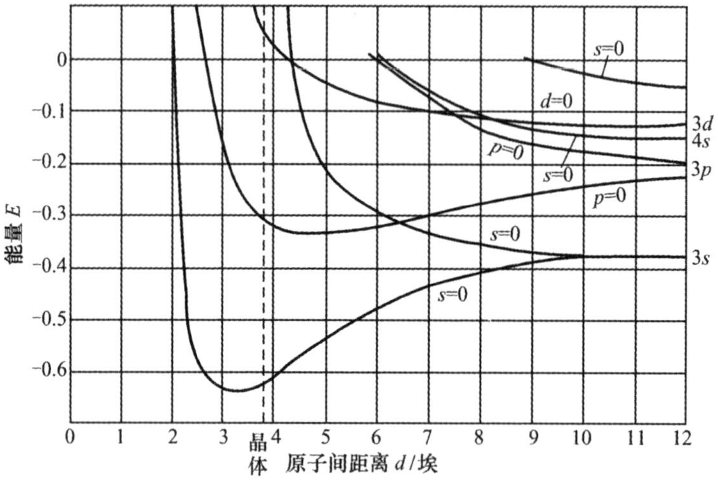

(a) 金属钠的电子能位关系图

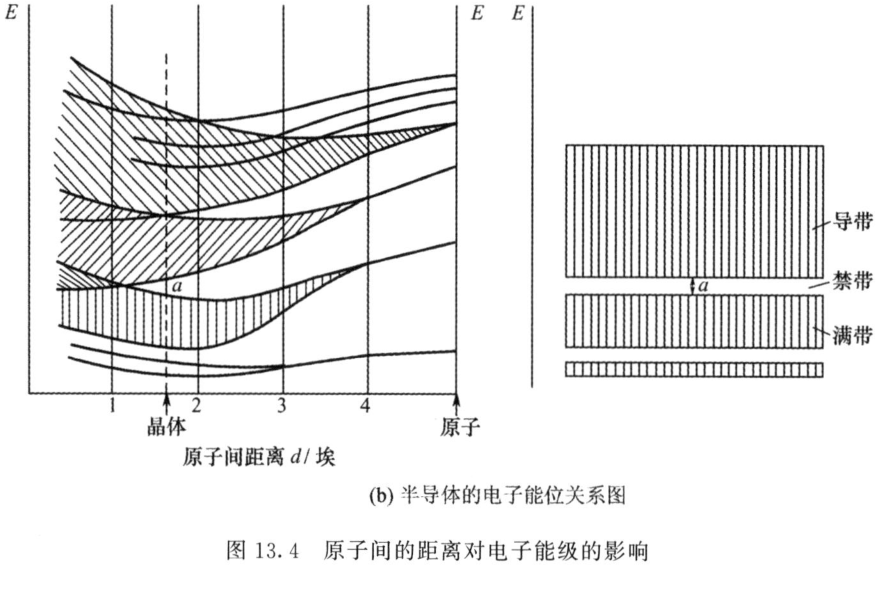

(b) 半导体的电子能位关系图

图 13.4 原子间的距离对电子能级的影响

能级一定要吸收一定的能量。而当原子之间距离缩短变成晶体状态时，原子之间有相互的影响，本来单一的能级就变成具有一定幅度的能带，如图 13.4(a)中所示。对金属原子或导体而言，这些能带完全重叠，而所有原子的电子只占据了较低的能位，即整个能带的低能位部分；在此以上紧接着有未被占据的空能位，电子很容易由于热运动而跳到这些能位上去，变成自由电子；所以自由电子数量很多，形成良好的导体。半导体则不然，如图 13.4(b)中所示，能带不完全重叠而有一个空隙，称为禁带。电子一般占满了禁带下的能带，又不容易越过禁带，所以活动余地不大，它是处于低能带上，即所谓价电子带。但也有少数电子受到了热激发，跳过禁带，到禁带上面的能带，即到导带中成为自由电子，半导体在一定程度上变成导体。当然，如果物质受到非常大的压力，上百万大气压的压力，那么，原子间的距离进一步缩小，能带重叠的程度可以进一步有所发展，一切物质都会具有完全重叠的无间隙的能带，情况就和金属或导体完全一样，物质都成为导电体，这就是所谓物质第五态的超高压物质状态。

对一般半导体而言，它是由原子根据一定的点阵结合而成的，原子与原子之间是靠共价键之作用结合起来，结成这些键的电子就称为价电子。具体来讲就是当两个原子之间形成共价键时，每一个原子都要给出最外圈的一个电子，这两个电子就稳固地聚集在两个原子之间把它们联系起来。如果这个原子的外层有四个电子(即四价)，它就会组成四对共价键(参见图 13.5)，则无任何多余的电子，只有受到激发时共价键才被破坏，而产生自由电子；电子跑掉后这个键上就少了电子而空起来，就称之为空穴。这个空穴同样也能被其他原子共价键上的电子所占据，那么，那个原子的键又出现了空穴。这样一来，当一个中性的原子失去了一个电子(即成为一个空穴)时就带正电。因而空穴在电场的作用下不断由前面原子键上的电子所占据，而前面原子上又出现了空穴，也就相当于空穴在电场作用下向着一定方向移动；它也和自由电子一样，可以起导电的作用。具体对半导体来说可以具有两种不同的导电方式：电子导电和空穴导电。

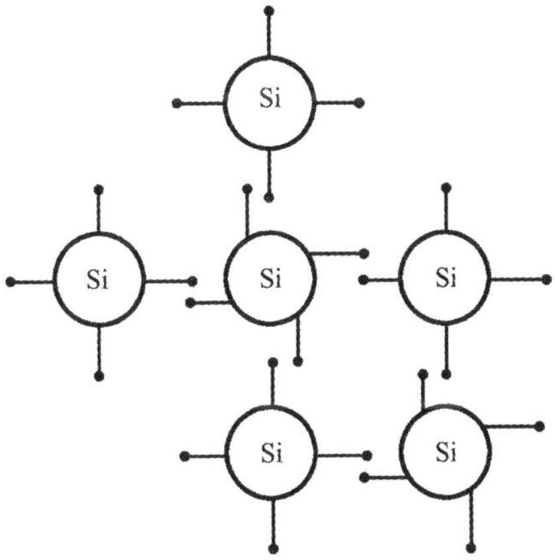

图 13.5　共价键示意图

由上述可知，半导体在一般情况下电子都占满了能位，为价电子(即形成完整的共价键)，当它受到激发时电子得到了足够的能量，跳过禁带到导带中，成为自由电子，同时还形成空穴。所谓光电池就是要找一个适当的半导体，使它的电子接受入射的太阳光的光子能量 $h\nu$(h 为普朗克常量，ν 为频率)后，电子具有足够跳过禁带的能量，那么，只要进一步使这些具有更多能量电子和空穴的无章运动变成有规律的带电运动，就可以形成电流，变成电能对外作功。怎样才能使这些无章运动着的电子和空穴成为有规律的带电运动，就是下面要讨论的问题。

在纯净的硅或锗的晶体中，如果没有受到任何激发，温度也较低时，那么，所有的键都是完整的，没有空穴，也没有多余的电子。当受到激发，即光照射下电子吸收了光子的能量时，就会产生一定量的自由电子和相同数量的空穴。当将这些纯净的晶体中渗入某些杂质时情况就不同了；比如在纯净的硅晶体中渗入少量的砷(As)，使晶格上的一些硅原子为砷原子所代替。砷是五价元素，外围有五个电子，到了硅晶体内只用掉四个电子，形成与邻近四个原子的键，这样就多余出一个电子。这个电子只受到很弱的力束缚在砷原子的周围，在常温下原子的热运动已完全足以把这个电子释放出来。因此，用这个办法可以任意增加硅晶体中的自由电子。这样产生的自由电子并不破坏任何键，所以并不同时产生空穴。这种形式的半导体主要靠电子导电，故称为电子型半导体或 n 型半导体。

反之，如果在纯净的硅晶体中渗入三价的硼(B)原子，那么，就得到有多余空穴的半导体。因为硼的最外层只有三个电子能与最近的硅原子形成完整的键，和第四个硅原子之间就留下了一个空位。在常温下足以使别的原子上的电子转移到这个空穴上去，也就是说空穴转移到相应的原子上去了。空穴的数量也可以由渗入硼原子的数量来决定。这种靠空穴来导电的称为空穴半导体或 p 型半导体。这两种不同类型的半导体结合起来就可以构成使太阳光变成电能的最基本元件。

当我们将 p 型及 n 型半导体密切地接到一块时，这时很自然地由于 p 型上空穴多而 n 型上的自由电子多，故电子必然要向 p 型方向扩散(参见图 13.6)，而与 p 型中原来的空穴结合，成为带负电的晶体组成部分；原来 n 型部分也因失去电子而成为带正电的晶体。所以扩散的结果是在 p 与 n 的交界面上电荷相互吸引而集中，但是这些电荷都是与晶体组成部分的原子相结合的，不是自由电荷，因此不会跳过 p 与 n 的交界面，这形成了如图 13.7 的情况，即所谓 p-n 结。这个结能阻碍电子或空穴穿过。这是由于通过 p-n 结的电子或空穴都带电，依照同性相斥、异性相吸的原理，一个电子如果要从 n 上向 p 方向扩散(见图 13.7)，那么，在 n 方面的正电就要吸住电子，而 p 上的负电又要排斥电子。因此，当形成 p-n 结后，电子不能从 n 型方面到 p 型方面，空穴也不能从 p 型方面到 n 型方面。

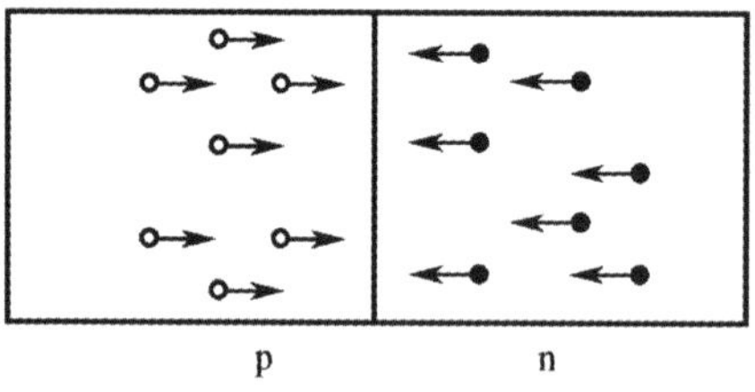

图 13.6 p-n 结的形成过程

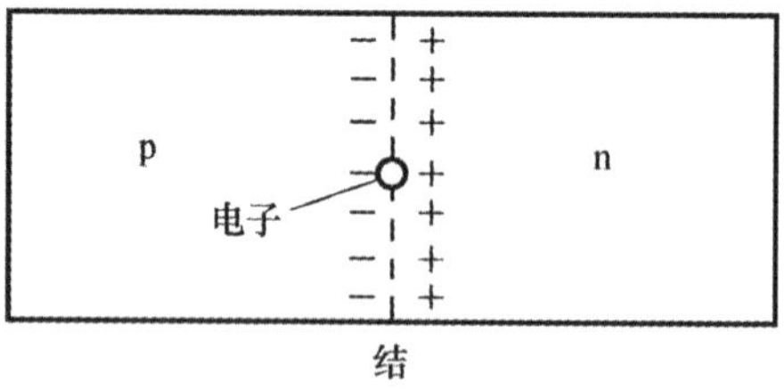

图 13.7 p-n 结电子及空穴分布

我们也可以从另外一个观点来看这个问题：由于有了如图 13.7 所示的电荷分布，结附近的电势分布就如图 13.8 所示，p 型方面高而 n 型方面低。所以电子(带负电)不能从电势低的地方即 n 方走向电势高的 p 方；而空穴(带正电)不能从 p 方走向 n 方。但是当太阳光照射在这个半导体的一面时，如 p 型面，那么由于光子打中了那些原来是在 p 型中完整键上的电子，使它跳过禁带，成为自由电子，而同时也在 p 型中产生同样数目的空穴。空穴穿不过 p-n 结，但由于电势作用，电子自然穿过 p-n 结。如果我们在 p-n 结的两个电极上通上电路的话，那么就能让电子从 n 型方面通过外部负荷的线路到 p 型方面与空穴结合，也就是在电路中产生电流，这样就把电子吸收的太阳光的能量变成了电能。

要使晶体中的电子能够从价电子带跳到导带就必须具有一定的能量；对于光电池来说，就是要求光子给与电子的能量足以使它跳过禁带。因此，光的波长必须小于一定数值才有效。更长的光波因能量不足以使电子跳过禁带，就透过半导体而不被吸收。波长更短时则能量过大，虽然同样也能使电子跳到导带去，但多余的这部分能量并不能变成电能而浪费掉了。各种半导体的禁带宽度是不同的，对于太阳光来说却包括了各种波长的光。如果所选择的半导体的禁带宽度小，也就是激发电子跳到导带的能量要得少，这样可以使更多的光子激发电子，这是好的一面；但是许多光子的能量都大于电子的激发能，所以被浪费掉了。如果选用禁带宽的半导体，这样对起激发电子作用的光子的能量浪费少，但能激发电子的光子却变少了，也不太好。所以对某一种光有一个最好的波长值，按照这个波长值来找相应的半导体，使半导体的禁带宽度与它相适应，那么就可以更有效地使太阳光能转变为电能。

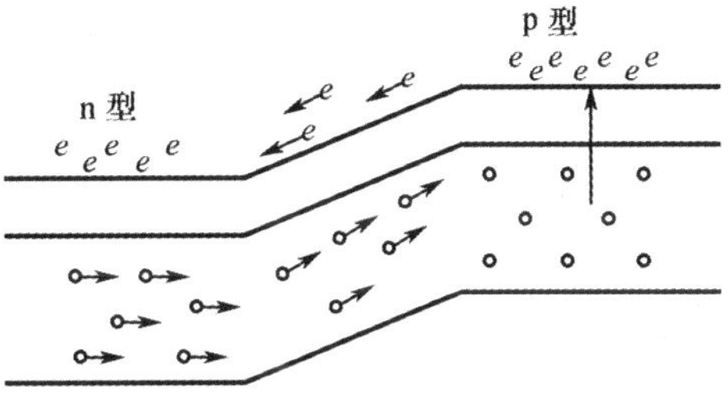

图 13.8　p－n 结的电势

如果我们近似地以太阳光为 6 000 开的黑体辐射光波，那么最好的波长应该是 1.1 微米(即波长为 11 000 埃)。这种波长的光子所具有的能量为 11.3 电子伏，而我们知道半导体中硅晶体的禁带宽度为 1.2 电子伏，因此可以用硅晶体来作为太阳光电池的半导体。它可使太阳光能的理论转换效率达到 44％，但是实际上在 20 ℃时硅电池在太阳光下的工作效率只有 14％，也就是说在太空中直照太阳光只能产生 1.38×0.14＝0.193 2(千瓦/米^2)的能量。其原因在于硅电池表面的反光使得太阳光被反射掉 10％～50％。对大面积电池来说还有接头及半导体内部电阻所引起的损耗。半导体的温度升高也是不利的，效率会随温度升高而降低；在 100 ℃时，效率会降低为 20 ℃时的一半。

前面已经提到了要将 p 型及 n 型半导体连接到一起，才能成为太阳光电池的半导体基本元件。这种连接不是一般地机械地把两块不同的半导体放在一起，而是采用其他的方法来处理。首先是在纯硅中加入极少量的砷(As)，使之成为 n 型半导体，制成直径为 3 厘米左右、长为 20 厘米左右的单晶，然后切成薄片。把切片都放在氯化硼(BCl_3)的气体中加热到熔点以下，使 n 型半导体晶片的表面上渗上一层薄的硼，而形成 p 型半导体。然后用酸把晶片上过多的 p 型一层浸蚀掉，这样再接上导线和负载，在日光照射下就可以把日光变成电能(见图 13.9)。

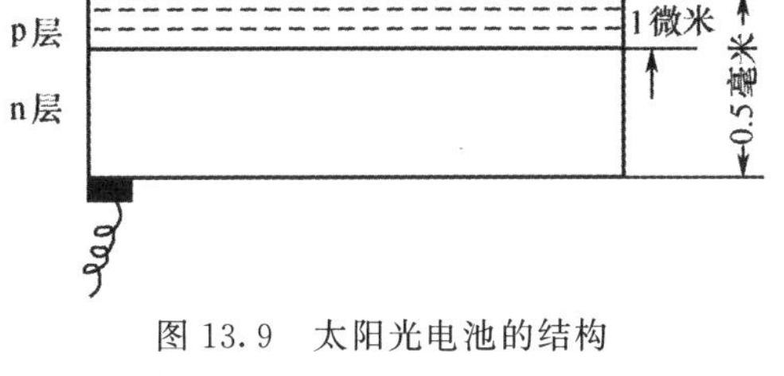

图 13.9　太阳光电池的结构

光电池固然是可以把日光变成电能,但是要想多得到电能就需要增大光电池的面积。因此,有人建议采用聚光的办法,用轻质的聚光镜把光的强度加强几倍。如果这样不引起半导体的温度上升的话,就可以使单位面积的光电池表面上的转换强度提高好几倍,从而有可能减轻整个光电池设备的重量。

就目前的技术水平来看,可使每 5 公斤光电池重量产生 1 千瓦电能,如果包括控制(在阴影时用的转换开关)、电线及支架等,其总体重量要有 25 公斤才能转换出 1 千瓦电能。当作为卫星的能源时,还要考虑卫星运行到地球阴影时光电池不能发出电能,所以需要加用蓄电池。

对每一片半导体来说,在日光照射下所产生的电能的电压只有 0.3 伏。为了使产生的电压能满足飞船的需要,可以采用一般电池所用的串联法(见图 13.10)来提高电压。

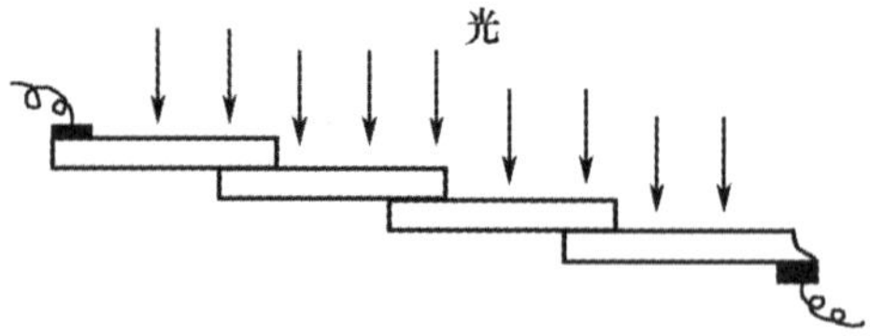

图 13.10 太阳光电池

最后,还要指出太阳光电池实际运用在飞船上时必须注意的重要问题:太阳光电池的表面是暴露在外面的,太空中的微陨石以每秒几十公里的速度飞向飞船,而半导体片又很薄(参见图 13.9),很容易被微陨石击穿而损坏,以至最后使光电池失去作用,所以这是一个十分值得注意的问题。此外,放射性辐射,如太阳耀斑的大爆发,也对硅电池产生破坏作用。因为硅电池所能承受的最大辐射剂量为 $10^5 \sim 10^7$ 伦,如果总的辐射剂量比这要大,硅电池就被破坏而失去其效用。因此,硅电池的防微陨石和防强烈辐射的问题还有待进一步解决。

13.4 汽轮发电机

前面已谈到,当需要的电源功率较小时,可以采用各种电池,而当需要的电源功率较大时,就应该考虑采用体积小、重量轻以及效率高的电源系统。目前看来,技术比较成熟、工作比较可靠的动力系统,就是汽轮发电机。

汽轮发电机的工作过程是:具有一定温度、压力和速度的蒸汽,进入汽涡轮之后,蒸汽发生膨胀,并作有效功,使其涡轮旋转,带动发电机运转,就可发出一定功率的电来。为了使涡轮的尺寸小而重量轻,必须在涡轮流程部分造成高速气流,并使涡轮在高转速下工作。为了使涡轮工作可靠(主要是指涡轮的叶片而言),必须采用在高温下,具有较好机械性能和抗蚀性能的合金来做导向器叶片和涡轮叶片。这些问题,从目前的技术水平来看,是可以解决的。

这种发电机与前面介绍的化学电池和太阳能电池供电系统比较,还有一个特点,是它有高速旋转着的机械部分,必然会给整个飞船带来振动和产生一定的转动惯量,这将给在失重情况下飞船进行定向、测量和调节控制系统的正常有效工作带来一定的困难。但是,这种发电系统的体积较小、重量较轻,而且技术上也为人们所掌握,只要能解决振动和转动惯量的影响,看来确实是供应较大量电能的比较现实的系统。

根据它所采用的能源不同，汽轮发电机可以分为两种。一种是用化学燃料燃烧产生燃气推动涡轮。这种汽轮机系统是采用开路循环，也就是把膨胀作功后的废气排到太空中，所以它比较简单。另一种是用原子反应堆作热源的凝冷式的闭路循环汽轮发电机系统。

化学能源的汽轮发电系统，通常采用过氧化氢(H_2O_2)为氧化剂，以肼(N_2H_4)为燃料，燃烧后产生温度不太高的燃气，喷入涡轮中膨胀作功。由于在太空中工作，因此燃气膨胀出口背压几乎是绝对真空。膨胀后的气体可以直接排入太空，用不着像地面上一样要对排气进行冷却以降低背压。因此，涡轮的效率比较高，重量也就可以减轻。一般在不包括发电机重量在内时，功率为 1～10 马力的系统，工作时间为 1 个月左右，要产生 1 千瓦电能其设备重量约为 15 公斤。如果采用能量更高的液氢-液氧为能源的系统，那么总重量自然可以大大减小。

这种供电系统一般采用交流发电机，以便随着各种使用要求，用适当的变压器取得各种电压；而且发电机最好采用永久磁铁作磁极，这样就可以避免用电刷，因而避免在高空气压低时有跳火花的危险。同时我们知道，当发电机提高它的转速时，就可以相应地提高发电机的功率，或者是缩小发电机体积，降低它的重量，这对于用在飞船上是有利的。如用二极发电机，电机频率为 400 赫，则发电机的转速可达 24 000 转/分，如同样是二极发电机，当频率提高到 800 赫时，其转速可以提高到 48 000 转/分。这时发电机重量就更轻了，而发电机的效率为 85%。用汽轮带动的大型发电机，其重量一般为 0.25～1 公斤/千瓦。

为了把汽轮发电机系统作为电火箭发动机(见第 7 章)的电源，也考虑用静电发电机(即直流发电机)，以取得电压较高的直流电。曾有人作过如下估计：在飞船的环境中，充分利用了高真空的有利条件，功率为 100 千瓦，转速为 10 000 转/分，电流为 1 安，电压为 100 000 伏的发电机的重量只有 10～20 公斤，而体积只有 0.03 米^3(即 30 升)。

对于更大容量或工作时间较长的汽轮发电机系统，采用化学燃料作为能源是不经济的。因为在汽轮机工作过程中要消耗掉大量的燃料，这样必然增加了飞船的重量，从而影响飞行效果。比较好的办法还是采用裂变能作为热源。因为它是一个强大的热源，可以大量供给系统以热能，所以发电的热效率在星际飞行的情况下不是一个很重要的问题，而更主要的是尽可能地降低整个系统的重量。

采用裂变能作为供热能源的汽轮机，工质是采用闭路循环。也就是说，工质在反应堆中被加热汽化，压力和温度都相应升高，然后进入涡轮膨胀作功。膨胀后的气体去冷凝后再送入反应堆加热。在太空飞行中，出现了一个重要问题就是散热问题。显然，在这种情况下，不能像地面热力发电站那样用水冷却，而只能采取辐射散热。大家知道，当辐射散热面的温度越高时，则散热量就越多。那么，要减小散热器的重量，就必须提高散热的温度，也就是要提高工质的冷却温度。显然，如果用水作为工质是有困难的，因为水的冷凝温度很低(常压时为 100℃)，如果要提高水的冷凝温度，就要相应提高冷凝压力，这样，为了加强设备的强度，必然会使重量增加。目前看来采用汞的蒸气作为涡轮的工质是较好的，因为它有较高的冷凝温度，这样就可以提高辐射散热面的温度，从而减小散热面，降低了汽轮发电机系统的重量。这样一套原子能发电技术是比较成熟的，可以解决飞船任何大功率电源的问题。有人估计，对星际飞船来说，一个 2 万千瓦的原子能涡轮发电装置约为 70 吨，或约 0.3 千瓦/公斤，也就是我们在第 7 章所引用的数字；其重量分布可参阅表 13.3。

表 13.3 大型星际飞船用原子能涡轮发电装置的重量分布

各部装置名称	公斤/千瓦
反应堆(包括冷却管),20%热能变成电能	0.010
换热器	0.100
涡轮及压气机	0.500
辐射冷凝器	0.800
发电机	1.00
防放射性辐射屏蔽	1.00
总 计	3.410

13.5 热电偶发电器

从减少飞船发电系统的复杂程度和提高电源系统的总效率出发,应进一步地研究和发展各种直接发电系统,也就是不通过机械能的发电系统。热电偶发电器就是直接发电的电源系统类型之一,也叫做热电发电机。实际上就是利用一般测温用的热电偶原理,把两种不同导电性能的材料或金属,其一端接在一起作为热点,即放在高温热源里,温度为 T_1;这两支金属的另一端放在低温吸热区中,温度为 T_2,两个冷端之间接上负荷,这就形成了一个回路(参见图 13.11)。

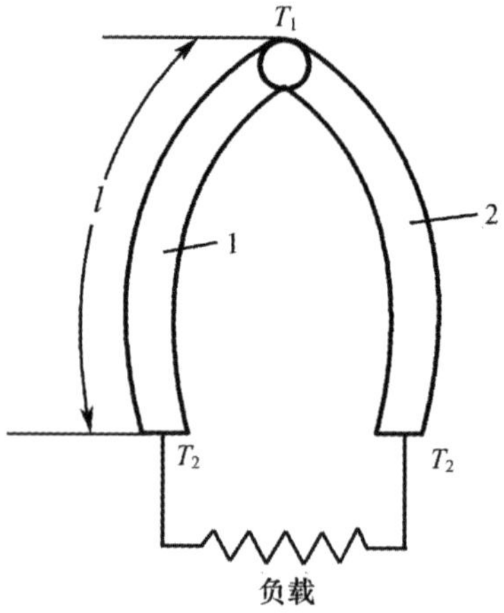

图 13.11 热电偶电路

根据热力学原理,上述热电偶发电器从热能转化为电能的效率 η 可以由下式计算,即

$$\eta=\frac{T_1-T_2}{T_1}\cdot\frac{M-1}{M+\frac{T_2}{T_1}} \qquad (13.1)$$

式中

$$M=\sqrt{1+\frac{T_1+T_2}{2}\left[\frac{\alpha^2}{(\sqrt{k_1\rho_1}-\sqrt{k_2\rho_2})^2}\right]}=\sqrt{1+\frac{z}{2}(T_1+T_2)} \qquad (13.2)$$

而

$$z=\left[\frac{\alpha^2}{(\sqrt{k_1\rho_1}-\sqrt{k_2\rho_2})^2}\right]$$

式中 α 为热电势(伏/℃),即每度温差所产生的电势;k_1 和 k_2 分别为热电偶两支的热导率(瓦/(厘米・℃));ρ_1 和 ρ_2 为对应于两支金属的电阻率(欧・厘米),是一个与导体材料有关的系数,随温度升高而增加。

公式(13.1)在以下的条件下才成立:

第一，我们忽略了汤姆孙加热(即对一个均匀导体，在具有温度梯度的情况下，由于导电所吸收或放出的热)。

第二，令 l 为一支热电偶的长度；A 为一支热电偶的截面积，那么，我们使

$$\left(\frac{A_1}{l_1}\cdot\frac{l_2}{A_2}\right)^2=\frac{\rho_1 k_2}{\rho_2 k_1} \tag{13.3}$$

一般为了便于结构设计，都使 $l_1=l_2$，而用改变两支热电偶的截面积 A_1 及 A_2 来满足公式(13.3)。

第三，负载电阻与热电偶内部电阻的比例等于 M，即公式(13.2)的数值。如这个比值不等于 M，热效率将比公式(13.1)所给的值要小。

从(13.1)式可以看出，要提高热电偶发电器的发电效率，可以从两个方面着手：一个是提高卡诺循环的效率，即提高式中$\frac{T_1-T_2}{T_1}$一项的数值。很容易看出，只要提高 T_1 与 T_2 之差，就可以提高这项数值，也就是说尽量提高热点温度 T_1 和尽量降低冷点温度 T_2。另一个是增大后一项的数值，实际上就是要增加 M 的数值。从公式(13.2)看出 M 数值的大小与热电势 α、热导率 k 和电阻率 ρ 的直接关系。要提高 M 的数值，就是要尽量提高热电偶的热电势，减小它们的热导率及电阻率。但是，我们必须注意到，对金属来说 k 和 ρ 不能同时减少，因为按照 Wiedmann-Franz 规律得知，金属的 $k\rho$ 是一个常数。对金属来说，它之所以导电是因为它有自由电子，而金属导热也是自由电子作用的结果，也就是金属的导电率越高(即电阻率越小)，则它的热导率也越大。金属在热导率和电阻率上存在着这样的矛盾，因而影响到热电偶发电器效率的提高。因此，用金属来作为热电偶发电器的效率实际上不到 1%。那么，如何来解决这个矛盾呢？那就是用前面所讲的半导体来作热电偶，可以提高导电能力，而它的热导率并不随之增加。

半导体在通常情况下，它的导电和导热能力都不好。要导热就需要靠大量的自由电子，而半导体的导热却是依靠内部晶格的振动，因此它是一个绝热体。但半导体被激发时产生电子和空穴，在电场的作用下向一定方向流动而导电。所以，半导体被激发而减小了电阻率，晶格的导热机理并没有变化，因而当半导体受热而激发出电子提高了导电性能时，并不增加热导率，从而使 $k\rho$ 值降低，提高了 M 值，也就是说利用半导体作热电偶发电器可以进一步提高发电器的效率。

半导体热电偶发电器的发电原理很简单，实际上和 13.3 节所讲的太阳光电池中的半导体一样，利用一支 n 型半导体和一支 p 型半导体的一端接在一起，作为热电偶的热接点(参见图 13.12)；而两支的另一端用导线接到负载上，这样就形成了一个回路。热接点受热时(即热接点和冷接点产生温差时)也就相当于光电池中半导体受到日光的照射一样，电子吸收了热能而跳过禁带变成自由电子和空穴时，则依照 n 型和 p 型半导体的性质，电子通过 p－n 结(热接点)由 n 型向 p 型扩散，而空穴也向着相反的方向移动，这样在整个回路上就形成了有规律的带电运动，从而产生电能。

公式(13.1)的第一项代表了可逆循环的效率，亦即理论上可能达到的最高效率，第二项则代表由于一些不可逆过程而使效率减小的倍数，这一项要由与不可逆过程(例如，热导率和焦耳热等)有关的量 z 来决定。这可以从下面的实际例子说明：让 $zT_2=\theta$，如用半导体碲化铋(Bi_2Te_3)的 n 型和 p 型所组成的热电偶，在 $T_2=300$ 开时，$\theta=0.173$；故当 $T_1=600$ 开时，其效率 $\eta=3.76\%$。如用半导体碲化铅(PbTe)的 n 型和 p 型组成的热电偶，其 $\theta=0.32$，在同样的温度条件下，效率 $\eta=6.31\%$。这说明了用碲化铅作热电偶可以得到比用碲化铋高的效率。

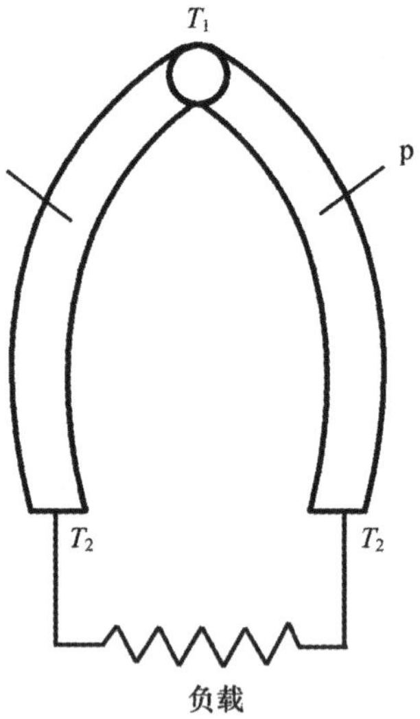

图 13.12 半导体热电偶

这种发电器所采用的热源应尽可能消除机械运动，而裂变能源和放射性元素的射线源都可以满足这个要求。美国的所谓 SNAPⅢ（见图 13.13），就是以 Po^{210} 为高温热源，用 3M－1 型热电偶的热电发电器，其有关数据见表 13.4。可以看出这一类电池，虽然比较简单，又无振动，而且人们对于热电偶的技术掌握比较成熟，在小功率时比电池要好。但是，它的热效率不算高，功率也不太大，所以还不能算是一个很理想的直接发电办法。

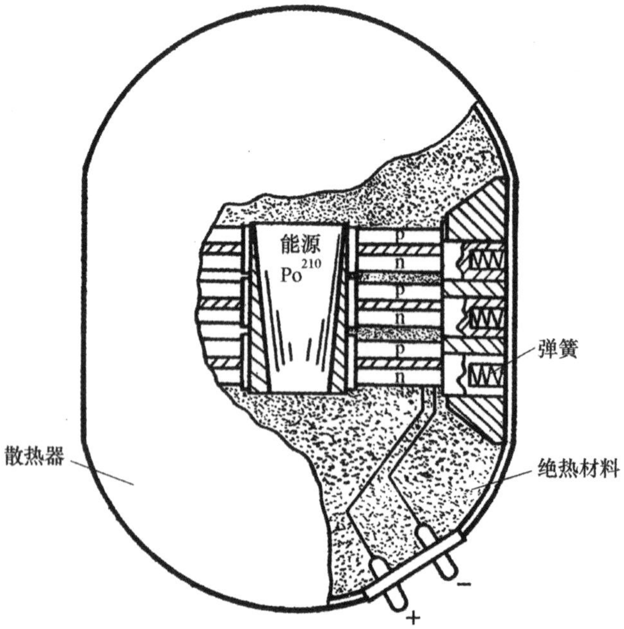

图 13.13 SNAP Ⅲ发电器 3M－1 热电堆

表 13.4

材料	p 及 n 型碲化铅
热端温度(T_1)	593 ℃
冷端温度(T_2)	204 ℃
功率	5 瓦
最高效率时电压	2.8 伏(直流)
内部电阻	2.03 欧
负载电阻	0.12 欧
热电偶对数	27
直径	12.1 厘米
高	14 厘米
重	2.27 公斤
总效率	约 5%
到第一个半寿命的总功	8 000 瓦·时
到第一个半寿命的总功/重	3 530 瓦·时/公斤

13.6　热电子发电机

进一步改进利用原子反应堆的热能直接发电还有好几条道路。现在看来，有两种比较有希望的办法，其中一种为热电子发电机。其工作原理是利用金属及其他导体中的自由电子，在物质热运动的速度足够高时，电子就可以飞出固体表面，也即是电子所具有的动能足够使它作功以对抗金属的吸引力时，电子才能飞出导体表面。电子离开导体表面所具有的能量，就叫该金属的逸出功，也叫做功函数。而热电子发电机就是应用高温金属表面发射的电子来产生电力的。这种装置和热电发电机装置共同的特性，是它们的工作流体都为电子，所不同的是受热后的电子发射是进入一真空容器中，而不是像热电发电机是进入不同导电性能的固体中。由于固体内部与外部之间的电位差即功函数很高，所以热电子发电机必须在高温下运行。其输出电压 V_0 比相应的热电发电机要高些，一般约达 0.5～3 伏之间。

热电子发电机实际上就是一个二极管，其装置如图 13.14 所示。电子是从维持在温度为 T_1 的阴极板 1 发射，功函数为 ϕ_1(以电子伏为单位)，而被维持在温度为 T_2 的阳极板 2 所接收，功函数为 ϕ_2(以电子伏为单位)。当阴极加上正电电压时，最大的阴极每平方厘米发射的电流可由理查森(Richardson)公式给出

$$I_s = A_1 T_1^2 e^{-\phi_1/kT_1} \tag{13.4}$$

这里 I_s 为从金属炽热表面发射出来的电流密度，单位为安/厘米^2；A_1 为物质常量，对于纯金属在 60～200 之间，对于氧化物和金属的合金 A 具有不同的数值；k 为玻耳兹曼常量，其数值

为 1.38×10^{-23}焦/开或 0.863×10^{-4}电子伏/开；T_1 为发射电子的阴极表面温度(开)；T_2 为接收电子的阳极表面温度(开)。从方程(13.4)可以看到发射的电流密度与温度是指数函数的关系。因此，比较小的温度变化就可以引起很大的电子发射变化。式(13.4)也可以表示出阳极的发射电流密度，但是，由于选择了足够低的温度 T_2，故阳极发射电子所产生的电流很小。任何金属物质加热后都要放射出电子，其中部分物质表面发射热电子的性能可参看表 13.5。

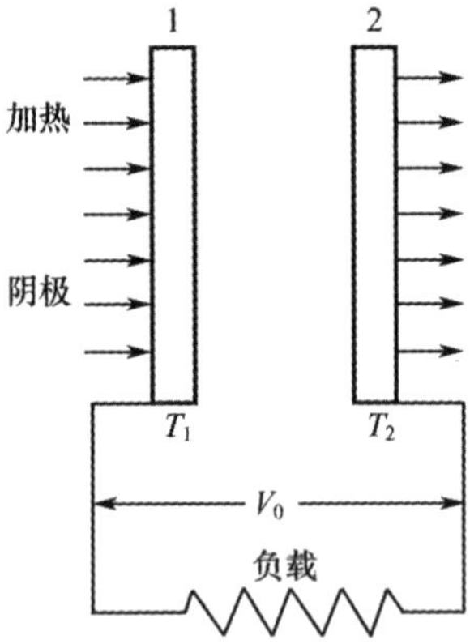

图 13.14　二极管热电子发电机原理图

表 13.5　各种物质表面的发射热电子性能

物　质	A/(安/(厘米^2·开))	ϕ/电子伏	$\frac{\phi}{k}$/开
钨	60	4.52	52 400
含钍的钨(Th−W)	3	2.63	30 500
氧化钡、锶(BaO−SrO)	0.01	1.04	12 000
钼(Mo)	55	4.15	48 100
铂(Pt)	17 000	6.26	72 500
镍(Ni)	1 380	5.03	58 300
钽(Ta)	60	4.07	47 200

热电子发电机阴极与阳极之间的电势分布可以用图 13.15 来表示。其中 V_0 为外部负荷的电压；δ 为空间电荷所产生的电势。空间电势就是在从阴极到阳极的空间，由于电流而布满了电子，这些电子排斥其他电子从阴极或阳极发射出来，其效果等于一个电势 δ。我们可以看到：由于空间电荷垒的作用，真正能从阴极到达阳极的电子必须克服 $\delta+\phi_2+V_0-\phi_1$ 的电势，而具有这么大能量的电子为总电流的 $e^{-(\delta+\phi_2+V_0-\phi_1)/kT_1}$ 倍，故阴极发射的电流密度为

$$\begin{aligned} I_{1-2} &= A_1 T_1^2 e^{-\phi_1/kT_1} \cdot e^{-(\delta+\phi_2+V_0-\phi_1)/kT_1} \\ &= A_1 T_1^2 e^{-\delta/kT_1} \cdot e^{-\phi_2/kT_1} \cdot e^{-V_0/kT_1} \end{aligned} \tag{13.5}$$

而相类似的可以写出阳极发射的电流密度为

$$I_{2-1} = A_2 T_2^2 e^{-\phi_2/kT_2} \cdot e^{-\delta/kT_2} \tag{13.6}$$

所以净电流为

$$I_0 = I_{1-2} - I_{2-1} = A_1 T_1^2 e^{-\phi_2/kT_1} \cdot e^{-\delta/kT_1} \cdot e^{-V_0/kT_1} - A_2 T_2^2 e^{-\phi_2/kT_2} \cdot e^{-\delta/kT_2} \tag{13.7}$$

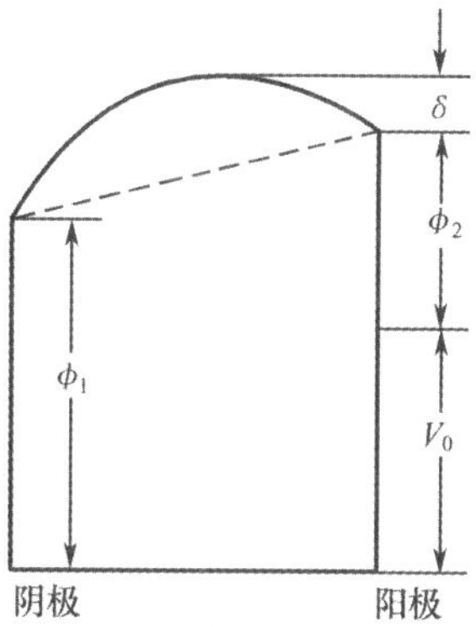

图 13.15 二极管电势分布图

我们看到电流 I_0 与 ϕ_1 无关，初看起来这好像是一个出人意料的结果，但我们要记住这里有一个条件，即 $\delta+\phi_2+V_0>\phi_1$。当外部接头所损耗的功率为 P_1 时，则有效功率为

$$P_0 = I_0V_0 - P_1 \tag{13.8}$$

从以上的公式可以看出：要得到较高的有效功率，必须使净电流 I_0 加大，因此，就要选择高功函数的金属作为阴极，而低功函数的金属作为阳极。功率转换效率主要取决于材料的性能，如功函数 ϕ、电子发射常数 A、电子发射率等以及设备的工作温度。其工作的温度受到阴极材料熔点和蒸发度的限制。因此，为了提高电子发射效率，目前看来比较好的板极材料是做成氧化物阴极；即是以金属钨或镍为基底，在表面涂一层碱土金属的氧化物，如氧化钡(BaO)、氧化锶(SrO)及氧化钙(CaO)等，这样的阴极就变成热电子发射相当丰富的源泉。研究的结果证明：氧化钡的发射性能是其中最好的，而以氧化钡与碱土金属族的金属氧化物的混合物的发射性能更好。因此，一般氧化物涂层几乎总是用氧化钡加氧化锶或者氧化锶加氧化钙做成。在制备阴极时，用这些金属的碳酸盐 $(Ba,Sr)CO_3$ 或 $(Sr,Ca)CO_3$ 的细小晶粒，在一种粘结物质中形成悬浊液，然后涂敷在基底上，当阴极被加热时，碳酸盐就被分解成氧化物，而分解出的 CO_2 由泵抽走，形成其真空。一般涂层的厚度在 30～200 微米。

热电子发射在作为电真空管使用时，效率问题不是很重要的因素，而在作为能源的二极管中就应该考虑效率问题；虽然，效率不是功率转换器的唯一参数，但也是重要的参数之一，因为效率的高低直接影响着热电子发电机的应用范围。其效率是指所获得的负载功率与总的热输入的比值。而效率的高低与空间电荷电势 δ 有关，δ 越小越好。而要 δ 小必须减少两个板极之间的距离，这样我们就能在一定电流量下，减少两极之间的电子数或总电荷，所以也就减少了 δ。如实验型的热电子发射装置，所使用的板极间的距离为 $y=0.001$ 厘米即 10 微米。这时，当 $T_1=1\ 540$ 开，$T_2=800$ 开，用在阴极表面涂上一层钡、钙、锶的氧化物的钨极，输出电压 $V_0=0.6$ 伏，其热效率可以达到约 13%，而每平方厘米的阴极发射表面面积的功率约为 0.6 瓦，即 6 千瓦/米^2。

但是，要求电极之间距离这样小，在具体的工程设计上存在较大的困难。在工程设计上希望电极之间的距离大一些为好，但这样因为空间电荷垒的蓄积，会使设备的效率降低。为了克服这种限制，目前在研究过程中使用了下列的几种办法：第一个办法是应用等离子二极管。就是在两板极间不完全是真空，引入正离子以中和空间电荷中的电子排斥作用。通常使用铯的蒸气，当铯原子碰到热阴极板时，就会离解，这时空间不但有电子，同时还有铯的正离子存在，以中和了空间电荷的作用。曾经有人做过实验，其结果两板极间的距离可以提高到 0.5 厘米，其热效率可达约 15%，因此，用引入正离子的办法来提高板距和效率是比较有效的。

第二个办法是使用辅助磁场来引导电子，加速电子从阴极到阳极，其作用可参看图 13.16。根据理论分析的结果，其效率可以达到 45%，功率可达到 50 千瓦/米^2(阴极)。

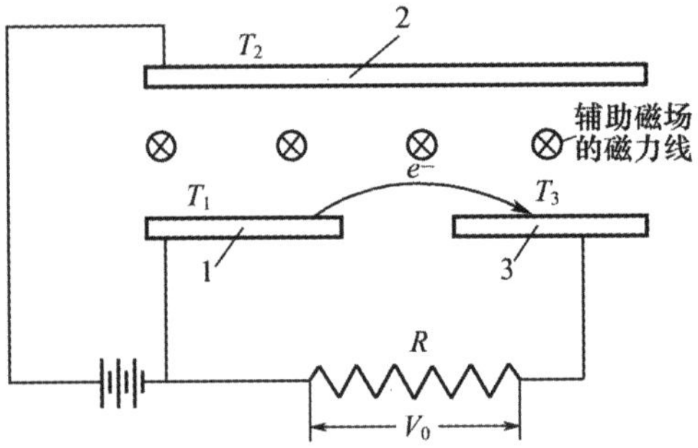

图 13.16 磁三极管热电子发电机原理图

1—发射板；2—加速板；3—搜集板

13.7 电磁流体发电机

电磁流体发电机也是直接将热能变成电能的另一种可能的方式。它利用了导电流体同磁场及电场的相互作用将流体的动能变成电能。目前认为，利用电磁流体发电装置是可以提供较丰富的电力的。它可以发出直流电也可以发出交流电。要获得交流电能，可以采用交变磁场或使用脉冲式的流体流动，以及在电极和磁场之间保持一定的相对运动。如果采用固定磁场，则就发出直流电。工作流体是导电的气体。所谓导电的气体是包含有一定数目的自由电子及数目相等的正离子的气体，它不同于一般气体，是导电的。一种最直接使气体变为导体的方法是加热，使气体电离，形成正离子和自由电子。但充分电离，气体所需要达到的温度一般在 10 000 ℃以上，这样高的温度已经超过了当前所知材料所能承受的限度。但是，当气体中加入很小浓度的低电离电势的物质时，电导率便会有较大的增高。适宜加入的物质有碱金属如钠(电离势为 5.14 电子伏)、钾(电离势为 4.33 电子伏)、铯(电离势为 3.88 电子伏)等。加入了碱金属之后，气体可以在低于 2 000 ℃以下达到合适的电导率，这样就提高了电磁流体发电机实际应用的可能性。

电磁流体发电机的工作过程如下：首先是能量从热源中转移到工作流体。热源可以是化学燃料，也可以是核子反应堆，在可能时也可以使用太阳能。同时，流体内的部分分子因高热而电离，然后流体的内能绝热地变换为动能。它以超声速的热电离气体穿过磁场，其磁场的方向与气流垂直；对于直流电机就是定向磁场(见图13.17)，磁力线垂直于图面，方向是穿入纸面。当气体穿过与气流接触的电极时，电极间通过外负荷的电流就从上到下流过气流，这样就产生了电磁作用力 F，根据左手定则，作用力 F 是减低气体的速度，这也就是说把气体的动能变成通过外部负载的电能。电磁流体发电机的开路电压直接与磁场密度、气体速度和电极间的距离成正比。根据研究的结果，电磁流体发电机的效率可以达到 20%，而每立方米磁场体积的功率为 200 000 千瓦。

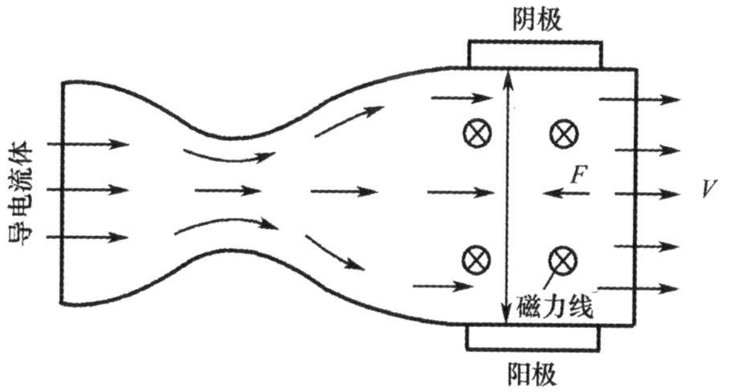

图 13.17　直流电磁流体发电机原理图

电磁流体发电机的主要工作特点是排气温度高，在发电机的进出口的温度差要尽可能小，才能保持气体的电导率。其排出的气体可以考虑作为高温热气的预热或者进入汽轮机和蒸汽动力装置中。其次一个特点是，为了保持有合理的设备长度，工作压力不能太高；低压的气体容易电离，气体温度可以降低些，这使得材料的问题变得容易解决了。主要的问题是电极的烧损和腐蚀，因电极必须直接暴露在热气流中，同时，因需要发射电子而不得冷却。所以，对电磁流体发电机所使用的材料必须进一步研究，加以改进，使它能更好地耐高温，并要考虑到突然的温度变化及与碱性金属的化学作用。必须研究出新的制造与设计方法来制造耐久的陶器零件，以替代一般金属制成的零件。必须使电极能耐高温和化学侵蚀，同时必须是良好的导体。

第 14 章　星际航行进一步发展的几个问题

14.1　卫星式星际航行站

任何事物的开始总是比较简陋的，只有在不断发展的过程中才逐渐完善，逐渐形成一整套复杂而又有机地结合着的体系。就以交通工具为例，第一次开动的火车并没有什么火车站，也没有什么加水、加煤的设备，更没有修配厂、管理机构和行车信号。这些看来是铁路系统必需的组成部分，实际上是逐渐发展起来的。飞机作为交通工具也是如此，在民用航空建立起来的初期，哪里有什么今天我们所习惯看到的飞机场、气象站、通讯网，这些也都是后来逐步增加的，逐渐才形成今天庞大而又复杂的民用航空体系。星际航行事业也自然不会例外。尽管从表面上看来似乎今天的星际航行工具像多级运载火箭、星际飞船、星际航行站、发射场、通讯系统等，好像已经很复杂了，但如果比起将来的星际航行总体系，肯定会显得非常简单，很简陋。在这最后一章里，我们想谈一谈将来星际航行体系中的可能组成部分，让我们展望它的前景。

我们在第 8 章中已经讲到在人造地球卫星上发射星际飞船的好处：对制导系统的要求比较容易满足。在人造地球卫星轨道上起飞的另一个好处是：我们可以使用低推力高比冲的电火箭发动机来推动星际飞船，从而取得更高的有效负载，这在第 6 章和第 7 章中都已谈到。我们可以把这个概念更发展一步，让我们在人造地球卫星轨道上建立一个星际航行站，也就是一个巨型卫星。从地球表面到这个卫星式星际航行站有运载火箭不断来往，把物资和人员送到星际航行站上去，也把人员送回地面。在星际航行站上，我们利用从地面上送来的部件来装配和调整星际飞船，也可以利用最后一级运载火箭的空壳改制星际飞船。就这样我们可以充分利用已经送到卫星轨道上的物质；而不像现在那样，运载火箭的空壳放在轨道上不加利用，最后让它坠入大气层而烧毁。最后一级运载火箭的空壳往往等于有效负载的重量，甚至大于有效负载的重量，所以利用卫星式星际航行站的改装能力，我们就能大大地提高实际的有效负载重量，也就是大大地提高运载的效率。例如表 7.3 中所讲的原子火箭，起飞重量为 683 吨那个运载火箭，如果我们能利用空壳的 50%，即 51.2 吨，那么实际的有效负载就不光是原先的 34.5 吨，而是 34.5 吨加 51.2 吨，即 85.7 吨，提高了 148%。

自然，能够制造、装配、调整和发射星际飞船的卫星式星际航行站不会太小，估计也得上千吨的重量，简直是一个太空中的岛屿。这样重的航行站，如果用一个非常庞大的运载火箭把它一次送上轨道，是很不上算的。因此，它将是一部分、一部分地用较小的运载火箭送上去，然后在轨道上装配起来。如果每次能送上 50 吨，那将要 20 次的飞行才能送上去 1 000 吨，所以建立一个卫星式星际航行站本身也是一项大工程。不但如此，我们还得把每次送上去的部件聚集在一处，这就要求发射的精度高。要在太空中进行部件的组合，自然还是要人来做，那将是史无前例的高空作业！这又需要特殊的密闭工作服及一套特殊工具(见图 14.1)。卫星式星际航行站既然比较大，那我们就可以用图 12.6 那种设计，制造人工重力场，使工作人员生活更加舒适。星际航行站也可以装上大型无线电天线，那就可以像第 9 章所说的那样，避开地面热辐射所产生的噪声干扰，从而提高通讯效率。星际航行站自然也有它自己的电站、车间、维修部门，也可以在上面利用日光种些作物，形成像第 12 章所讲的那种密闭的生态学系统，至少使一部分工作人员的食物、水和氧气自给。

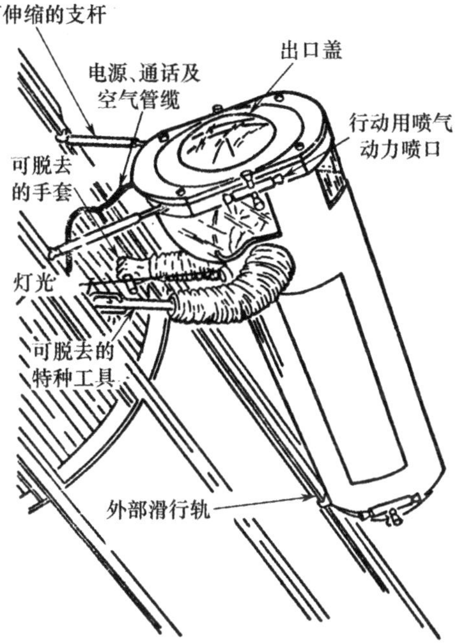

图 14.1　在卫星轨道上的工作人员

问题是这样一个高效能的卫星式星际航行站该选用什么高度。当然高度不宜低，低了大气的阻力将太大，但从我们现在对地球附近辐射带的了解，看来从 300 公里高到 6 000 公里高这一区域是不相宜的，那里有内辐射带的高能质子，星际航行站要多次通过这个区域会带来严重的防辐射问题。比 6 000 公里高的卫星轨道虽然没有多大防辐射的问题，但是轨道高度又太高了些，不容易把东西送上去；而且每次来往都容易在中途碰到内辐射带，也会带来防辐射的问题。所以从这个情况看来，将来卫星式星际航行站的轨道高度应该比 300 公里略小，即刚刚在内辐射带下面。在这个轨道的高度，一方面没有强烈的放射性辐射，比较安全；而另一方面也离地球表面比较近，容易上下。但用这样低的轨道也带来另外的一个问题：大气的密度还不够小，大气的阻力会使星际航行站逐渐下降。为了解决这个问题，我们必须在星际航行站上装上一架推力为几克力的小发动机来抵消大气的阻力；最合适的发动机将是离子火箭发动机（见 7.4 节）。估计离子火箭发动机的电源约为几千瓦，看来可以用太阳光为能源发电，或者直接从星际航行站的电站取电。我们也可以把抵消大气阻力的措施同星际航行站的方位稳定系统结合起来考虑，用几个离子火箭发动机来形成一个轨道及方位稳定的系统。

当月球勘探工作做到一定的程度，我们就可以在月球上建立工业，从而能用月球上的资源来生产星际航行所必需的物资。到那时候，我们就可以充分利用月球重力场小、容易起飞和降落的优点，把月球变成我们的星际航行站，作为我们在太阳系中旅行的基地。月球离地球约 38 万公里，地球与月球之间的交通必须搞好。这可以用两种工具：一种是载人的往返火箭，为了不使旅行时间过长，将采用大推力的化学火箭发动机或原子火箭发动机；另一种是运货的火箭，飞行时间可以长些也无妨，将采用小推力、高比冲的离子火箭发动机，以提高有效负载的比例(见表7.3)。小推力的离子火箭是不能直接从地球表面起飞的，所以上几节中所讲的人造地球卫星式的星际航行站还是需要的，它主要是往返月球的站。这就像我们现在要坐火车，我们要先步行到公共汽车站或电车站，坐公共汽车或电车到火车站，然后才能坐火车旅行。将来的人造卫星式(轨道高度约为300公里)星际航行站就好像公共汽车站或电车站；月球站才是太阳系的星际航行站，就好像今天的火车站。

以上所说的是在地球附近的卫星式星际航行站。火星和金星的情况同地球有些相似，都有大气，所以将来我们也将因为同一理由，在火星和金星附近建立火星或金星的人造卫星式星际航行站。

在我们建立起卫星式星际航行站以后，是不是不论往返地球和火星或金星之间都必定经过这些中间站呢？那也不一定，要看情况：如果我们的星际飞船用的是小推力的离子火箭发动机，那就只有从卫星式星际航行站起飞和降落到卫星式星际航行站才行。如果我们的星际飞船是用大推力的化学火箭，那么最好是利用地球、火星或金星的大气阻力，像10.6节所说的那样，直接降落到地球、火星或金星的表面，这样可以节省推进剂，提高运载效率。如果星际飞船用的是原子火箭发动机，直接降落或者经过中间的卫星式星际航行站，何者较好，要看原子反应堆的重量。如果反应堆比较重，直接降落固然可以省些推进剂(液氢)，但以后如果再一次要用这个飞船，又得把比较重的反应堆连同飞船送回卫星式星际航行站上去，并不一定合算。其实同样的推论也可以用在离子火箭式的星际飞船，离子火箭发动机系统比原子火箭还重些，所以并不是不能直接降落到地球或星球表面，而是考虑到在下一次飞行前还得把它送回卫星轨道上去，所得不偿所失，不合算。因此，采用什么航行过程也是一个经济问题，一定要全面地考虑了星际航行体系的全面运转情况以后，通盘筹划，才能决定。星际航行的调度工作不会是一件简单的事情。

14.2 运载火箭的海面发射

从我们在第4章里所介绍的陆地星际航行站的情况可以看出，那是多么复杂的一个组织。发射运载火箭尤其是一件复杂而繁重的工作，当将来运载火箭重量和体积增加了之后更是如此：庞大的空火箭，即便重量不算太大，但体积却大到无法在铁路上运输，而在公路上运输也会堵塞交通，很不方便；到了发射场竖起来又需要巨大的塔架，而塔架在发射的时刻又得移开；运载火箭的下面几级，燃烧终了后会掉回地面，因此为了避免掉入居民区又必须限制发射的方向。这一些麻烦如果改用水面或海面发射就大部分解决了。运输可以直接用水道，一个几十吨甚至几百吨的巨型火箭，对一艘几千吨以至上万吨的船来说，在水中摆布它就不十分困难。发射场可以容易地远离居民点，不需要构筑发射场地。勤务船只的疏散不像车辆那样会受到道路的限制，故发射时比较安全；一旦发生事故，造成的损失也较轻。海面活动范围广，可以从任何地点向任意方向发射。在水中运输和竖起过程中，因为有海水的浮力作用在火箭上，所以火箭结构所受的应力比在地面要小；火箭越大，越重，这个特点表现得越突出。在海上，运输和竖起工作几乎没有长度的限制，更容易发射多级火箭。

当然也不是都是优点，没有缺点：海面发射运载火箭就得把火箭的大部分泡在海水里，这就首先要把火箭的各部分密封起来，不让海水进入火箭本体。但像发动机喷管口那些地方又得使点火后火焰迅速冲破密封，以免发动机燃烧室的压力过大。海水一般对结构的表面有腐蚀性，因此必须加涂料或塑料包覆层，而用塑料包覆层的话，又得在发射的瞬间脱去。如果液氧或液氢箱部分裸露而泡在水中，那又会在箱外结厚冰，大大增加火箭的起飞重量；所以在这种情况下又必须在液氧或液氢箱外部加一个绝热套，在发射的瞬间脱去。电线也经不起海水的侵蚀，也要采取防护措施。此外，因为在竖起后火箭大部分是在水面以下，这就为检查和测试水面以下的各级及部位造成困难。潜水员也解决不了什么问题，因为如上所述，火箭对海水必须密封，不能让潜水员打开密封。这个问题最难解决，将来可能把检查和测试工作预先作好，竖起后就不再需要人直接去接触水中的部位了。

如果运载火箭是固体推进剂的火箭，那么火箭整体的比重较海水大，比重在 1.0 到 1.4 之间。因此为了使火箭浮在水面，我们就得在火箭的顶部安装轻质材料做的浮子，使火箭加上浮子后的平均比重稍小于海水，同时造成头轻尾重的形势，火箭就能自然直立于水中。自然也可以不用浮子而用轻质材料制成的套子，套在火箭上部（见图 14.2）。

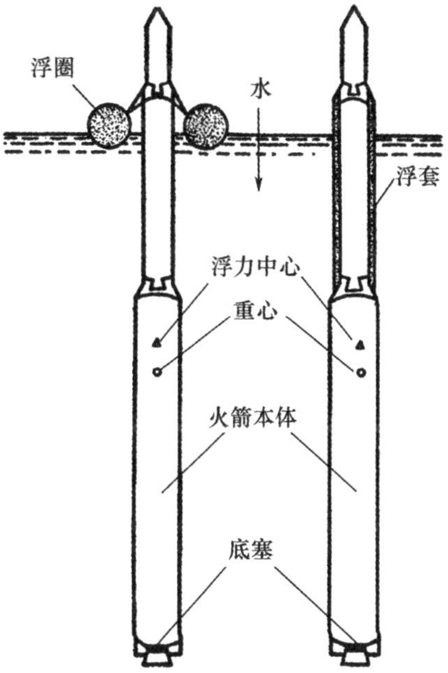

图 14.2　水面发射时用的漂浮装置

在海面发射火箭也要考虑波浪的作用：波浪会使竖在水中的火箭摇摆。但是进一步的研究就发现波浪的运动主要是在水面附近，在深水中由波浪所引起的水的运动是大大地减小了，因此只要波浪不太大，波浪不会摆动火箭多少。而在火箭一出水面，火箭本身的飞行稳定装置就会起正常作用，消除任何摆动。另一方面，水中发射的机理比陆地上发射要复杂得多：

第一，火箭放在水里要受到一个向上托的浮力，这个效应有点像陆上发射时把火箭放在弹簧上那样，使火箭的初始加速度增大。

第二，在出水的瞬间，火箭表面附有一层水，增加了起飞重量，而且火箭在水中运动的阻力比空气中大，这都有减小加速度的作用。

第三，发动机的燃气受到周围海水的阻碍，不能很痛快地排出，或者说发动机喷管的出口周围压力(第 2 章中的 p_a)比在地面上的数值要大些。例如在水下 10 米处,周围压力就是 2 大气压,而不是地面上的 1 大气压。这就使得推力有些减小(见公式(2.4))。

第四,由于水的惯性,在不同深度,弹体上承受有大小不同的压力,尾喷管塞子上的压力最大。若点火后,喷管塞子打开时间稍早,或燃烧室压力上升不够快,水被推开后又会涌回来,可能造成燃烧室闷气的现象。

以上问题都需要进一步研究并考虑对策。但从现有的资料来看,海面发射巨型运载火箭的优点还是较多的,是一个将来发展的方向;到那时辽阔的海面就成为通向星际空间的港口。

14.3 运载火箭的回收

如果我们在将来建立起像 14.1 节中所说的星际航行体系,那么从地球表面到卫星式星际航行站之间的交通将是十分频繁的;而也正是这一段飞行需要大推力的价格高昂的运载火箭。但分析每次飞行的成本,我们发现贵是贵在运载火箭的发动机、结构和控制系统,也就是占起飞重量 10%以下的那一部分空火箭;占起飞重量绝大部分的是推进剂,它却比较便宜。每次飞行实际消耗的是比较便宜的推进剂,而比较贵的空火箭却白白扔掉。在今天星际航行的初始试验阶段,飞行次数很少,这样做还可以,但将来也这样做就是浪费。所以我们应该想办法把空的运载火箭收回来,多次使用。这对庞大的第一级运载火箭或装有贵重的原子反应堆的原子火箭尤其合算。当然,收回来的空运载火箭总会有些损坏,需要把它清洗和修补好,有些超过了其寿命的部件和零件要换上新的,然后整个火箭体系还要经过测试,验证火箭的性能。这和今天飞机在每次飞行完毕后所进行的一连串维修工作没有性质上的差异。维修好了的空火箭可以入库保存,再用的时候加入推进剂及作好其他准备工作就能再次发射。

当然,要从不能回收的运载火箭做到能回收的运载火箭也并不是一件简单的事情。首先我们必须把运载火箭的结构加强些,使它能经得起落地时,或落到水面时的冲击,这也会增加一些结构重量;而更困难的问题是如何使空火箭能安全地减小速度并落到地球表面上来。如果是第一级运载火箭,那么因为它的飞行速度不会很大,还不会因为空气摩擦而产生过高的温度。如果是第二级运载火箭,它再入空气层的速度就比较大,结构表面温度就会高一些。但是空火箭毕竟比较轻,空气阻力会较快地降低其速度,等落入稠密大气层时,速度已经降低了,不致在下落过程中出现太高的温度。最困难的是原子运载火箭,因为它下落时的初速大,可以大到接近第一宇宙速度,而且原子火箭装有原子反应堆,空火箭又比较重,会在下落过程中出现高温。所以回收原子运载火箭的问题看来必须作为另一个问题来处理。我们在以下将针对化学推进剂的运载火箭的回收略加阐述。

为了降低空火箭的速度我们容易想到的办法是利用航空降落伞。美国的"土星"运载火箭就想用这个办法:这个第一级空火箭初始下降速度相当于 4.5 倍声速,但由于空火箭体积很大,空气阻力比较大,另一方面空火箭质量较小,所以减速度大,飞行速度很快就降到相当于 1~1.5 倍声速。如果不用其他措施,速度所引起的空气阻力将与重力相平衡,空火箭下落的速度将维持在这个数值。为了进一步降低下落速度,设计采用了三项措施。第一项措施是收藏在空火箭上的一个小的带条组成的降落伞,也就是伞面由带条组成,带条间的空隙可以过空气。它先打开,由于伞面可以部分地透气,在高速气流中打开时的冲击较小。这个伞把火箭下落速度从 1～1.5 倍声速降到 0.7 倍声速。第二项措施是带在火箭上的三个直径为 32 米的大降落伞，它们在上述小带条伞打开之后，速度初步减小后再打开。大降落伞终于把空火箭下降速度减到 24～27 米/秒。但是这个速度还是太大，所以又加上第三项措施：当空火箭降到离地球表面约 30 米时，开动几个固体推进剂的制动火箭（见图 4.5），在制动火箭燃烧完了时，刚好接触地面或水面，而接触速度几乎是零；接触冲击力很轻小，空火箭的结构不致受震动而有损伤。“土星”实际上是准备降落在海面上的，降落后用特制的浮船坞把空火箭运回维修基地。

另一种类型的回收设计利用氢气球，是结合液氢液氧发动机的运载火箭而想出来的办法。它用剩在液氢箱的氢来把带在空火箭上的气球充上氢气，气球在地面时的升力刚好略小于空火箭的重量，气球同空火箭缓缓下降到地面，也可以安全回收空火箭。美国喷气通用公司设计而尚未制造的“宇宙”运载火箭就属于这一种。它是一个起飞推力为2 730 吨的液氢液氧火箭（见图 14.3），最大直径为 11.3 米，总长 45.6 米。其特点是返回到火箭发动机早期所用的挤压式输送推送剂的设计，液氢箱是一个约 11 米直径的大球，液氧箱也是一个直径约 8 米的球。用挤压式设计自然需要把推进剂箱做得坚固，以便承受高压，从而结构重量是 159 吨，比较重；但只有这样，空火箭才经得起回收过程中不可避免的冲击，所以本来落后的挤压式设计倒过来变成合理的设计了。“宇宙”运载火箭是运载火箭的第一级，它燃烧终了而脱落时的重量是 200 吨。除了上述结构重量外，还有液氧箱中残余的 16.3 吨氧和液氢箱中残余的 25 吨氢。残余的氧可以排除，残余的氢正好用来充气球。如果用三个氢气球，气球直径约为 50 米。

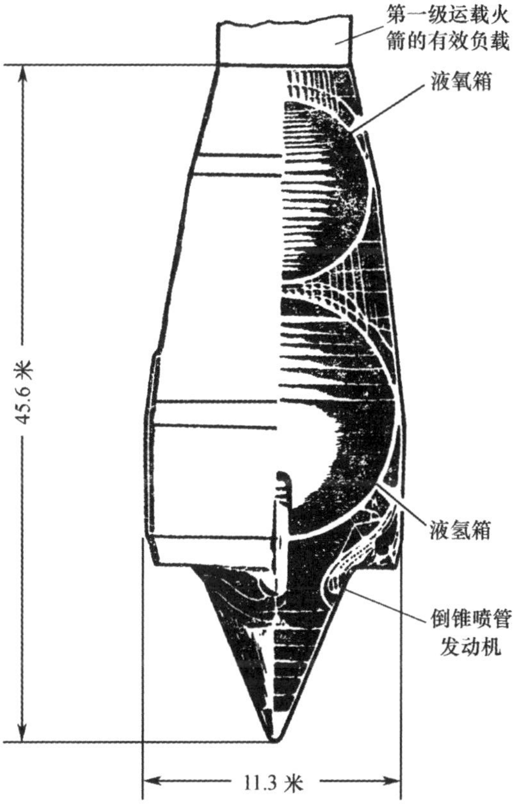

图 14.3　美国喷气通用公司所提出的第一级运载火箭“宇宙”，使用挤压式液氢及液氧推进剂系统和倒锥喷管火箭发动机，推力为 2 730 吨

上述两种回收运载火箭的方法都比较简单，有丰富的经验可资参考，该是比较有把握的办法；但我们也可以去探求更有效的回收方法。有人因此想用各式各样的可折叠的翼面，先藏在空火箭内部，当空火箭落到稠密大气层时再从火箭中弹出，迎风张开，构成一个飞机样的东西；翼面产生升力，空火箭和翼面就滑翔到地面或水面。这里的问题是如何设计非常轻的折叠翼，要打开翼面时冲击力小，而翼面完全张开的时候又得产生较大的升力。翼面对滑行轨迹的相对方位也得有一定的控制，以便调节滑翔轨道和降低落地速度。这一系列的问题都需要进一步研究，是星际航行技术对航空技术提出的课题。

现在在这类回收方法中有人提出用帆式三角翼(见图 14.4)，翼面只有三根骨干，可以用轻金属制成，骨干在头部结在一起。张开后，骨干之间的塑料布就形成翼面。

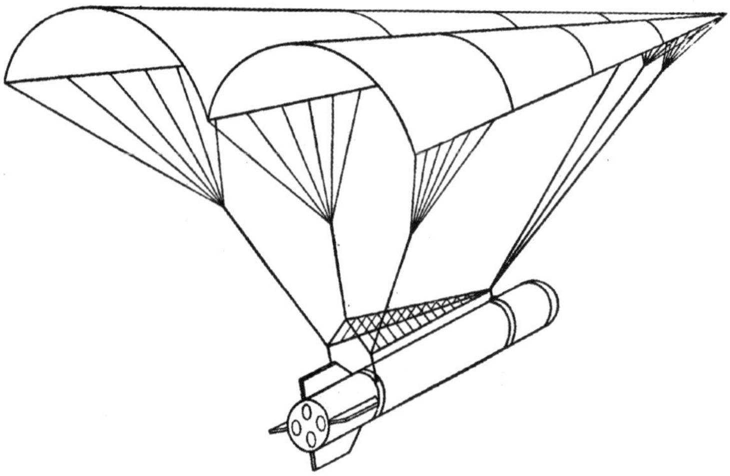

图 14.4 帆式三角翼回收装置

14.4 飞机用作运载工具

我们在前面已经提到回收原子运载火箭的问题。原子运载火箭的最大速度高，约等于第一宇宙速度，而且由于有了原子反应堆重量较大，所以用上节所说的几个回收办法会有困难。看来较好的方法是在火箭上装上固定的翼面，实际上成为火箭飞机。在有负荷和推进剂(液氢)而从地面起飞的时候，整个火箭的重量很大，飞行速度又不太大，固定翼面所产生的空气动力相对较小；等到火箭接近卫星轨道或停火点时，速度虽然很大，但高度也高，空气密度非常小，固定翼面所产生的空气动力也小，翼面对飞行不会有多大的影响。我们可以举表 7.3 的例一来分析：火箭起飞重量是 1 420 吨，回收时空火箭(连原子反应堆在内)重约 200 吨。所以固定翼面是为了 200 吨重的空火箭而设计的，而不是按起飞重量设计的，翼面比较小。但是空原子火箭再入大气层的时候会像第 10 章所讲的那样遇到高温，我们必须有防热措施，不让空火箭烧坏，这就要采用第 10 章所说的几种方法。为了维持翼面空气动力学所要求的正确形状，看来用第 10 章阐明的发散冷却法才行。

有翼的空火箭在飞回地面的时候是架滑翔机，不能指定它准确地降落到一定的飞行场。但我们可以用另一架有动力的飞机作为空火箭的“拖轮”，用牵引钢索把空火箭捕获，拉到指定机场再降落。捕获的方法可以采用飞机空中加油的一套已经成熟的技术，从空火箭后方捉住它（见图 14.5）。当然也还可以用另外一种办法，那就是在有翼的原子火箭上再装上一台航空用的涡轮喷气发动机，当空火箭滑翔到低空作低速飞行时，开动涡轮喷气发动机。有了动力就可以较长时间作机动飞行，飞向指定的飞行场着陆。

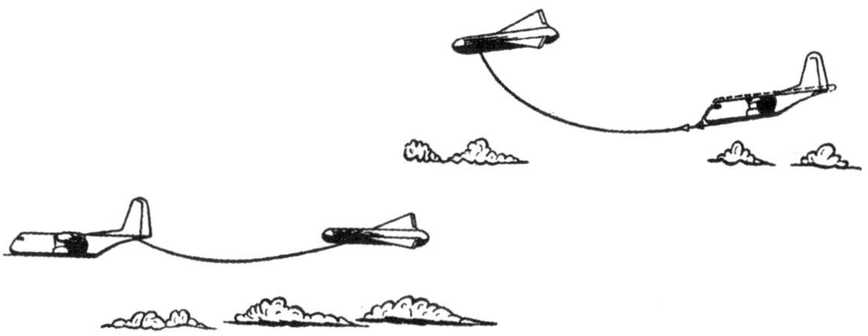

图 14.5　捕获有翼运载火箭的方法

现在我们已经引入了飞机，把它作为星际航行的辅助工具。其实航空技术还可以进一步与星际航行技术相结合，例如我们可以把一架装有喷气发动机的大飞机作为第一级运载工具，它载有一个第二级的火箭，第二级火箭上载有卫星式飞船。整个系统从飞行场起飞，就像飞机一样，飞机爬到高空，开足喷气发动机作水平飞行，当速度最大的时候，第二级的火箭脱离飞机（见图 14.6），在已有的高度和速度上继续用火箭推力升高和加速，以至进入卫星轨道。图 14.6 表示的第二级火箭可能是不回收的，或用降落伞、气球等办法回收。

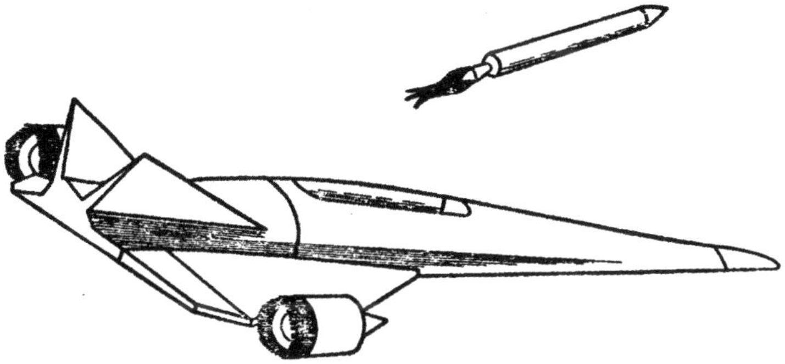

图 14.6　无翼的第二级火箭从飞机上起飞

我们当然也可以连第二级的火箭也作成为一架滑翔机（见图 14.7），那么在进入卫星轨道的一段主动飞行，第二级火箭是发动机在后，翼面（这时空气稀薄，还不起作用）在前，如图 14.7 所示。当卫星飞船在卫星轨道上脱离第二级火箭以后，第二级火箭准备返回地面的时候，首先要把第二级火箭调头，把火箭发动机调到飞行的前方，翼面调到飞行的后方；然后再开动火箭，仅开几秒钟，把飞行速度略微降低，空火箭就会下降。当空的第二级火箭再入大气层时，翼面就起了应有的空气动力作用，减小空气摩擦所产生的热流量；到达低空时，空火箭就是一般的滑翔机。

图 14.7　有翼的第二级火箭从飞机上起飞

自然,上面所说的第二级火箭,其有效负荷也可以不是卫星式飞船,而是一支月球火箭或金星火箭。那就在第二级停火时,第三级火箭再起飞,如图 14.8 所示。

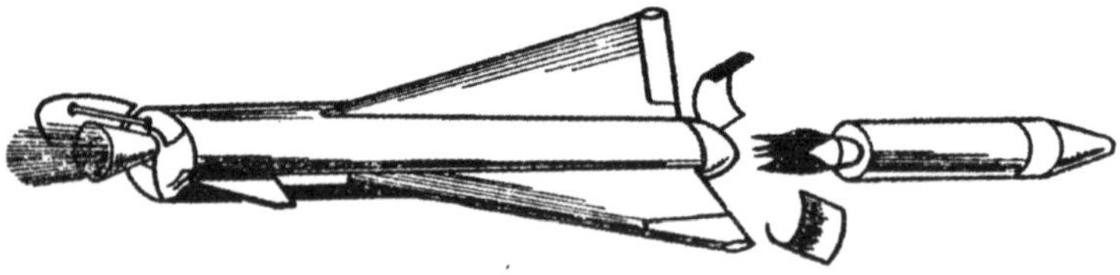

图 14.8　无翼的第三级火箭从有翼的第二级火箭上起飞

14.5　运载飞机的动力系统

在上一节中所讲的各种运载飞机是比较复杂的体系。我们应该问:除了能够回收以外,它们的总经济价值到底如何?这里的一个关键问题是运载飞机的动力系统,实际上也就是第一级运载飞机的动力系统问题;因为第二级必须在高空稀薄的大气中产生推力,除了火箭发动机以外别无其他可用的大推力发动机。但是第一级运载飞机我们可以用以空气作为氧化剂的各种发动机,像涡轮喷气发动机、冲压式喷气发动机等。对这些发动机来说,作为氧化剂的空气是直接取之于飞机外的大气,并不要运载飞机从地面携带,要飞机带的只是燃料,所以每单位推力所消耗的推进剂量比较火箭发动机要小得多。例如对涡轮喷气发动机来说,每公斤推力每小时耗油约 1 公斤,也就是每公斤推力每秒耗油 1/3 600 公斤,也就是比冲量为 3 600 秒。冲压式发动机耗油量略大些,每公斤推力每小时耗油量为 2.5 公斤,也就是比冲量为 1 440 秒。这些数值比起一般化学火箭的比冲 300 秒(最大 400 秒),甚至原子火箭发动机的 800 秒,都大得多。所以第一级运载工具如果改用了飞机,就可以大大节省推进剂,从而减轻重量。因此运载飞机比运载火箭效率高,而且又便于设计成多次使用的体系。

自然,正像我们在以前已经说过的那样,推进剂比起结构本身来说要便宜,复杂的运载飞机比运载火箭要贵得多。如果即使再次使用,而使用的次数不多,运载飞机的系统也是不上算的。有人估计过一笔总账:对把约 9 吨的卫星送入 390 公里高的轨道而言,情况就如图 14.9 所示。图中条的高度代表总费用,包括设备费和推进剂费。第一组是在两年内发射 100 次,第二组是在两年内发射 500 次,第三组是在两年内发射 1 000 次。每一组的第一条代表完全不回收的运载火箭系统,这是比较的标准,条的高度作为 100;第二条代表运载火箭用降落伞回收；第三条代表运载火箭上有翼面，是火箭飞机，但动力仍然是火箭发动机；第四条代表用第一级运载飞机的系统，运载飞机用喷气发动机。从图中看得出来，如果两年内发射 500 次以上，肯定用喷气飞机作为第一级运载工具是合算的。换句话说，在将来星际航行大发展的时代，喷气飞机将代替火箭而作为第一级的运载工具。

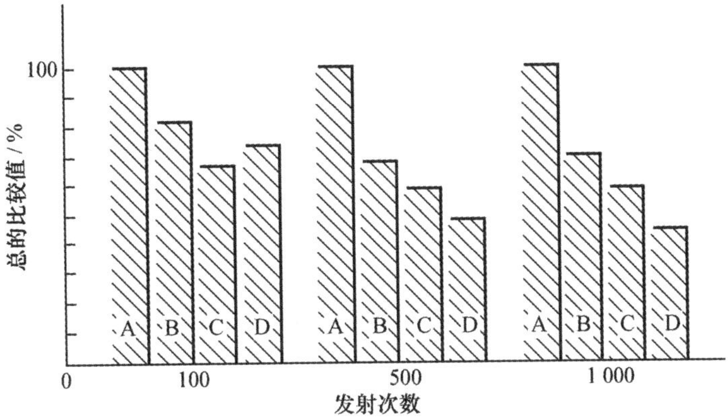

图 14.9　各种回收运载工具的比较(轨道高度为 390 公里，有效负荷为 9.07 吨，使用时间为 2 年)

A—不回收的运载火箭；B—用降落伞回收的运载火箭；C—有翼的运载火箭；D—运载飞机

运载飞机的动力该用涡轮喷气发动机呢？还是冲压式发动机？我们知道涡轮喷气发动机内部有燃气涡轮和空气压缩机，所以比较重。但是涡轮喷气机在 2.5～3 倍声速以下，耗油量比冲压式发动机小；而且它在飞机静止时也能起动，发出推力。相反，冲压式发动机内部没有燃气涡轮和空气压缩机，所以比较轻，但是在 2.5～3 倍声速以下它的耗油量比涡轮喷气机大；而且冲压式发动机在飞机静止时无推力，一定要达到比较高的飞行速度后才显示出它的威力。因此我们可以说涡轮喷气发动机是低飞行速度的发动机，而冲压式发动机是高空、高飞行速度的发动机。所以在将来的运载飞机上应该两种喷气发动机同时并用，以涡轮喷气发动机起飞，当高度超过 10 公里及飞行速度达到 2 倍声速以上时再把冲压式发动机开动，继续爬高和加速，直到极限，然后第二级火箭脱离第一级飞机起飞。

自然，从第二级运载火箭来说，第一级运载飞机爬得越高、加速到越高的速度就越好。但是那样会大大增加第一级飞机的负担，从而增加飞机的重量。图 14.10 代表分析结果的趋势：固定第一级和第二级分离时的高度，像 25 公里，横坐标是分离时的速度。分离时速度大则第二级火箭重量减小。但是分离速度低时，因为第二级太大，第一级的运载飞机也得大，重量增加了。分离速度过高，第二级火箭虽然比较小，但是对运载飞机的要求过高，飞机重量也会增加。最好的分离速度是多少？这要看许多参数，而这些参数的具体数值现在还没有足够的依据来确定它们；而且飞机设计和材料的不断改进也一定会影响到最优分离速度的数值。但从现有的资料来看，这个最优分离肯定会大于 4 倍声速；而大于 4 倍声速的飞行速度主要是靠冲压式发动机来达到的。这就给冲压式发动机的设计师和研究人员提出了新的课题：因为现在所习用的设计概念，由于结构材料的限制，不能设计出飞机速度在 4 倍声速以上的冲压式发动机；新课题是研究和设计超高速的冲压式发动机，飞行速度为 6 倍、8 倍声速的冲压式发动机。这将牵涉到设计概念的改变和引用新型高能燃料。

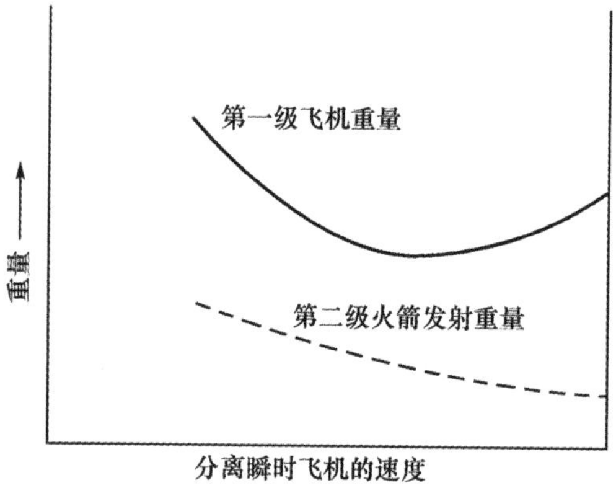

图 14.10 第一级运载飞机的速度与第一级运载飞机重量的关系(卫星重量固定不变)

对于如何提高运载系统的效率,除了上述的几个体系之外,也还有其他的建议,例如有人提出利用轨道:在地球上高山地区依靠自然地形修一条几十公里长的上升轨道,从山底通到山顶;在轨道上可以行车,车上放置着带翼的原子运载火箭。所以车是第一级运载工具,把火箭先用车上自己的动力加速到超声速,这时车也到达轨道的顶端;就在这时候开动原子火箭发动机,作为第二级运载工具的原子火箭就脱离轨道上的车,而继续爬高和加速。轨道和车当然是一个可以多次使用的系统,而其优点是车比飞机简单些。近年来由于研究高速运动的需要,制成并使用了许多高速轨道车,车速可以达到几倍声速,所以在这方面已有一套比较成熟的经验可以参考。

此外,也有人想:既然从地球上把东西送上天去要用那么多能量,而大气层一直延续到很高的高度,那是不是可以在高空就地收入空气,而把空气液化,从中取得液氮和液氧?液氧可以用作运载火箭的氧化剂,而液氮可以用作电火箭发动机的工作介质。一种具体设计概念是把原子能反应堆装在第一级运载飞机上,利用反应堆的热代替喷气发动机的燃料。当飞机爬到极限高度时,就在极限高度上作水平飞行,一面开始把吸入喷气发动机的一部分空气导入空气分馏装置,利用原子反应堆的一部分能量进行分馏,取得液氧、液氮;液氧装入第二级运载火箭的液氧箱,液氮装入第三级运载火箭的液氮箱。当箱体装满以后,第一级运载飞机的任务就算完成了。第二级运载火箭就用在地面起飞时已经带上的液氢和在高空装上的液氧为推进剂,连同第三级和有效负荷脱离飞机开始爬高和加速;第二级液氢液氧运载火箭的任务是进入卫星轨道。当第二级火箭和其负荷进入卫星轨道后,第三级运载火箭就可以脱离第二级火箭,第三级上有它自己的电源,这时启动电源,用在高空装上的液氮作工作介质,开动电弧火箭发动机,从卫星轨道上起飞。我们不难看出,这是一个非常复杂的运载系统,其总的经济效果如何尚待进一步研究,但这种想法是启人深思的。

从这一章所讲的几个问题可以看出一个情况,即星际航行发展的现阶段虽然与航空技术有很大的区别,设计概念上不一样,用的动力也不一样,但是将来星际航行技术更进一步的发展会在运载工具方面引用许多航空技术的成果;航空技术将被吸收到星际航行技术中来。星际航行技术将综合近代科学技术的各个方面,形成 20 世纪下半叶科学技术的一个高峰。

出 版 说 明

为了推动中国航天事业的发展、培养新型航天人才，钱学森先生于1961年9月至1962年1月间为中国科技大学近代力学系58级、59级学生开设并亲自主讲了“火箭技术概论”一课。当时授课的讲义是钱先生亲笔撰写的，每一节课讲完后由助教整理讲义，交钱先生校订后打印，在下一周上课时发到学生手中。“火箭技术概论”每节课3小时，每周1节课，共授课13周。因为没有课本，学生需要十分努力地记笔记。一年后，钱先生将讲义整理成为专著《星际航行概论》出版(1963年2月科学出版社出版)。

中国宇航出版社出版的《星际航行概论》是该书简体字版的首次出版，书中校正了原版的错、漏之处，并对个别词句作了删节；对于一些名词术语、物理量和计量单位未完全按照现行的规范修改，只随文作了注释，以尽量保持作品的原貌。

钱学森先生在中国科技大学讲授的“火箭技术概论”，以及此前在国防部第五研究院讲授的“导弹概论”，在中国航天发展史上都具有极其重要的开先河的意义。“导弹概论”是面向航天工程技术人员的第一部航天专业技术培训教材；“火箭技术概论”则是面向高等院校的中国第一本航天专业基础教材。在此基础上整理出版的《导弹概论》和《星际航行概论》在钱学森先生早期的学术著作中比较独特，它们都是他1955年回国后撰写的首批经典著作。

《星际航行概论》全面介绍了星际航行技术和星际航行实践的复杂性和艰巨性，对当时即将投身航天专业的工程技术人员和研究人员起到了很好的指导作用。40多年后的今天，钱学森先生在书中对火箭技术未来发展趋势的预测，比如航天器的耐热材料、轻质化等，已在实践中得到了印证；其阐述的科学原理和技术方法，对我国航天技术的发展和人类探索太空仍然具有重要的现实意义。

在本书编辑出版中，得到了多位专家、学者的热情帮助，以及国防科技工业局、月球探测工程中心的大力支持，在此表示衷心的感谢。

由于资料有限，作者对书稿进行的少量修正未能收录完全；书中仍有可能存在某些编校错漏之处，敬请读者批评指正。

谨以此书祝贺钱学森先生97岁生日。

编　者

2008年12月